高等学校算法类课程系列教材

数据结构教程

（Java语言描述）第2版·微课视频版

李春葆 李筱驰 主编

清华大学出版社
北京

内容简介

本书系统地介绍了各种常用的数据结构以及查找和排序的各种算法,阐述了各种数据结构的逻辑结构、存储表示及基本运算,并采用 Java 语言描述数据组织和算法实现,所有算法的程序均在 JDK 1.8 中调试通过。

本书既注重原理又注重实践,配有大量图表和示例,内容丰富,概念讲解清楚,表述严谨,逻辑性强,语言精练,可读性好。书中提供了丰富的练习题、实验题和在线编程题,配套的《数据结构教程(Java 语言描述)(第 2 版)学习与上机实验指导》详细给出了本书练习题的解题思路和参考答案,以及在线编程题的 AC 代码。

本书可作为普通高等学校计算机及相关专业"数据结构"课程的教材,也可作为从事计算机软件开发和工程应用人员的参考书。

版权所有,侵权必究。举报: 010-62782989, beiqinquan@tup.tsinghua.edu.cn。

图书在版编目(CIP)数据

数据结构教程: Java 语言描述: 微课视频版/李春葆,李筱驰主编. -- 2 版. -- 北京: 清华大学出版社, 2025.3. --(高等学校算法类课程系列教材). -- ISBN 978-7-302-68535-7

Ⅰ. TP311.12; TP312.8

中国国家版本馆 CIP 数据核字第 2025XN0847 号

策划编辑: 魏江江
责任编辑: 王冰飞
封面设计: 刘 键
责任校对: 李建庄
责任印制: 杨 艳

出版发行: 清华大学出版社
    网　　址: https://www.tup.com.cn, https://www.wqxuetang.com
    地　　址: 北京清华大学学研大厦 A 座　　邮　编: 100084
    社 总 机: 010-83470000　　邮　购: 010-62786544
    投稿与读者服务: 010-62776969, c-service@tup.tsinghua.edu.cn
    质量反馈: 010-62772015, zhiliang@tup.tsinghua.edu.cn
    课件下载: https://www.tup.com.cn, 010-83470236
印 装 者: 三河市龙大印装有限公司
经　　销: 全国新华书店
开　　本: 185mm×260mm　　印　张: 27　　字　数: 660 千字
版　　次: 2020 年 9 月第 1 版　　2025 年 5 月第 2 版　　印　次: 2025 年 5 月第 1 次印刷
印　　数: 34001~35500
定　　价: 69.80 元

产品编号: 106537-01

前言

党的二十大报告指出：教育、科技、人才是全面建设社会主义现代化国家的基础性、战略性支撑。必须坚持科技是第一生产力、人才是第一资源、创新是第一动力，深入实施科教兴国战略、人才强国战略、创新驱动发展战略，开辟发展新领域新赛道，不断塑造发展新动能新优势。高等教育与经济社会发展紧密相连，对促进就业创业、助力经济社会发展、增进人民福祉具有重要意义。

"数据结构"课程是计算机及相关专业的核心专业基础课，以常用的数据结构为主线讨论基本的数据组织和处理方法。该课程的要求是学生能够掌握数据的逻辑结构、存储结构及基本运算的实现，能够对算法进行基本的时间复杂度与空间复杂度分析，能够运用数据结构的基本原理和方法进行问题分析与求解，并具备采用计算机语言设计与实现算法的能力。

该课程要求分为两个层次，一是掌握各种数据结构的基本原理，从逻辑层面理解各种数据结构的逻辑结构特性以及基本运算，继而合理地实现数据结构，使之成为像程序设计语言那样可以直接使用的数据类型；二是掌握各种数据结构的应用，针对一个较复杂的数据处理问题选择合适的数据结构，设计出好的求解算法。

本书基于作者长期在教学第一线从事教学研究的教学经验的积累和总结，同时参考近年来国内外出版的多种数据结构教材，考虑教与学的特点，合理地进行内容取舍和延伸，精心组织编写而成。本书采用 Java 语言的面向对象方法描述数据结构和算法。全书由 10 章组成，各章的内容如下。

第 1 章绪论：介绍数据结构的基本概念、采用 Java 语言描述算法的方法和特点、算法分析方法和如何设计好算法等。

第 2 章线性表：介绍线性表的定义、线性表的两种主要存储结构和各种基本运算算法设计，以及 Java 中的 ArrayList＜E＞和 LinkedList＜E＞集合及其使用，最后通过示例讨论线性表的应用。

第 3 章栈和队列：介绍栈的定义、栈的存储结构、栈的各种基本运算算法设计和栈的应用，以及队列的定义、队列的存储结构、队列的各种基本运算算法设计和队列的应用，Java 中 Stack＜E＞、Queue＜E＞、Deque＜E＞和 PriorityQueue＜E＞集合及其使用。

第 4 章串：介绍串的定义、串的存储结构和串的各种基本运算算法设计，以及 Java 中的 String 类及其使用，串的模式匹配算法 Brute-Force 和 KMP 及其应用。

第 5 章递归：介绍递归的定义、递归模型、递归算法设计和分析方法。

第 6 章数组和稀疏矩阵：介绍数组的定义、数组存储方法和 Java 中的数组类 Arrays 及其使用,以及几种特殊矩阵的压缩存储方式、稀疏矩阵的压缩存储及相关算法设计。

第7章树和二叉树：介绍树的定义、树的逻辑表示方法、树的性质、树的遍历和树的存储结构,以及二叉树的定义、二叉树的性质、二叉树的存储结构、二叉树的基本运算算法设计、二叉树的递归和非递归遍历算法、二叉树的构造、线索二叉树和哈夫曼树、树/森林和二叉树的转换与还原过程、树算法设计和并查集的应用。

第8章图：介绍图的定义、图的存储结构、图的基本运算算法设计、图的两种遍历算法以及图的应用(包括图的最小生成树、最短路径、拓扑排序和关键路径等)。

第9章查找：介绍查找的定义、线性表上的各种查找算法、树表上的各种查找算法、哈希表查找算法,以及 Java 中的 TreeMap<E>、TreeSet<E>、HashMap<E>和 HashSet<E>集合的使用方法。

第10章排序：介绍排序的定义、插入排序方法、交换排序方法、选择排序方法、归并排序方法和基数排序方法,以及各种内排序方法的比较、外排序过程和相关算法。

本书教学内容紧扣《高等学校计算机专业核心课程教学实施方案》和《计算机学科硕士研究生入学考试大纲》,涵盖教学方案及考研大纲要求的全部知识点。书中带"*"的章节或示例为选讲或选学内容,相对难度较高,供提高者研习。

本书的主要特点如下。

(1) 结构清晰,内容丰富,文字叙述简洁明了,可读性强。

(2) 图文并茂,全书用了 300 多幅图来表述和讲解数据的组织结构与算法设计思想。

(3) 力求归纳各类算法设计的规律。例如,单链表算法中很多是基于建表算法,二叉树算法中很多是基于4种遍历算法,图算法中很多是基于两种遍历算法。如果读者掌握了相关的基础算法,那么对于较复杂的算法设计就会驾轻就熟。

(4) 深入讨论递归算法设计方法。递归算法设计是"数据结构"课程中的难点之一,作者从递归模型入手介绍从求解问题中提取递归模型的通用方法,讲解从递归模型到递归算法设计的基本规律。

(5) 书中提供大量的教学示例,将抽象概念具体化,所有算法设计示例均在 JDK 1.8 中调试通过。

(6) 与 Java 语言深度结合,在讲授各种数据结构实现原理的基础上介绍 Java 中已实现的相关集合,并通过示例利用这些集合求解实际问题。

(7) 强调实践教学过程,锻炼在线编程能力,以 POJ 和 HDU 为平台,提供了若干与课程内容紧密结合、难度适中的在线编程实验题,方便课程实训。

本书的配套辅助教材《数据结构教程(Java 语言描述)(第 2 版)学习与上机实验指导》提供了本书所有练习题和实验题的参考答案,其中所有在线编程题均在相关平台中通过(Accept)。

为了方便教师授课和学生学习,本书提供了全面、丰富的教学资源,内容如下。

(1) 教学大纲：包含48学时和60学时参考教学内容安排。

(2) 教学课件：提供超过 1500 页的精美 PPT 课件,供任课教师在教学中使用。

(3) 程序源码：所有源代码按章组织,例如,ch2 文件夹存放第 2 章的源代码,其中 SqList 子文件夹存放顺序表类文件 SqListClass.java 和相关示例源代码文件(例如,Exam2_3.java 为例 2.3 的源代码)。

(4) 绝大部分知识点配有教学视频,采用微课碎片化形式组织,累计超过 32 小时。

> **资源下载提示**
>
> **课件等资源**:扫描封底的"图书资源"二维码,在公众号"书圈"下载。
> **素材(源码)等资源**:扫描目录上方的二维码下载。
> **在线自测题**:扫描封底的作业系统二维码,再扫描自测题二维码,可以在线做题及查看答案。
> **微课视频**:扫描封底的文泉云盘防盗码,再扫描书中相应章节的视频讲解二维码,可以在线学习。

本书出版前已作为武汉大学弘毅学堂的"数据结构"课程讲义使用过多次,并在教学中根据实际情况和同学们的建议做了多次修订,在出版过程中得到清华大学出版社计算机与信息分社魏江江分社长的全力支持,同时王冰飞老师给予精心编辑,在此一并表示衷心的感谢。

尽管作者不遗余力,但由于水平所限,书中难免存在不足之处,敬请教师和同学们批评指正。

作　者

2025 年 1 月

目录

扫一扫

源码下载

第1章 绪论 /1

1.1 什么是数据结构 /2
 1.1.1 数据结构的定义 /2
 1.1.2 数据的逻辑结构 /3
 1.1.3 数据的存储结构 /6
 1.1.4 数据的运算 /9
 1.1.5 数据结构和数据类型 /10
1.2 算法及其描述 /12
 1.2.1 什么是算法 /12
 1.2.2 算法描述 /13
1.3 算法分析 /27
 1.3.1 算法设计的要求 /27
 1.3.2 算法的时间性能分析 /27
 1.3.3 算法的存储空间分析 /30
1.4 数据结构的目标 /31
1.5 练习题 /35
1.6 实验题 /35
 1.6.1 上机实验题 /35

1.6.2 在线编程题 /35

第2章 线性表 /36

2.1 线性表的定义 /37
    2.1.1 什么是线性表 /37
    2.1.2 线性表的抽象数据类型描述 /37

2.2 线性表的顺序存储结构 /38
    2.2.1 线性表的顺序存储结构——顺序表 /38
    2.2.2 线性表的基本运算算法在顺序表中的实现 /39
    2.2.3 顺序表的应用算法设计示例 /43
    2.2.4 顺序表容器——ArrayList /49

2.3 线性表的链式存储结构 /53
    2.3.1 线性表的链式存储结构——链表 /53
    2.3.2 单链表 /54
    2.3.3 单链表的应用算法设计示例 /61
    2.3.4 双链表 /66
    2.3.5 双链表的应用算法设计示例 /70
    2.3.6 循环链表 /72
    2.3.7 链表容器——LinkedList /78

2.4 顺序表和链表的比较 /79

2.5 线性表的应用 /79
    2.5.1 求解两个多项式相加问题的描述 /79
    2.5.2 采用顺序存储结构求解 /80
    2.5.3 采用链式存储结构求解 /84

2.6 练习题 /87

2.7 实验题 /87
    2.7.1 上机实验题 /87
    2.7.2 在线编程题 /87

第3章 栈和队列 /88

3.1 栈 /89
    3.1.1 栈的定义 /89
    3.1.2 栈的顺序存储结构及其基本运算算法的实现 /90
    3.1.3 顺序栈的应用算法设计示例 /92
    3.1.4 栈的链式存储结构及其基本运算算法的实现 /97
    3.1.5 链栈的应用算法设计示例 /99
    3.1.6 Java 中的栈容器——Stack<E> /100

3.1.7 栈的综合应用 /100
3.2 队列 /110
3.2.1 队列的定义 /110
3.2.2 队列的顺序存储结构及其基本运算算法的实现 /110
3.2.3 循环队列的应用算法设计示例 /115
3.2.4 队列的链式存储结构及其基本运算算法的实现 /117
3.2.5 链队的应用算法设计示例 /119
3.2.6 Java 中的队列接口——Queue＜E＞ /120
3.2.7 队列的综合应用 /121
*3.2.8 双端队列 /124
3.2.9 优先队列 /125
3.3 练习题 /128
3.4 实验题 /128
3.4.1 上机实验题 /128
3.4.2 在线编程题 /129

第 4 章 串 /130

4.1 串的基本概念 /131
4.1.1 什么是串 /131
4.1.2 串的抽象数据类型 /131
4.2 串的存储结构 /132
4.2.1 串的顺序存储结构——顺序串 /132
4.2.2 串的链式存储结构——链串 /133
4.3 Java 中的字符串 /136
4.3.1 String /136
4.3.2 StringBuffer /138
4.4 串的模式匹配 /139
4.4.1 BF 算法 /139
4.4.2 KMP 算法 /142
4.5 练习题 /150
4.6 实验题 /150
4.6.1 上机实验题 /150
4.6.2 在线编程题 /150

第 5 章 递归 /151

5.1 什么是递归 /152
5.1.1 递归的定义 /152

5.1.2 何时使用递归 /152
5.1.3 递归模型 /154
5.1.4 递归与数学归纳法 /155
5.1.5 递归的执行过程 /155
5.1.6 递归算法的时空分析 /157
5.2 递归算法的设计 /158
5.2.1 递归算法设计的步骤 /158
5.2.2 基于递归数据结构的递归算法设计 /159
5.2.3 基于归纳方法的递归算法设计 /161
5.3 练习题 /166
5.4 实验题 /166
5.4.1 上机实验题 /166
5.4.2 在线编程题 /166

第6章 数组和稀疏矩阵 /167

6.1 数组 /168
6.1.1 数组的基本概念 /168
6.1.2 数组的存储结构 /169
6.1.3 Java 中的数组 /170
6.1.4 数组的应用 /174
6.2 特殊矩阵的压缩存储 /176
6.3 稀疏矩阵 /179
6.3.1 稀疏矩阵的三元组表示 /179
6.3.2 稀疏矩阵的十字链表表示 /182
6.4 练习题 /184
6.5 实验题 /184
6.5.1 上机实验题 /184
6.5.2 在线编程题 /184

第7章 树和二叉树 /185

7.1 树 /186
7.1.1 树的定义 /186
7.1.2 树的逻辑结构表示方法 /186
7.1.3 树的基本术语 /187
7.1.4 树的性质 /188
7.1.5 树的基本运算 /189
7.1.6 树的存储结构 /190

7.2 二叉树 /192
- 7.2.1 二叉树的概念 /192
- 7.2.2 二叉树的性质 /194
- 7.2.3 二叉树的存储结构 /195
- 7.2.4 二叉树的递归算法设计 /197
- 7.2.5 二叉树的基本运算及其实现 /198

7.3 二叉树的先序、中序和后序遍历 /201
- 7.3.1 二叉树遍历的概念 /201
- 7.3.2 先序、中序和后序遍历递归算法 /202
- 7.3.3 递归遍历算法的应用 /203
- *7.3.4 先序、中序和后序遍历非递归算法 /213

7.4 二叉树的层次遍历 /221
- 7.4.1 层次遍历过程 /221
- 7.4.2 层次遍历算法设计 /221
- 7.4.3 层次遍历算法的应用 /222

7.5 二叉树的构造 /225
- 7.5.1 由先序/中序序列或后序/中序序列构造二叉树 /225
- *7.5.2 序列化和反序列化 /230

7.6 线索二叉树 /232
- 7.6.1 线索二叉树的定义 /232
- 7.6.2 线索化二叉树 /233
- 7.6.3 遍历线索二叉树 /235

7.7 哈夫曼树 /236
- 7.7.1 哈夫曼树的定义 /237
- 7.7.2 哈夫曼树的构造算法 /237
- 7.7.3 哈夫曼编码 /240

7.8 二叉树与树、森林之间的转换 /242
- 7.8.1 树到二叉树的转换及还原 /242
- 7.8.2 森林到二叉树的转换及还原 /243

*7.9 树算法设计和并查集 /244
- 7.9.1 树算法设计 /244
- 7.9.2 并查集 /247

7.10 练习题 /252

7.11 实验题 /252
- 7.11.1 上机实验题 /252
- 7.11.2 在线编程题 /252

第8章 图 /253

8.1 图的基本概念 /254
- 8.1.1 图的定义 /254
- 8.1.2 图的基本术语 /255

8.2 图的存储结构 /257
- 8.2.1 邻接矩阵 /257
- 8.2.2 邻接表 /260

8.3 图的遍历 /265
- 8.3.1 图遍历的概念 /265
- 8.3.2 深度优先遍历 /265
- 8.3.3 广度优先遍历 /267
- 8.3.4 非连通图的遍历 /268
- 8.3.5 图遍历算法的应用 /269
- *8.3.6 求有向图中强连通分量的Tarjan算法 /282

8.4 生成树和最小生成树 /285
- 8.4.1 生成树和最小生成树的概念 /285
- 8.4.2 Prim算法 /287
- 8.4.3 Kruskal算法 /290

8.5 最短路径 /294
- 8.5.1 最短路径的概念 /294
- 8.5.2 Dijkstra算法 /294
- 8.5.3 Floyd算法 /299

8.6 拓扑排序 /305
- 8.6.1 什么是拓扑排序 /305
- 8.6.2 拓扑排序算法设计 /307
- *8.6.3 逆拓扑序列和非递归深度优先遍历 /308

8.7 AOE网与关键路径 /309
- 8.7.1 什么是AOE网和关键路径 /309
- 8.7.2 求AOE网中关键路径的算法 /312

8.8 练习题 /314

8.9 实验题 /314
- 8.9.1 上机实验题 /314
- 8.9.2 在线编程题 /315

第9章 查找 /316

9.1 查找的基本概念 /317

9.2 线性表的查找 /317
- 9.2.1 顺序查找 /318
- 9.2.2 折半查找 /320
- 9.2.3 索引存储结构和分块查找 /329

9.3 树表的查找 /332
- 9.3.1 二叉排序树 /333
- 9.3.2 平衡二叉树 /340
- *9.3.3 Java 中的 TreeMap 和 TreeSet 集合 /347
- 9.3.4 B 树 /352
- 9.3.5 B+树 /358

9.4 哈希表的查找 /359
- 9.4.1 哈希表的基本概念 /359
- 9.4.2 哈希函数的构造方法 /360
- 9.4.3 哈希冲突的解决方法 /361
- 9.4.4 哈希表的查找及性能分析 /364
- *9.4.5 Java 中的 HashMap 和 HashSet 集合 /367

9.5 练习题 /371
9.6 实验题 /371
- 9.6.1 上机实验题 /371
- 9.6.2 在线编程题 /371

第 10 章 排序 /372

10.1 排序的基本概念 /373
10.2 插入排序 /375
- 10.2.1 直接插入排序 /375
- 10.2.2 折半插入排序 /378
- 10.2.3 希尔排序 /379

10.3 交换排序 /381
- 10.3.1 冒泡排序 /381
- 10.3.2 快速排序 /383

10.4 选择排序 /389
- 10.4.1 简单选择排序 /389
- 10.4.2 堆排序 /391
- 10.4.3 堆数据结构 /395

10.5 归并排序 /397
- 10.5.1 自底向上的二路归并排序 /397
- 10.5.2 自顶向下的二路归并排序 /400

10.6 基数排序 /403

10.7　各种内排序方法的比较和选择 　/407
10.8　外排序　　/409
　　10.8.1　生成初始归并段的方法 　/409
　　10.8.2　多路归并方法 　/411
10.9　练习题　　/416
10.10　实验题　/417
　　10.10.1　上机实验题　/417
　　10.10.2　在线编程题　/417

参考文献　/418

第 1 章 绪 论

数据结构作为一门独立的课程最早在美国的一些大学开设,1968年,美国的 Donald E. Knuth 教授创建了数据结构的最初体系,他所著的《计算机程序设计技巧》系统地阐述数据结构的原理和算法分析方法,是数据结构的经典之作。从 20 世纪 70 年代开始,数据结构得到了迅速发展,编译程序、操作系统和数据库管理系统等都涉及数据元素的组织以及在存储器中的分配,数据结构技术成为设计和实现大型系统软件和应用软件的关键技术。

"数据结构"课程通过介绍一些典型数据结构的特性及其实现过程来讨论基本的数据组织和数据处理方法。通过本课程的学习,培养学生具备数据结构的逻辑结构和存储结构的基本概念和必要的基础知识,对定义在数据结构上的基本运算有较强的理解能力,学会研究、分析计算机加工的数据结构的特性,以便为应用涉及的数据选择适当的逻辑结构和存储结构,并能设计出较高质量的算法。

本章基本学习要点如下:

(1) 数据结构的定义,数据结构包含的逻辑结构、存储结构和运算三方面的相互关系。

(2) 各种逻辑结构(线性结构、树形结构和图形结构)之间的差别。

(3) 各种存储结构(顺序存储结构、链式存储结构、索引和哈希)之间的差别。

(4) 数据结构和数据类型的区别和联系。

(5) 抽象数据类型的概念和描述方式。

(6) 算法的定义及其特性。

(7) 重点掌握算法的时间复杂度和空间复杂度分析方法。

1.1 什么是数据结构

在了解数据结构的重要性之后开始讨论数据结构的定义,本节先从一个简单的高等数学成绩表例子入手,继而给出数据结构的严格定义,接着分析数据结构的几种类型,最后给出数据结构和数据类型之间的区别与联系。

1.1.1 数据结构的定义

用计算机解决一个具体的问题大致需要经过以下几个步骤。

(1) 分析问题,确定数据模型。
(2) 设计相应的算法。
(3) 编写程序,运行并调试程序直至得到正确的结果。

寻求数学模型的实质是分析问题,从中提取操作的对象,并找出这些操作对象之间的关系,然后用数学语言加以描述。有些问题的数据模型可以用具体的数学方程式来表示,但更多的实际问题是无法用数学方程式来表示的,这就需要从数据入手来分析并得到解决问题的方法。

数据是描述客观事物的数、字符以及所有能输入计算机中并被计算机程序处理的符号的集合。例如,日常生活中使用的各种文字、数字和特定符号都是数据。从计算机的角度看,数据是所有能被输入计算机中且能被计算机处理的符号的集合。它是计算机操作的对象的总称,也是计算机处理的信息的某种特定的符号表示形式(例如,A 班学生数据包含了该班全体学生的记录)。

通常以**数据元素**作为数据的基本单位(例如,A 班中的每个学生记录都是一个数据元素),也就是说数据元素是组成数据的有一定意义的基本单位,在计算机中通常作为整体处理,有些情况下数据元素也称为元素、结点、记录等。有时候,一个数据元素可以由若干数据项组成。数据项是具有独立含义的数据最小单位,也称为域[例如,A 班中的每个数据元素(学生记录)由学号、姓名、性别和班号等数据项组成]。

数据对象是性质相同的有限个数据元素的集合,它是数据的一个子集,例如,大写字母数据对象是集合 $C=\{'A','B','C',\cdots,'Z'\}$;1~100 的整数数据对象是集合 $N=\{1,2,\cdots,100\}$。在默认情况下,数据结构中的数据都是指数据对象。

数据结构是指所涉及的数据元素的集合以及数据元素之间的关系,由数据元素之间的关系构成结构,因此可把数据结构看成带结构的数据元素的集合。数据结构包括如下几方面。

(1) 数据元素之间的逻辑关系,即数据的逻辑结构,它是数据结构在用户面前呈现的形式。

(2) 数据元素及其关系在计算机存储器中的存储方式,即数据的存储结构,也称为数据的物理结构。

(3) 施加在该数据上的操作,即数据的运算。

数据的逻辑结构是从逻辑关系(主要是指数据元素的相邻关系)上描述数据的,它与数据的存储无关,因此数据的逻辑结构可以看作从具体问题抽象出来的数学模型。

数据的存储结构是逻辑结构用计算机语言的实现或在计算机中的表示(也称为映射),也就是逻辑结构在计算机中的存储方式,它是依赖于计算机语言的,一般在高级语言(例如Java、C/C++等语言)的层次上来讨论存储结构。

数据的运算是定义在数据的逻辑结构之上的,每种逻辑结构都有一组相应的运算,最常用的运算有检索、插入、删除、更新、排序等。数据的运算最终需要在对应的存储结构上用算法实现。

因此,数据结构是一门讨论"描述现实世界实体的数学模型(通常为非数值计算)及其之上的运算在计算机中如何表示和实现"的学科。

1.1.2 数据的逻辑结构

讨论数据结构的目的是用计算机求解问题,而分析并弄清数据的逻辑结构是求解问题的基础,也是求解问题的第一步。

数据的逻辑结构是面向用户的,它反映数据元素之间的逻辑关系而不是物理关系,是独立于计算机的。

1. 逻辑结构的表示

由于数据的逻辑结构是面向用户的,所以可以采用表格、图等用户容易理解的形式表示。下面通过几个实例加以说明。

【例1.1】 采用表格形式给出一个高等数学成绩表,表中的数据元素是学生成绩记录,每个数据元素由3个数据项(学号、姓名和分数)组成。

解 一个用表格表示的高等数学成绩表如表1.1所示,表中的每一行对应一个学生记录。

表1.1 高等数学成绩表

学　　号	姓　　名	分　　数
2018001	王华	90
2018010	刘丽	62
2018006	陈明	54
2018009	张强	95
2018007	许兵	76
2018012	李萍	88
2018005	李英	82

【例1.2】 采用图形式给出某大学组织结构图,大学下设若干学院和若干处,每个学院下设若干系,每个处下设若干科或办公室。

解 某大学组织结构图如图1.1所示,该图中的每个矩形框为一个结点,对应一个单位名称。

【例1.3】 采用图形式给出全国部分城市交通线路图。

解 全国部分城市交通线路图如图1.2所示,图中的每个结点表示一个城市。

上面几个实例都是数据逻辑结构的表示形式,从中可以看出,数据逻辑结构主要是从数据元素之间的相邻关系来考虑的,"数据结构"课程中主要讨论这种相邻关系,在实际应用中

图1.1 某大学组织结构图

图1.2 全国部分城市交通线路图

很容易将其推广到其他关系。

实际上同一个数据逻辑结构可以采用多种方式来表示,假设用学号表示一个成绩记录,高等数学成绩表的逻辑结构也可以用图1.3表示。

图1.3 高等数学成绩表的另一种逻辑结构表示

为了更通用地描述数据的逻辑结构,通常采用二元组表示数据的逻辑结构,一个二元组如下:

$$B=(D,R)$$

其中,B是一种逻辑数据结构的名称,D是数据元素的集合,在D上数据元素之间可能存在多种关系,R是所有关系的集合,即

$$D=\{d_i \mid 0 \leqslant i \leqslant n-1, n \geqslant 0\}$$
$$R=\{r_j \mid 1 \leqslant j \leqslant m, m \geqslant 0\}$$

其中,d_i表示集合D中的第i($0 \leqslant i \leqslant n-1$)个数据元素(或结点),$n$为$D$中数据元素的个数,特别地,若$n=0$,则$D$是一个空集,此时$B$也就无结构可言;$r_j$($1 \leqslant j \leqslant m$)表示集合$R$中的第$j$个关系,$m$为$R$中关系的个数,特别地,若$m=0$,则$R$是一个空集,表明集合$D$中的数据元素间不存在任何关系,彼此是独立的,这和数学中集合的概念是一致的。

说明:为了方便起见,除了特别说明外,元素的逻辑序号统一从0开始。

R中的某个关系r_j($1 \leqslant j \leqslant m$)是序偶(用序偶表示两个元素之间的相邻关系)的集合,对于r_j中的任一序偶$<x,y>$($x,y \in D$),把x叫作序偶的第一元素,把y叫作序偶的第二

元素,又称序偶的第一元素为第二元素的**前驱元素**,称第二元素为第一元素的**后继元素**。例如,在<x,y>的序偶中,x 为 y 的前驱元素,而 y 为 x 的后继元素。

若某个元素没有前驱元素,则称该元素为**开始元素**;若某个元素没有后继元素,则称该元素为**终端元素**。

对于对称序偶,满足这样的条件:若<x,y>∈$r(r∈R)$,则<y,x>∈$r(x,y∈D)$,可用圆括号代替尖括号,即$(x,y)∈r$。

对于 D 中的每个数据元素,通常用一个关键字来唯一标识,例如,高等数学成绩表中学生成绩记录的关键字为学号。前面3个示例均可以采用二元组来表示其逻辑结构。

【**例 1.4**】 采用二元组表示前面3个例子的逻辑结构。

解 高等数学成绩表(假设学号为关键字)的二元组表示如下:

B1=(D,R)
D={2018001,2018010,2018006,2018009,2018007,2018012,2018005}
R={r_1}   //表示只有一种逻辑关系
r_1={ <2018001,2018010>,<2018010,2018006>,<2018006,2018009>,
       <2018009,2018007>,<2018007,2018012>,<2018012,2018005> }

某高校组织结构(假设单位名为关键字)的二元组表示如下:

B2=(D,R)
D={ 某大学,计算机学院,电子信息学院,…,教务处,学生处,…,科学系,工程系,应用系,…,
      招生办,就业办 }
R={r_1}
r_1={ <某大学,计算机学院>,<某大学,电子信息学院>,…,<某大学,教务处>,
       <某大学,学生处>,…,<计算机学院,科学系>,<计算机学院,工程系>,
       <计算机学院,应用系>,…,<学生处,招生办>,<学生处,就业办> }

全国部分城市交通图(假设城市名为关键字)的二元组表示如下:

B3=(D,R)
D={北京,郑州,武汉,长沙,南京,南昌,杭州,上海}
R={r_1}
r_1={ (北京,郑州),(北京,南京),(郑州,武汉),(武汉,南京),(武汉,长沙),(南京,南昌),
       (南京,上海),(南京,杭州),(南昌,杭州),(南昌,上海) }

2. 逻辑结构的类型

在现实生活中数据呈现不同类型的逻辑结构,归纳起来,数据的逻辑结构主要分为以下类型。

(1) 集合:结构中的数据元素之间除了"同属于一个集合"的关系外没有其他关系,与数学中集合的概念相同。

(2) 线性结构:若结构是非空的,则有且仅有一个开始元素和终端元素,并且所有元素最多只有一个前驱元素和一个后继元素。

在例1.1的高等数学成绩表中,每一行为一个学生成绩记录(或成绩元素),其逻辑结构特性是只有一个开始记录(即姓名为王华的记录)和一个终端记录(也称为尾记录,即姓名为李英的记录),其余每个记录只有一个前驱记录和一个后继记录,也就是说记录之间存在一对一的关系,其逻辑结构特性为线性结构。

(3) 树形结构:若结构是非空的,则有且仅有一个元素为开始元素(也称为根结点),可以有多个终端元素,每个元素有零个或多个后继元素,除开始元素外每个元素有且仅有一个前驱元素。

例 1.2 中某大学组织结构图的逻辑结构特性是只有一个开始结点(即大学名称结点),有若干终端结点(例如科学系等),每个结点有零个或多个下级结点,也就是说结点之间存在一对多的关系,其逻辑结构特性为树形结构。

(4) 图形结构:若结构是非空的,则每个元素可以有多个前驱元素和多个后继元素。

例 1.3 中全国部分城市交通线路图的逻辑结构特性是每个结点和一个或多个结点相连,也就是说结点之间存在多对多的关系,其逻辑结构特性为图形结构。

1.1.3 数据的存储结构

问题求解最终是用计算机求解,在弄清数据的逻辑结构后便可以借助计算机语言(本书采用 Java 语言)实现其存储结构(或物理结构)。

数据的存储结构应正确地反映数据元素之间的逻辑关系,也就是说在设计某种逻辑结构对应的存储结构时需要在计算机内存中存储两方面的信息,即存储逻辑结构中的所有数据元素和存储数据元素之间的逻辑关系,所以将数据的存储结构称为逻辑结构的映像,如图 1.4 所示。

图 1.4 存储结构是逻辑结构在内存中的映像

归纳起来,数据的逻辑结构是面向用户的,而存储结构是面向计算机的,其基本目标是将数据及其逻辑关系存储到计算机的内存中。

下面通过一个示例说明数据的存储结构的设计过程。

【例 1.5】 对于表 1.1 所示的高等数学成绩表,设计多种存储结构,并讨论各种存储结构的特性。

解 这里设计高等数学成绩表的两种存储结构。

存储结构 1:用 Java 语言中的对象数组来存储高等数学成绩表。

设计学生类 Stud1 如下:

```
class Stud1 {                                        //学生类
    int no;                                          //存放学号
    String name;                                     //存放姓名
    int score;                                       //存放分数
    public Stud1(int no1,String name1,int score1) {  //构造方法
        no=no1; name=name1; score=score1;
    }
}
```

定义一个 Stud1 对象数组 st 用于存放高等数学成绩表:

```
Stud1[] st=new Stud1[7];                 //存放记录的数组
st[0]=new Stud1(2018001,"王华",90);
st[1]=new Stud1(2018010,"刘丽",62);
st[2]=new Stud1(2018006,"陈明",54);
st[3]=new Stud1(2018009,"张强",95);
st[4]=new Stud1(2018007,"许兵",76);
```

```
st[5]=new Stud1(2018012,"李萍",88);
st[6]=new Stud1(2018005,"李英",82);
```

这样的 st 数组便是高等数学成绩表的一种存储结构,其示意图如图 1.5 所示。该存储结构的特性是所有元素存放在一片地址连续的存储单元中,逻辑上相邻的元素在物理位置上也是相邻的,所以不需要额外空间表示元素之间的逻辑关系。这种存储结构称为**顺序存储结构**。

图 1.5　高等数学成绩表的顺序存储结构示意图

说明:尽管并非任何 Java 数组中的所有元素都存放在一片地址连续的存储单元中,但从存取操作角度可以这样理解。

存储结构 2:用 Java 语言中的单链表来存储高等数学成绩表。

设计存放高等数学成绩表的结点类 Stud2 如下:

```
class Stud2 {                      //学生结点类
    public int no;                 //存放学号
    public String name;            //存放姓名
    public int score;              //存放分数
    public Stud2 next;
}
```

建立一个用于存放高等数学成绩表的单链表(开始结点为 head):

```
Stud2 head;                                    //学生单链表的开始结点
Stud2 p1,p2,p3,p4,p5,p6,p7;
p1=new Stud2();
p1.no=2018001; p1.name="王华"; p1.score=90;
p2=new Stud2();
p2.no=2018010; p2.name="刘丽"; p2.score=62;
p3=new Stud2();
p3.no=2018006; p3.name="陈明"; p3.score=54;
p4=new Stud2();
p4.no=2018009; p4.name="张强"; p4.score=95;
p5=new Stud2();
p5.no=2018007; p5.name="许兵"; p5.score=76;
p6=new Stud2();
p6.no=2018012; p6.name="李萍"; p6.score=88;
p7=new Stud2();
p7.no=2018005; p7.name="李英"; p7.score=82;
head=p1;                                       //开始结点用 head 标识
p1.next=p2;                                    //建立结点之间的关系
p2.next=p3;
p3.next=p4;
p4.next=p5;
p5.next=p6;
p6.next=p7;
p7.next=null;                                  //尾结点的 next 属性设置为 null
```

其中,每个学生成绩记录用一个结点存储,共建立 7 个结点(p1~p7),由于这些结点的地址

图1.6 高等数学成绩表的链式存储结构

不一定是连续的,所以采用next字段(或域)表示逻辑关系,即一个结点的next字段指向其逻辑上的后继结点,尾结点的next字段置为null,从而构成一个链表(由于每个结点只有一个next指针字段,称其为单链表),其存储结构如图1.6所示。在该存储结构中,开始结点为head,用它来标识整个单链表,由head结点的next字段得到后继结点的地址,以此类推可以找到任何一个结点。

这种存储结构的特性是把每个数据元素存放在一串连续的存储单元中,称为结点,存放全部元素的结点地址可以是连续的,也可以是不连续的,通过指针域来反映数据元素的逻辑关系,称为**链式存储结构**。

设计存储结构是非常灵活的,一个存储结构设计得是否合理(能否存储所有的数据元素及反映数据元素的逻辑关系)取决于该存储结构的运算实现是否方便和高效。

归纳起来,有以下4种常用的存储结构类型。

1. 顺序存储结构

顺序存储结构是把逻辑上相邻的元素存储在物理位置上相邻的存储单元里,元素之间的逻辑关系由存储单元的邻接关系来体现(称为直接映射)。通常顺序存储结构是借助于计算机程序设计语言(如Java、C/C++语言等)的数组来实现的。

顺序存储方法的主要优点是节省存储空间,因为分配给数据的存储单元全部用于存放元素值,元素之间的逻辑关系没有占用额外的存储空间。在采用这种方法时,可实现对结点的随机存取,即每个元素对应一个序号,由该序号可直接计算出元素的存储地址。顺序存储方法的主要缺点是初始空间大小难以确定,插入和删除操作需要移动较多的元素。

2. 链式存储结构

链式存储结构中每个逻辑元素用一个结点存储,不要求逻辑上相邻的元素在物理位置上也相邻,元素间的逻辑关系用附加的指针域来表示。由此得到的存储表示称为链式存储结构,它通常要借助于计算机程序设计语言的指针(或者引用)来实现。

链式存储方法的主要优点是便于进行插入和删除操作,实现这些操作仅需要修改相应结点的指针字段,不必移动结点。与顺序存储方法相比,链式存储方法的主要缺点是存储空间的利用率较低,因为分配给数据的存储单元有一部分被用来存储元素之间的逻辑关系。另外,由于逻辑上相邻的元素在存储空间中不一定相邻,所以链式存储方法不能对元素进行随机存取。

3. 索引存储结构

索引存储结构通常是在存储元素信息的同时还建立附加的索引表。索引表中的每一项称为索引项,索引项的一般形式是(关键字,地址或引用),关键字唯一标识一个元素,索引表按关键字有序排列,地址作为指向元素的指针。这种带有索引表的存储结构可以大幅提高数据查找的速度。

线性结构采用索引存储方法后可以对元素进行随机访问,在进行插入、删除运算时只需移动存储在索引表中对应元素的存储地址,而不必移动存放在元素表中的数据,所以仍保持较高的数据修改运算效率。索引存储方法的缺点是增加了索引表,降低了存储空间的利用率。

4. 哈希(或散列)存储结构

哈希存储结构的基本思想是根据元素的关键字通过哈希函数直接计算出一个值,并将这个值作为该元素的存储地址。

哈希存储方法的优点是查找速度快,只要给出待查元素的关键字就可以立即计算出该元素的存储地址。与前 3 种存储方法不同的是,哈希存储方法只存储元素的数据,不存储元素之间的逻辑关系。哈希存储方法一般只适用于要求对数据能够进行快速查找和插入的场合。

在实际应用中,上述 4 种基本存储结构既可以单独使用,也可以组合使用。同一种逻辑结构采用不同的存储方法可以得到不同的存储结构,也就是说同一种逻辑结构可能有多种存储结构,选择何种存储结构要视具体要求而定,主要考虑的因素是运算实现是否方便及算法的时空性能要求。

1.1.4 数据的运算

扫一扫

视频讲解

将数据存放在计算机中的目的是实现一种或多种运算。运算包括功能描述(或运算功能)和功能实现(或运算实现),前者是基于逻辑结构的,是用户定义的,是抽象的;后者是基于存储结构的,是程序员用计算机语言或伪码表示的,是详细的过程,其核心是设计实现某一运算功能的处理步骤,即算法设计。

例如,对于高等数学成绩表这种数据结构可以进行一系列的运算,如增加一个学生成绩记录,删除一个学生成绩记录,求所有学生的平均分,查找序号为 i 的学生的分数等。

同一运算在不同存储结构中的实现过程是不同的。例如,查找序号为 i(i 表示序号而不是学号)的学生的分数,其本身就是运算的功能描述,它在顺序存储结构和链式存储结构中的实现过程是不同的。在顺序存储结构 st 中对应的代码如下:

```
public static int Findi(Stud1[] st,int i) {        //求序号为 i 的学生的分数
    if (i<0 || i>st.length)                         //i 错误时抛出异常
        throw new IllegalArgumentException("参数 i 错误");
    else
        return st[i].score;                         //i 正确时返回分数
}
```

在链式存储结构 head 中对应的代码如下:

```
public static int Findi(Stud2 head,int i) {        //求序号为 i 的学生的分数
    int j=0;
    Stud2 p=head;                                   //p 指向第一个结点
    while (j<i && p!=null) {
        j++;
        p=p.next;
    }
```

```
if (i<=0 || p==null)                              //i 错误时抛出异常
    throw new IllegalArgumentException("参数 i 错误");
else                                              //i 正确时返回分数
    return p.score;
}
```

从直观上看,"查找序号为 i 的学生的分数"运算在顺序存储结构上实现比在链式存储结构上实现要简单得多,也更加高效。

归纳起来,对于一种数据结构,其逻辑结构是唯一的(尽管逻辑结构的表示形式有多种),但它可能对应多种存储结构,并且在不同的存储结构中同一运算的实现过程可能不同。

1.1.5　数据结构和数据类型

数据类型是与数据结构密切相关的一个概念,容易引起混淆。本节介绍二者之间的差别和抽象数据类型的概念。

1. 数据类型

在用高级程序语言(如 Java 语言)编写的程序中,通常需要对程序中出现的每个变量、常量或表达式明确地说明它们所属的数据类型。不同类型的变量,其所能取的值的范围不同,所能进行的操作或运算也不同。数据类型是一组性质相同的值的集合和定义在此集合上的一组操作的总称。

例如,在高级语言中已实现的或非高级语言直接支持的数据结构即为数据类型。在程序设计语言中,一个变量的数据类型不仅规定了这个变量的取值范围,而且定义了这个变量可用的运算,例如,Java 语言中定义变量 i 为 short 类型,则它的取值范围为 $-32\,768 \sim 32\,767$,可用的操作有＋、－、＊、／和％等,如图 1.7 所示。

图 1.7　short 数据类型

总的来说,数据结构是指计算机处理的数据元素的组织形式和相互关系,而数据类型是某种程序设计语言中已实现的数据结构。在程序设计语言提供的数据类型的支持下,可以根据从问题中抽象出来的各种数据模型逐步构造出描述这些数据模型的各种新的数据结构。

2. 抽象数据类型

抽象数据类型(Abstract Data Type,ADT)是指用户进行软件系统设计时从问题的数学模型中抽象出来的逻辑数据结构和逻辑数据结构上的运算,而不考虑计算机的具体存储结构和运算的具体实现算法。抽象数据类型中的数据对象和数据运算的声明与数据对象的表示和数据运算的实现相互分离,也称为抽象模型。

"抽象"意味着应该从与实现方法无关的角度研究数据结构,只关心数据结构做什么,而不是如何实现。但是在程序中使用数据结构之前必须提供实现方法,并且还要关心运算的执行效率。

一个具体问题的抽象数据类型的定义通常采用简洁、严谨的文字描述,一般包括数据对象(即数据元素的集合)、数据关系和基本运算三方面的内容。抽象数据类型可用 (D, S, P) 三元组表示,其中,D 是数据对象,S 是 D 上的关系集,P 是 D 中数据运算的基本运算集。

其基本格式如下:

```
ADT 抽象数据类型名 {
    数据对象: 数据对象的声明
    数据关系: 数据关系的声明
    基本运算: 基本运算的声明
}
```

其中,基本运算的声明格式如下:

```
基本运算名(参数表): 运算功能描述
```

【例1.6】 构造集合 ADT Set,假设其中元素为 E 类型,遵循标准数学定义,基本运算包括求集合长度、求第 i 个元素、判断一个元素是否属于集合、向集合中添加一个元素、从集合中删除一个元素和输出集合中的所有元素。另外,定义一个实现两个集合运算的 ADT TwoSet,成员包括 Union(集合并)、Intersection(集合交)和 Difference(集合差)。

解 抽象数据类型 Set 和 TwoSet 的定义如下。

```
ADT Set {                              //集合的抽象数据类型
    数据对象:
        data={$d_i$ | 0≤i≤n−1,$d_i$∈E};   //存放集合中的元素
        int size;                       //集合中元素的个数
    数据关系:
        无
    基本运算:
        int getsize();                  //返回集合的长度
        E get(int i);                   //返回集合的第 i 个元素
        boolean IsIn(E e);              //判断 e 是否在集合中
        boolean add(E e);               //将元素 e 添加到集合中
        boolean delete(E e);            //从集合中删除元素 e
        void display();                 //输出集合中的元素
}
/////////////////////////////////////////////////////////
ADT TwoSet {                           //两个集合运算的抽象数据类型
    数据对象:
        data={$s_i$ | 1≤i≤n,$s_i$∈Set};   //以集合作为处理元素
    数据关系:
        无
    基本运算:
        Union(Set s1, Set s2);          //求 s3=s1∪s2
        Intersection(Set s1, Set s2);   //求 s3=s1∩s2
        Difference(Set s1, Set s2);     //求 s3=s1−s2
}
```

抽象数据类型有两个重要特征,即数据抽象和数据封装。所谓数据抽象,是指用 ADT 描述程序处理的实体时强调的是其本质的特征、其所能完成的功能以及它和外部用户的接口(即外界使用它的方法)。所谓数据封装,是指将实体的外部特性和其内部实现细节分离,并且对外部用户隐藏其内部实现细节。抽象数据类型需要通过固有数据类型(高级编程语言中已实现的数据类型,如 Java 中的类)来实现。

1.2 算法及其描述

本节先给出算法的定义和特性,然后讨论用Java语言描述算法的方法。

1.2.1 什么是算法

数据元素之间的关系有逻辑关系和物理关系,对应的运算有逻辑结构上的运算(抽象运算)和具体存储结构上的运算(运算实现)。算法是在具体存储结构上实现某个抽象运算。

确切地说,**算法**是对特定问题求解步骤的一种描述,它是指令的有限序列,其中每一条指令表示计算机的一个或多个操作。所谓算法设计,就是把逻辑层面设计的接口(抽象运算)映射到实现层面具体的实现方法(算法)。

算法具有以下5个重要的特性(如图1.8所示)。

图1.8 算法的概念

(1) 有穷性:指算法在执行有限的步骤之后自动结束而不会出现无限循环,并且每一个步骤在可接受的时间内完成。

(2) 确定性:对于每种情况下执行的操作在算法中都有确定的含义,不会出现二义性,并且在任何条件下算法都只有一条执行路径。

(3) 可行性:算法的每条指令都可以通过已经实现的基本运算执行,并且能够在有限次内实现。

(4) 输入性:算法有零个或多个输入。在大多数算法中,输入参数是必要的,但对于较简单的算法,例如计算1+2的值,不需要任何输入参数,因此算法的输入可以是零个。

(5) 输出性:算法至少有一个或多个输出。算法用于某种数据处理,如果没有输出,这样的算法是没有意义的,算法的输出是和输入有着某些特定关系的量。

说明:算法和程序是有区别的,程序是指使用某种计算机语言对一个算法的具体实现,即具体要怎么做,而算法侧重于对解决问题的方法描述,即要做什么。算法必须满足有限性,而程序不一定满足有限性,例如,Windows操作系统在用户没有退出、硬件不出现故障以及不断电的条件下理论上可以无限时运行。算法的有穷性意味着不是所有的计算机程序都是算法,所以严格上讲算法和程序是两个不同的概念。当然,算法也可以直接用任何计算机程序来描述,本书就是采用这种方式。

【例1.7】 考虑下列两段描述。

(1) 描述一: (2) 描述二:

```
void exam1() {
    int n=2;
    while (n%2==0)
        n=n+2;
    System.out.println(n);
}
```

```
void exam2() {
    int x,y=0;
    x=5/y;
    System.out.println(x);
}
```

这两段描述均不能满足算法的特征,试问它们违反了哪些特性?

解 描述一中while循环语句是一个死循环,违反了算法的有穷性特性,所以它不是算法。描述二中包含除零操作,违反了算法的可行性特性(因为任何计算机语言都无法实现除零操作,或者说除零操作是不可行的),所以它不是算法。

1.2.2 算法描述

用户可以采用自然语言或某种计算机语言来描述算法,对于计算机专业的学生,最好掌握用计算机语言来描述算法。下面介绍Java语言中描述算法的相关基础,本书后面的算法设计中会经常用到这些内容,以后不再一一介绍。

1. Java的基本数据类型及其输入与输出

1) Java的8种基本数据类型

Java的8种基本数据类型如下。

(1) 4种整数类型(byte、short、int、long):byte为8位,用于表示最小数据单位。short为16位,表示整数范围是 $-32\,768 \sim 32\,767$。int为32位,表示整数范围是 $-2^{31} \sim 2^{31}-1$(大约为21亿)。long为64位,表示整数范围是 $-2^{63} \sim 2^{63}-1$。整数有各种进制,如十进制(如10对应十进制数10)、八进制(如010对应十进制数8)、十六进制(如0x10对应十进制数16)。

(2) 两种浮点数类型(float、double):float为32位,后缀为F或f,其浮点表示形式是1位符号位、8位指数和23位有效尾数。double为64位,后缀为D或d,其浮点表示形式是1位符号位、11位指数和52位有效尾数。

(3) 一种字符类型(char):char为16位,是整数类型,是用单引号括起来的一个字符(可以是一个中文字符),使用Unicode码代表字符。

(4) 一种布尔类型(boolean):布尔类型取值为true(真)或者false(假)。注意,Java中的true不能用"非0"代替,false不能用"0"代替,例如以下程序段是错误的比较:

```
boolean f=true;
if(f==1)                    //不能将布尔变量与整数进行比较
    System.out.println("OK");
```

2) 基本数据类型之间的转换

上述8种基本数据类型之间的自动转换如图1.9所示,即数据表示范围小的数据类型可以自动转换成数据表示范围大的数据类型,也可以通过强制类型转换把一个数据类型转换为另外一种数据类型。

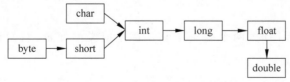

图1.9 基本数据类型之间的自动转换

3) 基本数据类型的输入

由键盘输入的数据,不管是文字还是数字,Java皆视为字符串,因此若是要由键盘输入数据,必须经过转换。为了简化输入操作,从Java SE 5版本开始在java.util类库中新增了一个专门用于输入操作的类 Scanner，可以使用该类输入一个对象。例如，建立一个 Scanner 对象 fin：

Scanner fin=new Scanner(System.in);

这样就可以用 fin 对象调用相应方法读取用户在键盘上输入的相应类型的数据，这些方法有 nextByte()、nextDouble()、nextFloat()、nextInt()、nextLong()、nextShort()、next() 和 nextLine()。其中，使用 next() 和 nextLine() 方法接收从键盘输入的字符串型数据，next() 一定要读取到有效字符后才可以结束输入，对于输入有效字符之前遇到的空格键、Tab 键或 Enter 键等结束符，它将自动去掉，只有在输入有效字符之后该方法才将其后输入的这些符号视为分隔符。nextLine() 的结束符为 Enter 键，即返回回车之前的所有字符。

4）基本数据类型的输出

Java 中的输出语句如下。

（1）System.out.println()：最常用的输出语句，会把括号里的内容转换成字符串输出到输出控制台并且换行，当输出的是一个基本数据类型时会自动转换成字符串，如果输出的是一个对象，则会自动调用对象的 toString() 方法，将返回值输出到控制台。

（2）System.out.print()：与上一个语句很相似，区别就是上一个语句输出后会换行，而这个语句输出后并不换行。

（3）System.out.printf()：这个方法延续了 C 语言的输出方式，通过格式化文本和参数列表输出。

2. Java 的引用类型

在 Java 中类型可分为两大类，即值类型与引用类型。值类型就是前面介绍的 8 种基本数据类型，引用类型是指除了这些基本数据类型之外的所有类型（例如，通过 class 定义的类类型和数组等都是引用数据类型）。

在 Java 中引用类型的变量与 C/C++ 的指针变量类似。引用类型变量称为引用变量，它指向一个对象（该类型的实例），这些变量在声明时指定为一个引用类型，例如某个类类型。Java 属于强类型语言，变量一旦声明后，其数据类型就不能改变了。所有引用类型的默认值都是 null（空）。一个引用变量可以用来引用任何与之兼容的类型。

所有类型变量在内存中都会分配一定的存储空间（形参在使用的时候也会分配存储空间，方法调用完成之后这块存储空间自动消失），基本数据类型的变量（非引用变量）只有一块存储空间，即在栈空间中分配，而引用类型有两块存储空间，引用变量在栈空间中分配，实例在堆空间中分配。

例如，执行以下程序时，两个变量 a 和 b 都是值类型变量，它们在栈空间中分配，如图 1.10 所示。

```
public static void main(String[] args) {
    int a=1;
    double b=2.2;
}
```

又例如执行以下程序时，两个引用类型变量 a 和 b 的空间分配如图 1.11 所示。

```
class A {
    int n;
    public A(){}
    public A(int n1) { n=n1; }
}
public class tmp {
    public static void main(String[] args) {
        A a=new A();
        A b=new A(2);
    }
}
```

图 1.10　两个值类型变量 a 和 b 的分配空间

图 1.11　两个引用类型变量 a 和 b 的分配空间

其中，引用变量 a 和 b 在栈空间中分配（与 C/C++ 中的指针变量一样），它们指向的实例在堆空间中分配（与 C/C++ 中的指针指向的数据一样）。从中可以看出，Java 中的引用与 C/C++ 中的指针在原理上是类似的，但记住 Java 没有指针的概念，只有引用。

3. Java 中的类设计

1）创建类

Java 类作为一种数据封装机制，将相关的数据和操作组织在一起，并实现了信息的隐藏。在 Java 中可以用如下方式创建一个类：

```
[类修饰符] class 类名 {
    成员变量;
    成员方法;
}
```

类由成员变量和方法构成，类、成员变量和方法都通过修饰符限制如何使用。常用的类修饰符如下。

(1) public：公有类，可以被所有其他类访问和引用。

(2) abstract：抽象类，没有具体实现功能，只用于扩展子类。

(3) final：最终类，表示该类已经非常具体，没有子类可扩展。

2）类成员变量的定义及修饰符

类成员变量的定义如下：

```
[变量修饰符] 变量数据类型 变量名1,变量名2[=变量初值]…;
```

变量数据类型可以是 Java 中任意的数据类型，包括基本数据类型、类、接口和数组。在一个类中的成员变量应该是唯一的。常用的变量修饰符如下。

(1) public：任何其他类、对象只要可以看到这个类就可以存取变量的数据。

(2) protected:同一类或同一包可以使用。如果不同包的类要使用,必须是该类的子类。

(3) private:不允许任何其他类存取。

(4) default:指前面没有修饰符的情况,在同一包中出现的类才可以直接使用。

(5) static:说明该成员变量是类变量。

(6) final:说明为常量使用。

3)方法的声明与实现

在类中方法有 3 类,分别是构造方法、普通方法和主方法。主方法是程序的入口,其固定格式为 public static void main(String[] args)。这里仅讨论普通方法。

普通方法是类的动态属性,对象的行为是由其方法来实现的。一个对象可通过调用另一个对象的方法来访问后者。与类一样,方法也有两个主要部分,即方法首部声明和方法体。方法声明的基本形式如下:

```
[方法修饰符] 返回类型 方法名(形参表) [throws exceptionList] {
    ...                                              //方法体
}
```

方法修饰符与变量修饰符相同。形参表指定参数,参数的类型可以是简单数据类型,也可以是引用数据类型(数组、类或接口),参数传递方式是值传递。

方法体是对方法的实现,它包括局部变量的声明以及所有合法的 Java 语句。局部变量的作用域只在该方法内部。

一个方法必须声明其返回类型,如果无返回值,则必须声明其返回类型为 void。当 return 语句带有返回值时,它与方法定义的返回类型的关系必须符合如下几种情况之一。

(1) 当方法声明的返回类型是基本数据类型时,返回值的数据类型必须与返回类型一致。

(2) 当方法声明的返回类型是一个类时,返回对象的数据类型必须是与方法声明的返回类相同的类或其子类。

(3) 当方法声明的返回类型是一个接口类型时,返回的对象所属的类必须实现这个接口。

Java 支持方法名重载,即多个方法可以共享一个名字。重载的方法不一定返回相同的数据类型,但参数必须有所区别。

(1) 参数的类型不同,例如 doubleIt(int x)和 doubleIt(String x)方法的两个版本的参数的类型不一样。

(2) 参数的顺序不同,这里是指一个方法有多个不同类型参数的情况,改变参数的顺序也算是一种区分方法。

(3) 参数的个数不同。

4)构造方法

构造方法是类的一种特殊方法,它的特殊性主要体现在如下几方面。

(1) 构造方法的方法名与类名相同。

(2) 构造方法没有返回类型。

(3) 构造方法的主要作用是完成对象的初始化工作。

(4) 构造方法不能像一般方法那样用"对象."显式地直接调用,应该用 new 关键字调用构造方法为新对象初始化。

例如,以下定义了一个类 A:

```java
class A {                              //类 A
    final int MAXN=5;                  //常量
    private int size;                  //私有成员变量
    private int[] a;                   //私有成员数组
    public A() {                       //默认构造方法
        size=MAXN;
        a=new int[MAXN];
    }
    public A(int n) {                  //重载构造方法
        size=n;
        a=new int[size];
    }
    public int getsize() {             //方法
        return size;
                                       //返回 size
    }
}
```

4. 创建对象

有了类就可以利用它来创建对象。创建对象包括声明对象和实例化。声明对象与声明基本数据类型的变量一样,其一般形式如下:

类名 对象名;

声明的对象名是一个引用变量(相当于 C/C++ 中的指针),需要实例化后才能使用该对象。实例化是分配对象的内存及初始化,其形式如下:

对象名=new 构造方法名([参数表]);

用 new 运算符开辟对象的内存之后,系统自动调用构造方法初始化该对象。若类中没有定义构造方法,系统会调用默认的构造方法。

用户也可以将对象的声明和实例化合并起来,其形式如下:

类名 对象名=new 构造方法名([参数表]);

通常将引用变量(对象名)和它指向的实例称为对象。对象的使用是通过对象名来实现的,需要指出使用对象的成员变量和方法,通过运算符"."实现对变量的访问和方法的调用。使用对象的基本形式如下:

对象名.成员变量名
对象名.方法名

例如:

```java
A a=new A();                           //调用默认构造方法创建对象 a
A b=new A(10);                         //调用重载构造方法创建对象 b
System.out.println(a.getsize());       //输出 5
System.out.println(b.getsize());       //输出 10
```

Java具有垃圾回收功能,当一个对象不再需要时Java会自动回收其空间,所以用Java实现一个数据结构时不必像C/C++那样需要销毁该数据结构。

5. 类变量和类方法

在类中static成员变量称为类变量(静态变量),非static成员变量称为实例变量。类变量在各实例间共享,其生存期不依赖于对象的实例,其他类可以不通过对象实例访问它们,甚至可以在它的类的任何对象创建之前访问。

同样,在类中static方法称为类方法(静态方法),非static方法称为实例方法。在类方法中只能直接访问类变量和调用其他类方法,不能直接访问类的其他非类成员(但可以通过对象名访问对象的其他成员)。类方法的调用是通过类名而不是对象来调用的。

6. 方法的参数传递

在Java中设计一个类的方法通常带有参数,称为"形参",调用该方法时的参数称为"实参"。调用方法时涉及参数传递,不同于C++中有值传递和引用传递两种方式,在Java中只有值传递,即实参到形参的单向值传递。

1) 参数为基本数据类型的情况

在这种情况中参数传递过程采用值复制的方式,即将实参值直接复制给对应的形参,再执行被调用的方法,返回时不会改变实参值。例如,有以下程序:

```java
public class tmp {
    public static void Sum1(int n,int s) {
        s=n*(n+1)/2;
    }
    public static void main(String[] args) {
        int s1=0;
        int n1=5;
        Sum1(n1,s1);
        System.out.println(s1);                //输出0
    }
}
```

在main()中调用Sum1()方法时实参为$n1$(初始值为5)和$s1$(初始值为0),调用Sum1()方法相当于执行$n=n1=5,s=s1=0$(实参到形参单向值传递),方法的执行结果是$s=15$,但不会将形参s回传给实参$s1$,所以main()中输出的$s1$仍然为0。如果想得到正确的结果,可以将程序改为通过返回值来回传计算结果:

```java
public class tmp {
    public static int Sum2(int n) {
        return n*(n+1)/2;
    }
    public static void main(String[] args) {
        int s1=0;
        int n1=5;
        s1=Sum2(n1);
        System.out.println(s1);                //输出15
    }
}
```

一般方法的返回值只有一个,如果要回传多个值,可以采用返回一个数组的形式。例如，以下程序实现实参 a 和 b 的交换：

```java
public class tmp {
    public static int[] swap(int x,int y) {        //交换 x 和 y
        int[] tmp=new int[2];
        tmp[0]=y;
        tmp[1]=x;
        return tmp;
    }
    public static void main(String[] args) {
        int a=1,b=2;
        int[] tmp=swap(a,b);
        a=tmp[0]; b=tmp[1];
        System.out.printf("a=%d,b=%d\n",a,b);      //输出 a=2,b=1
    }
}
```

一种更简单的方式是通过类的成员变量（在类的范围内相当于 C/C++ 的全局变量）回传结果，采用该方式实现上述交换功能的程序如下：

```java
public class tmp {
    static int x1,y1;                              //类成员变量
    public static void swap(int x,int y) {         //交换 x 和 y
        x1=y;
        y1=x;
    }
    public static void main(String[] args) {
        int a=1,b=2;
        swap(a,b);
        a=x1; b=y1;
        System.out.printf("a=%d,b=%d\n",a,b);      //输出 a=2,b=1
    }
}
```

2）参数为引用类型的情况

当参数为引用类型时，参数由对象名和实例构成，对象名中存放的是实例的地址，在调用方法时也是采用值传递，即将实参对象名中存放的地址复制给该形参，这样形参和实参指向相同的实例，通过形参改变该实例，那么实参指向的实例也改变了，相当于将实例的改变回传给实参了。例如，有以下程序：

```java
class B {                                          //类 B
    private int n;
    public B(int n1) {                             //重载构造方法
        n=n1;
    }
    public void add() {                            //方法 add()
        n++;
    }
    public int getn() {                            //方法 getn()
        return n;                                  //返回 n
    }
}
public class tmp {
    public static void fun(B o) {                  //改变 o.n
```

```
        o.add();
    }
    public static void main(String[] args) {
        B a=new B(1);
        System.out.printf("a.n=%d\n",a.getn());        //输出 a.n=1
        fun(a);
        System.out.printf("a.n=%d\n",a.getn());        //输出 a.n=2
    }
}
```

图1.12 实参 *a* 和形参 *o* 指向相同的实例

main()中的实参为对象 *a*,在调用 fun()方法时形参 *o* 和实参 *a* 指向相同的B类实例,如图1.12所示。在执行 fun()方法时修改实例的 *n* 成员变量为2,那么实参 *a* 指向实例的 *n* 成员变量也为2,所以返回后 a.n=2。

那么是不是实参 *a* 和形参 *o* 是完全相同的呢?答案是否定的,实参 *a* 和形参 *o* 的地址是不同的,只是它们指向的实例相同。如果改为如下程序:

```
public class tmp {
    public static void fun(B o) {                     //改变 o.n
        o=new B(1);                                    //为对象 o 重新分配指向的实例
        o.add();
    }
    public static void main(String[] args) {
        B a=null;
        fun(a);
        System.out.printf("a.n=%d\n",a.getn());
    }
}
```

上述程序的执行出现错误。实参 *a* 为 null,在调用 fun()方法时形参 *o* 分配了空间,但是不会回传给实参 *a*,返回到 main()方法再执行输出时出错。

【例1.8】 String 为字符串引用类型,分析以下程序的输出结果:

```
public class tmp {
    public static void swap(String x,String y) {     //交换 x 和 y
        String tmp=x;
        x=y;
        y=tmp;
        System.out.printf("x=%s,y=%s\n",x,y);
    }
    public static void main(String[] args) {
        String a="Hello";
        String b="World";
        System.out.printf("a=%s,b=%s\n",a,b);        //输出 a=Hello,b=World
        swap(a,b);
        System.out.printf("a=%s,b=%s\n",a,b);        //输出 a=Hello,b=World
    }
}
```

解 从表面上看，main()中的实参 a 和 b 为 String 类型，为引用变量，在调用 swap() 后交换它们的值。实际上并非如此，在执行 swap(a,b) 后结果如图 1.13 所示，但形参 x、y 的地址值并不能回传给实参 a 和 b，所以该程序的执行结果如下：

```
a=Hello,b=World
x=World,y=Hello
a=Hello,b=World
```

图 1.13　执行 swap() 方法后的结果

在 Java 中每个对象都提供了 hashCode() 方法，它返回由对象地址或者字符串、数字常量计算出的 int 类型的数值(可以简单地看成对象地址)，通过使用 hashCode() 方法，调用 swap() 方法之前 a 对象的地址是 69609650，b 对象的地址是 83766130，调用 swap() 时 x、y 的地址与 a、b 的相同，执行方法体的语句后 x 的地址变为 83766130，y 的地址变为 69609650，但 swap() 方法返回到 main() 后 a、b 对象的地址不变。

从以上可以看出，所有参数均按值传递，参数为基本数据类型时不会改变实参原来的值。参数为引用类型时形参对象的实例不变(或者仅仅改变该实例的成员变量)，结果会回传给实参对象。若形参对象的实例发生改变，结果不会回传给实参对象。

7. Java 中的泛型设计

泛型的本质是参数化类型(在不创建新类型的情况下，通过泛型指定的不同类型来控制形参具体限制的类型)，也就是说所操作的数据类型被指定为一个参数。这种参数类型可以用在类、接口和方法的创建中，分别称为泛型类、泛型接口和泛型方法。

Java 语言引入泛型的好处是在编译的时候检查类型安全，并且所有的强制转换都是自动和隐式的，从而提高代码的重用率。

Java 程序先经过编译器把 .java 文件转换为 .class(字节码)文件，再经过 JIT 编译器把字节码转换为机器码。在编译成 .class 文件时会将 .java 文件中的泛型作一些特殊处理，即将类的泛型参数 E 擦除，泛型参数 E 变成 Object，也就是说 Java 中的泛型只在编译阶段有效，泛型信息不会进入运行时阶段，所以 Java 的泛型称为"伪泛型"。

泛型参数可以有多个，但只能是类类型(包括自定义类)，不能是基本数据类型(如 int、double、char 等)，如果泛型的数据类型为基本数据类型，需要使用相应的包装类，基本数据类型与其包装类的对应是 byte—Byte、short—Short、int—Integer、long—Long、float—Float、double—Double、char—Character、boolean—Boolean。Integer 与 int 的区别是，Integer 的默认值是 null，int 的默认值是 0。

同一种泛型可以对应多个版本(因为参数类型是不确定的)，不同版本的泛型类实例是不兼容的。

例如，以下程序定义了一个泛型类 Arr＜E＞，在 main() 中创建整数数组 arr1 和字符串

数组arr2,各自添加若干元素并输出:

```java
class Arr<E> {                                  //定义数组泛型类
    public E[] data;                            //存放数组中的元素
    public int size;                            //存放长度
    public Arr(int n) {                         //构造方法
        data = (E[])new Object[n];              //强制转换为E类型数组
        size=0;
    }
    public void add(E e) {                      //末尾添加一个元素
        data[size]=e;
        size++;
    }
    public void disp() {                        //输出所有元素
        for (int i=0;i<size;i++) {
            if (i==0) System.out.print(data[i]);
            else System.out.print(" "+data[i]);
        }
        System.out.println();
    }
}
public class tmp {
    public static void main(String[] args) {
        Arr<Integer> arr1=new Arr<Integer>(5);  //创建整数数组arr1
        arr1.add(1);
        arr1.add(2);
        arr1.add(3);
        System.out.print("arr1: "); arr1.disp();
        Arr<String> arr2=new Arr<String>(3);    //创建字符串数组arr2
        arr2.add("Mary");
        arr2.add("John");
        arr2.add("Smith");
        System.out.print("arr2: "); arr2.disp();
    }
}
```

在使用泛型时,只要编译器可以根据上下文确定或推断类型参数,就可以用一组空类型参数(<>)替换调用泛型类的构造方法所需的类型参数。例如,在上面的程序中可以用以下语句创建arr1和arr2:

```java
Arr<Integer> arr1=new Arr<>(5);                 //创建整数数组arr1
Arr<String> arr2=new Arr<>(3);                  //创建字符串数组arr2
```

由于Java的泛型是"伪泛型"(不同于C++中的真泛型),所以泛型设计有一些限制,例如,泛型类中的静态方法和静态变量不可以使用泛型参数,不能定义泛型数组(除非采用通配符),不能对泛型参数变量使用不确定的操作和不明确的类型转换等。例如,设计泛型类A如下:

```java
class A<E> {                                    //定义泛型类A
    public E n;                                 //数据成员n为E类型
    public void add(E m) {                      //add()方法
        n+=m;
```

```java
    public void disp() {                          //输出所有元素
        System.out.println("n="+n);
    }
}
```

实际上泛型类 A 是错误的,因为在编译时泛型参数 E 被替换为 Object,无法直接对 Object 变量 n 和 m 执行 $n+=m$ 操作。

尽管 Java 中的泛型有诸多限制,但程序员如果能充分掌握好泛型设计则可以大大提高编程能力。数据结构的实现常用泛型来描述,这是由于数据结构关注的是数据元素及其关系是如何保存的,以及基于这些关系的运算是如何实现的,而数据元素可以是任意类型,使用泛型来描述可以避免对于具体数据元素类型的依赖。

8. 继承

继承是 Java 面向对象编程技术的基石,允许用户创建分层次的类。继承就是子类继承父类的特征和行为,使得子类对象(实例)具有父类的成员变量,或子类从父类继承成员方法,使得子类具有与父类相同的行为。实际上,Java 中所有的类都有一个默认的父类——Object,即使没有显式地去继承这个类。

在继承关系中一般有两个角色,即父类和子类,其中父类也叫基类,子类也叫派生类。类继承的格式如下:

```
class 父类 { … }
class 子类 extends 父类 { … }
```

也就是说,通过 extends 关键字声明一个类是从另外一个类继承。继承的特性是子类拥有父类非 private 的成员,子类可以拥有自己的成员,即子类可以对父类进行扩展,子类可以用自己的方式实现父类的方法。需要注意的是,Java 仅支持单继承,不支持多继承,单继承是指一个子类只能继承一个父类,多继承是指一个子类可以继承一个以上的父类,这是 Java 继承区别于 C++继承的一个特性。但它们都支持多重继承,多重继承就是 A 类继承 B 类,B 类继承 C 类,按照关系就是 C 类是 B 类的父类,B 类是 A 类的父类。

那么为什么需要继承呢?下面通过示例来说明这个需求。开发一个学校师生管理系统,主要包含教师和学生类,它们的属性和方法如下:

教师的属性有编号、姓名、性别、职称,方法有授课、科研、输出个人信息。

学生的属性有学号、姓名、性别、专业、分数,方法有上课、输出个人信息。

如果分别设计教师类和学生类,则两个类中都包含姓名和性别成员变量以及输出个人信息成员方法,可以先抽取出公共部分设计一个人员类,再从它继承得到教师类和学生类。例如,设计的代码如下:

```java
class Person {                                    //人员类
    public String name;                           //姓名
    public String gender;                         //性别
    public void disp() {                          //输出个人信息
        System.out.print(",姓名:"+name+",性别:"+gender);
    }
}
class Teacher extends Person {                    //教师类从 Person 继承
```

```java
        public String no;                              //编号
        public String job;                             //职称
        public void Teaching() {                       //授课方法
            System.out.println("给学生授课");
        }
        public void research() {                       //科研方法
            System.out.println("做科研");
        }
        public void disp() {                           //输出教师信息,重写 Person 的 disp()方法
            System.out.println("输出一个教师信息");
            System.out.print("   编号:"+no);
            super.disp();                              //调用父类的 disp()方法
            System.out.println(", 职称:"+job);
        }
    }
    class Student extends Person {                     //学生类从 Person 继承
        public String id;                              //学号
        public String profession;                      //专业
        public double fraction;                        //分数
        public void Learning() {                       //上课方法
            System.out.println("上课");
        }
        public void disp() {                           //输出学生信息,重写 Person 的 disp()方法
            System.out.println("输出一个学生信息");
            System.out.print("   学号:"+id);
            super.disp();                              //调用父类的 disp()方法
            System.out.println(", 专业:"+profession+", 分数:"+fraction);
        }
    }
```

其中,super 是 Java 提供的一个关键字,用于限定对象调用它从父类继承得到的实例变量或方法。用户可以设计如下 main()方法创建 Teacher 类对象 *t* 和 Student 类对象 *s*:

```java
    public static void main(String[] args) {
        Teacher t=new Teacher();
        t.no="0020012"; t.name="王华";
        t.gender="女";t.job="副教授";
        t.disp();                                      //调用 Teacher 类的 disp()方法
        Student s=new Student();
        s.id="2019002"; s.name="陈晶";
        s.gender="男";s.profession="计算机";
        s.fraction=86.5;
        s.disp();                                      //调用 Student 类的 disp()方法
    }
```

从中可以看出,继承的好处是提高了代码的复用性和可维护性,但同时增加了类之间的耦合性(耦合性表示类之间的关联程度,好的软件设计要求尽可能降低类之间的耦合性)。

9. 接口

在 Java 语言中接口(interface)是一个抽象类型,是抽象方法(仅有方法声明,没有实现的方法为抽象方法)的集合,接口采用 interface 来声明。一个类通过继承接口的方式来继承接口的抽象方法。接口并不是类,编写接口的方式和类很相似,但是它们属于不同的概念。类描述对象的属性和方法,接口则包含类要实现的方法。

接口与类的区别是接口不能用于实例化对象,接口没有构造方法,接口中所有的方法必须是抽象方法,接口不能包含成员变量(除了 static 和 final 变量以外),接口不是被类继承了,而是要被类实现,接口之间可以多继承。

接口中的方法是不能在接口中实现的,只能由实现接口的类来实现接口中的方法。一个实现接口的类必须实现接口内所描述的所有方法,否则就必须声明为抽象类。

声明接口的格式如下:

```
interface 接口名称 [extends 其他的接口名] {
    //声明 static 或者 final 变量
    //抽象方法
}
```

一个类可以同时实现多个接口,实现接口的格式如下:

```
class 类 implements 接口名称[, 其他接口名称, …] {
    …                                    //包含实现抽象方法的方法
}
```

例如,以下程序声明了一个 Area 接口,包含静态变量 PI 和求面积抽象方法 getarea(),定义了 4 个类分别实现 Area 接口的抽象方法。

```
interface Area {                         //Area 接口
    final double PI=3.142;               //静态变量
    public void getarea();               //求面积抽象方法
}
class square implements Area {           //正方形类
    public int x;                        //长度
    public void getarea() {              //求正方形面积
        double area=x * x;
        System.out.println("正方形面积: "+area);
    }
}
class rectangle implements Area {        //长方形类
    public int x;                        //长度
    public int y;                        //宽度
    public void getarea() {              //求长方形面积
        double area=x * y;
        System.out.println("长方形面积: "+area);
    }
}
class circle implements Area {           //圆类
    public int r;                        //半径
    public void getarea() {              //求圆面积
        double area=PI * r * r;
        System.out.println("圆面积: "+area);
    }
}
class others implements Area {           //others 类
    public void getarea() {              //求默认面积
        double area=1;
        System.out.println("默认面积: "+area);
    }
}
```

```java
public class Interface {
    public static void main(String[] args) {
        square s=new square();
        s.x=2;
        s.getarea();                    //输出:4.0
        rectangle r=new rectangle();
        r.x=2;
        r.y=5;
        r.getarea();                    //输出:10.0
        circle c=new circle();
        c.r=3;
        c.getarea();                    //输出:28.278
        Area o=new others();            //others类中没有成员变量,可以这样定义对象o
        o.getarea();                    //输出:1.0
    }
}
```

10. 迭代器

为了方便数据处理,在 Java 中提供了一组集合,其接口为 Collection<E>,该接口实现的类有 ArrayList、LinkedList、PriorityQueue、Stack、TreeMap 和 TreeSet 等。每个集合表示一组对象,这些对象也称为集合的元素,在这组集合中有些集合允许有重复的元素,而另一些不允许,有些集合是有序的,而另一些是无序的。

为了遍历集合中的元素(类似 C/C++ 中用指针实现遍历),Java 提供了迭代器(iterator)接口 Iterator<E>,命名空间是 java.util.Iterator。Iterator 提供的主要方法如下。

(1) boolean hasNext():如果集合中仍有元素可以迭代,则返回 true,否则返回 false。换句话说,如果 next() 返回了元素而不是抛出异常,则返回 true。

(2) E next():返回集合中迭代的下一个元素(E 为泛型参数),没有元素可以迭代时抛出 NoSuchElementException 异常。

(3) void remove():从迭代器指向的集合中移除迭代器返回的最后一个元素(可选操作)。注意,每次调用 next() 只能调用一次此方法。

那么如何创建某个集合对象的迭代器呢?并非所有的集合都支持迭代,只有提供了 iterator() 方法的集合才可以通过该方法的返回值建立对应的迭代器。

例如,TreeSet 是存放不同元素的集合,并且是有序的,它支持迭代,对应的一个应用 TreeSet 的程序如下:

```java
public static void main(String[] args) {
    TreeSet<Integer> myset=new TreeSet<>();     //定义集合对象 myset
    myset.add(3);
    myset.add(1);
    myset.add(4);
    myset.add(2);
    myset.add(5);
    Iterator<Integer> it=myset.iterator();      //定义 myset 的迭代器
    while(it.hasNext())                         //顺序遍历
        System.out.print(it.next()+" ");        //输出:1 2 3 4 5
    System.out.println();
}
```

TreeMap 集合中的元素是键值映射关系(即键值对),形如<K,V>类型,K 表示映射的键的类型,V 表示映射的值的类型,没有提供 iterator()方法,不支持迭代。有关 TreeMap/TreeSet 的应用将在第 9 章中进一步讨论。

1.3 算法分析

在一个算法设计好之后还需要对其进行分析,确定算法的优劣。本节讨论了算法设计的目标、算法效率和空间分析等。

1.3.1 算法设计的要求

算法设计应满足以下几个要求。

(1) 正确性:要求算法能够正确地执行预先规定的功能和性能要求,这是最重要也是最基本的标准。

(2) 可使用性:要求算法能够很方便地使用,这个特性也叫作用户友好性。

(3) 可读性:算法应该易于人们理解,也就是可读性好。为了达到这个要求,算法的逻辑必须是清晰的、简单的和结构化的。

(4) 健壮性:要求算法具有很好的容错性,即提供异常处理,能够对不合理的数据进行检查,不经常出现异常中断或死机现象。

(5) 高时间性能与低存储量需求:对于同一个问题,如果有多种算法可以求解,执行时间少的算法时间性能高。算法存储量指的是算法执行过程中所需的存储空间。算法的时间性能和存储量都与问题的规模有关。

1.3.2 算法的时间性能分析

求解同一问题可能有多种算法,例如求 $s=1+2+\cdots+n$,其中 n 为正整数,通常有图 1.14 所示的两种算法[Sum1(n)和 Sum2(n)],显然前者的时间性能不如后者。

```
int Sum1(int n){
    int i,s=0;
    for (i=1;i<=n;i++)
        s+=i;
    return s;
}
```

```
int Sum2(int n){
    int s;
    s=n*(n+1)/2;
    return s;
}
```

图 1.14 求 $1+2+\cdots+n$ 的两种算法

那么如何评价算法的时间性能呢?通常有两种方法,即事后统计法和事前估算分析法。事后统计法是编写出算法对应的程序,统计其执行时间,该方法存在两个缺点,一是必须执行程序,二是存在其他因素掩盖算法的本质。事前估算分析法是撇开与计算机硬件、软件有关的因素,仅考虑算法本身性能的高低,认为一个算法的"运行工作量"的大小只依赖于问题的规模,或者说算法的执行时间是问题规模的函数。后面主要采用事前估算分析法来分析算法的时间性能。

1. 分析算法的时间复杂度

一个算法是由控制结构(顺序、分支和循环3种)和原操作(指固有数据类型的操作等)构成的。例如,图1.15所示为某个类中定义的solve()函数,其中形参a是一个m行n列的数组,当是一个方阵($m=n$)时求主对角线的所有元素之和,否则抛出异常。从中可以看到,该算法由四部分组成,包含两个顺序结构、一个分支结构和一个循环结构的语句。

扫一扫

视频讲解

图1.15 一个算法的组成

算法的执行时间取决于控制结构和原操作的综合效果,显然,在一个算法中执行原操作的次数越少,其执行时间也就相对越少;执行原操作的次数越多,其执行时间也就相对越多。算法中所有原操作的执行次数称为算法频度,这样一个算法的执行时间可以由算法频度来计量。

1) 计算算法频度

假设算法的问题规模为n,问题规模是指算法输入数据量的大小,例如,对10个整数排序,问题规模n就是10。算法频度是问题规模n的函数,用$T(n)$表示。

算法的执行时间大致等于原操作所需的时间×$T(n)$,也就是说,$T(n)$与算法的执行时间成正比,因此用$T(n)$表示算法的执行时间。

【例1.9】 求两个n阶方阵的相加($C=A+B$)的算法如下,求$T(n)$:

```
void matrixadd(int[][] A,int[][] B,int[][] C,int n) {
    for(int i=0;i<n;i++) {                    //语句①
        for(int j=0;j<n;j++)                  //语句②
            C[i][j]=A[i][j]+B[i][j];          //语句③
    }
}
```

解 该算法包括执行语句①、②和③。其中,语句①中的循环变量i要从0增加到n,当测试到$i=n$时才会终止,故它的执行次数是$n+1$,但它的循环体却只能执行n次;语句②作为语句①循环体内的语句只执行n次,但语句②本身也要执行$n+1$次,所以语句②的执行次数是$n(n+1)$;同理可得,语句③的执行次数为n^2,因此$T(n)=n+1+n(n+1)+n^2=2n^2+2n+1$。

2) 什么是算法时间复杂度

由于算法的执行时间不是绝对时间的统计,在求出$T(n)$后通常进一步采用时间复杂度来表示。**算法时间复杂度**用$T(n)$的数量级来表示,记作$T(n)=O(f(n))$。

"O"读作"大O"(Order的简写,意指数量级),含义是为$T(n)$找到了一个上界$f(n)$,其严格的数学定义是$T(n)$的数量级表示为$O(f(n))$,是指存在着正常量c和n_0(为一个足够大的正整数),使得当$n \geq n_0$时$|T(n)| \leq c|f(n)|$成立,如图1.16所示。其中,n_0是最小的可能值,大于n_0的值均有效,所以算法时间复杂度也称为渐进时间复杂度,它表示随问题规模n的增大算法执行时间的增长率和$f(n)$的增长率相同。因此,算法时间复杂度分

析实际上是一种时间增长趋势分析。

实际上,$T(n)$的上界$f(n)$可能有多个,通常取最紧凑的上界。也就是只求出$T(n)$的最高阶,忽略其低阶项和常系数,这样既可以简化,又能比较客观地反映出n很大时算法的时间性能。例如,对于例1.9有$T(n)=2n^2+2n+1=O(n^2)$,也就是说该算法的时间复杂度为$O(n^2)$。

一般地,在一个没有循环(或者有循环,但循环次数与问题规模n无关)的算法中算法频度$T(n)$与问题规模n无关,记作$O(1)$,也称常数阶。算法中的每个简单语句,例如,定义变量语句、赋值语句和输入/输出语句,其执行时间都看成$O(1)$。

图1.16　$T(n)=O(f(n))$的含义

在一个只有一重循环的算法中算法频度$T(n)$与问题规模n的增长呈线性增大关系,记作$O(n)$,也称线性阶。

其余常用的时间复杂度还有平方阶$O(n^2)$、立方阶$O(n^3)$、对数阶$O(\log_2 n)$、指数阶$O(2^n)$等。各种不同的时间复杂度存在着如下关系:

$$O(1)<O(\log_2 n)<O(n)<O(n\log_2 n)<O(n^2)<O(n^3)<O(2^n)<O(n!)$$

对于图1.14中的两个算法,可以求出前者的$T(n)=O(n)$,后者的$T(n)=O(1)$,所以说后者好于前者。

3) 简化的算法时间复杂度分析

另一种简化的算法时间复杂度分析方法是仅考虑算法中的基本操作,所谓的基本操作是指算法中最深层循环内的原操作。由于算法的执行时间大致等于基本操作所需的时间×其运算次数,所以在算法分析中计算$T(n)$时仅考虑基本操作的执行次数。

对于例1.9,采用简化的算法时间复杂度分析方法,其中的基本操作是两重循环中最深层的语句③,它的执行次数为n^2,即$T(n)=n^2=O(n^2)$。从两种方法得出算法的时间复杂度均为$O(n^2)$,而后者的计算过程简单得多,所以后面主要采用简化的算法时间复杂度分析方法。

【例1.10】　分析算法的时间复杂度。

```
void fun(int n) {
    int s=0;
    for(int i=0;i<=n;i++) {
        for(int j=0;j<=i;j++) {
            for(int k=0;k<j;k++) s++;
        }
    }
    return s;
}
```

解　该算法的基本操作是$s++$,则算法频度如下:

$$T(n)=\sum_{i=0}^{n}\sum_{j=0}^{i}\sum_{k=0}^{j-1}1=\sum_{i=0}^{n}\sum_{j=0}^{i}(j-1-0+1)=\sum_{i=0}^{n}\sum_{j=0}^{i}j$$

$$=\sum_{i=0}^{n}\frac{i(i+1)}{2}=\frac{1}{2}\left(\sum_{i=0}^{n}i^2+\sum_{i=0}^{n}i\right)=\frac{2n^3+6n^2+4n}{12}=O(n^3)$$

2. 算法的最好、最坏和平均时间复杂度

设一个算法的输入规模为 n,D_n 是所有输入(实例)的集合,任一输入 $I \in D_n$,$P(I)$ 是 I 出现的频率,有 $\sum_{I \in D_n} P(I) = 1$,$T(I)$ 是算法在输入 I 下所执行的基本操作次数,则该算法的平均时间复杂度定义为

$$A(n) = \sum_{I \in D_n} P(I) \times T(I)$$

扫一扫

视频讲解

算法的最好时间复杂度是指算法在最好情况下的时间复杂度,即 $B(n) = \underset{I \in D_n}{\mathrm{MIN}}\{T(n)\}$。算法的最坏时间复杂度是指算法在最坏情况下的时间复杂度,即 $W(n) = \underset{I \in D_n}{\mathrm{MAX}}\{T(n)\}$。算法的最好情况和最坏情况分析是寻找算法的极端实例,然后分析在该极端实例下算法的执行时间。

从中可以看出,计算平均时间复杂度时需要考虑所有的情况,而计算最好和最坏时间复杂度时主要考虑一种或几种特殊的情况。在分析算法的平均时间复杂度时通常默认等概率,即 $P(I) = 1/n$。

【例 1.11】 以下算法用于在数组 $a[0..n-1]$ 中查找元素 k,假设 k 总是包含在 a 中,分析算法的最好、最坏和平均时间复杂度:

```
int fun(int[] a, int n, int k) {
    int i = 0;                      //语句①
    while(i < n && a[i] != k)       //语句②
        i++;                        //语句③
    return i;                       //语句④
}
```

解 该算法的时间主要花费在元素的比较上,可以将元素比较看成基本操作。

(1) 算法在查找中总是从 $i=0$ 开始,如果 $a[0]==k$,则仅比较一次就成功找到 k,呈现最好情况,所以算法的最好时间复杂度为 $O(1)$。

(2) 如果 $a[n-1]==k$,则需要比较 n 次才能成功找到 k,呈现最坏情况,所以算法的最坏时间复杂度为 $O(n)$。

(3) 考虑平均情况:$a[0]==k$ 时比较 1 次,$a[1]==k$ 时比较 2 次,……,$a[n-1]==k$ 时比较 n 次,共 n 种情况,假设每种情况的概率相同,也就是说每种情况的概率为 $1/n$,则平均比较次数 $=(1+2+\cdots+n)/n=(n+1)/2=O(n)$,所以算法的平均时间复杂度为 $O(n)$。

1.3.3 算法的存储空间分析

扫一扫

视频讲解

一个算法的存储量包括形参所占空间和临时变量所占空间。在对算法进行存储空间分析时只考虑临时变量所占空间,如图 1.17 所示,其中临时空间为变量 i、maxi 占用的空间。所以,空间复杂度是对一个算法在运行过程中临时占用的存储空间大小的量度,一般也是问题规模 n 的函数,并以数量级形式给出,记作 $S(n) = O(g(n))$,其中"O"的含义与时间复杂度分析中的相同。若一个算法所需临时空间相对于问题规模来说是常数[或者说算法的空间复杂度为 $O(1)$],则称此算法为原地工作或就地工作。

为什么算法空间分析只考虑临时空间,而不考虑形参空间呢?这是因为形参空间会在

```
int max(int[] a,int n) {
    int maxi=0;
    for (int i=1;i<n;i++) {
        if (a[i]>a[maxi])maxi=i;
    }
    return a[maxi];
}
```
方法体内分配的变量空间为临时空间,不计形参占用的空间,这里仅计i、maxi变量的空间

图 1.17 一个算法的临时空间

调用该算法的算法中考虑,例如,以下 maxfun()算法调用图 1.17 中的 max()算法:

```
void maxfun() {
    int[] b={1,2,3,4,5},n=5;
    System.out.printf("Max=%d\n",max(b,n));
}
```

maxfun()算法中为 b 数组分配了相应的内存空间,其空间复杂度为 $O(n)$,如果在 max() 算法中再考虑形参 a 的空间,这样就重复计算了占用的空间。实际上,在 Java 语言中 maxfun()调用 max()时,形参 a 只是一个引用,只分配一个地址大小的空间,并非另外分配 5 个整型单元的空间。

【例 1.12】 分析例 1.9~例 1.11 算法的空间复杂度。

解 在这 3 个例子的算法中都只定义了 1~3 个临时变量(不需考虑算法中形参占用的空间),其临时存储空间大小与问题规模 n 无关,所以空间复杂度均为 $O(1)$。

1.4 数据结构的目标

扫一扫

视频讲解

从数据结构的角度看,一个求解问题可以通过抽象数据类型的方法来描述,也就是说抽象数据类型对一个求解问题从逻辑上进行了准确的定义,所以抽象数据类型由数据的逻辑结构和抽象运算两部分组成。

接下来用计算机解决这个问题。首先要设计其存储结构,然后在存储结构上设计实现抽象运算的算法。一种数据的逻辑结构可以映射成多种存储结构,抽象运算在不同的存储结构上实现可以对应多种算法,而且在同一种存储结构上实现也可能有多种算法,同一问题的这么多算法哪一个更好呢?好的算法的评价标准是什么呢?

算法的评价标准就是算法占用计算机资源的多少,占用计算机资源越多的算法越坏,反之占用计算机资源越少的算法越好。这是通过算法的时间复杂度和空间复杂度分析来完成的,所以设计好算法的过程如图 1.18 所示。

在采用 Java 面向对象的程序设计语言实现抽象数据类型时,通常将抽象数据类型设计成一个 Java 类,采用类的数据变量表示数据的存储结构,将抽象运算通过类的公有方法实现,如图 1.19 所示。

从中看到,算法设计分为 3 个步骤,即通过抽象数据类型进行问题定义,设计存储结构和设计算法。这 3 个步骤是不是独立的呢?结论为不是独立的,因为不可能设计出一大堆算法后再从中找出一个好的算法,也就是说必须以设计好算法为目标来设计存储结构。由

图 1.18 设计好算法的过程

图 1.19 用 Java 类实现抽象数据类型

于数据存储结构会影响算法的好坏,所以设计存储结构是关键的一步,在选择存储结构时需要考虑其对算法的影响。存储结构对算法的影响主要有以下两方面。

(1) 存储结构的存储能力:如果存储结构的存储能力强、存储的信息多,算法将会方便设计,反之,过于简单的存储结构可能要设计一套比较复杂的算法,往往存储能力是与所使用的空间大小成正比的。

(2) 存储结构应与所选择的算法相适应:存储结构是实现算法的基础,也会影响算法的设计,其选择要充分考虑算法的各种操作,应与算法的操作相适应。

除此之外,程序人员还需要具有基本的算法分析能力,能够熟练判别"好"算法和"坏"算法。

总之,数据结构的目标就是针对求解问题设计好的算法。为了达到这一目标,程序人员不仅要具有较好的编程能力,还需要掌握各种常用的数据结构,例如线性表、栈和队列、二叉树和图等,这些是在后面各章中将要学习的内容。

【例 1.13】 设计一个完整的程序实现例 1.6 的抽象数据类型,并用相关数据进行测试。

解 设计求解本例程序的过程如下。

□ 问题描述

见例 1.6 中的抽象数据类型 Set 和 TwoSet。

□ 设计存储结构

用一个 E 类型的数组存放集合,用一个整型变量 size 表示该数组中实际元素的个数,为此设计一个泛型类。这样的集合泛型中数据变量如下:

```
class Set<E>  {                          //集合泛型类
    final int MaxSize=100;               //集合中最多元素个数
    E[]  data;                           //存放集合元素
    int size;
    public Set()  {                      //构造方法
```

```
        data=(E[])new Object[MaxSize];           //强制转换为 E 类型数组
        size=0;
    }
    ...
}
```

这样,Set 泛型类的一个对象存储一个集合。

TwoSet 泛型类中不含有任何数据成员,所处理的集合通过成员方法的形参提供。

❑ 设计运算算法

在集合类中创建一个空集合通过构造方法实现,Set 泛型类包含以下基本运算方法。

- int getsize():返回集合的长度。
- E get(int *i*):返回集合的第 *i* 个元素。
- boolean IsIn(E *e*):判断 *e* 是否在集合中。
- boolean add(E *e*):将元素 *e* 添加到集合中。
- boolean delete(E *e*):从集合中删除元素 *e*。
- void display():输出集合中的元素。

这些成员方法的实现如下:

```
public int getsize() {                              //返回集合的长度
    return size;
}
public E get(int i) {                               //返回集合的第 i 个元素
    return (E)data[i];
}
public boolean IsIn(E e) {                          //判断 e 是否在集合中
    for(int i=0;i<size;i++) {
        if(data[i]==e) return true;
    }
    return false;
}
public boolean add(E e) {                           //将元素 e 添加到集合中
    if(IsIn(e)) return false;                       //元素已在集合中返回 false
    else {                                          //否则插入末尾并返回 true
        data[size]=e;
        size++;
        return true;
    }
}
public boolean delete(E e) {                        //从集合中删除元素 e
    int i=0;
    while(i<size && data[i]!=e) i++;
    if(i>=size) return false;                       //未找到元素 e 返回 false
    for(int j=i+1;j<size;j++)
        data[j-1]=data[j];
    size--;
    return true;                                    //成功删除元素 e 返回 true
}
public void display() {                             //输出集合中的元素
    for(int i=0;i<size;i++) {
        if(i==0) System.out.print(data[i]);
        else System.out.print(" "+data[i]);
    }
}
```

```
            System.out.println();
    }
```

TwoSet 泛型类的基本运算方法如下。
- Union(Set<E> s1,Set<E> s2)：求 s3=s1∪s2。
- Intersection(Set<E> s1,Set<E> s2)：求 s3=s1∩s2。
- Difference(Set<E> s1,Set<E> s2)：求 s3=s1-s2。

这些成员方法的实现如下：

```
public Set<E> Union(Set<E> s1,Set<E> s2) {              //求 s3=s1∪s2
    Set<E> s3=new Set<E>();
    for(int i=0;i<s1.getsize();i++)                     //将集合 s1 中的所有元素复制到 s3 中
        s3.add(s1.get(i));
    for(int i=0;i<s2.getsize();i++) {                   //将 s2 中不在 s1 中出现的元素复制到 s3 中
        if(!s1.IsIn(s2.get(i))) s3.add(s2.get(i));
    }
    return s3;                                          //返回 s3
}
public Set<E> Intersection(Set<E> s1,Set<E> s2) {       //求 s3=s1∩s2
    Set<E> s3=new Set<E>();
    for(int i=0;i<s1.getsize();i++) {                   //将 s1 中出现在 s2 中的元素复制到 s3 中
        if(s2.IsIn(s1.get(i))) s3.add(s1.get(i));
    }
    return s3;                                          //返回 s3
}
public Set<E> Difference(Set<E> s1,Set<E> s2) {         //求 s3=s1-s2
    Set<E> s3=new Set<E>();
    for(int i=0;i<s1.getsize();i++) {                   //将 s1 中不在 s2 中的元素复制到 s3 中
        if(!s2.IsIn(s1.get(i))) s3.add(s1.get(i));
    }
    return s3;                                          //返回 s3
}
```

❑ 设计主函数

在所有基本运算设计好之后，为了求两个集合{1,4,2,6,8}和{2,5,3,6}的并集、交集和差集，设计包含主函数的类如下：

```
public class Exam1_13 {
    public static void main(String[] args) {
        Set<Integer> s1,s2,s3,s4,s5;                    //建立 Set<Integer>的 5 个对象
        TwoSet<Integer> t=new TwoSet<Integer>();        //建立 TwoSet<Integer>的 1 个对象
        s1=new Set<Integer>();
        s1.add(1);
        s1.add(4);
        s1.add(2);
        s1.add(6);
        s1.add(8);
        System.out.print("集合 s1："); s1.display();
        s2=new Set<Integer>();
        s2.add(2);
        s2.add(5);
        s2.add(3);
        s2.add(6);
```

```
            System.out.print("集合 s2:"); s2.display();
            System.out.println("集合 s1 和 s2 的并集-> s3");
            s3=t.Union(s1,s2);
            System.out.print("集合 s3:"); s3.display();
            System.out.println("集合 s1 和 s2 的差集-> s4");
            s4=t.Difference(s1,s2);
            System.out.print("集合 s4:"); s4.display();
            System.out.println("集合 s1 和 s2 的交集-> s5");
            s5=t.Intersection(s1,s2);
            System.out.print("集合 s5:"); s5.display();
    }
}
```

❏ 执行结果

上述程序的执行结果如下：

```
集合 s1:1 4 2 6 8
集合 s2:2 5 3 6
集合 s1 和 s2 的并集-> s3
集合 s3:1 4 2 6 8 5 3
集合 s1 和 s2 的差集-> s4
集合 s4:1 4 8
集合 s1 和 s2 的交集-> s5
集合 s5:2 6
```

1.5　练习题

练习题

自测题

1.6　实验题

1.6.1　上机实验题

上机实验题

1.6.2　在线编程题

1. POJ1004——财务管理问题。
2. HDU2012——素数判定问题。

题目描述

第2章 线性表

线性表是一种典型的线性结构,也是最常用的一种数据结构。本章介绍线性表的抽象数据类型、线性表的顺序和链式两种存储结构、相关基本运算算法设计、Java 中的 ArrayList 和 LinkedList 集合、两种存储结构的比较以及线性表的应用。主要学习要点如下:

(1) 线性表的逻辑结构特点,线性表的抽象数据类型的描述方法。
(2) 线性表的两种存储结构设计方法以及各自的优缺点。
(3) 顺序表算法设计方法。
(4) 单链表、双链表和循环链表算法设计方法。
(5) Java 中的 ArrayList < E >和 LinkedList < E >集合及其使用。
(6) 综合运用线性表解决一些复杂的实际问题。

2.1 线性表的定义

在讨论线性表的存储结构之前首先分析其逻辑结构,本节给出了线性表的定义和抽象数据类型描述,在后面几节中分别采用顺序表和链表存储方式实现线性表数据类型描述。

2.1.1 什么是线性表

顾名思义,线性表就是数据元素排列像一条线一样的表。线性表严格的定义是具有相同特性的数据元素的一个有限序列。其特征有三,一是所有数据元素类型相同;二是线性表由有限个数据元素构成;三是线性表中的数据元素与位置相关,即每个数据元素有唯一的序号(或索引),这一点表明线性表不同于集合,在线性表中可以出现值相同的数据元素(它们的序号不同),而集合中不会出现值相同的数据元素。

线性表的逻辑结构一般表示为$(a_0,a_1,\cdots,a_i,a_{i+1},\cdots,a_{n-1})$,用图形表示的逻辑结构如图 2.1 所示。其中,用 $n(n \geqslant 0)$ 表示线性表的长度(即线性表中数据元素的个数)。当 $n=0$ 时表示线性表是一个空表,不包含任何数据元素。

图 2.1　线性表的逻辑结构示意图

说明:线性表中每个元素 a_i 的唯一位置通过序号或者索引 i 表示,为了使算法设计方便,将逻辑序号和存储序号统一,均假设从 0 开始,这样,含 n 个元素的线性表的元素序号 i 满足 $0 \leqslant i \leqslant n-1$。

对于至少含有一个数据元素的线性表,除开始元素 a_0(也称首元素)没有前驱元素外,其他每个元素 $a_i(1 \leqslant i \leqslant n-1)$ 有且仅有一个前驱元素 a_{i-1};除终端元素 a_{n-1}(也称尾元素)没有后继元素外,其他元素 $a_i(0 \leqslant i \leqslant n-2)$ 有且仅有一个后继元素 a_{i+1}。也就是说,在线性表中每个元素最多只有一个前驱元素、最多只有一个后继元素。这便是线性表的逻辑特征。

在日常生活中线性表比较常见,例如,若干人排成一行或一列就构成一个人线性表,如图 2.2 所示;若干汽车排成一行或一列就构成一个汽车线性表。

图 2.2　由若干人构成的线性表

2.1.2 线性表的抽象数据类型描述

线性表的抽象数据类型描述如下:

```
ADT List {
    数据对象:
        D={a_i | 0≤i≤n-1,n≥0,a_i 为 E 类型}     //E是用户指定的类型
    数据关系:
        r={<a_i,a_{i+1}> | a_i,a_{i+1}∈D,i=0,…,n-2}
    基本运算:
        void CreateList(E[] a):由 a 数组中的全部元素建立线性表的相应存储结构。
```

```
    void Add(E e):将元素 e 添加到线性表末尾。
    int size():求线性表的长度。
    void Setsize(int nlen):设置线性表的长度为 nlen。
    E GetElem(int i):求线性表中序号为 i 的元素。
    void SetElem(int i,E e):设置线性表中序号为 i 的元素值为 e。
    int GetNo(E e):求线性表中第一个值为 e 的元素的序号。
    void swap(int i,int j):交换线性表中序号为 i 和序号为 j 的元素。
    void Insert(int i,E e):在线性表中插入数据元素 e 作为第 i 个元素。
    void Delete(int i):在线性表中删除第 i 个数据元素。
    String toString():将线性表转换为字符串。
}
```

需要说明的是,每种数据结构的基本运算并不是固定的,而是来源于实际应用的总结。上述线性表的基本运算仅包括了一些常用的运算,可以根据需要增删。

2.2 线性表的顺序存储结构

顺序存储是线性表最常用的存储方式,它直接将线性表的逻辑结构映射到存储结构上,所以既便于理解,又容易实现。本节讨论顺序存储结构及其基本运算的实现过程。

2.2.1 线性表的顺序存储结构——顺序表

线性表的顺序存储结构是把线性表中的所有元素按照其逻辑顺序依次存储到从计算机存储器中指定存储位置开始的一块连续的存储空间中。线性表的顺序存储结构称为**顺序表**。

这里采用 Java 语言中的一维数组 data 来实现顺序表,并设定该数组的容量(存放的最多元素个数)为 capacity,图 2.3 所示为将长度为 n 的线性表存放在 data 数组中。线性表的长度是线性表中实际的数据元素个数,用 size 表示,随着线性表的插入和删除操作,size 是变化的,但在任何时刻 size 都应该小于或等于容量 capacity;否则应该扩大 data 数组的容量,通常按 size 的 2 倍来扩大 data 数组的容量。

图 2.3 长度为 n 的线性表存放在顺序表中

假设线性表的元素类型为 E,设计顺序表泛型类为 SqListClass<E>,主要包含 data 动态泛型数组,size 成员变量表示实际的元素个数:

```
public class SqListClass< E > {                  //顺序表泛型类
    final int initcapacity=10;                   //顺序表的初始容量(常量)
    public E[] data;                             //存放顺序表中的元素
    public int size;                             //存放顺序表的长度
    private int capacity;                        //存放顺序表的容量
    public SqListClass() {                       //构造方法,实现 data 和 length 的初始化
        data=(E[])new Object[initcapacity];      //强制转换为 E 类型数组
        capacity=initcapacity;
        size=0;
```

        }
    //线性表的基本运算算法
}

2.2.2 线性表的基本运算算法在顺序表中的实现

线性表一旦采用顺序表存储,就可以用Java语言实现线性表的各种基本运算。在动态分配顺序表的空间时将初始容量设置为initcapacity,添加或者插入元素可能需要扩大容量,删除元素可能需要减少容量。因此,设计如下私有方法将其容量更新为newcapacity:

```java
private void updatecapacity(int newcapacity) {      //改变顺序表的容量为newcapacity
    E[] newdata=(E[])new Object[newcapacity];
    for(int i=0; i<size; i++)                        //复制原来的元素
        newdata[i]=data[i];
    capacity=newcapacity;                            //设置新容量
    data=newdata;                                    //仍由data标识数组
}
```

该算法是先新建一个容量为newcapacity的动态数组newdata,再将data中的所有元素复制到newdata中,所有元素的序号和长度不变,最后将data指向newdata。由于要复制原来的全部元素,所以算法的时间复杂度为$O(n)$。

1. 整体建立顺序表

该运算是由含若干元素的数组a的全部元素整体创建顺序表,即依次将a中的元素添加到data数组的末尾,当出现上溢出时按实际元素个数size的2倍扩大容量。对应的算法如下:

```java
public void CreateList(E[] a) {                     //由a整体建立顺序表
    size=0;
    for(int i=0;i<a.length;i++) {
        if(size==capacity)                          //出现上溢出时
            updatecapacity(2 * size);               //扩大容量
        data[size]=a[i];
        size++;                                     //添加的元素个数增加1
    }
}
```

本算法的时间复杂度为$O(n)$,其中n表示顺序表中元素的个数。

2. 顺序表的基本运算算法

1) 将元素e添加到线性表的末尾:Add(e)

该运算在data数组的尾部插入元素e,在插入中出现上溢出时按实际元素个数size的2倍扩大容量。对应的算法如下:

```java
public void Add(E e) {                              //在线性表的末尾添加一个元素e
    if(size==capacity)                              //当顺序表空间满时倍增容量
        updatecapacity(2 * size);
    data[size]=e;
    size++;                                         //长度增1
}
```

本算法的平均时间复杂度为$O(1)$[设顺序表的长度为n,n次Add()操作中最多需要

扫一扫

视频讲解

扩大一次 data 空间]。

2) 求线性表的长度：size()

该运算返回顺序表的长度,即其中实际元素的个数 size。对应的算法如下：

```
public int size() {                              //求线性表的长度
    return size;
}
```

本算法的时间复杂度为 $O(1)$。

3) 设置线性表的长度：Setsize(nlen)

该运算主要用于缩小线性表的长度,当参数 nlen 正确时($0 \leq nlen \leq size-1$),置长度 size 为 nlen,否则抛出相应的异常。对应的算法如下：

```
public void Setsize(int nlen) {                  //设置线性表的长度
    if(nlen<0 || nlen>size)
        throw new IllegalArgumentException("设置长度:n 不在有效范围内");
    size=nlen;
}
```

本算法的时间复杂度为 $O(1)$。

4) 求线性表中序号为 i 的元素：GetElem(i)

该运算当序号 i 正确时($0 \leq i \leq size-1$)返回 data[i],否则抛出相应的异常。对应的算法如下：

```
public E GetElem(int i) {                        //返回线性表中序号为 i 的元素
    if(i<0 || i>size-1)
        throw new IllegalArgumentException("查找:位置 i 不在有效范围内");
    return (E)data[i];
}
```

本算法的时间复杂度为 $O(1)$。

5) 设置线性表中序号为 i 的元素值：SetElem(i,e)

该运算当序号 i 正确时($0 \leq i \leq size-1$)将 data[i]设置为 e,否则抛出相应的异常。对应的算法如下：

```
public void SetElem(int i,E e) {                 //设置序号为 i 的元素为 e
    if(i<0 || i>size-1)
        throw new IllegalArgumentException("设置:位置 i 不在有效范围内");
    data[i]=e;
}
```

本算法的时间复杂度为 $O(1)$。

6) 求线性表中第一个值为 e 的元素的序号：GetNo(e)

该运算在 data 数组中从前向后顺序查找第一个值与 e 相等的元素的序号,若不存在这样的元素,则返回值为 −1。对应的算法如下：

```
public int GetNo(E e) {                          //查找第一个值为 e 的元素的序号
    int i=0;
    while(i<size && !data[i].equals(e))
```

```
        i++;                              //查找元素 e
        if(i>=size) return -1;            //未找到时返回-1
        else return i;                    //找到后返回其序号
    }
```

本算法的时间复杂度为 $O(n)$,其中 n 表示顺序表中元素的个数。

7) 将线性表中序号为 i 和序号为 j 的元素交换 swap(i,j)

通过 data 数组直接交换 data[i]和 data[j]元素。对应的算法如下:

```
    public void swap(int i,int j) {       //交换 data[i]和 data[j]
        E tmp=data[i];
        data[i]=data[j]; data[j]=tmp;
    }
```

8) 在线性表中插入 e 作为第 i 个元素: Insert(i,e)

该运算在线性表中序号为 i 的位置上插入一个新元素 e,图 2.4 所示为在序号 2 的位置上插入新元素 x,由此可以看出,在一个线性表中可以在任何位置或者尾元素的后一个位置上插入一个新元素。

图 2.4　在线性表中插入元素示意图

在插入时若 i 值不正确($i<0$ 或者 $i>$size),则抛出相应的异常;否则插入元素 e,其操作如图 2.5 所示,先将 data[$i..n-1$]的每个元素都后移一个位置(从 data[$n-1$]元素开始移动),腾出一个空位置 data[i]插入新元素 e,最后将长度 size 增 1。在插入元素的过程中若出现上溢出,则按 2 倍 size 扩大容量。

图 2.5　插入元素时移动元素的过程

对应的算法如下:

```
    public void Insert(int i, E e) {                //在线性表中序号为i的位置上插入元素e
        if(i<0 || i>size)                           //参数错误抛出异常
            throw new IllegalArgumentException("插入:位置i不在有效范围内");
        if(size==capacity)                          //满时倍增容量
            updatecapacity(2 * size);
        for(int j=size; j>i; j--)                   //将data[i]及后面的元素后移一个位置
            data[j]=data[j-1];
        data[i]=e;                                  //插入元素e
        size++;                                     //顺序表的长度增1
    }
```

本算法的主要时间花在元素的移动上,元素移动的次数不仅与表长 n 有关,而且与插入位置 i 有关。有效插入位置 i 的取值是 $0\sim n$,共有 $n+1$ 个位置可以插入元素:

(1) 当 $i=0$ 时移动次数为 n,达到最大值。

(2) 当 $i=n$ 时移动次数为 0,达到最小值。

(3) 其他情况需要移动 data[$i..n-1$] 的每个元素,移动次数为 $(n-1)-i+1=n-i$。

假设每个位置插入元素的概率相同,p_i 表示在第 i 个位置上插入一个元素的概率,则 $p_i=\dfrac{1}{n+1}$,这样,在长度为 n 的线性表中插入一个元素时所需移动元素的平均次数为

$$\sum_{i=0}^{n} p_i(n-i)=\dfrac{1}{n+1}\sum_{i=0}^{n}(n-i)=\dfrac{1}{n+1}\times\dfrac{n(n+1)}{2}=\dfrac{n}{2}$$

因此,插入算法的平均时间复杂度为 $O(n)$。

说明:更新容量运算 updatecapacity() 在 n 次插入中仅调用一次,其平摊时间为 $O(1)$,插入算法时间分析中可以忽略它,后面的删除运算中亦如此。

9) 在线性表中删除第 i 个数据元素:Delete(i)

该运算删除线性表中逻辑序号为 i 的元素。图 2.6 所示为删除序号为 4 的元素,由此看出,在一个线性表中可以删除任何位置上的元素。

图 2.6 在线性表中删除元素示意图

在删除时若 i 值不正确($i<0$ 或者 $i>$size-1),则抛出相应的异常,否则需要将 data[$i+1..n-1$] 的元素都向前移动一个位置(从 data[$i+1$] 元素开始移动),如图 2.7 所示。这样覆盖了要删除的元素 data[i],从而达到删除该元素的目的,最后顺序表的长度减 1。若当前容量大于初始容量并且实际元素个数仅为当前容量的 1/4,则将当前容量减半。对应的算法如下:

```
public void Delete(int i) {                    //在线性表中删除序号为 i 的位置上的元素
    if(i<0 || i>size-1)                        //参数错误抛出异常
        throw new IllegalArgumentException("删除:位置 i 不在有效范围内");
    for(int j=i; j<size-1; j++)                //将 data[i]之后的元素前移一个位置
        data[j]=data[j+1];
    size--;                                    //顺序表的长度减 1
    if(capacity > initcapacity && size==capacity/4)  //满足要求容量减半
        updatecapacity(capacity/2);
}
```

图 2.7 删除元素时移动元素的过程

本算法的主要时间花在元素的移动上,元素移动的次数也与表长 n 和删除元素的位置 i 有关,有效删除位置 i 的取值是 $0\sim n-1$,共有 n 个位置可以删除元素。

(1) 当 $i=0$ 时移动次数为 $n-1$，达到最大值。
(2) 当 $i=n-1$ 时移动次数为 0，达到最小值。
(3) 其他情况需要移动 data$[i+1..n-1]$ 的每个元素，移动次数为 $(n-1)-(i+1)+1=n-i-1$。

假设 p_i 表示删除第 i 个位置上元素的概率，则 $p_i=\dfrac{1}{n}$，所以在长度为 n 的线性表中删除一个元素时所需移动元素的平均次数为

$$\sum_{i=0}^{n-1} p_i (n-i-1) = \dfrac{1}{n} \sum_{i=0}^{n-1}(n-i-1) = \dfrac{1}{n} \times \dfrac{n(n-1)}{2} = \dfrac{n-1}{2}$$

因此，删除算法的平均时间复杂度为 $O(n)$。

10）将线性表转换为字符串：toString()

该运算是依次将顺序表中的各元素值连接起来构成一个字符串并返回。对应的算法如下：

```
public String toString() {              //将线性表转换为字符串
    String ans="";
    for(int i=0;i<size;i++)
        ans+=data[i].toString()+" ";
    return ans;
}
```

本算法的时间复杂度为 $O(n)$，其中 n 表示顺序表中元素的个数。

2.2.3 顺序表的应用算法设计示例

本节的示例均采用顺序表的 SqListClass<E> 对象 L 存储线性表，利用顺序表的基本运算算法设计满足示例需要的算法。

1. 基于顺序表基本操作的算法设计

在这类算法设计中主要包括顺序表元素的查找、插入和删除等基本操作。

【例 2.1】 对于含有 n 个整数元素的顺序表 L，设计一个算法将其中的所有元素逆置，例如，$L=(1,2,3,4,5)$，逆置后 $L=(5,4,3,2,1)$，并给出算法的时间复杂度和空间复杂度。

解 用 i 从前向后、用 j 从后向前遍历 L，当两者没有相遇时交换它们指向的元素，如图 2.8 所示，直到 $i=j$ 为止。

对应的算法如下：

图 2.8 交换 i 和 j 所指向的元素

```
public static void Reverse(SqListClass< Integer > L) {
    int i=0,j=L.size()-1;
    while(i<j) {
        L.swap(i,j);
        i++; j--;
    }
}
```

本算法的时间复杂度为 $O(n)$、空间复杂度为 $O(1)$。

【例 2.2】 假设有一个整数顺序表 L，所有元素值均不相同，设计一个算法将最大值元

素与最小值元素交换,例如,$L=(1,2,3,4,5)$,交换后 $L=(5,2,3,4,1)$。

解 对于顺序表 L,用 maxi 和 mini 记录 L 中最大元素和最小元素的下标,初始时 maxi=mini=0,i 从 1 开始扫描 L 中的所有元素,当 i 所指元素比 maxi 所指元素大时置 maxi=i,否则若 i 所指元素比 mini 所指元素小,置 mini=i。扫描完毕时,maxi 指向最大元素,mini 指向最小元素,再将对应的元素交换。对应的算法如下:

```java
public static void Swapmaxmin(SqListClass<Integer> L){
    int maxi,mini;
    maxi=mini=0;
    for(int i=1;i<L.size();i++){
        if(L.GetElem(i)>L.GetElem(maxi))
            maxi=i;
        else if(L.GetElem(i)<L.GetElem(mini))
            mini=i;
    }
    L.swap(maxi,mini);
}
```

【例 2.3】 假设有一个字符顺序表 L,设计一个算法用于删除从序号 i 开始的 k 个元素,若成功删除返回 true,否则返回 false。例如,$L=($'a','b','c','d','e'$)$,删除 $i=1$ 开始的 $k=2$ 个元素后 $L=($'a','d','e'$)$。

解 设 $L=(a_0,\cdots,a_i,\cdots,a_{n-1})$,现要删除 $(a_i,a_{i+1},\cdots,a_{i+k-1})$ 的 k 个元素,显然正确的参数是 $i \geqslant 0, k \geqslant 1$,删除的最后元素为 a_{i+k-1},其序号 $i+k-1$ 应该在 $0 \sim n-1$ 范围内,则有 $1 \leqslant i+k \leqslant n$。

解法 1:当参数正确时,让 j 从 i 到 $i+k-1$ 循环,每次循环调用 Delete() 基本运算删除序号为 i 的元素。对应的算法如下:

```java
public static boolean Deletek1(SqListClass<Character> L,int i,int k){
    if(i<0 || k<1 || i+k<1 || i+k>L.size())
        return false;                          //i 和 k 参数不合法时返回 false
    for(int j=i;j<=i+k-1;j++)
        L.Delete(i);
    return true;                               //成功删除返回 true
}
```

解法 2:当参数正确时,直接将 $a_{i+k} \sim a_{n-1}$ 的所有元素依次前移 k 个位置,如图 2.9 所示。对应的算法如下:

```java
public static boolean Deletek2(SqListClass<Character> L,int i,int k){
    if(i<0 || k<1 || i+k<1 || i+k>L.size())
        return false;                          //i 和 k 参数不合法时返回 false
    for(int j=i+k;j<L.size();j++)              //将元素前移 k 个位置
        L.SetElem(j-k,L.GetElem(j));
    L.Setsize(L.size()-k);                     //长度减 k
    return true;                               //成功删除返回 true
}
```

说明:解法 1 调用 Delete() 基本运算算法 k 次删除从序号 i 开始的 k 个元素,对应的时间复杂度为 $O(n^2)$。解法 2 的时间复杂度为 $O(n)$,所以解法 2 更高效。其中,n 为顺序表中元素的个数。

图 2.9　在顺序表中删除若干元素

2. 基于整体建立顺序表的算法设计

这类算法设计主要以整体建立顺序表思路为基础,由满足条件的元素建立一个结果顺序表,如果可能,将结果顺序表和原顺序表合二为一,以提高空间利用率。

【例 2.4】　对于含有 n 个整数元素的顺序表 L,设计一个算法用于删除其中所有值为 x 的元素,例如,$L=(1,2,1,5,1)$,若 $x=1$,删除后 $L=(2,5)$,并给出算法的时间复杂度和空间复杂度。

解法 1:对于整数顺序表 L,删除其中所有值为 x 的元素后得到的结果顺序表可以与原 L 共享,所以求解问题转换为新建结果顺序表。

采用整体创建顺序表的算法思路,用 k 记录结果顺序表中元素的个数(初始值为 0),从头开始遍历 L,仅将不为 x 的元素重新插入 L 中(如图 2.10 所示),每插入一个元素 k 增加 1,最后置长度为 k。对应的算法如下:

```
public static void Deletex1(SqListClass<Integer> L,Integer x){
    int i,k=0;                                 //k用于累计结果顺序表中的元素个数
    for(i=0;i<L.size();i++){
        if(L.GetElem(i)!=x){
            L.SetElem(k,L.GetElem(i));         //将不为 x 的元素插入 data 中
            k++;
        }
    }
    L.Setsize(k);                              //重置长度
}
```

图 2.10　将值不为 x 的元素重新插入 L 中

解法 2:对于整数顺序表 L,从头开始遍历,用 k 累计当前值为 x 的元素的个数(初始值为 0),处理当前序号为 i 的元素 a_i。

(1) 若 a_i 是不为 x 的元素(如图 2.11 所示),此时前面有 k 个为 x 的元素,将 a_i 前移 k 个位置,继续处理下一个元素。

(2) 若 a_i 是为 x 的元素,置 $k++$,继续处理下一个元素。

最后将 L 的长度减少 k。对应的算法如下:

```
public static void Deletex2(SqListClass<Integer> L,Integer x){
    int i,k=0;                                 //k用于累计删除的元素个数
```

```
    for(i=0;i<L.size();i++) {
        if(L.GetElem(i)!=x)
            L.SetElem(i-k,L.GetElem(i));            //将不为 x 的元素前移 k 个位置
        else
            k++;
    }
    L.Setsize(L.size()-k);                          //重置长度
}
```

解法 3：由解法 2 延伸出区间划分法，不妨设 $L=(a_0,a_1,\cdots,a_{n-1})$，将 L 划分为两个区间，如图 2.12 所示。用 $a[0..i]$ 存放不为 x 的元素（称为"不为 x 元素区间"），初始时该区间为空，所以置 $i=-1$，用 j 从 0 开始遍历所有元素（$j<n$），则 $a[i+1..j-1]$ 存放值为 x 的元素（称为"为 x 元素区间"），初始时该区间也为空（因为 $j=0$）。

（1）若 $a[j]\neq x$，它是要保留的元素。此时"为 x 元素区间"的首元素 $a[i+1]$（其值为 x）紧靠着"不为 x 元素区间"，将 $a[i+1]$ 与 $a[j]$ 交换，则"不为 x 元素区间"变为 $a[0..i+1]$，"为 x 元素区间"变为 $a[i+1..j]$。操作是先执行 $i++$，将 $a[j]$ 与 $a[i]$ 进行交换，再执行 $j++$ 继续遍历其余元素。

图 2.11 将值不为 x 的元素前移 k 个位置　　图 2.12 划分为"保留元素区间"和"删除元素区间"

（2）若 $a[j]==x$，它是要删除的元素，继续执行 $j++$（扩大了"删除元素区间"）遍历其余元素。

对应的算法如下：

```
public static void Deletex3(SqListClass<Integer> L, Integer x) {
    int i=-1,j=0;
    while(j<L.size()) {                             //j 遍历所有元素
        if(L.GetElem(j)!=x) {                       //找到不为 x 的元素 a[j]
            i++;                                    //扩大不为 x 的区间
            if(i!=j) L.swap(i,j);                   //将 data[i] 与 data[j] 交换
        }
        j++;                                        //继续扫描
    }
    L.Setsize(i+1);                                 //重置长度
}
```

上述 3 个算法的时间复杂度均为 $O(n)$，空间复杂度均为 $O(1)$，都属于高效的算法。

说明：解法 3 将顺序表 L 中的元素分为保留元素和删除元素，并利用原顺序表 L 存放前者，在不同的问题中保留元素的条件可能不同。上述 3 种解法都具有通用性，有效地使用这些解法可以提高相关算法的性能。

【**例 2.5**】 对于含有 n 个整数元素的顺序表 L，设计一个尽可能高效的算法删除所有相邻重复的元素，即多个相邻重复的元素仅保留一个，例如，$L=(1,2,2,2,1)$，删除后 $L=$

(1,2,1),并给出算法的时间复杂度和空间复杂度。

解 采用例 2.4 中解法 1 的整体创建顺序表的算法思路,首先将序号为 0 的元素插入结果顺序表中,k 表示结果顺序表中元素的个数(初始时 $k=1$,因为开始元素一定是要保留的元素),其末尾元素的序号为 $k-1$。从 $i=1$ 开始扫描原 L,若当前元素值不等于结果顺序表中的末尾元素,则它不是相邻重复的元素,将其插入结果顺序表中。最后重新设置结果顺序表的长度。对应的算法如下:

```
public static void Delsame(SqListClass < Integer > L) {
    int i,k=1;
    for(i=1;i<L.size();i++) {
        if(L.GetElem(i)!=L.GetElem(k-1)) {      //将不是相邻重复的元素插入
            L.SetElem(k,L.GetElem(i));
            k++;
        }
    }
    L.Setsize(k);                                //重置长度
}
```

上述算法的时间复杂度为 $O(n)$,空间复杂度均为 $O(1)$。

思考题:采用例 2.4 中解法 2 和解法 3 的思路求解本例。

3. 有序顺序表的算法设计

视频讲解

有序表是指按元素值或者某成员变量值递增或递减排列的线性表,有序顺序表是有序表的顺序存储结构。对于有序表,可以利用其元素的有序性提高相关算法的效率,二路归并就是有序表的一种经典算法。

【例 2.6】 有两个按元素值递增有序的整数顺序表 A 和 B,设计一个算法将顺序表 A 和 B 的全部元素合并到一个递增有序顺序表 C 中,并给出算法的时间复杂度和空间复杂度。

解 由于 A 和 B 是两个递增有序的整数顺序表,用 i 遍历 A 的元素,用 j 遍历 B 的元素(i、j 均从 0 开始)。

(1) 当两个表均未遍历完时,比较 i 和 j 所指向元素的大小,将较小者添加到结果有序顺序表 C 中,并后移较小者的指针。

(2) 当两个有序表中有一个尚未遍历完时,其未遍历完的所有元素都是较大的,将它们依次添加到结果有序顺序表 C 中,其过程如图 2.13 所示。

图 2.13 两个有序顺序表的二路归并过程

二路归并算法如下:

```
public static SqListClass < Integer > Merge2(SqListClass < Integer > A,SqListClass < Integer > B) {
    SqListClass < Integer > C=new SqListClass < Integer >();
    int i=0,j=0;                                 //i 用于遍历 A,j 用于遍历 B
```

```java
    while(i<A.size() && j<B.size()) {              //两个表均没有遍历完毕
        if(A.GetElem(i)<B.GetElem(j) {
            C.Add(A.GetElem(i));                    //将较小的A中元素添加到C中即归并A[i]
            i++;
        }
        else {
            C.Add(B.GetElem(j));                    //将较小的B中元素添加到C中即归并B[j]
            j++;
        }
    }
    while(i<A.size()) {                             //若A没有遍历完毕
        C.Add(A.GetElem(i));                        //归并A[i]
        i++;
    }
    while(j<B.size()) {                             //若B没有遍历完毕
        C.Add(B.GetElem(j));                        //归并B[j]
        j++;
    }
    return C;
}
```

在本算法中尽管有多个while循环语句,但恰好对顺序表A、B中的每个元素均访问一次,所以时间复杂度为$O(n+m)$,其中n、m分别为顺序表A、B的长度。本算法中需要在临时顺序表C中添加$n+m$个元素,所以算法的空间复杂度也是$O(n+m)$。

说明:在二路归并中,若两个有序表的长度分别为n、m,算法的主要时间花费在元素比较上,那么比较次数是多少呢? 在最好的情况下,整个归并中仅仅是较长表的第一个元素与较短表的每个元素比较一次,此时元素的比较次数为$\min(n,m)$(为最少元素比较次数),例如$A=(1,2,3)$,$B=(4,5,6,7,8)$,只需比较3次;在最坏的情况下,这$n+m$个元素均两两比较一次,比较次数为$n+m-1$(为最多元素比较次数),例如$A=(1,3,5,7)$,$B=(2,4,6)$,需要比较6次。

【**例2.7**】 一个长度为$n(n \geqslant 1)$的升序序列S,处在第$\lceil n/2 \rceil$个位置的数称为S的中位数。例如,若序列$S_1=(11,13,15,17,19)$,则S_1的中位数是15。两个序列的中位数是含它们所有元素的升序序列的中位数。例如,若$S_2=(2,4,6,8,20)$,则S_1和S_2的中位数是11。现有两个等长的升序序列A和B,设计一个在时间和空间两方面都尽可能高效的算法,找出两个序列A和B的中位数。假设两个升序序列分别用顺序表A和B存储,所有元素为整数。

解 两个升序序列分别用SqListClass<Integer>对象A和B存储,它们的元素个数均为n。若采用二路归并得到含$2n$个元素的升序序列C,则其中序号为$n-1$的元素就是两个序列的中位数。

实际上这里求出的中位数仅仅是一个元素,没有必要求出整个C中的$2n$个元素,因此用k累计归并元素的个数(初始为0),当归并到第n个元素(此时,$k==n$成立)时,两个比较中较小的那个元素就是中位数。对应的算法如下:

```java
public static int Middle(SqListClass<Integer> A,SqListClass<Integer> B) {
    int i=0, j=0, k=0;
    while(i<A.size() && j<B.size()) {              //两个有序顺序表均没有扫描完
        k++;                                        //当前归并的元素个数增1
```

```
            if(A.GetElem(i)<B.GetElem(j)) {         //归并 A 中较小的元素
                if (k==A.size())                    //若当前归并的元素是第 n 个元素
                    return A.GetElem(i);            //返回 A 中的当前元素
                i++;
            }
            else {                                  //归并 B 中较小的元素
                if(k==B.size())                     //若当前归并的元素是第 n 个元素
                    return B.GetElem(j);            //返回 B 中的当前元素
                j++;
            }
        }
        return 0;
    }
```

上述算法的时间复杂度为 $O(n)$,空间复杂度为 $O(1)$。

2.2.4 顺序表容器——ArrayList

在 Java 中提供了列表接口 List(其中元素为对象序列),它是 Collection 接口的子接口,List 有一个重要的实现类——ArrayList 类,它采用动态数组存储对象序列,可以看成顺序存储结构的表在 Java 语言中的实现。在实际应用中可以用 ArrayList 类对象作为顺序表,使用其提供的各种方法完成更复杂问题的求解。

扫一扫

视频讲解

1. ArrayList 类的基本应用

ArrayList 类的构造方法如下。

(1) ArrayList():构造一个初始容量为 10 的空列表。

(2) ArrayList(int initialCapacity):构造一个具有指定初始容量的空列表。

(3) ArrayList(Collection<? extends E> c):构造一个包含指定集合的元素的列表。

ArrayList 类的主要方法如下。

(1) boolean isEmpty():如果列表中不包含元素,则返回 true。

(2) int size():返回此列表中的元素数。

(3) add(E e):向列表的尾部添加指定的元素。

(4) void add(int index, E element):在列表的指定位置插入指定元素。

(5) boolean contains(Object o):如果列表中包含指定的元素,则返回 true。

(6) E get(int index):返回列表中指定位置的元素。

(7) E set(int index, E element):用指定元素替换列表中指定位置的元素。

(8) int indexOf(Object o):返回此列表中第一次出现的指定元素的索引。如果此列表中不包含该元素,则返回-1。

(9) int lastIndexOf(Object o):返回此列表中最后出现的指定元素的索引。如果列表中不包含此元素,则返回-1。

(10) void clear():从列表中移除所有元素。

(11) E remove(int index):移除列表中指定位置的元素。

(12) boolean remove(Object o):从此列表中移除第一次出现的指定元素(如果存在)。

【例 2.8】 假设递增有序整数顺序表用 ArrayList<Integer>对象存放,设计一个算法将两个递增有序整数顺序表 A 和 B 的全部元素合并到一个递增有序整数顺序表 C 中,并采用相关数据测试。

解 采用与例2.6相同的二路归并算法思路,由于这里递增有序整数顺序表用ArrayList<Integer>对象存放,所以算法中需要改为调用ArrayList类的相关方法。对应的程序如下:

```java
import java.util.*;
public class Exam2_8 {
    public static ArrayList<Integer> Merge2(ArrayList<Integer> A, ArrayList<Integer> B) {
        ArrayList<Integer> C=new ArrayList<Integer>();
        int i=0,j=0;                                    //i用于遍历A,j用于遍历B
        while(i<A.size() && j<B.size()) {               //两个表均没有遍历完毕
            if(A.get(i)<B.get(j)) {
                C.add(A.get(i));                        //将较小的A中元素添加到C中
                i++;
            }
            else {
                C.add(B.get(j));                        //将较小的B中元素添加到C中
                j++;
            }
        }
        while(i<A.size()) {                             //若A没有遍历完毕
            C.add(A.get(i));
            i++;
        }
        while(j<B.size()) {                             //若B没有遍历完毕
            C.add(B.get(j));
            j++;
        }
        return C;
    }
    public static void main(String[] args) {
        Integer[] a={1,3,5,7};
        ArrayList<Integer> A=new ArrayList<Integer>(Arrays.asList(a));   //由数组a构造A
        System.out.println("A: "+A);
        Integer[] b={1,2,5,7,9,10,20};
        ArrayList<Integer> B=new ArrayList<Integer>(Arrays.asList(b));   //由数组b构造B
        System.out.println("B: "+B);
        System.out.println("二路归并");
        ArrayList<Integer> C;
        C=Merge2(A,B);
        System.out.println("C: "+C);
    }
}
```

上述程序的执行结果如下:

```
A: [1,3,5,7]
B: [1,2,5,7,9,10,20]
二路归并
C: [1,1,2,3,5,5,7,7,9,10,20]
```

2. ArrayList类元素的排序

在许多应用中需要对顺序表元素排序,后面第10章专门讨论各种排序算法设计,这里从应用的角度介绍ArrayList类提供的几种排序方法。

若 ArrayList 对象中的元素属于 Java 基本数据类型,例如:

ArrayList＜Integer＞ myarrlist＝new ArrayList＜Integer＞();   //元素类型为整型

则排序方法如下。

(1) 按元素递增排序:Collections.sort(myarrlist);
(2) 按元素递减排序:Collections.sort(myarrlist,Collections.reverseOrder());

若 ArrayList 对象中的元素属于类类型,则需要指定按什么成员变量排序、按什么次序排序等,主要方式如下。

1) 设置 Comparable 排序接口

若一个类实现了 Comparable 接口,就意味着"该类支持排序",为此重写 compareTo() 方法以定制排序方式。compareTo() 方法的用法是"当前对象的属性.compareTo(比较对象的属性)",若当前对象的值＜比较对象的值,返回一个负整数;若当前对象的值＝比较对象的值,返回 0;若当前对象的值＞比较对象的值,返回一个正整数。然后调用 Collections.sort(ArrayList 对象)进行排序。

2) 设置 Comparator 比较器接口

若需要定制某个类对象的排序次序,而该类本身不支持排序(即没有实现 Comparable 排序接口),可以建立一个"比较器"进行排序。这个"比较器"只需要实现 Comparator 接口即可。其格式如下:

```
Collections.sort(ArrayList 对象, new Comparator＜元素类＞{
    @Override
    public int compare(元素类 o1,元素类 o2){
        return o1.比较属性().compareTo(o2.比较属性());
    }
});
```

其中,compare(o1,o2)方法的用法是根据第一个参数小于、等于或大于第二个参数分别返回负整数、零或正整数。

3) 调用 ArrayList 类的 sort()方法

在 Java 8 中增加了使用 Comparator 的 comparing() 进行排序,按照 ArrayList 类对象中元素类的排序属性进行递增排序的格式如下:

ArrayList 类对象.sort(Comparator.comparing(元素类::排序属性));

按照 ArrayList 类对象中元素类的排序属性进行递减排序的格式如下:

ArrayList 类对象.sort(Comparator.comparing(元素类::排序属性).reversed());

如果是按多个成员变量值排序,还可以增加 thenComparing()等,例如,ArrayList 类对象 myarrlist 中的元素为 User 类对象,User 类有 3 个成员变量 $F1$、$F2$ 和 $F3$,对应的属性分别为 getF1()、getF2()和 getF3(),则以下语句依次按 $F1$、$F2$ 和 $F3$ 递增排序:

```
myarrlist.sort(comparing(User::getF1)
    .thenComparing(User::getF2)
    .thenComparing(User::getF3));
```

【例 2.9】 有若干学生记录,每个记录包含姓名和年龄,用类 ArrayList 的对象存放,分别采用上述 3 种排序方法实现按年龄递增排序、按姓名递增排序和按姓名递减排序,并采用相关数据测试。

解 设计学生类 Stud,用 L 存放若干 Stud 类对象。

(1) 采用方法 1 实现按年龄递增排序:在 Stud 类中实现 Comparable 接口的 compareTo()方法,最后调用 Collections 的静态方法 sort()实现该功能。

(2) 采用方法 2 实现按姓名递增排序:实现 Comparator 接口的 compare()方法,最后调用 Collections 的静态方法 sort()实现该功能。

(3) 采用方法 3 实现按姓名递减排序:调用 L 的 sort()方法,指定排序属性为 getname,通过 reversed 表示递减排序。

对应的程序如下:

```java
import java.util.*;
class Stud implements Comparable<Stud> {
    private String name;                                    //姓名
    private Integer age;                                    //年龄
    public Stud(String na, int ag) {                        //构造方法
        name=na;
        age=ag;
    }
    public String toString() {
        String ans;
        ans="["+name+","+age+"]";
        return ans;
    }
    public String getname() {                               //取 name 的属性
        return name;
    }
    @Override
    public int compareTo(Stud o) {                          //用于按 age 递增排序
        return this.age.compareTo(o.age);
    }
}
public class Exam2_9 {
    public static void main(String[] args) {
        List<Stud> L = new ArrayList<Stud>();
        L.add(new Stud("John",18));
        L.add(new Stud("Mary",17));
        L.add(new Stud("Smith",20));
        L.add(new Stud("Tom",18));
        System.out.println("初始序列:\n   "+L);
        Collections.sort(L);                                //排序方法 1
        System.out.println("按年龄递增排序:\n   "+L);
        Collections.sort(L, new Comparator<Stud>() {        //排序方法 2
            @Override
            public int compare(Stud o1, Stud o2) {          //用于按姓名递增排序
                return o1.getname().compareTo(o2.getname());
            }
        });
        System.out.println("按姓名递增排序:\n   "+L);
        L.sort(Comparator.comparing(Stud::getname).reversed());  //排序方法 3
```

```
            System.out.println("按姓名递减排序:\n   "+L);
        }
}
```

上述程序的执行结果如下：

```
初始序列：
    [[John,18], [Mary,17], [Smith,20], [Tom,18]]
按年龄递增排序：
    [[Mary,17], [John,18], [Tom,18], [Smith,20]]
按姓名递增排序：
    [[John,18], [Mary,17], [Smith,20], [Tom,18]]
按姓名递减排序：
    [[Tom,18], [Smith,20], [Mary,17], [John,18]]
```

2.3 线性表的链式存储结构

扫一扫

视频讲解

线性表中的每个元素最多只有一个前驱元素和一个后继元素，因此可以采用链式存储结构存储。本节讨论链式存储结构及其基本运算的实现过程。

2.3.1 线性表的链式存储结构——链表

线性表的链式存储结构称为链表。在链表中每个结点不仅包含有元素本身的信息（称为**数据成员**），而且包含有元素之间逻辑关系的信息，即一个结点中包含有后继结点的地址信息或者前驱结点的地址信息，称为**指针成员**，这样可以通过一个结点的指针成员方便地找到后继结点或者前驱结点。

说明：在 Java 中并不存在指针的概念，这里的指针成员实际上存放的是后继结点或者前驱结点的引用，但为了表述方便，仍然采用"指针"一词。

如果每个结点只设置一个指向其后继结点的指针成员，这样的链表称为线性单向链接表，简称**单链表**；如果每个结点中设置两个指针成员，分别用于指向其前驱结点和后继结点，这样的链表称为线性双向链接表，简称**双链表**。无前驱结点或者后继结点的相应指针成员用常量 null 表示。

在单链表中，当访问过一个结点后，只能接着访问它的后继结点，而无法访问它的前驱结点。在双链表中，当访问过一个结点后，既可以依次向后访问后继结点，也可以依次向前访问前驱结点。

为了便于在链表中插入和删除结点，通常链表带有一个头结点，并通过头结点指针唯一地标识该链表，因为从头指针所指的头结点出发，沿着结点的链可以访问到链表中的每个结点。图 2.14(a)是带头结点的单链表 head，图 2.14(b)是带头结点的双链表 dhead，分别称为 head 单链表和 dhead 双链表。

通常将 p 指向的结点称为 p 结点或者结点 p，头结点为 head 的链表称为 head 链表，头结点中不存放任何数据元素（空表是仅包含头结点的链表），存放序号为 0 的元素的结点称为开始结点或者首结点，存放终端元素的结点称为终端结点或者尾结点。一般链表的长度

图 2.14 带头结点的单链表和双链表

不计头结点,仅指其中数据结点的个数。

2.3.2 单链表

在单链表中,假定每个结点为 LinkNode<E>泛型类对象,它包括存储元素的数据成员,这里用 data 表示,并假设其数据类型为 E,还包括存储后继结点的指针成员,这里用 next 表示。LinkNode<E>泛型类的定义如下:

```
class LinkNode<E> {                    //单链表结点泛型类
    E data;
    LinkNode<E> next;
    public LinkNode() {                //构造方法
        next=null;
    }
    public LinkNode(E d) {             //重载构造方法
        data=d;
        next=null;
    }
}
```

为了使算法设计简单、清晰,上述 LinkNode<E>泛型类中的 data 和 next 成员默认为 public 权限,如果设计为 private 权限,则需要增加相应的存取方法。

设计单链表泛型类 LinkListClass<E>,其中 head 为单链表的头结点,构造方法用于创建这个头结点,并且置 head 结点的 next 为空,所以满足 head.next==null 条件的单链表为一个空单链表:

```
public class LinkListClass<E> {        //单链表泛型类
    LinkNode<E> head;                  //存放头结点
    public LinkListClass() {           //构造方法
        head=new LinkNode<E>();        //创建头结点
        head.next=null;                //头结点的 next 成员置为 null
    }
    //基本运算算法
}
```

有些教科书在泛型类 LinkListClass<E>中增加单链表长度 size 和尾结点指针 tail 成员,这样实现相关基本运算算法的效率更高,例如,求长度运算 size() 的时间复杂度为 $O(1)$ (而上述设计中 size() 的时间复杂度为 $O(n)$),但同时增加了维护 size 和 tail 的复杂性。这里采用非高效设计是为了方便读者更多体会单链表操作的细节。

说明:通过指定具体类型定义 LinkListClass<E>的一个对象 L 称为单链表对象 L,其中头结点为 head,它实际上是指 L.head(如图 2.15 所示),读者要注意两者的意义。后面的双链表、循环链表、链栈、链队和链串等都采用相似的方式。

图 2.15 单链表对象 L

1. 插入和删除结点操作

在单链表中,插入和删除结点是最常用的操作,它是建立单链表和相关基本运算算法的基础。

1) 插入结点操作

插入运算是将结点 s 插入单链表中 p 结点的后面。如图 2.16(a)所示,为了插入结点 s,需要修改结点 p 中的指针成员,令其指向结点 s,而结点 s 中的指针成员应指向 p 结点的后继结点,从而实现 3 个结点之间逻辑关系的变化,其过程如图 2.16 所示。

图 2.16 在单链表中插入结点 s 的过程

上述指针修改用 Java 语句描述如下:

s.next=p.next; p.next=s;

注意:这两个语句的顺序不能颠倒,如果先执行 p.next=s 语句,会找不到指向值为 b 的结点,再执行 s.next=p.next 语句,相当于执行 s.next=s,这样插入操作错误。

2) 删除结点操作

删除运算是删除单链表中 p 结点的后继结点,如图 2.17(a)所示,其操作是将 p 结点的 next 修改为其后继结点的后继结点,结果如图 2.17(b)所示。上述指针修改用 Java 语句描述如下:

p.next=p.next.next;

说明:在单链表中插入和删除一个结点,先要找到插入位置的前驱结点和删除结点的

(a) 删除前　　　　　　　　　　(b) 删除后

图 2.17　在单链表中删除结点的过程

前驱结点。插入操作需要修改两个指针成员,删除操作需要修改一个指针成员。

2. 整体建立单链表

所谓整体建立单链表就是一次性创建单链表的多个结点,这里是通过一个含有 n 个元素的 a 数组来建立单链表。建立单链表的常用方法有以下两种。

1）用头插法建表

该方法从一个空表开始,依次读取数组 a 中的元素,生成新结点 s,将读取的数据存放到新结点的数据成员中,然后将新结点 s 插入当前链表的表头上,如图 2.18 所示。重复这一过程,直到 a 数组的所有元素读完为止。

图 2.18　头插法建表示意图

采用头插法建表的算法如下：

```
public void CreateListF(E[] a) {                //头插法:由数组a整体建立单链表
    LinkNode<E> s;
    for(int i=0;i<a.length;i++) {               //循环建立数据结点s
        s=new LinkNode<E>(a[i]);                //新建存放a[i]元素的结点s
        s.next=head.next;                       //将s结点插入开始结点之前、头结点之后
        head.next=s;
    }
}
```

本算法的时间复杂度为 $O(n)$,其中 n 为 a 数组中元素的个数。

若数组 a 中包含 4 个元素 'a'、'b'、'c' 和 'd',调用 CreateListF(a) 建立的单链表如图 2.19 所示。从中可以看到,用头插法建立的单链表中数据结点的次序与 a 数组中的次序正好相反。

图 2.19　采用头插法建立的单链表 head

2）用尾插法建表

用头插法建立链表虽然算法简单,但生成的链表中结点的次序和原数组中元素的顺序相反。若希望两者次序一致,可采用尾插法建立。该方法是将新结点 s 插入当前链表的表尾上,为此需要增加一个尾指针 t,使其始终指向当前链表的尾结点,如图 2.20 所示。

图 2.20　尾插法建表示意图

采用尾插法建表的算法如下：

```
public void CreateListR(E[] a) {           //尾插法：由数组 a 整体建立单链表
    LinkNode<E> s,t;
    t=head;                                 //t 始终指向尾结点,开始时指向头结点
    for(int i=0;i<a.length;i++) {           //循环建立数据结点 s
        s=new LinkNode<E>(a[i]);            //新建存放 a[i]元素的结点 s
        t.next=s;                           //将 s 结点插入 t 结点之后
        t=s;
    }
    t.next=null;                            //将尾结点的 next 成员置为 null
}
```

本算法的时间复杂度为 $O(n)$，其中 n 为 a 数组中元素的个数。

若数组 a 中包含 4 个元素'a'、'b'、'c'和'd'，调用 CreateListR(a)建立的单链表如图 2.21 所示。从中可以看到，用尾插法建立的单链表中数据结点的次序与 a 数组中的次序正好相同。

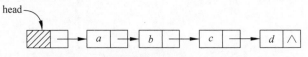

图 2.21　采用尾插法建立的单链表 head

3. 线性表的基本运算在单链表中的实现

在多个基本运算算法中都需要在单链表中查找序号为 $i(0 \leq i \leq n-1$，n 为单链表中数据结点的个数)的结点，假设参数 i 正确，设计对应的私有方法如下：

```
private LinkNode<E> geti(int i) {          //返回序号为 i 的结点
    LinkNode<E> p=head;                     //初始时 p 指向头结点
    int j=-1;                               //头结点序号看成-1
    while(j<i) {
        j++;
        p=p.next;
    }
    return p;
}
```

视频讲解

本算法的执行过程如图 2.22 所示，算法的时间复杂度为 $O(n)$。

图 2.22　求单链表中序号为 i 的结点的执行过程

1) 将元素 e 添加到线性表的末尾：Add(e)

该运算先新建一个存放元素 e 的 s 结点，找到尾结点 p，在 p 结点之后插入 s 结点。对

应的算法如下：

```
public void Add(E e) {                        //在线性表的末尾添加一个元素 e
    LinkNode<E> s=new LinkNode<E>(e);         //新建结点 s
    LinkNode<E> p=head;
    while(p.next!=null)                        //查找尾结点 p
        p=p.next;
    p.next=s;                                  //在尾结点之后插入结点 s
}
```

本算法的时间复杂度为 $O(n)$。

2）求线性表的长度：size()

该运算返回单链表中数据结点的个数。对应的算法如下：

```
public int size() {                           //求线性表的长度
    LinkNode<E> p=head;
    int cnt=0;
    while(p.next!=null) {                     //找到尾结点为止
        cnt++;
        p=p.next;
    }
    return cnt;
}
```

本算法的执行过程如图 2.23 所示，算法的时间复杂度为 $O(n)$。

图 2.23　求单链表中数据结点个数的执行过程

3）设置线性表的长度：Setsize(nlen)

该运算主要用于缩小线性表的长度，当参数 nlen 错误时（nlen<0 或者 nlen<n）抛出相应的异常，若 nlen 等于原单链表长度，直接返回，否则找到序号为 nlen-1 的结点 p，将其置为尾结点，使新单链表的长度为 nlen。对应的算法如下：

```
public void Setsize(int nlen) {               //设置线性表的长度
    int len=size();
    if(nlen<0 || nlen>len)
        throw new IllegalArgumentException("设置长度:n 不在有效范围内");
    if(nlen==len) return;
    LinkNode<E> p=geti(nlen-1);               //找到序号为 nlen-1 的结点 p
    p.next=null;                              //将结点 p 置为尾结点
}
```

本算法的时间复杂度为 $O(n)$。

4) 求线性表中序号为 i 的元素：GetElem(i)

该运算当序号 i 正确时($0 \leq i \leq n-1$)先找到序号为 i 的结点 p，然后返回其 data 成员，否则抛出相应的异常。对应的算法如下：

```
public E GetElem(int i) {                    //返回线性表中序号为 i 的元素
    int len=size();
    if(i<0 || i>len-1)
        throw new IllegalArgumentException("查找:位置i不在有效范围内");
    LinkNode<E> p=geti(i);                    //找到序号为 i 的结点 p
    return (E)p.data;
}
```

本算法的时间复杂度为 $O(n)$。

5) 设置线性表中序号为 i 的元素：SetElem(i,e)

该运算当序号 i 正确时($0 \leq i \leq n-1$)先找到序号为 i 的结点 p，然后设其 data 成员为 e，否则抛出相应的异常。对应的算法如下：

```
public void SetElem(int i,E e) {              //设置序号为 i 的元素为 e
    if(i<0 || i>size()-1)
        throw new IllegalArgumentException("设置:位置i不在有效范围内");
    LinkNode<E> p=geti(i);                    //找到序号为 i 的结点 p
    p.data=e;
}
```

本算法的时间复杂度为 $O(n)$。

6) 求线性表中第一个值为 e 的元素的逻辑序号：GetNo(e)

该运算先置 j 为 -1，p 指向首结点，当 p 非空且指向的不是 e 结点时置 j++、p 后移一个结点。循环结束时若 p 为空，表示不存在这样的元素，返回值为 -1，否则找到这样的结点，返回序号 j。对应的算法如下：

```
public int GetNo(E e) {                       //查找第一个为 e 的元素的序号
    int j=0;
    LinkNode<E> p=head.next;
    while(p!=null && !p.data.equals(e)) {     //查找元素 e
        j++;
        p=p.next;
    }
    if(p==null) return -1;                    //未找到时返回-1
    else return j;                            //找到后返回其序号
}
```

本算法的执行过程如图 2.24 所示，算法的时间复杂度为 $O(n)$。

7) 将线性表中序号为 i 和序号为 j 的元素交换：swap(i,j)

先找到序号为 i 的结点 p 和序号为 j 的结点 q，然后将两个结点的 data 值进行交换。对应的算法如下：

```
public void swap(int i,int j) {               //交换序号为 i 和序号为 j 的元素
    LinkNode<E> p=geti(i);
    LinkNode<E> q=geti(j);
    E tmp=p.data;
```

```
        p.data=q.data;
        q.data=tmp;
}
```

图2.24 在单链表中找第一个值为 e 的数据结点的执行过程

8）在线性表中插入 e 作为第 i 个元素：Insert(i,e)

该运算在参数 i 错误时（i<0 或者 i>n）抛出相应的异常,在参数 i 正确（0≤i≤n）时先新建存放元素 e 的结点 s,找到第 i-1 个结点 p,然后在 p 结点之后插入 s 结点。对应的算法如下：

```
public void Insert(int i, E e) {              //在线性表中序号为 i 的位置上插入元素 e
    if(i<0 || i>size())                        //参数错误抛出异常
        throw new IllegalArgumentException("插入:位置i不在有效范围内");
    LinkNode<E> s=new LinkNode<E>(e);          //建立新结点 s
    LinkNode<E> p=geti(i-1);                   //找到序号为 i-1 的结点 p
    s.next=p.ncxt;                             //在 p 结点后面插入 s 结点
    p.next=s;
}
```

本算法的时间复杂度为 $O(n)$。

9）在线性表中删除第 i 个数据元素：Delete(i)

该运算在参数 i 错误时（i<0 或者 i>n-1）抛出相应的异常,在参数 i 正确（0≤i≤n-1）时先找到第 i-1 个结点 p,再删除 p 结点的后继结点。对应的算法如下：

```
public void Delete(int i) {                   //在线性表中删除序号为 i 的位置上的元素
    if(i<0 || i>size()-1)                      //参数错误抛出异常
        throw new IllegalArgumentException("删除:位置i不在有效范围内");
    LinkNode<E> p=geti(i-1);                   //找到序号为 i-1 的结点 p
    p.next=p.next.next;                        //删除 p 结点的后继结点
}
```

本算法的时间复杂度为 $O(n)$。

10）将线性表转换为字符串：toString()

该运算是依次将单链表中各结点存放的元素值连接起来构成一个字符串并返回。对应的算法如下：

```
public String toString() {                    //将线性表转换为字符串
    String ans="";
    LinkNode<E> p=head.next;
```

```
    while(p!=null) {
        ans+=p.data+" ";
        p=p.next;
    }
    return ans;
}
```

本算法的时间复杂度为 $O(n)$。

2.3.3 单链表的应用算法设计示例

本节的示例均采用单链表的 LinkListClass<E>对象 L 存储线性表,利用单链表的基本操作设计满足示例需要的算法。

1. 基于单链表基本操作的算法设计

扫一扫

视频讲解

在这类算法设计中主要包括单链表结点的查找、插入和删除等基本操作。

【**例 2.10**】 有一个长度大于 2 的整数单链表 L,设计一个算法查找 L 的中间位置的元素。例如,$L=(1,2,3)$,返回元素为 2;$L=(1,2,3,4)$,返回元素为 2。

解 针对长度大于 2 的整数单链表 L 求中间位置元素,下面给出两种解法。

计数法:计算出 L 的长度 n,假设首结点的编号为 1,则满足题目要求的结点的编号为 $(n-1)/2+1$(这里的除法为整除)。置 $j=1$,指针 p 指向首结点,让其后移 $(n-1)/2$ 个结点即可。对应的算法如下:

```
public static int Middle1(LinkListClass<Integer> L) {
    int j=1, n=L.size();
    LinkNode<Integer> p=L.head.next;           //p指向首结点
    while(j<=(n-1)/2) {                        //找中间位置的p结点
        j++;
        p=p.next;
    }
    return p.data;
}
```

快慢指针法:设置快指针 fast 和慢指针 slow,首先均指向首结点,当 fast 结点后面至少存在两个结点时,让慢指针 slow 每次后移一个结点,让快指针 fast 每次后移两个结点。否则,slow 指向的结点就是满足题目要求的结点。对应的算法如下:

```
public static int Middle2(LinkListClass<Integer> L) {
    LinkNode<Integer> slow=L.head.next;
    LinkNode<Integer> fast=L.head.next;             //均指向首结点
    while(fast.next!=null && fast.next.next!=null) { //找中间位置的p结点
        slow=slow.next;                             //慢指针每次后移一个结点
        fast=fast.next.next;                        //快指针每次后移两个结点
    }
    return slow.data;
}
```

尽管上述两个算法的时间复杂度都是 $O(n)$,但前一种解法遍历整个单链表 1.5 趟[调用 size()计一趟],而后一种解法遍历整个单链表一趟,后者效率更高。

【**例 2.11**】 有一个整数单链表 L,其中可能存在多个值相同的结点,设计一个算法查

找 L 中最大值结点的个数。

解 先遍历单链表 L 的所有数据结点求出其中最大结点值 maxe，再遍历 L 的所有数据结点累计其中结点值为 maxe 的结点个数 cnt，最后返回 cnt。

该方法需要遍历 L 两趟，可以改为仅遍历一趟，先让 p 指向首结点，用 maxe 记录首结点值，将其看成最大值结点，cnt 置为 1。按以下方式循环，直到 p 指向尾结点为止。

(1) 若 p.next.data＞maxe，将 p.next 看成新的最大值结点，置 maxe=p.next.data,cnt=1。

(2) 若 p.next.data==maxe，说明 maxe 仍为当前最大结点值，置 cnt++。

(3) p 后移一个结点。

最后返回的 cnt 即为最大值结点的个数。

对应的算法如下：

```java
public static int Maxcount(LinkListClass<Integer> L) {
    int cnt=1;
    Integer maxe;
    LinkNode<Integer> p=L.head.next;          //p指向首结点
    maxe=p.data;                               //maxe置为首结点值
    while(p.next!=null) {                      //循环到p结点为尾结点
        if(p.next.data>maxe) {                 //找到更大的结点
            maxe=p.next.data;
            cnt=1;
        }
        else if(p.next.data==maxe)             //p结点为当前最大值结点
            cnt++;
        p=p.next;
    }
    return cnt;
}
```

本算法的时间复杂度为 $O(n)$，空间复杂度为 $O(1)$。

【例 2.12】 有一个整数单链表 L，其中可能存在多个值相同的结点，设计一个算法删除 L 中所有最大值的结点。

解 先遍历 L 的所有结点，求出最大结点值 maxe，再遍历一次删除所有值为 maxe 的结点，在删除中通过(pre,p)一对同步指针指向相邻的两个结点，若 p.data==maxe，再通过 pre 结点删除 p 结点。对应的算法如下：

```java
public static void Delmaxnodes(LinkListClass<Integer> L) {
    Integer maxe;
    LinkNode<Integer> p=L.head.next,pre;       //p指向首结点
    maxe=p.data;                                //maxe置为首结点值
    while(p.next!=null) {                       //查找最大结点值maxe
        if(p.next.data>maxe) maxe=p.next.data;
        p=p.next;
    }
    pre=L.head;                                 //pre指向头结点
    p=pre.next;                                 //p指向pre的后继结点
    while(p!=null) {                            //p遍历所有结点
        if(p.data==maxe) {                      //p结点为最大值结点
            pre.next=p.next;                    //删除p结点
            p=pre.next;                         //让p指向pre的后继结点
```

```
        }
        else {
            pre=pre.next;              //pre 后移一个结点(或 pre=p)
            p=pre.next;                //让 p 指向 pre 的后继结点
        }
    }
}
```

说明：本例不能像例 2.10 那样只需要遍历一趟单链表，因为仅遍历一趟单链表无法确定哪些结点是要删除的结点。

2. 基于整体建立单链表的算法设计

扫一扫

视频讲解

这类算法设计主要以整体建立单链表的两种方法为基础，根据求解问题的需要采用头插法或者尾插法。

【例 2.13】 有一个整数单链表 L，设计一个算法逆置 L 中的所有结点。例如，$L=(1,2,3,4,5)$，逆置后 $L=(5,4,3,2,1)$。

解 采用头插法建表的思路，先让 p 指向整数单链表 L 的首结点，置 L 为空单链表，然后遍历 L 的其余数据结点，将 p 结点插入单链表 L 的头部。对应的算法如下：

```
public static void Reverse(LinkListClass<Integer> L) {
    LinkNode<Integer> p=L.head.next,q;     //p 指向首结点
    L.head.next=null;                       //将 L 设置为一个空表
    while(p!=null) {
        q=p.next;                           //q 临时保存 p 结点的后继结点
        p.next=L.head.next;                 //将 p 结点插入表头
        L.head.next=p;
        p=q;
    }
}
```

本算法的时间复杂度为 $O(n)$，空间复杂度为 $O(1)$。

【例 2.14】 有两个整数单链表 A 和 B，A 中数据元素为 $(a_0,a_1,\cdots,a_{n-1})$，B 中数据元素为 $(b_0,b_1,\cdots,b_{m-1})$，其中 m、n 均大于 0。设计一个算法将 A、B 的所有数据结点合并起来得到一个整数单链表 C，C 中数据元素的顺序如下：

$$C=(a_0,b_0,\cdots,a_{n-1},b_{n-1}) \quad\quad m=n$$
$$C=(a_0,b_0,\cdots,a_{m-1},b_{m-1},a_m,\cdots,a_{n-1}) \quad m<n$$
$$C=(a_0,b_0,\cdots,a_{n-1},b_{n-1},b_n,\cdots,b_{m-1}) \quad m>n$$

并给出算法的时间和空间复杂度。

解 本题采用由 A、B 的所有数据结点新建单链表 C 的方法，分析 C 中结点的次序可知，应该采用尾插法建立结果单链表 C，t 初始时指向 C 的头结点。

用 p、q 分别遍历单链表 A 和 B 的数据结点，当两个表均未遍历完时，先将 p 结点链接到 t 结点后面，p 后移一个结点，再将 q 结点链接到 t 结点后面，q 后移一个结点；否则置 t 结点为尾结点，若有一个单链表遍历完，将另一个未遍历完的单链表中的所有其余结点链接到 t 结点后面，最后返回 C。对应的算法如下：

```
public static LinkListClass<Integer> Comb(LinkListClass<Integer> A,LinkListClass<Integer> B) {
    LinkListClass<Integer> C=new LinkListClass<Integer>();
```

```java
    LinkNode<Integer> p,q,t;
    p=A.head.next;                         //p 指向 A 的首结点
    q=B.head.next;                         //q 指向 B 的首结点
    t=C.head;                              //t 始终指向 C 的尾结点
    while(p!=null && q!=null) {            //当两个表均未遍历完时
        t.next=p; t=p;                     //将 p 结点插入 C 的末尾
        p=p.next;                          //p 后移一个结点
        t.next=q; t=q;                     //将 q 结点插入 C 的末尾
        q=q.next;                          //q 后移一个结点
    }
    t.next=null;                           //将尾结点的 next 设置为空
    if(p!=null) t.next=p;                  //A 未遍历完,将余下结点链接到 C 的尾部
    if(q!=null) t.next=q;                  //B 未遍历完,将余下结点链接到 C 的尾部
    return C;
}
```

本算法的时间复杂度为 $O(n+m)$,空间复杂度为 $O(1)$。

思考题:如果改为不破坏初始单链表 A 和 B,而是采用复制的方法创建结果单链表 C 的数据结点,那么算法的时间和空间复杂度又分别是多少?

【**例 2.15**】 有一个含 $2n$ 个整数的单链表 $L=(a_0,b_0,a_1,b_1,\cdots,a_{n-1},b_{n-1})$,设计一个算法将其拆分成两个带头结点的单链表 A 和 B,其中 $A=(a_0,a_1,\cdots,a_{n-1})$,$B=(b_{n-1},b_{n-2},\cdots,b_0)$。

解 本题利用原单链表 L 中的所有数据结点通过改变指针成员重新组成两个单链表 A 和 B。由于 A 中结点的相对顺序与 L 中的相同,所以采用尾插法建立单链表 A;由于 B 中结点的相对顺序与 L 中的相反,所以采用头插法建立单链表 B,如图 2.25 所示。

图 2.25 将 L 拆分成两个单链表 A 和 B

对应的算法如下:

```java
static void Split(LinkListClass<Integer> L,LinkListClass<Integer> A,LinkListClass<Integer> B) {
    LinkNode<Integer> p=L.head.next;       //p 指向 L 的首结点
    LinkNode<Integer> q=null,t;
    t=A.head;                              //t 始终指向 A 的尾结点
    while(p!=null) {                       //遍历 L 的所有数据结点
        t.next=p; t=p;                     //用尾插法建立 A
        p=p.next;                          //p 后移一个结点
        if(p!=null) {
```

```
                q=p.next;                       //临时保存 p 结点的后继结点
                p.next=B.head.next;             //用头插法建立 B
                B.head.next=p;
                p=q;                            //p 指向 q 结点
            }
        }
        t.next=null;                            //将尾结点的 next 设置为空
    }
```

本算法的时间复杂度为 $O(n+m)$，空间复杂度为 $O(1)$。

3. 有序单链表的算法设计

有序单链表是有序表的单链表存储结构，如同有序顺序一样可以利用二路归并方法提高相关算法的效率。

【例 2.16】 有两个递增有序整数单链表 A 和 B，设计一个算法采用二路归并方法将 A 和 B 的所有数据结点合并到递增有序单链表 C 中，要求算法的空间复杂度为 $O(1)$。

解 采用例 2.6 的二路归并思路，由于要求算法的空间复杂度为 $O(1)$，所以不能采用复制结点的方法，只能将 A 和 B 中的结点重组来建立单链表 C（这样算法执行后单链表 A 和 B 不复存在），而建立单链表 C 的过程采用尾插法。二路归并算法如下：

```
    public static LinkListClass<Integer> Merge2(LinkListClass<Integer> A,LinkListClass<Integer> B){
        LinkNode<Integer> p=A.head.next;        //p 指向 A 的首结点
        LinkNode<Integer> q=B.head.next;        //q 指向 B 的首结点
        LinkListClass<Integer> C=new LinkListClass<Integer>();
        LinkNode<Integer> t=C.head;             //t 为 C 的尾结点
        while(p!=null && q!=null){              //两个单链表都没有遍历完
            if(p.data<q.data){                  //将较小结点 p 链接到 C 的末尾
                t.next=p; t=p;
                p=p.next;
            }
            else{                               //将较小结点 q 链接到 C 的末尾
                t.next=q; t=q;
                q=q.next;
            }
        }
        t.next=null;                            //将尾结点的 next 设置为空
        if(p!=null) t.next=p;
        if(q!=null) t.next=q;
        return C;
    }
```

本算法的时间复杂度为 $O(m+n)$，其中 m、n 分别为 A、B 单链表中数据结点的个数。

【例 2.17】 有两个递增有序整数单链表 A 和 B，假设每个单链表中没有值相同的结点，但两个单链表中存在相同值的结点，设计一个尽可能高效的算法建立一个新的递增有序整数单链表 C，其中包含 A 和 B 中值相同的结点，要求算法执行后不改变单链表 A 和 B。

解 采用二路归并+尾插法新建单链表 C 的思路，由于要求算法执行后不改变单链表 A 和 B，所以单链表 C 的每个结点都是通过复制新建的，如图 2.26 所示。

对应的算法如下：

图 2.26 建立新单链表 C 的过程

```
static LinkListClass<Integer> Commnodes(LinkListClass<Integer> A,LinkListClass<Integer> B){
    LinkNode<Integer> p=A.head.next;              //p 指向 A 的首结点
    LinkNode<Integer> q=B.head.next;              //q 指向 B 的首结点
    LinkListClass<Integer> C=new LinkListClass<Integer>();
    LinkNode<Integer> t=C.head,s;                 //t 为 C 的尾结点
    while(p!=null && q!=null){                    //两个单链表都没有遍历完
        if(p.data<q.data)                         //跳过较小的 p 结点
            p=p.next;
        else if(q.data<p.data)                    //跳过较小的 q 结点
            q=q.next;
        else{                                     //p 结点和 q 结点值相同
            s=new LinkNode<Integer>(p.data);      //新建 s 结点
            t.next=s; t=s;                        //将 s 结点链接到 C 的末尾
            p=p.next;
            q=q.next;
        }
    }
    t.next=null;                                  //将尾结点的 next 设置为空
    return C;
}
```

本算法的时间复杂度为 $O(m+n)$，空间复杂度为 $O(\min(m,n))$，其中 m、n 分别为 A、B 单链表中数据结点的个数，$\min()$ 为取最小值函数，因为单链表 C 中最多只有 $\min(m,n)$ 个结点。

视频讲解

2.3.4 双链表

对于双链表，采用类似于单链表的结点类型定义，双链表中每个结点的泛型类 DLinkNode<E>定义如下：

```
class DLinkNode<E>{                //双链表结点泛型类
    E data;                        //结点元素值
    DLinkNode<E> prior;            //前驱结点指针
    DLinkNode<E> next;             //后继结点指针
    public DLinkNode(){            //构造方法
        prior=null;
        next=null;
```

```
    }
    public DLinkNode(E d) {                    //重载构造方法
        data=d;
        prior=null;
        next=null;
    }
}
```

双链表泛型类 DLinkListClass<E>包含双链表的基本运算方法,其中 dhead 成员为双链表的头结点：

```
public class DLinkListClass<E> {               //双链表泛型类
    DLinkNode<E> dhead;                        //存放头结点
    public DLinkListClass() {                  //构造方法
        dhead=new DLinkNode<E>();              //创建头结点
        dhead.prior=null;
        dhead.next=null;
    }
    //线性表的基本运算算法
}
```

由于双链表中每个结点有两个指针成员,一个指向其后继结点,另一个指向其前驱结点,所以与单链表相比,在双链表中访问一个结点的前、后相邻结点更加方便。

和单链表一样,这里的双链表也是由头结点 dhead 唯一标识的。

1. 插入和删除结点操作

在双链表中插入和删除结点是最基本的操作,这也是双链表算法设计的基础。

1) 插入结点操作

假设在双链表中的 p 结点之后插入一个 s 结点,插入过程如图 2.27 所示,共涉及 4 个

图 2.27 在双链表中插入结点的过程

指针成员的变化。其操作语句描述如下：

```
s.next=p.next;
p.next.prior=s;
s.prior=p;
p.next=s;
```

说明：在双链表中的 p 结点之后插入 s 结点时，p 结点是直接给定的，而 p 结点的后继结点是间接找到的，一般先做间接找到结点的相关操作，后做直接给定结点的相关操作，例如，p.next＝s 总是放在前两个语句之后执行。

2）删除结点操作

假设删除双链表中 p 结点的后继结点，删除过程如图 2.28 所示，共涉及两个指针成员的变化。其操作语句描述如下：

```
p.next.prior=p.prior;
p.prior.next=p.next;
```

（a）删除前

（b）p.next.prior=p.prior

（c）p.prior.next=p.next

（d）删除后

图 2.28 在双链表中删除结点的过程

2. 整体建立双链表

整体建立双链表是用一个数组的所有元素创建一个双链表，和整体建立单链表一样，也有头插法和尾插法两种方法。

1）用头插法建表

与用头插法建立单链表的过程相似，每次都是将新结点 s 插入表头，这里仅改为按双链表方式插入结点。对应的算法如下：

```
public void CreateListF(E[] a)                //头插法：用数组a整体建立双链表
    DLinkNode<E> s;
    for(int i=0;i<a.length;i++) {              //循环建立数据结点s
        s=new DLinkNode<E>(a[i]);             //新建存放a[i]元素的结点s，将其插入表头
        s.next=dhead.next;                     //修改s结点的next成员
```

```
        if(dhead.next!=null)              //修改头结点的非空后继结点的 prior 成员
            dhead.next.prior=s;
        dhead.next=s;                     //修改头结点的 next 成员
        s.prior=dhead;                    //修改 s 结点的 prior 成员
    }
}
```

2）用尾插法建表

与用尾插法建立单链表的过程相似，每次都是将新结点 s 链接到表尾，这里仅改为按双链表方式插入结点。对应的算法如下：

```
public void CreateListR(E[] a) {          //尾插法：由数组 a 整体建立双链表
    DLinkNode<E> s,t;
    t=dhead;                              //t 始终指向尾结点,开始时指向头结点
    for(int i=0;i<a.length;i++) {         //循环建立数据结点 s
        s=new DLinkNode<E>(a[i]);         //新建存放 a[i]元素的结点 s
        t.next=s;                         //将 s 结点插入 t 结点之后
        s.prior=t; t=s;
    }
    t.next=null;                          //将尾结点的 next 成员设置为 null
}
```

上述两个建立双链表的算法的时间复杂度均为 $O(n)$，空间复杂度均为 $O(n)$。

3. 线性表的基本运算在双链表中的实现

在双链表中，许多运算算法（例如查找序号为 i 的结点、求长度、取元素值和查找元素等）与单链表中的相应算法是相同的，这里不多介绍，但涉及结点插入和删除操作的算法需要改为按双链表的方式进行结点的插入和删除。

在双链表 dhead 中序号为 i 的位置上插入值为 e 的结点的算法如下：

```
public void Insert(int i, E e) {          //在线性表中序号为 i 的位置上插入元素 e
    if(i<0 || i>size())                   //参数错误抛出异常
        throw new IllegalArgumentException("插入:位置i不在有效范围内");
    DLinkNode<E> s=new DLinkNode<E>(e);   //建立新结点 s
    DLinkNode<E> p=geti(i-1);             //找到序号为 i-1 的结点 p,在其后插入 s 结点
    s.next=p.next;                        //修改 s 结点的 next 成员
    if(p.next!=null)                      //修改 p 结点的非空后继结点的 prior 成员
        p.next.prior=s;
    p.next=s;                             //修改 p 结点的 next 成员
    s.prior=p;                            //修改 s 结点的 prior 成员
}
```

说明：上述算法是先建立新结点 s，在双链表中找到序号为 $i-1$ 的结点 p（找插入结点的前驱结点），然后在 p 结点之后插入 s 结点（即在前驱结点之后插入新结点）。也可以在双链表中找到序号为 i 的结点 p（找插入结点的后继结点），然后在 p 结点之前插入 s 结点（即在后继结点之前插入新结点）。

在双链表 dhead 中删除序号为 i 的结点的算法如下：

```
public void Delete(int i) {               //在线性表中删除序号为 i 的位置上的元素
    if(i<0 || i>size()-1)                 //参数错误抛出异常
```

```
            throw new IllegalArgumentException("删除:位置 i 不在有效范围内");
        DLinkNode<E> p=geti(i);              //找到序号为 i 的结点 p,删除该结点
        if(p.next!=null)                      //修改 p 结点的非空后继结点的 prior 成员
            p.next.prior=p.prior;
        p.prior.next=p.next;                  //修改 p 结点的前驱结点的 next 成员
    }
```

说明：上述算法是先在双链表中找到序号为 i 的结点 p，再通过 p 结点前后结点删除 p 结点。也可以找到序号为 $i-1$ 的结点 p（找删除结点的前驱结点），再删除其后继结点。

上述两个算法的时间复杂度均为 $O(n)$。

2.3.5 双链表的应用算法设计示例

本节的示例均采用双链表的 DLinkListClass<E>对象 L 存储线性表，利用双链表的基本操作设计满足示例需要的算法。

【例 2.18】 设计一个算法删除整数双链表 L 中第一个值为 x 的结点。

解 用 p 遍历双链表 L 的数据结点并查找第一个值为 x 的结点，若没有找到这样的结点，直接返回；若找到这样的结点 p，通过其前后结点删除 p 结点。对应的算法如下：

```
    public static void Delx(DLinkListClass<Integer> L, Integer x) {
        DLinkNode<Integer> p=L.dhead.next;        //p 指向首结点
        while(p!=null && p.data!=x)               //查找第一个值为 x 的结点 p
            p=p.next;
        if(p!=null) {                              //找到值为 x 的结点 p
            if(p.next!=null) p.next.prior=p.prior; //删除 p 结点
            p.prior.next=p.next;
        }
    }
```

说明：在单链表中删除一个结点需要找到其前驱结点，在双链表中删除结点不必找到其前驱结点，只需找到要删除的结点即可实施删除操作。

视频讲解

【例 2.19】 设有一个整数双链表 L，每个结点中除了有 prior、data 和 next 这 3 个成员外，还有一个访问频度成员 freq，在链表被起用之前，其值均初始化为 0，并且所有结点的 data 值不相同。每当进行 LocateElem(L,x)运算时，令元素值为 x 的结点中 freq 成员的值加 1，并调整表中结点的次序，使其按访问频度的递减顺序排列，以便使频繁访问的结点总是靠近表头。设计满足上述要求的 LocateElem()算法和完整的程序，并用相关数据进行测试。

解 修改前面的双链表结点类型为 DLinkNode1<E>，其中增加一个 freq 成员，同时修改双链表泛型类为 DLinkListClass1<E>，仅包含尾插法建表（每个结点的 freq 成员均置为 0）和所有结点值转换为字符串的基本算法。

设计静态 LocateElem(L,x)算法，先查找值为 x 的结点 p，若未找到，返回 false；否则将 p 结点的 freq 成员增 1，然后依次和前驱结点 pre 的 freq 成员比较，若 pre 的 freq 成员较小，将 pre 结点和 p 结点的 data、freq 成员进行交换（也可以采用 pre 和 p 结点交换的方式）。完整的程序如下：

```
    import java.util.*;
    class DLinkNode1<E> {                          //双链表结点泛型类
```

```
        E data;                                    //结点中的元素值
        int freq;                                  //结点访问频度
        DLinkNode1<E> prior;                       //前驱结点指针
        DLinkNode1<E> next;                        //后继结点指针
        public DLinkNode1() {                      //构造方法
            freq=0;
            prior=null;  next=null;
        }
        public DLinkNode1(E d) {                   //重载构造方法
            freq=0; data=d;
            prior=null;  next=null;
        }
    }
    class DLinkListClass1<E> {                     //双链表泛型类
        DLinkNode1<E> dhead;                       //存放头结点
        public DLinkListClass1() {                 //构造方法
            dhead=new DLinkNode1<E>();             //创建头结点
            dhead.prior=null;
            dhead.next=null;
        }
                                                   //线性表的基本运算算法
        public void CreateListR(E[] a) {           //尾插法:用数组a整体建立双链表
            DLinkNode1<E> s,t;
            t=dhead;                               //t始终指向尾结点,开始时指向头结点
            for(int i=0;i<a.length;i++) {          //循环建立数据结点s
                s=new DLinkNode1<E>(a[i]);         //新建存放a[i]元素的结点s
                t.next=s;
                s.prior=t; t=s;                    //将s结点插入t结点之后
            }
            t.next=null;                           //将尾结点的next成员设置为null
        }
        public String toString() {                 //将线性表转换为字符串
            String ans="";
            DLinkNode1<E> p=dhead.next;
            while(p!=null) {
                ans+=p.data+"["+p.freq+"] ";
                p=p.next;
            }
            return ans;
        }
    }
    public class Exam2_19 {
        private static void swap(DLinkNode1<Integer> p,DLinkNode1<Integer> q) { //交换两结点值
            int tmp=p.data;
            p.data=q.data; q.data=tmp;
            tmp=p.freq;
            p.freq=q.freq; q.freq=tmp;
        }
        public static boolean LocateElem(DLinkListClass1<Integer> L,Integer x) { //查找值为x的结点
            DLinkNode1<Integer> p,pre;
            p=L.dhead.next;                        //p指向开始结点
            while(p!=null && !p.data.equals(x))
                p=p.next;
            if(p==null)
                return false;                      //未找到值为x的结点,返回false
```

```
            p.freq++;                                    //找到值为 x 的结点 p
            pre=p.prior;
            while(pre!=L.dhead && pre.freq<p.freq) {     //若 p 结点的 freq 比前驱大,两者的值交换
                swap(pre,p);
                p=pre; pre=p.prior;                      //p、pre 同步前移
            }
            return true;                                 //成功找到值为 x 的结点,则返回 true
        }
        public static void Find(DLinkListClass1<Integer> L,Integer x) {    //测试结果输出算法
            System.out.println("查找值为"+x+"的结点");
            if(LocateElem(L,x))
                System.out.println("  查找成功,双链表 L: "+L.toString());
            else
                System.out.println("  查找失败");
        }
        public static void main(String[] args) {
            Integer[] a={1,2,3,4,5};
            DLinkListClass1<Integer> L=new DLinkListClass1<Integer>();
            L.CreateListR(a);
            System.out.println("L: "+L.toString());
            Find(L,5);
            Find(L,1);
            Find(L,4);
            Find(L,5);
            Find(L,2);
            Find(L,4);
            Find(L,5);
        }
    }
```

本程序的执行结果如下:

```
L: 1[0] 2[0] 3[0] 4[0] 5[0]
查找值为 5 的结点
  查找成功,双链表 L: 5[1] 1[0] 2[0] 3[0] 4[0]
查找值为 1 的结点
  查找成功,双链表 L: 5[1] 1[1] 2[0] 3[0] 4[0]
查找值为 4 的结点
  查找成功,双链表 L: 5[1] 1[1] 4[1] 2[0] 3[0]
查找值为 5 的结点
  查找成功,双链表 L: 5[2] 1[1] 4[1] 2[0] 3[0]
查找值为 2 的结点
  查找成功,双链表 L: 5[2] 1[1] 4[1] 2[1] 3[0]
查找值为 4 的结点
  查找成功,双链表 L: 5[2] 4[2] 1[1] 2[1] 3[0]
查找值为 5 的结点
  查找成功,双链表 L: 5[3] 4[2] 1[1] 2[1] 3[0]
```

2.3.6 循环链表

循环链表是另一种形式的链式存储结构,分为循环单链表和循环双链表两种形式,它们分别是从单链表和双链表变化而来的。

1. 循环单链表

带头结点 head 的循环单链表如图 2.29 所示,表中尾结点的 next 指针成员不再是空,

而是指向头结点,从而整个链表形成一个首尾相接的环。

图 2.29　循环单链表 head

循环单链表的特点是从表中任一结点出发都可找到其他结点,与单链表相比,无须增加存储空间,仅对链接方式稍作修改,即可使得表处理更加方便、灵活。在默认情况下,循环单链表也是通过头结点 head 标识的。

循环单链表中的结点类型与非循环单链表中的结点类型相同,仍为 LinkNode<E>,循环单链表泛型类 CLinkListClass<E>定义如下:

```
public class CLinkListClass<E>{                //循环单链表泛型类
    LinkNode<E> head;                          //存放头结点
    public CLinkListClass(){                   //构造方法
        head=new LinkNode<E>();                //创建头结点
        head.next=head;                        //置为空的循环单链表
    }
    //线性表的基本运算算法
}
```

循环单链表的插入和删除结点操作与非循环单链表的相同,所以两者的许多基本运算算法是相似的,主要区别如下。

(1) 初始只有头结点 head,在循环单链表的构造方法中需要通过 head.next=head 语句置为空表。

(2) 循环单链表中涉及查找操作时需要修改表尾判断的条件,例如,用 p 遍历时,尾结点满足的条件是 $p.next==head$ 而不是 $p.next==null$。

【例 2.20】 有一个整数循环单链表 L,设计一个算法求值为 x 的结点的个数。

解 用 p 遍历整个循环单链表 L 的数据结点,用 cnt 累计 data 成员值为 x 的结点的个数(初始为 0),最后返回 cnt。对应的算法如下:

```
public static int Count(CLinkListClass<Integer> L,Integer x){
    int cnt=0;                                 //cnt 置为 0
    LinkNode<Integer> p=L.head.next;           //p 指向首结点
    while(p!=L.head){                          //遍历循环单链表
        if(p.data==x)
            cnt++;                             //找到一个值为 x 的结点 cnt 增 1
        p=p.next;                              //p 后移一个结点
    }
    return cnt;
}
```

【例 2.21】 有两个循环单链表对象 A 和 B,其元素分别为 $(a_0,a_1,\cdots,a_{n-1})$ 和 $(b_0,b_1,\cdots,b_{m-1})$,其中 n、m 均大于 1。设计一个算法将 B 合并到 A 之后,即 A 变为 $(a_0,a_1,\cdots,a_{n-1},b_0,b_1,\cdots,b_{m-1})$,合并后 A 仍为循环单链表,并给出算法的时间复杂度。要求算法的空间复杂度为 $O(1)$。

解 通过遍历让 ta 指向单链表 A 的尾结点,将 ta 结点的后继结点改为 B 的首结点,tb

指向单链表 B 的尾结点,最后置 tb 的 next 成员指向 A 的头结点,将其构成一个循环单链表。对应的算法如下:

```
static CLinkListClass<Integer> Comb(CLinkListClass<Integer> A,CLinkListClass<Integer> B) {
    LinkNode<Integer> ta=A.head,tb=B.head;
    while(ta.next!=A.head)                      //ta 指向 A 的尾结点
        ta=ta.next;
    ta.next=B.head.next;                        //A 和 B 尾首相连
    while(tb.next!=B.head)                      //tb 指向 B 的尾结点
        tb=tb.next;
    tb.next=A.head;                             //ta 的 next 指向 A 的头结点
    return A;
}
```

本算法有两个 while 循环,正好访问两个循环单链表中的所有数据结点一次,所以算法的时间复杂度为 $O(n+m)$。

视频讲解

【例 2.22】 编写一个程序,求解 Joseph(约瑟夫)问题。有 $n(n>3)$ 个小孩围成一圈,给他们从 1 开始依次编号,并从编号为 1 的小孩开始报数,数到 $m(1<m<n)$ 的小孩出列,然后从出列的下一个小孩重新开始报数,数到 m 的小孩又出列,如此反复,直到所有的小孩全部出列为止,求整个出列序列。例如,当 $n=6$、$m=5$ 时,出列序列是 5,4,6,2,3,1。

解 本题的求解过程如下。

□ 设计存储结构

采用循环单链表存放小孩圈,其结点类型如下:

```
class Child {                           //小孩结点类型
    int no;                             //小孩编号
    Child next;                         //指向下一个结点指针
    public Child(int no1) {             //重载构造方法
        no=no1;
        next=null;
    }
}
```

依本题操作,小孩圈循环单链表不带头结点。例如,$n=6$ 时的初始循环单链表如图 2.30 所示,first 指向开始报数的小孩结点,初始时指向首结点。

图 2.30 $n=6$ 时的初始循环单链表

□ 设计运算算法

设计一个求解约瑟夫问题的 Joseph 类,其中包含 n、m 整型成员和首结点的 first 指针成员。构造方法用于建立有 n 个结点的不带头结点的循环单链表 first,Jsequence() 方法用于产生 Joseph 序列的字符串。Joseph 类的完整代码如下:

```
class Joseph {                          //求解 Joseph 问题类
    int n,m;
```

```
        Child first;                               //首结点指针
        public Joseph(int n1,int m1) {             //构造方法建立 n1 个结点的循环单链表
            Child p,t;                             //t 指向新建循环单链表的尾结点
            n=n1; m=m1;                            //设置数据成员值
            first=new Child(1);                    //先建立 no 为 1 的首结点
            t=first;
            for(int i=2;i<=n;i++) {
                p=new Child(i);                    //建立一个编号为 i 的新结点 p
                t.next=p; t=p;                     //将 p 结点链接到末尾
            }
            t.next=first;                          //构成一个首结点为 first 的循环单链表
        }
        public String Jsequence( ) {               //求解 Joseph 序列
            String ans="";
            int i,j;
            Child p,q;
            for(i=1;i<=n;i++) {                    //共 n 个小孩出列
                p=first;
                j=1;
                while(j<m-1) {                     //从 first 结点开始报数,报到第 m-1 个结点
                    j++;                           //报数递增
                    p=p.next;                      //移到下一个结点
                }
                q=p.next;                          //q 指向第 m 个结点
                ans+=q.no+" ";                     //该结点的小孩出列
                p.next=q.next;                     //删除 q 结点
                first=p.next;                      //从下一个结点重新开始
            }
            return ans;
        }
    }
```

说明:本题中规定 $m>1$,如果允许 $m=1$,则需要修改上述 Jsequence()算法对 $m=1$ 的特殊情况单独处理。

❑ 设计主函数

设计如下主函数求解两个 Joseph 序列:

```
public class Exam2_22 {
    public static void main(String[] args) throws FileNotFoundException {
        System.out.println(" ******** 测试 1 ********** ");
        int n=6,m=3;
        Joseph L=new Joseph(n,m);
        System.out.println("n="+n+",m="+m+"的 Joseph 序列");
        System.out.println(L.Jsequence());
        System.out.println(" ******** 测试 2 ********** ");
        n=8; m=4;
        L=new Joseph(n,m);
        System.out.println("n="+n+",m="+m+"的 Joseph 序列");
        System.out.println(L.Jsequence());
    }
}
```

❑ 执行结果

本程序的执行结果如下:

```
********测试1***********
n=6,m=3 的 Joseph 序列
3 6 4 2 5 1
********测试2***********
n=8,m=4 的 Joseph 序列
4 8 5 2 1 3 7 6
```

2. 循环双链表

循环双链表如图 2.31 所示,尾结点的 next 指针成员指向头结点,头结点的 prior 指针成员指向尾结点。其特点是整个链表形成两个环,由此从表中任意一个结点出发均可找到其他结点,最突出的优点是通过头结点在 $O(1)$ 时间内找到尾结点。默认情况下,循环双链表也是通过头结点 dhead 标识的。

图 2.31　循环双链表 dhead

循环双链表中的结点类型与非循环双链表中的结点类型相同,仍为 DLinkNode< E >,循环双链表泛型类 CDLinkListClass< E >定义如下:

```
public class CDLinkListClass< E >{                  //循环双链表泛型类
    DLinkNode< E > dhead;                           //存放头结点
    public CDLinkListClass() {                      //构造方法
        dhead=new DLinkNode< E >();                 //创建头结点
        dhead.prior=dhead;                          //构成空的循环双链表
        dhead.next=dhead;
    }
    //线性表的基本运算算法
}
```

循环双链表的插入和删除结点操作与非循环双链表的相同,所以两者的许多基本运算算法是相似的,主要区别如下。

(1) 初始只有头结点 dhead,在循环双链表的构造方法中需要通过 dhead.prior=dhead 和 dhead.next=dhead 两个语句置为空表。

(2) 循环双链表中涉及查找操作时需要修改表尾判断的条件,例如,用 p 遍历时,尾结点满足的条件是 $p.next==dhead$ 而不是 $p.next==null$。

【例 2.23】 有两个循环双链表 A 和 B,其元素分别为 $(a_0,a_1,\cdots,a_{n-1})$ 和 $(b_0,b_1,\cdots,b_{m-1})$,其中 n、m 均大于 1。设计一个算法将 B 合并到 A,即 A 变为 $(a_0,a_1,\cdots,a_{n-1},b_0,b_1,\cdots,b_{m-1})$,合并后 A 仍为循环双链表,并分析算法的时间复杂度。

解 用 ta 指向 A 的尾结点,tb 指向 B 的尾结点,将 ta 结点的后继结点改为 B 的首结点,最后通过 tb 结点将其改为循环双链表。对应的算法如下:

```
public static CDLinkListClass< Integer >
    Comb(CDLinkListClass< Integer > A,CDLinkListClass< Integer > B) {
    DLinkNode< Integer > ta=A.dhead.prior;          //ta 指向 A 的尾结点
    DLinkNode< Integer > tb=B.dhead.prior;          //tb 指向 B 的尾结点
```

```
        ta.next=B.dhead.next;                    //尾首相连
        B.dhead.next.prior=ta;
        tb.next=A.dhead;
        A.dhead.prior=tb;
        return A;
}
```

本算法的时间复杂度为 $O(1)$。将本例算法和例 2.21 的算法进行比较,可以看出循环双链表的优点。

【例 2.24】 有一个带头结点的循环双链表 L,其结点的 data 成员值为整数,设计一个算法判断其所有元素是否对称。如果从前向后读和从后向前读得到的数据序列相同,表示是对称的,否则不是对称的。

解 用 flag 表示循环双链表 L 是否对称(初始时为 true),用 p 从左向右扫描 L,q 从右向左扫描 L,然后循环:若 p、q 所指结点值不相等,则置 flag 为 false,退出循环并且返回 flag;否则继续比较,直到 $p==q$[数据结点个数为奇数的情况,如图 2.32(a)所示]或者 $p==q$.prior[数据结点个数为偶数的情况,如图 2.32(b)所示]为止,此时会返回 true。

(a) 结点个数为奇数,结束条件为 $p==q$

(b) 结点个数为偶数,结束条件为 $p==q$.prior 或者 p.next$==q$

图 2.32 判断循环双链表是否对称

对应的算法如下:

```
public static boolean Symm(CDLinkListClass<Integer> L) {
    boolean flag=true;                            //flag 表示 L 是否对称,初始时为真
    DLinkNode<Integer> p=L.dhead.next;            //p 指向首结点
    DLinkNode<Integer> q=L.dhead.prior;           //q 指向尾结点
    while(flag) {
        if(p.data!=q.data)                        //对应结点值不相同,置 flag 为 false
            flag=false;
        else {
            if(p==q || p==q.prior) break;
            q=q.prior;                            //q 前移一个结点
            p=p.next;                             //p 后移一个结点
        }
    }
    return flag;
}
```

该算法利用循环双链表 L 的特点,即通过头结点可以直接找到尾结点,然后进行结点值的比较来判断 L 的对称性。如果改为非循环双链表,需要通过遍历找到尾结点,显然不

如循环双链表的性能好。

除了顺序表和各种链表以外,线性表还可以采用静态链表存储结构,即采用数组表示链表,每个数据元素增加一个类似于链表指针的伪指针,它实际上是一个整数,指向下一个元素的下标,在操作上具有链表的特点,而整个空间的分配又是静态的。有关静态链表的具体算法这里不再详细介绍。

扫一扫

视频讲解

2.3.7 链表容器——LinkedList

在 Java 中 List 接口还有另外一个重要的实现类——LinkedList 类,它采用循环双链表存储对象序列,可以看成链式存储结构的表在 Java 语言中的实现。类 LinkedList 的使用方法与类 ArrayList 几乎相同,这里不详述。

LinkedList 类对象和 ArrayList 类对象可以转换,例如有如下程序:

```java
import java.util.*;
public class trans{
    public static void main(String[] args){
        ArrayList<String> myarrlist=new ArrayList<String>();
        myarrlist.add("A");
        myarrlist.add("B");
        myarrlist.add("C");
        myarrlist.add("D");
        System.out.println("ArrayList:    "+myarrlist);
        System.out.println("ArrayList-> LinkedList");
        LinkedList<String> mylinklist=new LinkedList<String>(myarrlist);
        System.out.println("LinkedList: "+mylinklist);
        System.out.println("清空 LinkedList 并添加 1,2,3");
        mylinklist.clear();
        mylinklist.add("1");
        mylinklist.add("2");
        mylinklist.add("3");
        System.out.println("LinkedList: "+mylinklist);
        myarrlist=new ArrayList<String>(mylinklist);
        System.out.println("LinkedList-> ArrayList");
        System.out.println("ArrayList:    "+myarrlist);
    }
}
```

该程序先建立类 ArrayList 的对象 myarrlist,添加 4 个字符串,输出所有元素,由它生成类 LinkedList 对象 mylinklist,再输出 mylinklist 的所有元素,看出两者的输出相同。接着清空 mylinklist 并且添加 3 个整数串,输出所有元素,由它生成类 ArrayList 对象 myarrlist,再输出 myarrlist 的所有元素,看出两者的输出相同。程序的输出结果如下:

```
ArrayList:    [A, B, C, D]
ArrayList-> LinkedList
LinkedList: [A, B, C, D]
清空 LinkedList 并添加 1,2,3
LinkedList: [1, 2, 3]
LinkedList-> ArrayList
ArrayList:    [1, 2, 3]
```

在实际应用中尽管类 ArrayList 和类 LinkedList 都可以存放线性表,通过使用它们的方法完成问题求解,但相对而言,由于前者具有随机存取特性,所以类 ArrayList 比类 LinkedList 使用得更多一些。

2.4 顺序表和链表的比较

前面介绍了线性表的两种存储结构——顺序表和链表,它们各有所长,那么在实际应用中究竟应该选择哪一种存储结构呢?这需要根据具体问题的要求和性质来决定,通常考虑空间和时间两方面。

1. 基于空间的考虑

对于一种存储结构,通常用一个结点存储一个逻辑元素,其中数据量占用的存储量与整个结点的存储量之比称为存储密度,即

$$存储密度 = \frac{结点中数据本身占用的存储量}{整个结点占用的存储量}$$

一般情况下,存储密度越大,存储空间的利用率就越高。显然,顺序表的存储密度为1,而链表的存储密度小于1。例如,若单链表的结点值为整数,假设指针成员所占的空间和整数相同,则单链表的存储密度为50%。仅从存储密度看,顺序表的存储空间利用率高。

另外,顺序表需要预先分配初始空间,所以数据占用一整片地址连续的内存空间,如果分配的空间过小,易出现上溢出,需要扩展空间,会导致大量元素移动而降低效率;如果分配的空间过大,会导致空间空闲而浪费。链表的存储空间是动态分配的,只要内存有空闲,就不会出现上溢出。

所以,当线性表的长度变化不大,易于事先确定的情况下,为了节省存储空间,宜采用顺序表作为存储结构;当线性表的长度变化较大,难以估计其存储大小时,为了节省存储空间,宜采用链表作为存储结构。

2. 基于时间的考虑

顺序表具有随机存取特性,即给定序号查找对应的元素值的时间为 $O(1)$,而链表不具有随机存取特性,只能顺序访问,给定序号查找对应的元素值的时间为 $O(n)$。

在顺序表中进行插入和删除操作时平均需要移动半个表的元素,而在链表中进行插入和删除操作时仅需要修改相关结点的指针成员,不必移动结点。

所以,若线性表的运算主要是查找,很少做插入和删除操作,宜采用顺序表作为存储结构;若频繁地做插入和删除操作,宜采用链表作为存储结构。

2.5 线性表的应用

本节通过实现求解两个多项式相加问题的示例介绍线性表的应用。

2.5.1 求解两个多项式相加问题的描述

假设一个多项式的形式为 $p(x) = c_1 x^{e_1} + c_2 x^{e_2} + \cdots + c_m x^{e_m}$,其中 $e_i (1 \leqslant i \leqslant m)$ 为整

数类型的指数,并且没有相同指数的多项式项,c_i ($1 \leqslant i \leqslant m$)为实数类型的系数,编写求两个多项式相加的程序。

一个多项式由多个 $c_i x^{e_i}$ ($1 \leqslant i \leqslant m$)多项式项组成,这些多项式项之间构成一种线性关系,所以一个多项式可以看成由多个多项式项元素构成的线性表。

例如,两个多项式分别为 $p(x)=2x^3+3.2x^5-6x+10$、$q(x)=6x+1.8x^5-2x^3+x^2-2.5x^4-5$,则相加后的结果为 $r(x)=p(x)+q(x)=5x^5-2.5x^4+x^2+5$。

在本问题中多项式是最基本的数据结构,假设多项式项的数据类型为 PolyElem,定义多项式抽象数据类型 PolyClass 如下:

```
ADT PolyClass {                                    //多项式抽象数据类型
    数据对象:
        PolyElem={(c_i,e_i) | 1≤i≤n, c_i∈double, e_i∈int};
    数据关系:
        r={<x_i,y_i> | x_i,y_i∈PolyElem, i=1,…,n-1}
    基本运算:
        void Add(PolyElem p):将多项式项 p 添加到末尾。
        void CreatePoly(double[] a, int[] b, int n):由数组 a 和 b 创建多项式顺序表。
        void Sort():对多项式顺序表按指数递减排序。
        void DispPoly():输出多项式顺序表。
}
```

在 PolyClass 的基础上实现以下求两个多项式 L1 和 L2 相加的运算算法:

```
PolyClass Add(PolyClass L1, PolyClass L2);         //两个多项式相加的运算算法
```

2.5.2 采用顺序存储结构求解

这里采用 ArrayList 类对象存放多项式顺序表。

1. 设计顺序存储结构

在多项式顺序表中,每个多项式项作为多项式顺序表的一个元素,其类型 PolyElem 定义如下:

```
class PolyElem {                                   //多项式顺序表元素类型
    double coef;                                   //系数
    int exp;                                       //指数
    PolyElem(double c, int e) {                    //构造方法
        coef=c;
        exp=e;
    }
    public int getexp() {                          //返回 exp
        return exp;
    }
}
```

多项式顺序表 PolyClass 类的定义如下:

```
class PolyClass {                                  //多项式顺序表类
    ArrayList<PolyElem> poly;                      //存放多项式顺序表
    public PolyClass() {                           //构造方法
```

```
        poly=new ArrayList<PolyElem>();         //分配顺序表的data空间
    }
    //包含Add()、CreatePoly()、Sort()和DispPoly()方法
}
```

例如,一个多项式 $p(x)=2x^3+3.2x^5-6x+10$ 的顺序表存储结构如图 2.33 所示。

	poly					
coef	2.0	3.2	−6.0	10.0	…	…
exp	3	5	1	0	…	…

图 2.33 一个多项式的顺序表存储结构

2. 设计 PolyClass 的基本运算算法

1) 在顺序表末尾添加元素：Add(p)

使用 ArrayList 类的 Add()方法将多项式元素 p 添加到 poly 中,对应的算法如下：

```java
public void Add(PolyElem p) {              //末尾添加一个多项式项
    poly.add(p);
}
```

2) 创建多项式顺序表：CreatePoly(a,b,n)

由 $a[0..n-1]$(系数数组)和 $b[0..n-1]$(指数数组)创建多项式顺序表 poly,遍历 a、b 的元素来创建多项式项,使用类 ArrayList 的 add()方法将每个多项式项添加到 poly 中。对应的算法如下：

```java
public void CreatePoly(double[] a, int[] b, int n) {    //建立多项式顺序表
    for(int i=0;i<n;i++)
        poly.add(new PolyElem(a[i],b[i]));
}
```

3) 按 exp 成员递减排序：Sort()

采用 ArrayList 类的 Sort()方法按排序属性 getexp()的反序来排序。对应的算法如下：

```java
public void Sort() {              //对多项式顺序表按exp成员递减排序
    poly.sort(Comparator.comparing(PolyElem::getexp).reversed());
}
```

4) 输出多项式顺序表：DispPoly()

按多项式的数学表示形式输出一个多项式顺序表。对应的算法如下：

```java
public void DispPoly() {                   //输出多项式顺序表
    boolean first=true;                    //first为true表示是第一项
    int i=0;
    while(i<poly.size()) {
        PolyElem p=(PolyElem)poly.get(i);
        if(first) first=false;
        else if(p.coef>0) System.out.print("+");
        if(p.exp==0)                       //指数为0时不输出"x"
```

```
            System.out.print(p.coef);
        else if(p.exp==1)                                    //指数为1时不输出指数
            System.out.print(p.coef+"x");
        else
            System.out.print(p.coef+"x"+p.exp);
        i++;
    }
    System.out.println();
}
```

3. 设计主要运算算法

Add($L1,L2$)用于实现两个有序多项式顺序表$L1$和$L2$的相加运算,并且返回相加的结果多项式顺序表。所谓有序多项式,是指按指数递减排序,并且所有多项式项的指数不重复。例如,前面的$p(x)$多项式对应的有序多项式顺序表如图2.34所示。

		poly			
coef	3.2	2.0	−6.0	10.0	…	…
exp	5	3	1	0	…	…

图2.34 按exp递减排序后的有序多项式顺序表

Add算法采用二路归并方法。用i、j分别遍历$L1$和$L2$的元素,先建立一个空多项式顺序表$L3$,在i、j都没有遍历完时循环。

(1)若i指向的元素的指数较大,由该元素的系数和指数新建一个元素并添加到$L3$中,再执行i++。

(2)若j指向的元素的指数较大,由该元素的系数和指数新建一个元素并添加到$L3$中,再执行j++。

(3)若i、j指向的元素的指数相同,求出系数和c,如果$c\neq 0$,由c和该指数新建一个元素并添加到$L3$中;否则不新建元素。再执行i++,j++。

上述循环结束后,若有一个多项式顺序表没有遍历完,说明余下的多项式项都是指数较小的多项式项,将它们复制并且添加到$L3$中,最后返回$L3$。对应的算法如下:

```
public static PolyClass Add(PolyClass L1,PolyClass L2) {              //两个多项式相加运算
    int i=0,j=0;
    double c;
    PolyClass L3=new PolyClass();
    while(i<L1.poly.size() && j<L2.poly.size()) {
        if(L1.poly.get(i).exp>L2.poly.get(j).exp) {                   //L1的元素的指数较大
            L3.Add(new PolyElem(L1.poly.get(i).coef,L1.poly.get(i).exp));  //新建L3的元素
            i++;
        }
        else if(L1.poly.get(i).exp<L2.poly.get(j).exp) {              //L2的元素的指数较大
            L3.Add(new PolyElem(L2.poly.get(j).coef,L2.poly.get(j).exp));  //新建L3的元素
            j++;
        }
        else {                                                         //两元素的指数相等
            c=L1.poly.get(i).coef+L2.poly.get(j).coef;                //求系数和c
            if(c!=0)                                                   //系数和c不为0时
                L3.Add(new PolyElem(c,L1.poly.get(i).exp));           //新建L3的元素
            i++; j++;
        }
    }
```

```
        while(i<L1.poly.size()) {                                    //复制 L1 余下的元素
            L3.Add(new PolyElem(L1.poly.get(i).coef,L1.poly.get(i).exp));   //新建 L3 的元素
            i++;
        }
        while(j<L2.poly.size()) {                                    //复制 L2 余下的元素
            L3.Add(new PolyElem(L2.poly.get(j).coef,L2.poly.get(j).exp));   //新建 L3 的元素
            j++;
        }
        return L3;
    }
```

4. 设计主函数

在主函数中首先将输入重定向为 abc.in 文件,将输出重定向为 abc.out 文件,之后其执行步骤如下。

（1）读取 $L1$ 的数据,包含项数 n、系数和指数序列；调用 CreatePoly(a,b,n) 创建多项式顺序表 $L1$；输出 $L1$,调用 Sort() 对 $L1$ 按指数递减排序,并且输出 $L1$ 排序后的结果。

（2）读取 $L2$ 的数据,包含项数 n、系数和指数序列；调用 CreatePoly(a,b,n) 创建多项式顺序表 $L2$；输出 $L2$,调用 Sort() 对 $L2$ 按指数递减排序,并且输出 $L2$ 排序后的结果。

（3）调用 Add$(L1,L2)$ 产生相加后的多项式 $L3$,输出 $L3$。

对应的主函数如下：

```
public static void main(String[] args) throws FileNotFoundException {
    System.setIn(new FileInputStream("abc.in"));              //将标准输入流重定向至 abc.in
    Scanner fin=new Scanner(System.in);
    System.setOut(new PrintStream("abc.out"));                //将标准输出流重定向至 abc.out
    PolyClass L1=new PolyClass();                             //建立两个多项式顺序表对象 L1 和 L2
    PolyClass L2=new PolyClass();
    PolyClass L3;
    double[] a=new double[100];
    int[] b=new int[100];
    int n;
    n=fin.nextInt();                                          //输入 n
    for(int i=0;i<n;i++)                                      //输入 a
        a[i]=fin.nextDouble();
    for(int i=0;i<n;i++)                                      //输入 b
        b[i]=fin.nextInt();
    L1.CreatePoly(a,b,n);                                     //创建第 1 个多项式顺序表 L1
    System.out.print("第 1 个多项式： "); L1.DispPoly();
    L1.Sort();                                                //排序
    System.out.print("排序后结果： "); L1.DispPoly();
    n=fin.nextInt();                                          //输入 n
    for(int i=0;i<n;i++)                                      //输入 a
        a[i]=fin.nextDouble();
    for(int i=0;i<n;i++)                                      //输入 b
        b[i]=fin.nextInt();
    L2.CreatePoly(a,b,n);                                     //创建第 2 个多项式顺序表 L2
    System.out.print("第 2 个多项式： "); L2.DispPoly();
    L2.Sort();                                                //排序
    System.out.print("排序后结果： "); L2.DispPoly();
    L3=Add(L1,L2);                                            //两个多项式相加
    System.out.print("相加后多项式："); L3.DispPoly();
}
```

5. 程序执行结果

输入文件 abc.in 如下：

```
4
2    3.2    -6    10
3    5    1    0
6
6    1.8    -2    1    -2.5    -5
1    5    3    2    4    0
```

执行本程序后产生的输出文件 abc.out 如下：

```
第1个多项式：2.0x^3+3.2x^5-6.0x+10.0
排序后结果：   3.2x^5+2.0x^3-6.0x+10.0
第2个多项式：6.0x+1.8x^5-2.0x^3+1.0x^2-2.5x^4-5.0
排序后结果：   1.8x^5-2.5x^4-2.0x^3+1.0x^2+6.0x-5.0
相加后多项式：5.0x^5-2.5x^4+1.0x^2+5.0
```

视频讲解

2.5.3 采用链式存储结构求解

1. 设计链式存储结构

这里没有采用 LinkedList 类，而是设计单链表来存储多项式，每个多项式项采用如图 2.35 所示的结点存储。

图 2.35 一个多项式对应的结点

其中，coef 成员存放系数 c_i；exp 成员存放指数 e_i；next 为指针成员，指向下一个结点。由此，一个多项式可以表示成由这些结点链接起来的单链表。这样的多项式单链表结点类定义如下：

```
class PolyNode {                          //单链表结点类型
    public double coef;                   //系数
    public int exp;                       //指数
    public PolyNode next;                 //指针成员
    PolyNode() {                          //构造方法
        next=null;
    }
    PolyNode(double c,int e) {            //重载构造方法
        coef=c;
        exp=e;
        next=null;
    }
}
```

多项式单链表 PolyClass 类的定义如下：

```
class PolyClass {                         //多项式单链表类
    PolyNode head;                        //存放多项式单链表头结点
    public PolyClass() {                  //构造方法
        head=new PolyNode();              //建立头结点 head
    }
    //包含 CreatePoly()、Sort()和 DispPoly()方法
}
```

例如,一个多项式 $p(x)=2x^3+3.2x^5-6x+10$ 的存储结构如图 2.36 所示。

图 2.36　一个多项式单链表

2. 设计 PolyClass 的基本运算算法

1) 创建多项式单链表：CreatePoly(a,b,n)

由 $a[0..n-1]$（系数数组）和 $b[0..n-1]$（指数数组）创建多项式单链表 head,遍历 a、b 的元素来创建多项式单链表结点 s,采用尾插法将结点 s 链接到 head 的末尾。对应的算法如下：

```
public void CreatePoly(double[] a,int[] b,int n) {   //采用尾插法建立多项式单链表
    PolyNode s,t;
    t=head;                                           //t 始终指向尾结点,开始时指向头结点
    for(int i=0;i<n;i++) {
        s=new PolyNode(a[i],b[i]);                    //创建新结点 s
        t.next=s;                                     //在 t 结点之后插入 s 结点
        t=s;
    }
    t.next=null;                                      //尾结点的 next 成员置为 null
}
```

2) 按 exp 成员递减排序：Sort()

该运算用于使多项式单链表 head 按 exp 成员递减排序。例如,前面的 $p(x)$ 多项式单链表调用 Sort() 方法的结果如图 2.37 所示。

图 2.37　按 exp 递减排序后的多项式单链表

含一个以上数据结点的多项式单链表 head 的排序过程如下：

(1) 让 p 指向首结点的后继结点（第 2 个数据结点）,置首结点的 next 成员为 null,将 head 看成仅含一个数据结点的有序单链表,例如,图 2.36 所示的单链表执行该步后如图 2.38 所示。

图 2.38　将 head 单链表拆分为两部分

(2) 用 p 遍历其余的数据结点,在有序单链表中从 head 开始查找插入结点 p 的前驱结点 pre(即 pre 的后继结点的 exp 刚好≥p.exp),将 p 结点插入 pre 结点之后。p 遍历完后得到整个按 exp 递减有序的单链表。

对应的算法如下：

```
public void Sort() {                            //对多项式单链表按 exp 成员递减排序
    PolyNode p,pre,q;
    q=head.next;                                //q 指向开始结点
    if(q==null) return;                         //原单链表为空返回
    p=head.next.next;                           //p 指向 q 结点的后继结点
    if(p==null) return;                         //原单链表只有一个数据结点返回
    q.next=null;                                //构造只含一个数据结点的有序单链表
    while(p!=null) {
        q=p.next;                               //q 用于临时保存 p 结点的后继结点
        pre=head;                               //pre 从头结点开头
        while(pre.next!=null && pre.next.exp>p.exp)
            pre=pre.next;                       //在有序表中查找插入结点 p 的前驱结点 pre
        p.next=pre.next;                        //在 pre 结点之后插入 p 结点
        pre.next=p;
        p=q;                                    //扫描原单链表余下的结点
    }
}
```

3）输出多项式单链表：DispPoly()

按多项式的数学表示形式输出一个多项式单链表。对应的算法如下：

```
public void DispPoly() {                        //输出多项式单链表
    boolean first=true;                         //first 为 true 表示是第一项
    PolyNode p=head.next;
    while(p!=null) {
        if(first) first=false;
        else if(p.coef>0) System.out.print("+");
        if(p.exp==0)                            //指数为 0 时不输出"x"
            System.out.print(p.coef);
        else if(p.exp==1)                       //指数为 1 时不输出指数
            System.out.print(p.coef+"x");
        else
            System.out.print(p.coef+"x^"+p.exp);
        p=p.next;
    }
    System.out.println();
}
```

3. 设计主要运算算法

Add($L1,L2$)用于实现两个有序多项式单链表 $L1$ 和 $L2$ 的相加运算，并且返回相加的结果多项式单链表 $L3$，采用二路归并+尾插法建表的思路产生 $L3$（$L3$ 的全部结点通过复制创建，不破坏原来的单链表 $L1$ 和 $L2$）。对应的算法如下：

```
public static PolyClass Add(PolyClass L1, PolyClass L2) {   //两个多项式相加运算
    PolyNode p,q,s,t;                                        //t 始终指向 L3 的尾结点
    double c;
    PolyClass L3=new PolyClass();                            //创建空多项式单链表 L3
    t=L3.head;                                               //t 为 L3 的尾结点
    p=L1.head.next;
    q=L2.head.next;
    while(p!=null && q!=null) {                              //p、q 均没有遍历完
        if(p.exp>q.exp) {                                    //L1 的结点的指数较大
            s=new PolyNode(p.coef,p.exp);                    //复制 L1 的 p 结点得到结点 s
            t.next=s; t=s;                                   //将 s 结点插入 L3 的末尾
            p=p.next;                                        //后移 p 结点
```

```
            }
            else if(p.exp<q.exp) {                //L2 的结点的指数较大
                s=new PolyNode(q.coef,q.exp);     //复制 L2 的 q 结点得到结点 s
                t.next=s; t=s;                    //将 s 结点插入 L3 的末尾
                q=q.next;                         //后移 p 结点
            }
            else {                                //两结点的指数相等
                c=p.coef+q.coef;                  //求两指数相等的结点的系数和 c
                if(c!=0) {                        //系数和 c 不为 0 时
                    s=new PolyNode(c,p.exp);      //由(c,p.exp)新建结点 s
                    t.next=s; t=s;                //将 s 结点插入 L3 的末尾
                }
                p=p.next; q=q.next;               //后移 p 结点和 q 结点
            }
        }
        if(q!=null) p=q;
        while(p!=null) {                          //将余下的结点复制到 L3 中
            s=new PolyNode(p.coef,p.exp);
            t.next=s; t=s;
        }
        t.next=null;                              //尾结点 next 置为 null
        return L3;
    }
```

其他部分(如设计主函数和程序执行结果)与 2.5.2 节的相同。这里介绍求解同一问题的两种不同存储结构的方法,读者在实际求解问题的过程中选择一种方法即可。

2.6 练 习 题

练习题

自测题

2.7 实 验 题

2.7.1 上机实验题

上机实验题

2.7.2 在线编程题

1. HDU2019——数列有序问题。
2. HDU1443——约瑟夫问题。
3. POJ2389——公牛数学问题。

题目描述

第 3 章 栈和队列

　　栈和队列是两种常用的数据结构,它们的数据元素的逻辑关系也是线性关系,但在运算上不同于线性表。

　　本章主要学习要点如下:

　　(1) 栈、队列和线性表的异同,栈和队列抽象数据类型的描述方法。

　　(2) 顺序栈的基本运算算法设计。

　　(3) 链栈的基本运算算法设计。

　　(4) 顺序队的基本运算算法设计。

　　(5) 链队的基本运算算法设计。

　　(6) 双端队列和优先队列的应用。

　　(7) Java 中的 Stack<E>、Queue<E>、Deque<E>和 PriorityQueue<E>集合及其使用。

　　(8) 综合运用栈和各种类型的队列解决一些复杂的实际问题。

3.1 栈

本节先介绍栈的定义,然后讨论栈的存储结构和基本运算算法设计,最后通过两个综合实例说明栈的应用。

3.1.1 栈的定义

先看一个示例,假设有一个老鼠洞,口径只能容纳一只老鼠,有若干只老鼠依次进洞(如图 3.1 所示),当到达洞底时,这些老鼠只能一只一只地按与原来进洞时相反的次序出洞,如图 3.2 所示。在这个例子中,老鼠洞就是一个栈,由于其进出洞口只能容纳一只老鼠,所以不论洞中有多少只老鼠,它们只能是一只一只地排列,从而构成一种线性关系。再看老鼠洞的主要操作,显然有进洞和出洞,进洞只能从洞口进,出洞也只能从洞口出。

抽象起来,栈是一种只能在一端进行插入或删除操作的线性表。在表中允许进行插入、删除操作的一端称为**栈顶**。栈顶的当前位置是动态的,由一个称为栈顶指针的位置指示器来指示。表的另一端称为**栈底**。当栈中没有数据元素时称为**空栈**。栈的插入操作通常称为**进栈**或**入栈**,栈的删除操作通常称为**退栈**或**出栈**。

图 3.1 老鼠进洞的情况

图 3.2 老鼠出洞的情况

说明:对于线性表,可以在中间和两端的任何地方插入和删除元素,而栈只能在同一端插入和删除元素。

栈的主要特点是"后进先出",即后进栈的元素先出栈。每次进栈的元素都放在原当前栈顶元素之前成为新的栈顶元素,每次出栈的元素都是原当前栈顶元素。栈也称为**后进先出表**。

抽象数据类型栈的定义如下:

> **ADT Stack** {
> 　数据对象:
> 　　　$D = \{a_i \mid 0 \leqslant i \leqslant n-1, n \geqslant 0, 元素 a_i 为 E 类型\}$
> 　数据关系:
> 　　　$R = \{r\}$
> 　　　$r = \{<a_i, a_{i+1}> \mid a_i, a_{i+1} \in D, i = 0, \cdots, n-2\}$
> 　基本运算:
> 　　　boolean empty():判断栈是否为空,若栈空返回真,否则返回假。
> 　　　void push(E e):进栈操作,将元素 e 插入栈中作为栈顶元素。
> 　　　E pop():出栈操作,返回栈顶元素。

E peek( ):取栈顶操作,返回当前的栈顶元素。
}

【例 3.1】 若元素进栈的顺序为 1234,能否得到 3142 的出栈序列?

解 为了使 3 作为第一个出栈元素,应该让 1、2、3 依次进栈,第一次出栈 3,接着要么 2 出栈,要么 4 进栈后出栈,第二次出栈的元素不可能是 1,所以得不到 3142 的出栈序列。

【例 3.2】 用 S 表示进栈操作,X 表示出栈操作,若元素进栈的顺序为 1234,为了得到 1342 的出栈顺序,给出相应的 S 和 X 操作串。

扫一扫

视频讲解

解 为了得到 1342 的出栈顺序,其操作过程是 1 进栈,1 出栈,2 进栈,3 进栈,3 出栈,4 进栈,4 出栈,2 出栈,因此相应的 S 和 X 操作串为 SXSSXSXX。

【例 3.3】 设 n 个元素的进栈序列是 $1,2,3,\cdots,n$,通过一个栈得到的出栈序列是 p_1, $p_2, p_3, \cdots, p_n$,若 $p_1=n$,则 $p_i(2\leqslant i\leqslant n)$ 的值是什么?

解 当 $p_1=n$ 时,说明进栈序列的最后一个进栈元素最先出栈,此时出栈序列只有一种——$n,n-1,\cdots,2,1$,即 $p_1=n,p_2=n-1,\cdots,p_{n-1}=2,p_n=1$,也就是说 $p_i+i=n+1$,推出 $p_i=n-i+1$。

扫一扫

视频讲解

3.1.2 栈的顺序存储结构及其基本运算算法的实现

由于栈中元素的逻辑关系与线性表的相同,所以可以借鉴线性表的两种存储结构来存储栈。

当采用顺序存储时,分配一块连续的存储空间,用 data<E>数组来存放栈中元素,并用一个整型变量 top(栈顶指针)指向当前的栈顶,以反映栈中元素的变化。采用顺序存储的栈称为**顺序栈**。

顺序栈的存储结构如图 3.3 所示,capacity 为 data 数组的容量,由于将 data[0]端作为栈底,所以 top+1 恰好表示栈中实际元素的个数。

图 3.3 顺序栈的示意图

图 3.4 是一个栈的动态示意图,图 3.4(a)表示一个空栈,top=-1;图 3.4(b)表示元素 a 进栈以后的状态;图 3.4(c)表示元素 b、c、d 进栈以后的状态;图 3.4(d)表示出栈元素 d 以后的状态。

图 3.4 栈操作示意图

从中可以看到,初始时置栈顶指针top=-1。顺序栈的四要素如下。

(1) 栈空的条件为top==-1。

(2) 栈满(栈上溢出)的条件为top==capacity-1,这里采用动态扩展容量的方式,即栈满时将data数组的容量扩大2倍。

(3) 元素e进栈操作是先将栈顶指针top增1,然后将元素e放在栈顶指针处。

(4) 出栈操作是先将栈顶指针top处的元素取出,然后将栈顶指针减1。

说明:在进栈操作中,栈中元素始终是向一端伸展的。在采用data数组存放栈元素时,既可以将data[0]端作为栈底,也可以将data[capacity-1]端作为栈底,但不能将data数组的中间位置作为栈底,这里的顺序栈设计采用前一种方式。

顺序栈泛型类SqStackClass<E>设计如下:

```
public class SqStackClass<E> {                  //顺序栈泛型类
    final int initcapacity=10;                  //顺序栈的初始容量(常量)
    private int capacity;                       //存放顺序栈的容量
    private E[] data;                           //存放顺序栈中的元素
    private int top;                            //存放栈顶指针
    public SqStackClass() {                     //构造方法,实现data和top的初始化
        data=(E[])new Object[initcapacity];     //强制转换为E类型数组
        capacity=initcapacity;
        top=-1;
    }
    private void updatecapacity(int newcapacity) {  //改变顺序栈的容量为newcapacity
        E[] newdata=(E[])new Object[newcapacity];
        for(int i=0;i<=top;i++)                 //复制原来的元素
            newdata[i]=data[i];
        capacity=newcapacity;                   //设置新容量
        data=newdata;                           //仍由data标识数组
    }
    //栈的基本运算算法
}
```

顺序栈的基本运算算法如下。

1) 判断栈是否为空:empty()

若栈顶指针top为-1,表示空栈。对应的算法如下:

```
public boolean empty() {                        //判断栈是否为空
    return top==-1;
}
```

2) 进栈:push(e)

元素进栈只能从栈顶进,不能从栈底或中间位置进,如图3.5所示。

图3.5 元素进栈示意图

在进栈中,当栈满时倍增容量,再将栈顶指针 top 增 1,然后在该位置上插入元素 e。对应的算法如下:

```
public void push(E e) {                          //元素 e 进栈
    if(top==capacity-1)
        updatecapacity(2*(top+1));               //顺序栈空间满时倍增容量
    top++;                                        //栈顶指针增 1
    data[top]=e;
}
```

3) 出栈:pop()

元素出栈只能从栈顶出,不能从栈底或中间位置出,如图 3.6 所示。

图 3.6 元素出栈示意图

在出栈中,当栈空时抛出异常,否则先将栈顶元素赋给 e,然后将栈顶指针 top 减 1,若栈容量大于初始容量并且实际元素个数仅为当前容量的 1/4,则当前容量减半,最后返回 e。对应的算法如下:

```
public E pop() {                                 //出栈操作
    if(empty())
        throw new IllegalArgumentException("栈空");
    E e=(E)data[top];
    top--;
    if(capacity>initcapacity && top+1==capacity/4)  //满足要求则容量减半
        updatecapacity(capacity/2);
    return e;
}
```

4) 取栈顶元素:peek()

在栈不为空的条件下将栈顶元素赋给 e,不移动栈顶指针。对应的算法如下:

```
public E peek() {                                //取栈顶元素操作
    if(empty())
        throw new IllegalArgumentException("栈空");
    return (E)data[top];
}
```

上述 4 个基本运算算法的时间复杂度均为 $O(1)$。

3.1.3 顺序栈的应用算法设计示例

【例 3.4】 设计一个算法,利用顺序栈检查用户输入的表达式中的括号是否配对(假设表达式中可能含有圆括号、方括号和花括号),并用相关数据进行测试。

解 因为各种括号匹配过程遵循最近匹配原则,任何一个右括号与前面最靠近的未匹配的同类左括号进行匹配,所以采用一个栈来实现匹配过程。

用 str 存放含有各种括号的表达式，建立一个字符顺序栈 st，用 i 遍历 str，当遇到各种类型的左括号时进栈，当遇到右括号时，若栈空或者栈顶元素不是匹配的左括号，则操作失败，返回 false（如图 3.7 所示），否则退栈一次。当 str 遍历完毕，若栈 st 为空，返回 true，否则返回 false。对应的完整程序如下：

图 3.7 用一个栈判断 str 中的括号是否匹配

```
public class Exam3_4 {
    public static boolean isMatch(String str) {      //括号配对判断算法
        int i=0;
        char e,x;
        SqStackClass<Character> st=new SqStackClass<Character>();  //建立一个顺序栈
        while(i<str.length()) {
            e=str.charAt(i);
            if(e=='(' || e=='[' || e=='{')
                st.push(e);                           //将左括号进栈
            else {
                if(e==')') {
                    if(st.empty()) return false;      //栈空则返回 false
                    if(st.peek()!='(') return false;  //栈顶不是匹配的'('则返回 false
                    st.pop();
                }
                else if(e==']') {
                    if(st.empty()) return false;      //栈空则返回 false
                    if(st.peek()!='[') return false;  //栈顶不是匹配的'['则返回 false
                    st.pop();
                }
                else if(e=='}') {
                    if(st.empty()) return false;      //栈空则返回 false
                    if(st.peek()!='{') return false;  //栈顶不是匹配的'{'则返回 false
                    st.pop();
                }
            }
            i++;                                       //继续遍历 str
        }
        if(st.empty()) return true;                   //栈空则返回 true
        else return false;                             //栈不空则返回 false
    }
    public static void main(String[] args) {
        System.out.println("测试 1");
        String str="([])";
        if(isMatch(str))  System.out.println(str+"方括号是匹配的");
        else System.out.println(str+"方括号不匹配");
        System.out.println("测试 2");
        str="([])";
        if(isMatch(str))  System.out.println(str+"方括号是匹配的");
        else System.out.println(str+"方括号不匹配");
    }
}
```

上述程序的执行结果如下：

测试1
([])方括号不匹配
测试2
([])方括号是匹配的

【例3.5】 设计一个算法,利用顺序栈判断用户输入的字符串表达式是否为回文,并用相关数据进行测试。

解 用 str 存放表达式,其中包含 n 个字符,建立一个字符型顺序栈 st,可以将 str 中的 n 个字符 $str_0, str_1, \cdots, str_{n-1}$ 依次进栈再连续出栈,得到反向序列 $str_{n-1}, \cdots, str_1, str_0$,若 str 与该反向序列相同,则是回文,否则不是回文。当然可以改为更高效的方法,若 str 的前半部分的反向序列与 str 的后半部分相同,则是回文,否则不是回文。判断过程如下:

(1) 用 i 从头开始遍历 str,将前半部分字符依次进栈。

(2) 若 n 为奇数,i 跳过中间的字符,i 继续遍历其他后半部分字符,每访问一个字符,则出栈一个字符,两者进行比较(如图3.8所示),若不相等返回 false,当 str 遍历完毕时返回 true。

图3.8 用一个栈判断 str 是否为回文

对应的完整程序如下:

```
public class Exam3_5 {
    public static boolean isPalindrome(String str) {        //回文判断算法
        SqStackClass < Character > st=new SqStackClass();   //建立一个顺序栈
        int n=str.length();
        int i=0;
        while(i<n/2) {                                       //使 str 的前半部分字符进栈
            st.push(str.charAt(i));
            i++;                                             //继续遍历 str
        }
        if(n%2==1) i++;                                      //n 为奇数时跳过中间的字符
        while(i<n) {                                         //遍历 str 的后半部分字符
            if(st.pop()!=str.charAt(i))
                return false;                                //若 str[i]不等于出栈字符,则返回 false
            i++;
        }
        return true;                                         //是回文则返回 true
    }
    public static void main(String[] args) {
        System.out.println("测试1");
        String str="abcba";
        if(isPalindrome(str))    System.out.println(str+"是回文");
        else System.out.println(str+"不是回文");
        System.out.println("测试2");
        str="1221";
        if(isPalindrome(str))    System.out.println(str+"是回文");
        else System.out.println(str+"不是回文");
    }
}
```

上述程序的结果如下:

测试1
abcba 是回文

测试 2
1221 是回文

【例 3.6】 有 $1\sim n$ 的 n 个元素,通过一个栈可以产生多种出栈序列,设计一个算法判断序列 b 是否为一个合法的出栈序列,并给出操作过程,要求用相关数据进行测试。

扫一扫
视频讲解

解 先建立一个整型顺序栈 st,将进栈序列 $1\sim n$ 存放到数组 a 中,判断 a 序列通过一个栈算是否得到出栈序列 b,如图 3.9 所示。

图 3.9 用一个栈判断 str 是否为合适的出栈序列

令 i、j 分别遍历 a、b 数组(初始值均为 0),反复执行以下操作,直到 a 或者 b 数组遍历完为止。

(1) 若栈空,$a[i]$ 进栈,再执行 $i++$。
(2) 若栈不空,如果栈顶元素 $\neq b[j]$,将 $a[i]$ 进栈,再执行 $i++$。
(3) 否则出栈一个元素,再执行 $j++$。

上述过程简单地说就是当栈顶元素 $=b$ 序列的当前元素时出栈一次,否则将 a 序列的当前元素进栈。

当该过程结束,再将栈中与 b 序列相同的元素依次出栈。由于 a 序列的每个元素最多进栈一次、出栈一次,而只有出栈时 j 才后移,所以如果 b 序列遍历完($j==n$),说明 b 序列是合法的出栈序列,返回 true,否则不是合法的出栈序列,返回 false。其中,用字符串 op 记录所有的栈操作。

当上述过程返回 true 时输出 op,否则输出提示信息。对应的完整程序如下:

```java
import java.util.*;
public class Exam3_6 {
    static String op="";
    static int cnt;
    public static boolean isSerial(int[] b) {          //出栈序列判断算法
        int i,j,n=b.length;
        Integer e;
        int[] a=new int[n];
        SqStackClass<Integer> st=new SqStackClass<Integer>();
        for(i=0;i<n;i++) a[i]=i+1;                      //将 1~n 放入数组 a 中
        i=0; j=0;
        while(i<n && j<n) {                             //a 和 b 均没有遍历完
            if(st.empty() || (st.peek()!=b[j])) {       //栈空或者栈顶元素不是 b[j]
                st.push(a[i]);                          //a[i]进栈
                op+="  元素"+a[i]+"进栈\n";
                i++;
            }
            else {                                       //否则出栈
                e=st.pop();
                op+="  元素"+e+"出栈\n";
                j++;
            }
        }
        while (!st.empty() && st.peek()==b[j]) {        //使栈中与 b 序列相同的元素出栈
            e=st.pop();
```

```
                j++;
            }
        if(j==n) return true;                           //是出栈序列时则返回 true
        else return false;                              //不是出栈序列时则返回 false
    }
    public static void solve(int[] b) {                 //求解算法
        for(int i=0;i<b.length;i++)
            System.out.print(" "+b[i]);
        if(isSerial1(b)) {
            System.out.println("是合法的出栈序列");
            System.out.println(op);
        }
        else System.out.println("不是合法的出栈序列");
    }
    public static void main(String[] args) {
        System.out.println("测试 1");
        int[] b={1,3,2,4};
        solve(b);
        System.out.println("测试 2");
        int[] c={4,3,1,2};
        solve(c);
    }
}
```

本程序的执行结果如下:

```
测试 1
 1 3 2 4 是合法的出栈序列
    元素 1 进栈
    元素 1 出栈
    元素 2 进栈
    元素 3 进栈
    元素 3 出栈
    元素 2 出栈
    元素 4 进栈
    元素 4 出栈
测试 2
 4 3 1 2 不是合法的出栈序列
```

上述过程可以进一步简化,同样用 i、j 分别遍历 a、b 数组(初始值均为 0),在 a 数组没有遍历完时:

(1) 将 $a[i]$ 进栈,再执行 $i++$。

(2) 栈不空并且栈顶元素与 $b[j]$ 相同时循环:出栈元素 e,再执行 $j++$(即连续判断)。

在上述过程结束后,如果栈空,返回 true,否则返回 false。

对应的简化算法如下:

```
public static boolean isSerial1(int[] b) {              //简化的算法
    int i,j,n=b.length;
    Integer e;
    int[] a=new int[n];
    SqStackClass<Integer> st=new SqStackClass<Integer>();
    for(i=0;i<n;i++) a[i]=i+1;                          //将 1~n 放入数组 a 中
    i=0; j=0;
```

```
        while(i<n) {                                      //a没有遍历完
            st.push(a[i]);
            op+="  元素"+a[i]+"进栈\n";
            i++;
            while(!st.empty() && st.peek()==b[j]) {       //b[j]与栈顶匹配的情况
                e=st.pop();
                op+="  元素"+e+"出栈\n";
                j++;
            }
        }
        return st.empty();                                //栈空返回 true,否则返回 false
    }
```

说明：上述两个算法中可以不使用 a 数组,直接将 $a[i]$ 的地方用 $(i+1)$ 代替即可。但使用 a 数组时只需稍微修改一下便可以判断任何进栈序列 a 是否可以得到合法的出栈序列 b。

【**例 3.7**】 设有两个栈 S1 和 S2,它们都采用顺序栈存储,并且共享一个固定容量的存储区 $s[0..M-1]$,为了尽量利用空间,减少溢出的可能,请设计这两个栈的存储方式。

解 为了尽量利用空间,减少溢出的可能,可以采用栈顶相向、进栈元素迎面增长的存储方式,如图 3.10 所示。

图 3.10 两个顺序栈的存储结构

两个栈的栈顶指针分别为 top1 和 top2。

栈 S1 空的条件是 top1==-1;栈 S1 满的条件是 top1==top2-1;元素 e 进栈 S1(栈不满时)的操作是 top1++;s[top1]=e;元素 e 出栈 S1(栈不空时)的操作是 e=s[top1];top1--。

栈 S2 空的条件是 top2==M;栈 S2 满的条件是 top2==top1+1;元素 e 进栈 S2(栈不满时)的操作是 top2--;s[top2]=e;元素 e 出栈 S2(栈不空时)的操作是 e=s[top2];top2++。

3.1.4 栈的链式存储结构及其基本运算算法的实现

采用链式存储的栈称为链栈,这里采用单链表实现。链栈的优点是不需要考虑栈满上溢出的情况。用带头结点的单链表 head 表示的链栈如图 3.11 所示,首结点是栈顶结点,尾结点是栈底结点,栈中元素自栈顶到栈底依次是 a_0、a_1、……、a_{n-1}。

图 3.11 链栈的存储结构

从该链栈的存储结构看到,初始时只含有一个头结点 head 并置 head.next 为 null。链栈的四要素如下:

(1) 栈空的条件为 head.next==null。

(2) 由于只有在内存溢出才会出现栈满,通常不考虑这种情况。

(3) 元素 e 进栈操作是将包含该元素的结点 s 插入作为首结点。
(4) 出栈操作返回首结点值并且删除该结点。

和单链表一样,链栈中每个结点的类型 LinkNode<E>定义如下:

```java
class LinkNode<E> {                              //链栈结点泛型类
    E data;
    LinkNode<E> next;
    public LinkNode() {                          //构造方法
        next=null;
    }
    public LinkNode(E d) {                       //重载构造方法
        data=d;
        next=null;
    }
}
```

链栈类模板 LinkStackClass<E>的设计如下:

```java
public class LinkStackClass<E> {                 //链栈泛型类
    LinkNode<E> head;                            //存放头结点
    public LinkStackClass() {                    //构造方法
        head=new LinkNode<E>();                  //创建头结点
        head.next=null;                          //设置为空栈
    }
    //栈的基本运算算法
}
```

在链栈中实现栈的基本运算的算法如下。

1) 判断栈是否为空:empty()

若 head.next 为 null 表示空栈,即单链表中没有任何数据结点。对应的算法如下:

```java
public boolean empty() {                         //判断栈是否为空
    return head.next==null;
}
```

2) 进栈:push(e)

新建包含数据元素 e 的结点 p,将 p 结点插入头结点之后。对应的算法如下:

```java
public void push(E e) {                          //元素 e 进栈
    LinkNode<E> s=new LinkNode<E>(e);            //新建结点 s
    s.next=head.next;                            //将结点 s 插入表头
    head.next=s;
}
```

3) 出栈:pop()

在链栈空时抛出异常,否则将首结点的数据域赋给 e,然后将其删除。对应的算法如下:

```java
public E pop() {                                 //出栈操作
    if(empty()) throw new IllegalArgumentException("栈空");
    E e=(E)head.next.data;                       //取首结点值
    head.next=head.next.next;                    //删除原首结点
    return e;
}
```

4) 取栈顶元素：peek()

在链栈空时抛出异常，否则将首结点的数据域赋给 e，但不删除该结点。对应的算法如下：

```
public E peek() {                                   //取栈顶元素操作
    if(empty()) throw new IllegalArgumentException("栈空");
    E e=(E)head.next.data;                          //取首结点值
    return e;
}
```

上述 4 个算法的时间复杂度均为 $O(1)$。

3.1.5 链栈的应用算法设计示例

【例 3.8】 设计一个算法，利用栈的基本运算将一个整数链栈中的所有元素逆置。例如，链栈 st 中的元素从栈底到栈顶为(1,2,3,4)，逆置后为(4,3,2,1)。

解 这里要求利用栈的基本运算来设计算法，所以不能直接采用单链表逆置方法。先出栈 st 中的所有元素并保存到一个数组 a 中，再将数组 a 中的所有元素依次进栈。对应的算法如下：

扫一扫

视频讲解

扫一扫

视频讲解

```
public static LinkStackClass<Integer> Reverse(LinkStackClass<Integer> st) {
    int[] a=new int[MaxSize];
    int i=0;
    while(!st.empty()) {                            //将出栈的元素放到数组 a 中
        a[i]=st.pop();
        i++;
    }
    for(int j=0;j<i;j++)                            //将数组 a 的所有元素进栈
        st.push(a[j]);
    return st;
}
```

【例 3.9】 假设用不带头结点的单链表作为链栈，请设计栈的 4 个基本运算算法。

解 设计原理与带头结点的单链表作为链栈相同，结点类 LinkNode<E>不改变。对应的链栈泛型类 LinkStackClass1<E>如下：

```
class LinkStackClass1<E> {                          //链栈泛型类
    LinkNode<E> head;                               //存放首结点
    public LinkStackClass1() {                      //构造方法
        head=null;                                  //初始时将 head 设置为 null 表示链栈
    }
                                                    //栈的基本运算算法
    public boolean empty() {                        //判断栈是否为空
        return head==null;
    }
    public void push(E e) {                         //元素 e 进栈
        LinkNode<E> s=new LinkNode<E>(e);           //新建结点 s
        s.next=head;                                //将结点 s 插入表头
        head=s;
    }
    public E pop() {                                //出栈操作
        if(empty()) throw new IllegalArgumentException("栈空");
        E e=(E)head.data;                           //取首结点值
```

```
        head=head.next;                              //删除原首结点
        return e;
    }
    public E peek() {                                //取栈顶元素操作
        if(empty()) throw new IllegalArgumentException("栈空");
        E e=(E)head.data;                            //取首结点值
        return e;
    }
}
```

视频讲解

3.1.6　Java中的栈容器——Stack< E >

Java 语言中提供了栈容器 Stack< E >,它是从 Vector< E >继承的,除了继承的许多方法外,作为栈的主要方法如下。

（1）boolean empty()：判断栈是否为空。

（2）int size()：返回栈中元素的个数。

（3）E push(E item)：把对象压入栈顶,即进栈操作。

（4）E pop()：移除栈顶对象,并作为此函数的值返回该对象,即出栈操作。

（5）E peek()：查看栈顶对象,但不从栈中移除它,即返回栈顶元素操作。

（6）int search(Object o)：返回元素 o 在栈中的位置,该位置从栈顶开始往下算,栈顶为1。

（7）boolean contains(Object o)：如果栈中包含指定的元素 o,则返回 true,否则返回 false。

例如,以下程序说明了 Stack< E >的基本使用方法：

```
import java.util.*;
public class Stackapp {
    public static void main(String[] args) {
        Stack< String > st=new Stack< String >();        //建立 String 栈对象 st
        st.push("a");                                    //进栈顺序：a,b,c,d,e
        st.push("b");
        st.push("c");
        st.push("d");
        st.push("e");
        System.out.println("empty():" + st.empty());     //输出：false
        System.out.println("peek():" + st.peek());       //输出：e
        System.out.println("search(Object o):" + st.search("a"));  //输出：5
        System.out.println("search(Object o):" + st.search("e"));  //输出：1
        System.out.println("search(Object o):" + st.search("no")); //输出：-1
        while(!st.isEmpty())                             //出栈顺序：e,d,c,b,a
            System.out.println(st.pop() + " ");
        System.out.println("empty():" + st.empty());     //输出：true
    }
}
```

3.1.7　栈的综合应用

本节通过用栈求解简单表达式求值问题和用栈求解迷宫问题两个示例来说明栈的应用。

视频讲解

▶ **1. 用栈求解简单表达式求值问题**

1）问题描述

这里限定的简单表达式求值问题是,用户输入一个仅包含＋、－、＊、/、正整数和圆括号的合法数学表达式,计算该表达式的运算结果。

2）数据组织

简单算术表达式采用字符数组 exp 表示,其中只含有＋、－、＊、/、正整数和圆括号。为了方便,假设该表达式是合法的数学表达式,例如 exp＝"1＋2＊(4＋12)"。在设计相关算法时用到两个栈——一个运算符栈 opor 和一个运算数栈 opand,均采用 Java 的 Stack 容量,这两个栈对象定义如下：

```
Stack<Character> opor;                          //运算符栈
Stack<Double> opand;                            //运算数栈
```

3）设计运算算法

在简单算术表达式中,运算符位于两个运算数中间的表达式称为**中缀表达式**,例如,1＋2＊3 就是一个中缀表达式,中缀表达式是最常用的一种表达式方式。对中缀表达式的运算一般遵循"从左到右计算,先乘除,后加减,有括号时先括号内,后括号外"的规则。因此,中缀表达式不仅要依赖运算符的优先级,而且要处理括号。

所谓**后缀表达式**,就是运算符在运算数的后面,例如,1＋2＊3 的后缀表达式为 123＊＋。后缀表达式有这样的特点：已经考虑了运算符的优先级,不包含括号,只含运算数和运算符。对后缀表达式求值的过程是从左到右遍历后缀表达式,若遇到一个运算数,就将它进运算数栈；若遇到一个运算符 op,就从运算数栈中连续出栈两个运算数,假设先后出栈的元素分别为 a 和 b,计算 b op a 之值,并将计算结果进运算数栈；对整个后缀表达式遍历结束后,栈顶元素就是计算结果。

假设给定的简单表达式 exp 是正确的,其求值过程分为两步,即先将表达式 exp 转换成后缀表达式 postexp,然后对该后缀表达式求值。

(1) 中缀表达式转换成后缀表达式。

中缀表达式 exp 和后缀表达式 postexp 均用 String 对象存放。设计求表达式值的类 ExpressClass 如下：

```
class ExpressClass {                            //求表达式值的类
    String exp;                                 //存放中缀表达式
    String postexp="";                          //存放后缀表达式
    public void Setexp(String str) {            //设置 exp
        exp=str;
    }
    public String getpostexp() {                //取 postexp
        return postexp;
    }
    public void Trans() {…}                     //将 exp 转换成后缀表达式
    public double getValue() {…}                //计算 postexp 的值
}
```

将表达式 exp 转换成后缀表达式 postexp 用到运算符栈 opor,转换过程是遍历 exp,遇到数字符,将其直接放到 postexp 中；遇到'(',将其进栈到 opor；遇到')',退栈 opor 运算符并放到 postexp 中,直到退栈的是'('为止(该左括号不放到 postexp 中)；遇到运算符 op_2,将其跟栈顶运算符 op_1 的优先级进行比较,只有当 op_2 的优先级高于 op_1 的优先级时才将 op_2 进栈,否则将栈中'('(如果有)以前的优先级等于或大于 op_2 的运算符均退栈并放到

postexp 中(如图3.12所示),再将 op₂ 进栈。其转换过程可以简化如下:

> while (若 exp 未读完){
>   从 exp 读取字符 ch;
>   ch 为数字:将后续的所有数字依次存放到 postexp 中,并以字符'#'标识数值串结束;
>   ch 为左括号'(':将'('进栈到 opor;
>   ch 为右括号')':将 opor 栈中与之匹配的'('以前的运算符依次出栈并存放到 postexp 中,再将'('退栈;
>   若 ch 的优先级高于栈顶运算符:将 ch 进栈;否则退栈并存入 postexp 中,直到遇到'('或者 ch 的优先级高于栈顶运算符优先级,再将 ch 进栈;
> }
> 若字符串 exp 扫描完毕,则退栈 opor 的所有运算符并存放到 postexp 中。

图 3.12 当前运算符的操作

在简单算术表达式中,只有'*'和'/'运算符的优先级高于'+'和'−'运算符的优先级,所以上述过程进一步简化如下:

> while (若 exp 未读完){
>   从 exp 读取字符 ch;
>   ch 为数字:将后续的所有数字依次存放到 postexp 中,并以字符'#'标志运算数串结束;
>   ch 为左括号'(':将'('进栈到 opor;
>   ch 为右括号')':将 opor 栈中与之匹配的'('以前的运算符依次出栈并存放到 postexp 中,再将'('退栈;
>   ch 为'+'或'−':将 opor 栈中'('以前的所有运算符出栈并存放到 postexp 中,再将'+'或'−'进栈;
>   ch 为'*'或'/':将 opor 栈中'('以前的'*'或'/'运算符出栈并存放到 postexp 中,再将'*'或'/'进栈;
> }
> 若字符串 exp 扫描完毕,则退栈 opor 的所有运算符并存放到 postexp 中。

对于算术表达式"(56−20)/(4+2)",其转换成后缀表达式的过程如表3.1所示。

表 3.1 表达式"(56−20)/(4+2)"转换成后缀表达式的过程

ch	操 作	postexp	opor 栈
(	将'('进 opor 栈		(
56	将 56 存入 postexp 中,并插入一个字符'#'	56#	(
−	由于 opor 中'('以前没有字符,则直接将'−'进 opor 栈	56#	(−
20	将 20# 存入 postexp 中	56#20#	(−
)	将 opor 栈中'('以前的运算符依次出栈并存入 postexp,然后将'('出栈	56#20#−	
/	将'/'进 opor 栈	56#20#−	/
(	将'('进 opor 栈	56#20#−	/(
4	将 4# 存入 postexp	56#20#−4#	/(

续表

ch	操作	postexp	opor 栈
+	由于 opor 中'('以前没有运算符,则直接将'+'进 opor 栈	56#20#-4#	/(+
2	将 2# 存入 postexp	56#20#-4#2#	/(+
)	将 opor 栈中'('以前的运算符依次出栈并存入 postexp,然后将'('出栈	56#20#-4#2#+	/
	exp 扫描完毕,将 opor 栈中的所有运算符依次出栈并存入 postexp,得到最后的后缀表达式	56#20#-4#2#+/	

根据上述原理得到的中缀表达式转换为后缀表达式的算法如下:

```
public void Trans() {                     //将算术表达式 exp 转换成后缀表达式 postexp
    Stack<Character> opor=new Stack<Character>();
    int i=0;                              //i 作为 exp 的下标
    char ch,e;
    while(i<exp.length()) {               //exp 表达式未扫描完时循环
        ch=exp.charAt(i);;
        if(ch=='(') opor.push(ch);        //判定为左括号,将左括号进栈
        else if(ch==')') {                //判定为右括号
            while(!opor.empty() && opor.peek()!='(') {
                e=opor.pop();             //将最近'('之前的运算符退栈并存入 postexp
                postexp+=e;
            }
            opor.pop();                   //将'('退栈
        }
        else if(ch=='+' || ch=='-') {     //判定为加号或减号
            while(!opor.empty() && opor.peek()!='(') {
                e=opor.pop();             //将不低于 ch 的所有运算符退栈并存入 postexp
                postexp+=e;
            }
            opor.push(ch);                //再将'+'或'-'进栈
        }
        else if(ch=='*' || ch=='/') {     //判定为'*'或'/'{
            while(!opor.empty() && opor.peek()!='(' && (opor.peek()=='*' || opor.peek()=='/')) {
                e=opor.pop();             //将不低于 ch 的所有运算符退栈并存入 postexp
                postexp+=e;
            }
            opor.push(ch);                //再将'*'或'/'进栈
        }
        else {                            //处理数字字符
            while(ch>='0' && ch<='9') {   //判定为数字
                postexp+=ch;
                i++;                      //将连续的数字放入 postexp
                if(i<exp.length())
                    ch=exp.charAt(i);
                else
                    break;
            }
            i--;                          //退一个字符
            postexp+='#';                 //用#标识一个数值串结束
        }
        i++;                              //继续处理其他字符
    }
    while(!opor.empty()) {                //此时 exp 扫描完毕,栈不空时循环
```

```
            e=opor.pop();
            postexp+=e;                                    //将所有运算符退栈并放入 postexp
        }
}
```

(2) 后缀表达式求值。

在后缀表达式求值算法中用到运算数栈 opand,后缀表达式求值的过程如下：

```
while (若 postexp 未读完) {
    从 postexp 读取字符 ch;
    ch 为'+':从 opand 栈出栈两个运算数 a 和 b,计算 c=b+a;将 c 进栈 opand;
    ch 为'-':从 opand 栈出栈两个运算数 a 和 b,计算 c=b-a;将 c 进栈 opand;
    ch 为'*':从 opand 栈出栈两个运算数 a 和 b,计算 c=b*a;将 c 进栈 opand;
    ch 为'/':从 opand 栈出栈两个运算数 a 和 b,若 a 不为零,计算 c=b/a;将 c 进栈 opand;
    ch 为数字字符:将连续的数字串转换成运算数 d,将 d 进栈 opand;
}
opand 栈中唯一的运算数即为表达式值。
```

后缀表达式"56♯20♯-4♯2♯+/"的求值过程如表 3.2 所示。

表 3.2 后缀表达式"56♯20♯-4♯2♯+/"的求值过程

ch 序列	说明	st 栈
56♯	遇到 56♯,将 56 进栈	56
20♯	遇到 20♯,将 20 进栈	56,20
-	遇到'-',出栈两次,将 56-20=36 进栈	36
4♯	遇到 4♯,将 4 进栈	36,4
2♯	遇到 2♯,将 2 进栈	36,4,2
+	遇到'+',出栈两次,将 4+2=6 进栈	36,6
/	遇到'/',出栈两次,将 36/6=6 进栈	6
	postexp 扫描完毕,算法结束,栈顶运算数 6 即为所求	

根据上述原理得到的计算后缀表达式值的算法如下：

```
public double getValue() {                              //计算后缀表达式 postexp 的值
    Stack<Double> opand=new Stack<Double>();
    double a,b,c,d;
    int i=0;
    char ch;
    while (i<postexp.length()) {                        //遍历 postexp 串
        ch=postexp.charAt(i);                           //从后缀表达式中取一个字符 ch
        switch (ch) {
            case '+':                                   //判定为'+'
                a=opand.pop();                          //退栈得到运算数 a
                b=opand.pop();                          //退栈得到运算数 b
                c=b+a;                                  //计算 c
                opand.push(c);                          //将计算结果进栈
                break;
            case '-':                                   //判定为'-'
                a=opand.pop();                          //退栈得到运算数 a
                b=opand.pop();                          //退栈得到运算数 b
                c=b-a;                                  //计算 c
                opand.push(c);                          //将计算结果进栈
                break;
```

```
            case '*':                          //判定为'*'
                a=opand.pop();                 //退栈得到运算数 a
                b=opand.pop();                 //退栈得到运算数 b
                c=b*a;                         //计算 c
                opand.push(c);                 //将计算结果进栈
                break;
            case '/':                          //判定为'/'
                a=opand.pop();                 //退栈得到运算数 a
                b=opand.pop();                 //退栈得到运算数 b
                if (a!=0) {
                    c=b/a;                     //计算 c
                    opand.push(c);             //将计算结果进栈
                }
                else
                    throw new ArithmeticException("运算错误:除零");
                break;
            default:                           //处理数字字符
                d=0;                           //将连续的数字字符转换成运算数存放到 d 中
                while(ch>='0' && ch<='9') {    //判定为数字字符
                    d=10*d+(ch-'0');
                    i++;
                    ch=postexp.charAt(i);
                }
                opand.push(d);                 //将数值 d 进栈
                break;
        }
        i++;                                   //继续处理其他字符
    }
    return opand.peek();                       //栈顶元素即为求值结果
}
```

4) 设计主函数

设计以下包含主函数的类 Express 求简单算术表达式"(56-20)/(4+2)"的值：

```
public class Express {
    public static void main(String[] args) {
        double v;
        ExpressClass obj=new ExpressClass();
        String str="(56-20)/(4+2)";
        obj.Setexp(str);
        System.out.println("中缀表达式: "+str);
        obj.Trans();
        System.out.println("后缀表达式: "+obj.getpostexp());
        System.out.println("求值结果：   "+obj.getValue());
    }
}
```

5) 运行结果

本程序的执行结果如下：

中缀表达式：(56-20)/(4+2)
后缀表达式：56#20#-4#2#+/
求值结果： 6.0

上述简单表达式求值是先转换为后缀表达式,再对后缀表达式求值,也可以将两步合并

起来,同样需要设置运算符栈 opor 和运算数栈 opand,合并后扫描表达式 exp:

(1) 遇到数字字符将后续的所有数字字符合起来转换为运算数,进栈到 opand。

(2) 遇到左括号,进栈到 opor。

(3) 遇到右括号,将 opor 栈中与之匹配的'('后进栈的运算符 op 出栈并执行 op 计算,再将'('退栈。

(4) 遇到运算符 opv,只有优先级高于 opor 栈顶运算符才直接进栈 opor,否则出栈 op 并执行 op 计算,最后将 opv 进栈 opor。

若简单表达式扫描完毕,退栈 opor 的所有运算符并执行 op 计算。

其中,执行 op 计算的过程是出栈 opand 两次分别得到运算数 a 和 b,执行 $c=b$ op a,然后 c 进栈 opand。最后 opand 栈的栈顶运算数就是简单表达式值。

2. 用栈求解迷宫问题

1) 问题描述

给定一个 $M \times N$ 的迷宫图,求一条从指定入口到出口的路径。假设迷宫图如图 3.13 所示(其中 $M=6,N=6$,含外围加上的一圈不可走的方块,这样做的目的是避免在查找时出界),迷宫由方块构成,空白方块表示可以走的通道,带阴影方块表示不可走的障碍物。要求所求路径必须是简单路径,即在求得的路径上不能重复出现同一空白方块,而且从每个方块出发每一步只能走向上、下、左、右 4 个相邻的空白方块。

图 3.13 迷宫示意图

2) 数据组织

为了表示迷宫,设置一个数组 mg,其中每个元素表示一个方块的状态,为 0 时表示对应方块是通道,为 1 时表示对应方块不可走。为了使算法方便,在迷宫外围加了围墙。图 3.13 所示的迷宫对应的迷宫数组 mg(由于迷宫四周加了围墙,故数组 mg 的外围元素均为 1)如下:

```
int[][]mg= { {1,1,1,1,1,1}, {1,0,1,0,0,1}, {1,0,0,1,1,1},
             {1,0,1,0,0,1}, {1,0,0,0,0,1}, {1,1,1,1,1,1} };
```

另外,在算法中用到的栈 st 采用 Java 中的 Stack 容器表示,需要将搜索中的方块进栈,每个方块的 Box 类定义如下:

```
class Box {                                        //方块类
    int i;                                         //方块的行号
    int j;                                         //方块的列号
    int di;                                        //di 是下一个可走相邻方位的方位号
    public Box(int i1,int j1,int di1) {            //构造方法
        i=i1; j=j1; di=di1;
    }
}
```

3) 设计运算算法

求迷宫问题就是在一个指定的迷宫中求出一条从入口到出口的路径。在求解时通常用

的是"穷举求解"的方法,即从入口出发,顺某一方向向前试探,若能走通,则继续往前走;否则进入死胡同,沿原路退回,换一个方位再继续试探,直到所有可能的通路都试探完为止。

为了保证在任何位置上都能沿原路退回(称为回溯),需要用一个后进先出的栈来保存从入口到当前位置的路径。

对于迷宫中的每个方块,有上、下、左、右 4 个方块相邻,如图 3.14 所示。第 i 行第 j 列的方块的位置记为 (i,j),规定上方方块为方位 0,并按顺时针方向递增编号。在试探过程中,假设按从方位 0 到方位 3 的方向查找下一个可走的方块,即从上方位开始按顺时针方向试探。为了便于回溯,对于可走的方块都要进栈,并试探它的下一个可走的方位,将这个可走的方位保存到栈中。

求解迷宫中从 (xi,yi) 到 (xe,ye) 路径的过程是先将入口进栈(其初始方位设置为 -1),在栈不空时循环,也就是取栈顶方块(不退栈),若该方块是出口,则输出栈中所有方块,即为一条迷宫路径;否则找下一个可走的相邻方块,若不存在这样的方块,说明当前路径不可能走通(进入死胡同),原路回退(回溯),也就是恢复当前方块后退栈。若存在这样的方块,则将其方位保存到栈顶元素中,并将这个可走的相邻方块进栈(其初始方位设置为 -1)。

求迷宫路径的回溯过程如图 3.15 所示,从前一方块找到一个可走相邻方块(即当前方块)后,再从当前方块找可走相邻方块,若没有这样的方块,说明当前方块不可能是从入口到出口路径上的一个方块,则从当前方块回溯到前一方块,继续从前一方块找另一个可走的相邻方块。

图 3.14　方位图　　　　　图 3.15　求迷宫路径的回溯过程

为了保证试探的可走相邻方块不是已走路径上的方块,如 (i,j) 已进栈,在试探 $(i+1,j)$ 的下一个可走方块时又试探到 (i,j),这样可能会引起死循环,为此在一个方块进栈后将对应的 mg 数组元素值改为 -1(变为不可走的相邻方块),当退栈时(表示该栈顶方块没有可走相邻方块),将其恢复为 0。求图 3.13 中入口 $(1,1)$ 到出口 $(4,4)$ 迷宫路径的搜索过程如图 3.16 所示,图 3.16 中带"×"的方块是死胡同方块,走到这样的方块后需要回溯,找到出口后,栈中方块对应迷宫路径。

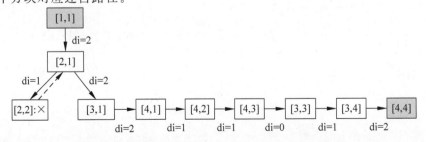

图 3.16　用栈求 $(1,1)$ 到 $(4,4)$ 迷宫路径的搜索过程

求解迷宫问题的 MazeClass 类定义如下：

```java
class MazeClass {                              //用栈求解一条迷宫路径类
    final int MaxSize=20;
    int[][] mg;                                //迷宫数组
    int m,n;                                   //迷宫行/列数
    public MazeClass(int m1,int n1) {          //构造方法
        m=m1;
        n=n1;
        mg=new int[MaxSize][MaxSize];
    }
    public void Setmg(int[][] a) {             //设置迷宫数组
        for(int i=0;i<m;i++)
            for(int j=0;j<n;j++) mg[i][j]=a[i][j];
    }
    boolean mgpath(int xi,int yi,int xe,int ye) { //求一条从(xi,yi)到(xe,ye)的迷宫路径
        int i,j,di,i1=0,j1=0;
        boolean find;
        Box box,e;
        Stack<Box> st=new Stack<Box>();        //建立一个空栈
        st.push(new Box(xi,yi,-1));            //入口方块进栈
        mg[xi][yi]=-1;                         //为避免来回找相邻方块,将进栈的方块置为-1
        while(!st.empty()) {                   //栈不空时循环
            box=st.peek();                     //取栈顶方块,称为当前方块
            i=box.i; j=box.j; di=box.di;
            if(i==xe && j==ye) {               //找到了出口,输出栈中所有方块构成一条路径
                int cnt=1;
                while(!st.empty()) {
                    e=st.pop();
                    System.out.print("["+e.i+","+e.j+"]   ");
                    if(cnt%5==0)               //每行输出5个方块
                        System.out.println();
                    cnt++;
                }
                System.out.println();
                return true;                   //找到一条路径后返回true
            }
            find=false;                        //否则继续找路径
            while(di<3 && !find) {             //找下一个相邻可走方块
                di++;                          //找下一个方位的相邻方块
                switch(di) {
                    case 0:i1=i-1; j1=j; break;
                    case 1:i1=i; j1=j+1; break;
                    case 2:i1=i+1; j1=j; break;
                    case 3:i1=i; j1=j-1; break;
                }
                if(mg[i1][j1]==0) find=true;   //找到下一个可走相邻方块(i1,j1)
            }
            if(find) {                         //找到了下一个可走方块
                e=st.pop();
                e.di=di;
                st.push(e);                    //修改栈顶元素的di成员为di
                st.push(new Box(i1,j1,-1));    //下一个可走方块进栈
                mg[i1][j1]=-1;                 //为避免来回找相邻方块,将进栈的方块置为-1
```

```
            }
        else {                                    //没有路径可走,则退栈
            mg[i][j]=0;                           //恢复当前方块的迷宫值
            st.pop();                             //将栈顶方块退栈
        }
    }
    return false;                                 //没有找到迷宫路径,返回false
    }
}
```

其中,mgpath(int xi,int yi,int xe,int ye)方法用于求一条从入口(xi,yi)到出口(xe,ye)的迷宫路径,当成功找到出口后,栈 st 中从栈顶到栈底恰好是一条从出口到入口的迷宫逆路径,输出该迷宫逆路径,并返回 true,否则说明找不到迷宫路径,返回 false。

说明：从图 3.16 的过程看出,当找到一个出口后,可以进一步回溯找到从入口到出口的其他迷宫路径。如果只找一条迷宫路径,当栈顶方块(i,j)回退出栈时可以不置 mg[i][j]为 0,但如果找多条迷宫路径就必须置 mg[i][j]为 0 以恢复其迷宫值。

4) 设计主函数

设计以下包含主函数的 Maze 类,求如图 3.13 所示的迷宫图中从(1,1)到(4,4)的一条迷宫路径：

```
public class Maze {
    public static void main(String[] args) {
        int[][] a= { {1,1,1,1,1,1},{1,0,1,0,0,1},
                     {1,0,0,1,1,1},{1,0,1,0,0,1},
                     {1,0,0,0,0,1},{1,1,1,1,1,1} };
        MazeClass mz=new MazeClass(6,6);          //M=6,N=6
        mz.Setmg(a);
        if (!mz.mgpath(1,1,4,4))                  //(1,1)->(4,4)
            System.out.println("不存在迷宫路径");
    }
}
```

5) 运行结果

本程序的执行结果如下：

```
[4,4]   [3,4]   [3,3]   [4,3]   [4,2]
[4,1]   [3,1]   [2,1]   [1,1]
```

这里的迷宫路径是按从栈顶到栈底的顺序输出的,是一条迷宫逆路径,很容易转换为正向路径。该路径如图 3.17 所示(迷宫路径方块上的箭头指示路径上下一个方块的方位),显然这个解不是最优解,即不是最短路径。在使用队列求解时可以找出最短路径,这将在后面介绍。

图 3.17 用栈找到的一条迷宫路径

3.2 队列

本节先介绍队列的定义,然后讨论队列存储结构和基本运算算法设计,最后通过迷宫问题的求解说明队列的应用。

3.2.1 队列的定义

同样先看一个示例,假设有一座独木桥,桥右侧有一群小兔子要过桥到桥左侧去,桥宽只能容纳一只兔子,那么这群小兔子怎么过桥呢?结论是只能一只接一只地过桥,如图 3.18 所示。在这个例子中,独木桥就是一个队列,由于其宽度只能容纳一只兔子,所以不论有多少只兔子,它们只能是一只一只地排列着过桥,从而构成一种线性关系。再看看独木桥的主要操作,显然有上桥和下桥两种,上桥表示从桥右侧走到桥上,下桥表示离开桥。

图 3.18 一群小兔子过独木桥

归纳起来,队列(简称队)是一种操作受限的线性表,其限制为仅允许在表的一端进行插入,而在表的另一端进行删除。通常把进行插入的一端称为**队尾**(rear),把进行删除的一端称为**队头**或**队首**(front)。向队列中插入新元素称为**进队**或**入队**,新元素进队后就成为新的队尾元素;从队列中删除元素称为**出队**或**离队**,元素出队后,其直接后继元素就成为队首元素。

由于队列的插入和删除操作分别是在表的一端进行的,每个元素必然按照进入的次序出队,所以又把队列称为**先进先出表**。

抽象数据类型队列的定义如下:

```
ADT Queue {
    数据对象:
        D = {a_i | 0 ≤ i ≤ n-1, n ≥ 0, a_i 为 E 类型}
    数据关系:
        R = {r}
        r = {<a_i, a_{i+1}> | a_i, a_{i+1} ∈ D, i=0,1,…,n-2}
    基本运算:
        boolean empty():判断队列是否为空,若队列为空,返回真,否则返回假。
        void push(E e):进队,将元素 e 进队作为队尾元素。
        E pop():出队,从队头出队一个元素。
        E peek():取队头,返回队头元素值而不出队。
}
```

【例 3.10】 若元素进队的顺序为 1234,能否得到 3142 的出队序列?

解 进队顺序为 1234,则出队顺序只能是 1234(先进先出),所以不能得到 3142 的出队序列。

3.2.2 队列的顺序存储结构及其基本运算算法的实现

由于队列中元素的逻辑关系与线性表的相同,所以用户可以借鉴线性表的两种存储结构来存储队列。

当队列采用顺序存储结构存储时,分配一块连续的存储空间,用 data<E>数组来存放队列中的元素,另外设置两个指针,队头指针为 front(实际上是队头元素的前一个位置),队尾指针为 rear(正好是队尾元素的位置)。

为了简单,这里使用固定容量的数组 data(容量用常量 MaxSize 表示),如图 3.19 所示,队列中从队头到队尾为 a_0、a_1、……、a_{n-1}。采用顺序存储结构的队列称为顺序队。

图 3.19　顺序队示意图

顺序队分为非循环队列和循环队列两种方式,这里先讨论非循环队列,并通过说明该类型队列的缺点引出循环队列。

扫一扫

视频讲解

1. 非循环队列

图 3.20 是一个非循环队列的动态变化示意图(MaxSize=5)。图 3.20(a)表示一个空队;图 3.20(b)表示进队 5 个元素后的状态;图 3.20(c)表示出队一次后的状态;图 3.20(d)表示再出队 4 次后的状态。

(a) 空队　　　(b) a、b、c、d、e元素进队　　　(c) 出队一次　　　(d) 出队4次

图 3.20　队列操作的示意图

从图 3.20 中可以看到,初始时置 front 和 rear 均为 −1(front==rear)。非循环队列的四要素如下。

(1) 队空的条件为 front==rear,图 3.20(a)和图 3.20(d)满足该条件。

(2) 队满(队上溢出)的条件为 rear==MaxSize−1(因为每个元素进队都让 rear 增 1,当 rear 到达最大下标时不能再增加),图 3.20(d)满足该条件。

(3) 元素 e 进队的操作是先将队尾指针 rear 增 1,然后将元素 e 放在该位置(进队的元素总是在尾部插入的)。

(4) 出队操作是先将队头指针 front 增 1,然后取出该位置的元素(出队的元素总是从头部出来的)。

说明:为什么让 front 指向队列中当前队头元素的前一个位置呢? 因为在 front 增 1 后,该位置的元素已经出队(被删除)了。

非循环队列的泛型类 SqQueueClass<E>定义如下:

```
class SqQueueClass<E>{                    //非循环队列的泛型类
    final int MaxSize=100;                //假设容量为 100
```

```
    private E[] data;                      //存放队列中的元素
    private int front,rear;                //队头、队尾指针
    public SqQueueClass() {                //构造方法
        data=(E[])new Object[MaxSize];
        front=rear=-1;
    }
    //队列的基本运算算法
}
```

非循环队列中实现队列的基本运算如下。

1) 判断队列是否为空：empty()

若满足 front==rear 条件，返回 true，否则返回 false。对应的算法如下：

```
public boolean empty() {                   //判断队列是否为空
    return front==rear;
}
```

2) 进队运算：push(e)

元素 e 进队只能从队尾插入，不能从队头或中间位置进队，仅仅改变队尾指针，如图 3.21 所示。

图 3.21 元素进队的示意图

在进队中，当队不满时，先将队尾指针 rear 增 1，然后将元素 e 放到该位置处，否则抛出异常。对应的算法如下：

```
public void push(E e) {                    //元素 e 进队
    if(rear==MaxSize-1)
        throw new IllegalArgumentException("队满");
    rear++;
    data[rear]=e;
}
```

3) 出队：pop()

元素出队只能从队头删除，不能从队尾或中间位置出队，仅仅改变队头指针，如图 3.22 所示。

图 3.22 元素出队的示意图

在出队中,当队列不空时,将队头指针 front 增 1,并返回该位置的元素值,否则抛出异常。对应的算法如下:

```
public E pop() {                                    //出队元素
    if(empty())                                     //队空
        throw new IllegalArgumentException("队空");
    front++;
    return (E)data[front];
}
```

4) 取队头元素:peek()

与出队类似,但不需要移动队头指针 front。对应的算法如下:

```
public E peek() {                                   //取队头元素
    if(empty())                                     //队空
        throw new IllegalArgumentException("队空");
    return (E)data[front+1];
}
```

上述算法的时间复杂度均为 $O(1)$。

在上述非循环队列中,元素进队时队尾指针 rear 增 1,元素出队时队头指针 front 增 1,当进队 MaxSize 个元素后,满足设置的队满条件,即 rear==MaxSize-1 成立,此时即使出队若干元素,队满条件仍然成立(实际上队列中有空位置),这种队列中有空位置但仍然满足队满条件的上溢出称为**假溢出**。也就是说,非循环队列存在假溢出现象。

2. 循环队列

为了克服非循环队列的假溢出,充分使用数组中的存储空间,可以把 data 数组的前端和后端连接起来,形成一个循环数组,即把存储队列元素的表从逻辑上看成一个环,称为**循环队列**(也称**环形队列**)。

扫一扫

视频讲解

循环队列首尾相连,当队尾指针 rear=MaxSize-1 时再前进一个位置就应该到达 0 位置,这可以利用数学上的求余运算(%)实现。

(1) 队首指针循环进 1:front=(front+1)%MaxSize。

(2) 队尾指针循环进 1:rear=(rear+1)%MaxSize。

循环队列的队头指针和队尾指针初始化时都置 0,即 front=rear=0。在进队元素和出队元素时,队头和队尾指针都循环前进一个位置。

那么循环队列的队满和队空的判断条件是什么呢?若设置队空条件是 rear==front,如果进队元素的速度快于出队元素的速度,队尾指针很快就赶上了队头指针,此时可以看出循环队列在队满时也满足 rear==front,所以这种设置无法区分队空和队满。

实际上循环队列的结构与非循环队列相同,也需要通过 front 和 rear 标识队列状态,一般是采用它们的相对值(即|front-rear|)实现的。当 data 数组的容量为 MaxSize 时,队列的状态有 MaxSize+1 种,分别是队空、队中有 1 个元素、队中有 2 个元素、……、队中有 MaxSize 个元素(队满)。front 和 rear 的取值范围均为 0~MaxSize-1,这样|front-rear|只有 MaxSize 个值,显然 MaxSize+1 种状态不能直接用|front-rear|区分,因为必定有两种状态不能区分。为此让队列中最多只有 MaxSize-1 个元素,这样队列恰好只有 MaxSize 种

状态,就可以通过front和rear的相对值区分所有状态了。

在规定队列中最多只有MaxSize-1个元素时,设置队空条件仍然是rear==front。当队列有MaxSize-1个元素时,一定满足(rear+1)％MaxSize==front。

这样循环队列在初始时置front=rear=0,其四要素如下。

(1) 队空条件为rear==front。

(2) 队满条件为(rear+1)％MaxSize==front(相当于试探进队一次,若rear达到front,则认为队满了)。

(3) 元素e进队时,rear=(rear+1)％MaxSize,将元素e放置在该位置。

(4) 元素出队时,front=(front+1)％MaxSize,取出该位置的元素。

图3.23说明了循环队列的几种状态,这里假设MaxSize等于5。图3.23(a)为空队,此时front=rear=0;图3.23(b)中有3个元素,当进队元素d后队中有4个元素,此时满足队满的条件。

图 3.23　循环队列进队和出队操作示意图

循环队列的泛型类CSqQueueClass<E>定义如下:

```
class CSqQueueClass<E>{                     //循环队列的泛型类
    final int MaxSize=100;                  //假设容量为100
    private E[] data;                       //存放队列中的元素
    private int front,rear;                 //队头、队尾指针
    public CSqQueueClass(){                 //构造方法
        data=(E[])new Object[MaxSize];
        front=0;
        rear=0;
    }
    //队列的基本运算算法
}
```

在这样的循环队列中,实现队列的基本运算算法如下。

1) 判断队列是否为空:empty()

若满足front==rear条件,返回true,否则返回false。对应的算法如下:

```
public boolean empty() {                    //判断队列是否为空
    return front==rear;
}
```

2) 进队: push(e)

在队列不满时,先将队尾指针 rear 循环增 1,然后将元素 e 放到该位置处,否则抛出异常。对应的算法如下:

```
public void push(E e) {                     //元素 e 进队
    if((rear+1)%MaxSize==front)             //队满
        throw new IllegalArgumentException("队满");
    rear=(rear+1)%MaxSize;
    data[rear]=e;
}
```

3) 出队: pop()

在队列不为空的条件下,将队头指针 front 循环增 1,并返回该位置的元素值,否则抛出异常。对应的算法如下:

```
public E pop() {                            //出队元素
    if(empty())                             //队空
        throw new IllegalArgumentException("队空");
    front=(front+1)%MaxSize;
    return (E)data[front];
}
```

4) 取队头元素: peek()

与出队类似,但不需要移动队头指针 front。对应的算法如下:

```
public E peek() {                           //取队头元素
    if(empty())                             //队空
        throw new IllegalArgumentException("队空");
    return (E)data[(front+1)%MaxSize];
}
```

上述 4 个算法的时间复杂度均为 $O(1)$。

3.2.3　循环队列的应用算法设计示例

【例 3.11】 在循环队列泛型类 CSqQueueClass<E>中增加一个求元素个数的算法 size()。对于一个整数循环队列 qu,利用队列基本运算和 size()算法设计进队和出队第 $k(k \geqslant 1$,队头元素的序号为 1)个元素的算法。

解 对于前面的循环队列,队头指针 front 指向队中队头元素的前一个位置,队尾指针 rear 指向队中的队尾元素,可以求出队中元素个数为 (rear-front+MaxSize)%MaxSize。为此在循环队列泛型类 CSqQueueClass<E>中增加 size()算法如下:

```
public int size() {                         //返回队中元素个数
    return((rear-front+MaxSize)%MaxSize);
}
```

扫一扫

视频讲解

在队列中并没有直接进队和出队第 $k(k \geq 1)$ 个元素的基本运算,进队第 k 个元素 e 的算法思路是出队前 $k-1$ 个元素,边出边进,再将元素 e 进队,将剩下的元素边出边进。该算法如下:

```java
public static boolean pushk(CSqQueueClass<Integer> qu,int k,Integer e) {    //进队第 k 个元素 e
    Integer x;
    int n=qu.size();
    if(k<1 || k>n+1) return false;                  //参数 k 错误,返回 false
    if(k<=n) {
        for(int i=1;i<=n;i++) {                     //循环处理队中的所有元素
            if(i==k) qu.push(e);                    //将 e 元素进队到第 k 个位置
            x=qu.pop();                             //出队元素 x
            qu.push(x);                             //进队元素 x
        }
    }
    else qu.push(e);                                //k=n+1 时直接进队 e
    return true;
}
```

出队第 $k(k \geq 1)$ 个元素 e 的算法思路是出队前 $k-1$ 个元素,边出边进,出队第 k 个元素 e,e 不进队,将剩下的元素边出边进。该算法如下:

```java
public static Integer popk(CSqQueueClass<Integer> qu,int k) {   //出队第 k 个元素
    Integer x,e=0;
    int n=qu.size();
    if(k<1 || k>n)                                  //参数 k 错误
        throw new IllegalArgumentException("参数错误");
    for(int i=1;i<=n;i++) {                         //循环处理队中的所有元素
        x=qu.pop();                                 //出队元素 x
        if(i!=k) qu.push(x);                        //将非第 k 个元素进队
        else e=x;                                   //取第 k 个出队的元素
    }
    return e;
}
```

视频讲解

【例 3.12】 对于循环队列来说,如果知道队头指针和队中元素个数,则可以计算出队尾指针,也就是说可以用队中元素个数代替队尾指针。设计出这种循环队列的判队空、进队、出队和取队头元素的算法。

解 本例的循环队列包含 data 数组、队头指针 front 和队中元素个数 count。初始时 front 和 count 均置为 0。队空条件为 count==0;队满的条件为 count==MaxSize;元素 e 进队的操作是先根据队头指针和元素个数求出队尾指针 rear1(由例 3.11 的推导可知, rear1=(front+count)%MaxSize),将 rear1 循环增 1,然后将元素 e 放置在 rear1 处;出队操作是先将队头指针循环增 1,然后取出该位置的元素。设计对应的循环队列泛型类 CSqQueueClass1<E>如下:

```java
class CSqQueueClass1<E> {              //本例的循环队列泛型类
    final int MaxSize=100;             //假设容量为 100
    private E[] data;                  //存放队列中的元素
    private int front;                 //队头指针
    private int count;                 //元素个数
```

```
    public CSqQueueClass1() {                          //构造方法
        data=(E[])new Object[MaxSize];
        front=0;
        count=0;
    }
    public boolean empty() {                           //判断队列是否为空
        return count==0;
    }
    public void push(E e) {                            //元素 e 进队
        int rear1;
        rear1=(front+count)%MaxSize;
        if(count==MaxSize)                             //队满
            throw new IllegalArgumentException("队满");
        rear1=(rear1+1)%MaxSize;
        data[rear1]=e;
        count++;                                       //元素个数增 1
    }
    public E pop() {                                   //出队元素
        if(empty())                                    //队空
            throw new IllegalArgumentException("队空");
        count--;                                       //元素个数减 1
        front=(front+1)%MaxSize;
        return (E)data[front];
    }
    public E peek() {                                  //取队头元素
        if(empty())                                    //队空
            throw new IllegalArgumentException("队空");
        return (E)data[(front+1)%MaxSize];
    }
}
```

说明：本例设计的循环队列中最多可保存 MaxSize 个元素。

从上述循环队列的设计看出,如果将 data 数组的容量改为可以扩展的,新建更大容量的数组 newdata 后,不能像顺序表、顺序栈那样简单地将 data 中的元素复制到 newdata 中,需要按队列操作,将 data 中的所有元素出队后进队到 newdata 中,这里不再详述。

3.2.4 队列的链式存储结构及其基本运算算法的实现

队列的链式存储结构也是通过由结点构成的单链表实现的,此时只允许在单链表的表首进行删除操作和在单链表的表尾进行插入操作,这里的单链表是不带头结点的,需要使用两个指针(即队首指针 front 和队尾指针 rear)来标识,front 指向队首结点,rear 指向队尾结点。用于存储队列的单链表简称为**链队**。

图 3.24 链队存储结构的示意图

视频讲解

链队存储结构如图 3.24 所示,链队中存放元素的结点类型 LinkNode<E>定义如下:

```
class LinkNode<E> {                                    //链队结点泛型类
    E data;
    LinkNode<E> next;
    public LinkNode() {                                //构造方法
        next=null;
```

```
        }
        public LinkNode(E d) {                    //重载构造方法
            data=d;
            next=null;
        }
    }
```

设计链队泛型类 LinkQueueClass<E>如下：

```
public class LinkQueueClass<E> {                  //链队泛型类
    LinkNode<E> front;                            //首结点指针
    LinkNode<E> rear;                             //尾结点指针
    public LinkQueueClass() {                     //构造方法
        front=null;
        rear=null;
    }
    //队列的基本运算算法
}
```

图 3.25 说明了一个链队的动态变化过程。图 3.25(a)是链队的初始状态，图 3.25(b)是在链队中进队 3 个元素后的状态，图 3.25(c)是从链队中出队两个元素后的状态。

图 3.25　一个链队的动态变化过程

从图 3.25 中可以看到，初始时置 front=rear=null。链队的四要素如下。
（1）队空的条件为 front=rear==null，用户不妨仅以 front==null 作为队空条件。
（2）由于只有在内存溢出时才出现队满，通常不考虑这样的情况。
（3）元素 e 进队的操作是在单链表尾部插入存放 e 的 s 结点，并让队尾指针指向它。
（4）出队操作是取出队首结点的 data 值，并将其从链队中删除。
对应队列的基本运算算法如下。
1）判断队列是否为空：empty()

若链队结点的 rear 域值为 null，表示队列为空，返回 true，否则返回 false。对应的算法如下：

```
public boolean empty() {                          //判断队是否为空
    return front==null;
}
```

2）进队：push(e)

创建存放 e 的结点 s。若原队列为空，则将 front 和 rear 指向 s 结点，否则将 s 结点链到单链表的末尾，并让 rear 指向它。对应的算法如下：

```
public void push(E e) {                           //元素 e 进队
    LinkNode<E> s=new LinkNode<E>(e);             //新建结点 s
```

```
    if(empty())                                    //原链队为空
        front=rear=s;
    else {                                         //原链队不空
        rear.next=s;                               //将 s 结点链接到 rear 结点的后面
        rear=s;
    }
}
```

3) 出队：pop()

若原队为空,抛出异常;若队中只有一个结点(此时 front 和 rear 都指向该结点),取首结点的 data 值赋给 e,并删除之,即置 front=rear=null;否则说明有多个结点,取首结点的 data 值赋给 e,并删除之。最后返回 e。对应的算法如下：

```
public E pop() {                                   //出队操作
    E e;
    if(empty())                                    //原链队不空
        throw new IllegalArgumentException("队空");
    if(front==rear) {                              //原链队只有一个结点
        e=(E)front.data;                           //取首结点值
        front=rear=null;                           //置为空
    }
    else {                                         //原链队有多个结点
        e=(E)front.data;                           //取首结点值
        front=front.next;                          //front 指向下一个结点
    }
    return e;
}
```

4) 取队头元素：peek()

与出队类似,但不需要删除首结点。对应的算法如下：

```
public E peek() {                                  //取队头元素操作
    if(empty())
        throw new IllegalArgumentException("队空");
    E e=(E)front.data;                             //取首结点值
    return e;
}
```

上述 4 个算法的时间复杂度均为 $O(1)$。

3.2.5 链队的应用算法设计示例

【例 3.13】 采用一个不带头结点只有一个尾结点指针 rear 的循环单链表存储队列,设计出这种链队的进队、出队、判队空和求队中元素个数的算法。

解 如图 3.26 所示,用只有尾结点指针 rear 的循环单链表作为队列存储结构,其中每个结点的类型为 LinkNode<E>(为 3.2.4 节的链队数据结点类型)。

图 3.26 用只有尾结点指针的循环单链表作为队列存储结构

在这样的链队中，没有结点时队列为空，即 rear=null，进队在链表的表尾进行，出队在链表的表头进行。本例包含各种运算的链队类模板 LinkQueueClass1＜E＞定义如下：

```java
public class LinkQueueClass1＜E＞{              //本例链队泛型类
    LinkNode＜E＞ rear;                         //尾结点指针
    public LinkQueueClass1() {                 //构造方法
        rear=null;
    }
                                               //队列的基本运算算法
    public boolean empty() {                   //判断队是否为空
        return rear==null;
    }
    public void push(E e) {                    //元素 e 进队
        LinkNode＜E＞ s=new LinkNode(e);        //创建新结点 s
        if(rear==null) {                       //原链队为空
            s.next=s;                          //构成循环单链表
            rear=s;
        }
        else {
            s.next=rear.next;                  //将 s 结点插入 rear 结点之后
            rear.next=s;
            rear=s;                            //让 rear 指向 s 结点
        }
    }
    public E pop() {                           //出队操作
        E e;
        if(empty())                            //原链队不空
            throw new IllegalArgumentException("队空");
        if(rear.next==rear) {                  //原链队只有一个结点
            e=(E)rear.data;                    //取该结点值
            rear=null;                         //置为空队
        }
        else {                                 //原链队有多个结点
            e=(E)rear.next.data;               //取队头结点值
            rear.next=rear.next.next;          //删除队头结点
        }
        return e;
    }
    public E peek() {                          //取队头元素操作
        E e;
        if(empty())                            //原链队不空
            throw new IllegalArgumentException("队空");
        if(rear.next==rear)                    //原链队只有一个结点
            e=(E)rear.data;                    //取该结点值
        else                                   //原链队有多个结点
            e=(E)rear.next.data;               //取队头结点值
        return e;
    }
}
```

视频讲解

3.2.6 Java 中的队列接口——Queue＜E＞

在 Java 语言中提供了队列接口 Queue＜E＞，提供了队列的修改运算，但不同于 Stack＜E＞，由于它是接口，所以在创建时需要指定元素类型，例如 LinkedList＜E＞。Queue＜E＞接口的主要方法如下。

(1) boolean isEmpty()：返回队列是否为空。

(2) int size()：队列中元素的个数。

(3) boolean add(E e)：将元素 e 进队(如果立即可行且不会违反容量限制)，在成功时返回 true，如果当前没有可用的空间，则抛出异常。

(4) boolean offer(E e)：将元素 e 进队(如果立即可行且不会违反容量限制)，当使用有容量限制的队列时，此方法通常要优于 add(E e)，后者可能无法插入元素，而只是抛出一个异常。

(5) E peek()：取队头元素，如果队列为空，则返回 null。

(6) E element()：取队头元素，它对 peek() 方法进行简单封装，如果队头元素存在，则取出但并不删除，如果不存在则抛出异常。

(7) E poll()：出队，如果队列为空，则返回 null。

(8) E remove()：出队，直接删除队头的元素。

在 Queue<E> 的使用中，主要操作是进队方法 offer()、出队方法 poll()、取队头元素方法 peek()，它们的时间复杂度均为 $O(1)$。

例如，以下程序说明了 Queue<E> 的基本使用方法：

```java
public class tmp {
    public static void main(String[] args) {
        Queue<Integer> qu=new LinkedList<Integer>();
        qu.offer(1);
        qu.offer(2);
        qu.offer(3);
        while(!qu.isEmpty())
            System.out.print(qu.poll()+" ");        //输出：1 2 3
        System.out.println();
    }
}
```

3.2.7 队列的综合应用

本节通过用队列求解迷宫问题来讨论队列的应用。

1. 问题描述

参见 3.1.7 节。

2. 数据组织

用队列解决求迷宫路径问题，使用 Queue<Box> 接口对象作为队列 qu，qu 队列中存放搜索的方块，其 Box 类型如下：

```java
class Box {                                 //队列中的方块类
    int i;                                  //方块的行号
    int j;                                  //方块的列号
    Box pre;                                //前驱方块
    public Box(int i1, int j1) {            //构造方法
        i=i1; j=j1; pre=null;
    }
}
```

在设计相关算法时用到一个队列 qu，其定义如下：

Queue<Box> qu;

3. 设计运算算法

在求迷宫路径中,从入口开始试探,将所有试探的方块均进队,如图3.27所示。假设当前方块为(i,j),对应的队列元素(Box对象)为b,然后找它所有的相邻方块,假设有4个相邻方块可走(实际上最多3个),则这4个相邻可走的方块均进队,它们对应的队列元素分别为$b_1 \sim b_4$,将方块(i,j)称为它们的前驱方块,它们称为方块(i,j)的后继方块,需要设置这样的关系,也就是置每个b_i的pre成员(即前驱方块)为b,对应$b_i.\text{pre}=b$。

图3.27 当前方块b和相邻方块

当找到出口后,此时队列qu中的方块可能有很多,不像用栈求解迷宫问题,此时栈中恰好保存一条迷宫路径上的所有方块。假设出口方块对应的队列元素为b,通过$b.\text{pre}$向前查找前驱方块,直到入口方块为止,这些方块构成一条迷宫逆路径。

查找从(xi, yi)到(xe, ye)的路径的过程是首先建立(xi, yi)的Box对象b,将b进队,在队列qu不为空时循环:出队一次,称该出队的方块b为当前方块。

(1) 如果b是出口,则从b出发查找一条迷宫逆路径,输出该路径后结束。

(2) 否则按顺时针方向一次性查找方块b的4个方位中的相邻可走方块,每个相邻可走方块均建立一个Box对象b_1,置$b_1.\text{pre}=b$,将b_1进qu队列。与用栈求解一样,一个方块进队后,其迷宫值置为-1,以避免回过来重复搜索。

如此操作,如果队列为空都没有找到出口,表示不存在迷宫路径,返回false。

在图3.13所示的迷宫图中求入口$(1,1)$到出口$(4,4)$迷宫路径的搜索过程如图3.28所示,图3.28中带"×"的方块表示没有相邻可走方块,每个方块旁的数字表示搜索顺序,找到出口后,通过虚线(即pre)找到一条迷宫逆路径。

图3.28 用队列求$(1,1)$到$(4,4)$迷宫路径的搜索过程

用队列求解迷宫问题的MazeClass类定义如下:

```
class MazeClass {
    final int MaxSize=20;
    int[][] mg;                    //迷宫数组
    int m,n;                       //迷宫行/列数
```
//用队列求解一条迷宫路径类

```java
        Queue<Box> qu;                                  //队列
        public MazeClass(int m1,int n1) {               //构造方法
            m=m1;
            n=n1;
            mg=new int[MaxSize][MaxSize];
            qu=new LinkedList<Box>();                   //创建一个空队 qu
        }
        public void Setmg(int[][] a) {                  //设置迷宫数组
            for(int i=0;i<m;i++) {
                for(int j=0;j<n;j++) mg[i][j]=a[i][j];
            }
        }
        public void disppath(Box p) {                   //从 p 出发找一条迷宫路径
            int cnt=1;
            while(p!=null) {                            //找到入口为止
                System.out.print("["+p.i+","+p.j+"]  ");
                if(cnt%5==0) System.out.println();      //每行输出 5 个方块
                cnt++;
                p=p.pre;
            }
            System.out.println();
        }
        boolean mgpath(int xi,int yi,int xe,int ye) {   //求(xi,yi)到(xe,ye)的一条迷宫路径
            int i,j,i1=0,j1=0;
            Box b,b1;
            b=new Box(xi,yi);                           //建立入口结点 b
            qu.offer(b);                                //结点 b 进队
            mg[xi][yi]=-1;                              //进队方块的 mg 值置为-1
            while(!qu.isEmpty()) {                      //队不空时循环
                b=qu.poll();                            //出队一个方块 b
                if(b.i==xe && b.j==ye) {                //找到了出口,输出路径
                    disppath(b);                        //从 b 出发回推导出迷宫路径并输出
                    return true;                        //找到一条路径时返回 true
                }
                i=b.i; j=b.j;
                for(int di=0;di<4;di++) {               //循环扫描每个方位,把每个可走的方块进队
                    switch(di) {
                        case 0:i1=i-1; j1=j;   break;
                        case 1:i1=i;   j1=j+1; break;
                        case 2:i1=i+1; j1=j;   break;
                        case 3:i1=i;   j1=j-1; break;
                    }
                    if(mg[i1][j1]==0) {                 //找相邻可走方块
                        b1=new Box(i1,j1);              //建立后继方块结点 b1
                        b1.pre=b;                       //设置其前驱方块为 b
                        qu.offer(b1);                   //b1 进队
                        mg[i1][j1]=-1;                  //将进队的方块置为-1
                    }
                }
            }
            return false;                               //未找到任何路径时返回 false
        }
    }
```

4. 设计主函数

设计以下包含主函数的 Maze 类，用于求图 3.13 所示的迷宫图中从(1,1)到(4,4)的一条迷宫路径：

```
public class Maze {
    public static void main(String[] args) {
        int[][] a= { {1,1,1,1,1,1},{1,0,1,0,0,1},
                     {1,0,0,1,1,1},{1,0,1,0,0,1},
                     {1,0,0,0,0,1},{1,1,1,1,1,1} };
        MazeClass mz= new MazeClass(6,6);
        mz.Setmg(a);
        if(!mz.mgpath(1,1,4,4)) System.out.println("不存在迷宫路径");
    }
}
```

图 3.29 用队列求出的一条迷宫路径

5. 运行结果

本程序的执行结果如下：

```
[4,4]   [4,3]   [4,2]   [4,1]   [3,1]
[2,1]   [1,1]
```

该路径如图 3.29 所示，迷宫路径上方块的箭头表示其前驱方块的方位。显然这个解是最优解，也就是最短路径。至于为什么用栈求出的迷宫路径不一定是最短路径，而用队列求出的迷宫路径一定是最短路径，这个问题会在第 8 章中说明。

视频讲解

*3.2.8 双端队列

双端队列是在队列的基础上扩展而来的，其示意图如图 3.30 所示。双端队列与队列一样，元素的逻辑关系也是线性关系，但队列只能在一端进队，在另外一端出队，而双端队列可以在两端进行进队和出队操作，因此双端队列的使用更加灵活。

图 3.30 双端队列示意图

在 Java 中提供了双端队列接口 Deque<E>，它继承自 Queue<E>。Deque<E>接口的主要方法如下。

（1）boolean offer(E e)：将元素 e 插入双端队列的尾部（与队列进队操作相同）。如果成功,则返回 true,如果当前没有可用的空间,则返回 false。

(2) boolean offerFirst(E e):将元素 e 插入双端队列的开头。如果成功,则返回 true,如果当前没有可用的空间,则返回 false。

(3) boolean offerLast(E e):将元素 e 插入双端队列的尾部(与队列进队操作相同)。如果成功,则返回 true,如果当前没有可用的空间,则返回 false。与 offer(E e)相同。

(4) E poll():从双端队列中出队队头元素(与队列出队操作相同)。如果双端队列为空,则返回 null。

(5) E pollFirst():从双端队列中出队队头元素(与队列出队操作相同)。如果双端队列为空,则返回 null。与 poll()相同。

(6) E pollLast():从双端队列中出队队尾元素。如果双端队列为空,则返回 null。

(7) E peek():取双端队列的队头元素(与队列取队头元素操作相同)。如果双端队列为空,则返回 null。

(8) E peekFirst():取双端队列的队头元素(与队列取队头元素操作相同)。如果双端队列为空,则返回 null。用 peek()相同。

(9) E peekLast():取双端队列的队尾元素。如果双端队列为空,则返回 null。

从中可以看出,如果规定 Deque<E>只在一端进队,另外一端出队列,即只使用 offer(E e)/offerLast(E e)、poll()/pollFirst()、peek()/peekFirst()(后端进,前端出),或者 offerLast(E e)、pollFirst()、peekFirst()(前端进,后端出),此时 Deque<E>相当于队列。

如果规定 Deque<E>只在同端进队和出队,即只使用 offerFirst(E e)、pollFirst()、peekFirst()(前端进,前端出),或者 offerLast(E e)、pollLast()、peekLast()(后端进,后端出),此时 Deque<E>相当于栈。

3.2.9 优先队列

所谓优先队列,就是指定队列中元素的优先级,优先级越大越优先出队。普通队列中按进队的先后顺序出队,可以看成进队越早越优先。优先队列按照根的大小分为大根堆和小根堆,大根堆的元素越大越优先出队(即元素越大优先级也越大),小根堆的元素越小越优先出队(即元素越小优先级越大)。

在 Java 中提供了优先队列类 PriorityQueue<E>,已实现的接口有 Queue<E>。创建优先队列的主要方式如下。

扫一扫

视频讲解

1)默认方式

public PriorityQueue()

使用默认的初始容量(11)创建一个 PriorityQueue,并根据其自然顺序(例如整数按从小到大排列)对元素进行排序。

2)指定优先队列的初始容量

public PriorityQueue(int initialCapacity)

使用指定的初始容量创建一个 PriorityQueue,并根据其自然顺序对元素进行排序。参数 initialCapacity 指定此优先队列的初始容量,如果 initialCapacity 小于 1,则会抛出

IllegalArgumentException 异常。

3) 指定比较器

```
public PriorityQueue(int initialCapacity,Comparator<? super E> comparator)
```

使用指定的初始容量创建一个 PriorityQueue，并根据指定的比较器对元素进行排序。参数 initialCapacity 指定此优先队列的初始容量，comparator 是用于对此优先队列进行排序的比较器，如果该参数为 null，则将使用元素的自然顺序排列。

PriorityQueue<E>类的主要方法如下。

(1) isEmpty()：返回优先队列是否为空。

(2) int size()：返回此优先队列中的元素数。

(3) void clear()：从此优先队列中移除所有元素。

(4) boolean add(E e)：将指定的元素插入此优先队列。

(5) boolean offer(E e)：将指定的元素插入此优先队列。

(6) E poll()：获取并移除此队列的头，如果此队列为空，则返回 null。

(7) E peek()：获取但不移除此队列的头，如果此队列为空，则返回 null。

(8) boolean contains(Object o)：如果此优先队列包含指定的元素，则返回 true。

说明：优先队列中进队和出队运算的时间复杂度均为 $O(\log_2 n)$。

【例 3.14】 以下程序创建了 4 个优先队列，每个队列插入若干元素并出队所有元素。给出程序的执行结果。

```java
import java.util.Comparator;
import java.util.PriorityQueue;
import java.util.Queue;
class Stud {                                              //学生类
    private int id;                                       //学号
    private String name;                                  //姓名
    public Stud(int id1,String na1) {                     //构造方法
        id=id1;
        name=na1;
    }
    public int getid() {                                  //id 属性
        return id;
    }
    public String getname() {                             //name 属性
        return name;
    }
}
public class Exam3_14 {
    public static Comparator<Stud> idComparator           //定义 idComparator
        = new Comparator<Stud>() {
            public int compare(Stud o1,Stud o2) {         //用于创建 id 小根堆
                return (int)(o1.getid()-o2.getid());
            }
        };
    public static Comparator<Stud> nameComparator         //定义 nameComparator
        = new Comparator<Stud>() {
            public int compare(Stud o1,Stud o2) {         //用于创建 name 大根堆
                return (int)(o2.getname().compareTo(o1.getname()));
```

```java
    }
};
public static void main(String[] args){
    System.out.println("(1) 创建 intminqu 队");
    PriorityQueue<Integer> intminqu=new PriorityQueue<>(7);
    System.out.println("   向 intminqu 队中依次插入 3,1,2,5,4");
    intminqu.offer(3);
    intminqu.offer(1);
    intminqu.offer(2);
    intminqu.offer(5);
    intminqu.offer(4);
    System.out.print("   intminqu 出队顺序：");
    while(!intminqu.isEmpty())
        System.out.print(intminqu.poll()+" ");
    System.out.println();
    //*************************************************************
    System.out.println("(2) 创建 intmaxqu 队");
    PriorityQueue<Integer> intmaxqu
        =new PriorityQueue<Integer>(10, new Comparator<Integer>(){
        public int compare(Integer o1,Integer o2){
            return o2-o1;
        }
    });
    System.out.println("   向 intmaxqu 队中依次插入 3,1,2,5,4");
    intmaxqu.offer(3);
    intmaxqu.offer(1);
    intmaxqu.offer(2);
    intmaxqu.offer(5);
    intmaxqu.offer(4);
    System.out.print("   intmaxqu 出队顺序：");
    while(!intmaxqu.isEmpty())
        System.out.print(intmaxqu.poll()+" ");
    System.out.println();
    //*************************************************************
    System.out.println("(3) 创建 stidminqu 队");
    PriorityQueue<Stud> stidminqu=new PriorityQueue<Stud>(10, idComparator);
    System.out.println("   向 stidminqu 队中依次插入 4 个对象");
    stidminqu.offer(new Stud(3,"Mary"));
    stidminqu.offer(new Stud(1,"David"));
    stidminqu.offer(new Stud(4,"Johm"));
    stidminqu.offer(new Stud(2,"Smith"));
    System.out.print("   stidminqu 出队顺序：");
    Stud e;
    while(!stidminqu.isEmpty()){
        e=stidminqu.poll();
        System.out.print("["+e.getid()+","+e.getname()+"]   ");
    }
    System.out.println();
    //*************************************************************
    System.out.println("(4) 创建 stnamaxqu 队");
    PriorityQueue<Stud> stnamaxqu=new PriorityQueue<Stud>(10, nameComparator);
    System.out.println("   向 stnamaxqu 队中依次插入 4 个对象");
    stnamaxqu.offer(new Stud(3,"Mary"));
    stnamaxqu.offer(new Stud(1,"David"));
```

```
        stnamaxqu.offer(new Stud(4,"Johm"));
        stnamaxqu.offer(new Stud(2,"Smith"));
        System.out.print("   stnamaxqu 出队顺序：");
        while(!stnamaxqu.isEmpty()) {
            e=stnamaxqu.poll();
            System.out.print("["+e.getid()+","+e.getname()+"]  ");
        }
        System.out.println();
    }
}
```

解 intminqu 和 intmaxqu 两个优先队列中的元素都是基本数据类型 int，intminqu 采用整数自然顺序，即小根堆，而 intmaxqu 为大根堆，需要重写 Integer 包装类的 Comparator 比较器。stidminqu 和 stnamaxqu 两个优先队列中的元素都是 Stud 类型，前者按 id 越小越优先出队（按 id 的小根堆），后者按 name 越大越优先出队（按 name 的大根堆）。上述程序的执行结果如下：

(1) 创建 intminqu 队
    向 intminqu 队中依次插入 3,1,2,5,4
    intminqu 出队顺序：1 2 3 4 5
(2) 创建 intmaxqu 队
    向 intmaxqu 队中依次插入 3,1,2,5,4
    intmaxqu 出队顺序：5 4 3 2 1
(3) 创建 stidminqu 队
    向 stidminqu 队中依次插入 4 个对象
    stidminqu 出队顺序：[1,David]   [2,Smith]   [3,Mary]   [4,John]
(4) 创建 stnamaxqu 队
    向 stnamaxqu 队中依次插入 4 个对象
    stnamaxqu 出队顺序：[2,Smith]   [3,Mary]   [4,John]   [1,David]

3.3 练 习 题

3.4 实 验 题

3.4.1 上机实验题

上机实验题

3.4.2 在线编程题

1. HDU1237——简单计算器。
2. POJ1363——铁轨问题。
3. HDU1702——ACboy 请求帮助问题。
4. POJ2259——团队队列问题。
5. POJ3984——迷宫问题。
6. POJ1028——Web 导航。
7. HDU1873——看病要排队。

扫一扫

题目描述

第 4 章 串

串是字符串的简称,串属于一种线性结构,但其元素均为字符,在实际生活中串的应用十分广泛。本章主要学习要点如下:

(1) 串的相关概念,串与线性表之间的异同。
(2) 顺序串和链串中的基本运算算法设计。
(3) Java 中的 String 类及其使用。
(4) 模式匹配中 BF 算法和 KMP 算法的设计及应用。
(5) 灵活运用串数据结构解决一些综合应用问题。

第4章 串

4.1 串的基本概念

串在计算机非数值处理中占有重要的地位,例如,信息检索系统、文字编辑等都是以串数据作为处理对象。本节介绍串的定义和串的抽象数据类型。

4.1.1 什么是串

串是由 0 个或多个字符组成的有限序列,记作 str=$"a_0 a_1 \cdots a_{n-1}"$($n \geqslant 0$),其中,str 是串名,用双引号括起来的字符序列为串值,引号是界限符,a_i($1 \leqslant i \leqslant n$)是一个任意字符(字母、数字或其他字符),它称为串的元素,该元素的序号为 i。字符是构成串的基本单位,串中所包含的字符个数 n 称为**串的长度**,当 $n=0$ 时称为**空串**。

将串值括起来的双引号本身不属于串,它的作用是避免串与常数或标识符混淆。例如,$A=$"123"是数字字符串,长度为 3,它不同于常整数 123。通常将仅由一个或多个空格组成的串称为空白串。注意空串和空白串不同,例如," "(含一个空格)和""(不含任何字符)分别表示长度为 1 的空白串和长度为零的空串。

一个串中任意连续的字符组成的子序列称为该串的**子串**,例如,"a"、"ab"、"abc"和"abcd"等都是"abcde"的子串。包含子串的串相应地称为**主串**。通常称字符在序列中的序号为该字符在串中的位置,例如,字符元素 a_i($1 \leqslant i \leqslant n$)的序号为 i。子串在主串中的位置则以子串的第一个字符首次出现在主串中的位置来表示。例如,设有两个字符串 s 和 t:

```
s="This is a string."
t="is"
```

则它们的长度分别为 17 和 2,t 是 s 的子串,s 为主串。t 在 s 中出现了两次,其中首次出现所对应的主串位置是 3,因此称 t 在 s 中的序号(或位置)为 3。

若两个串的长度相等且对应字符都相等,则称**两个串相等**。当两个串不相等时,可按"词典顺序"区分大小。

【例 4.1】 设 s 是一个长度为 n 的串,其中的字符各不相同,则 s 中的所有子串个数是多少?

解 对于这样的串 s,空串是其子串,计 1 个;每个字符构成的串是其子串,计 n 个;每两个连续的字符构成的串是其子串,计 $n-1$ 个;每 3 个连续的字符构成的串是其子串,计 $n-2$ 个;…;每 $n-1$ 个连续的字符构成的串是其子串,计 2 个。s 是其自身的子串,计 1 个。

所有子串个数$=1+n+(n-1)+\cdots+2+1=n(n+1)/2+1$。例如,$s=$"software"的子串个数$=(8 \times 9)/2+1=37$。

4.1.2 串的抽象数据类型

抽象数据类型串的定义如下:

```
ADT String{
    数据对象:
        D={a_i | 0≤i≤n-1,n≥0,a_i 为 char 类型}
```

数据关系:
   $R=\{r\}$
   $r=\{<a_i,a_{i+1}>\mid a_i,a_{i+1}\in D,i=0,1,\cdots,n-2\}$
基本运算:
   void StrAssign(cstr):由字符串常量 cstr 创建一个串,即生成其值等于 cstr 的串。
   char geti(int i):返回序号为 i 的字符。
   void seti(int i,char x):设置序号为 i 的字符为 x。
   String StrCopy():串复制,返回由当前串复制产生的一个串。
   int size():求串长,返回当前串中字符的个数。
   String Concat(t):串连接,返回一个当前串和串 t 连接后的结果。
   String SubStr(i,j):求子串,返回当前串中从第 i 个字符开始的 j 个连续字符组成的子串。
   String InsStr(i,t):串插入,返回串 t 插入当前串的第 i 个位置后的子串。
   String DelStr(i,j):串删除,返回当前串中删去从第 i 个字符开始的 j 个字符后的结果。
   String RepStr(i,j,t):串替换,返回用串 t 替换当前串中从第 i 个字符开始的 j 个字符后的结果。
   String toString():将串转换为字符串。
}

4.2　串的存储结构

同线性表一样,串也有顺序存储结构和链式存储结构两种。前者简称为顺序串,后者简称为链串。

扫一扫

视频讲解

4.2.1　串的顺序存储结构——顺序串

在顺序串中,串中的字符被依次存放在一组连续的存储单元里。和顺序表一样,用一个 data 数组和一个整型变量 size 来表示一个顺序串,size 表示 data 数组中实际字符的个数。为了简单,data 数组采用固定容量 MaxSize(读者可以模仿顺序表改为动态容量方式)。设计顺序串类 SqStringClass 如下:

```
public class SqStringClass {                    //顺序串类
    final int MaxSize=100;
    char[] data;                                //存放串中的字符
    int size;                                   //串中字符的个数
    public SqStringClass() {                    //构造方法
        data=new char[MaxSize];
        size=0;
    }
    //串的基本运算算法
}
```

顺序串上的基本运算算法设计与顺序表类似,这里仅以求子串为例进行说明。对于一个顺序串,在求从序号 i 开始长度为 j 的子串时,先创建一个空串 s,当参数正确时,s 子串的字符序列为 $data[i..i+j-1]$,共 j 个字符,当 i 或 $i+j-1$ 不在有效序号范围 $0\sim size-1$ 内时,参数错误,此时返回空串。对应的算法如下:

```
public SqStringClass SubStr(int i,int j) {      //求子串
    SqStringClass s=new SqStringClass();        //新建一个空串
```

```
        if(i<0 || i>=size || j<0 || i+j>size)
            return s;                              //参数不正确时返回空串
        for(int k=i;k<i+j;k++)                    //data[i..i+j-1]→s
            s.data[k-i]=data[k];
        s.size=j;
        return s;                                  //返回新建的顺序串
    }
```

例如，由顺序串 s 产生子串 t 的结果如图 4.1 所示，其中 s = "abcd123"，执行 t = s.SubStr(2,4)，返回 s 中从序号 2 开始的由 4 个字符构成的子串 t，即 t = "cd12"。

【例 4.2】 设计一个算法 Strcmp(s,t)，以字典顺序比较两个英文字母串 s 和 t 的大小，假设两个串均以顺序串存储。

图 4.1 求子串示意图

解 本例算法的思路如下。

(1) 比较 s 和 t 两个串共同长度范围内的对应字符：
① 若 s 的字符大于 t 的字符，返回 1。
② 若 s 的字符小于 t 的字符，返回 -1。
③ 若 s 的字符等于 t 的字符，按上述规则继续比较。

(2) 当(1)中的对应字符均相同时，比较 s 和 t 的长度：
① 两者相等时，返回 0。
② s 的长度 > t 的长度，返回 1。
③ s 的长度 < t 的长度，返回 -1。

对应的算法如下：

```
    public static int Strcmp(SqStringClass s,SqStringClass t) {
        int comlen;
        if(s.size()<t.size())
            comlen=s.size();                       //求 s 和 t 的共同长度
        else
            comlen=t.size();
        for(int i=0;i<comlen;i++) {                //在共同长度内逐个字符比较
            if(s.data[i]>t.data[i]) return 1;
            else if(s.data[i]<t.data[i]) return -1;
        }
        if(s.size()==t.size()) return 0;           //s==t
        else if(s.size()>t.size()) return 1;       //s>t
        else return -1;                            //s<t
    }
```

4.2.2 串的链式存储结构——链串

链串的组织形式与一般的链表类似，主要区别在于链串中的一个结点可以存储一个或多个字符。通常将链串中的每个结点所存储的字符个数称为结点大小。图 4.2 和图 4.3 分别表示了同一个串"ABCDEFGHIJKLMN"的结点大小为 4(存储密度大)和 1(存储密度小)的链式存储结构。

视频讲解

图 4.2 结点大小为 4 的链串

图 4.3 结点大小为 1 的链串

当结点大小大于 1(如结点大小或等于 4)时,链串的最后一个结点的各个数据域不一定总能全被字符占满,此时应在这些未占用的数据域里补上不属于字符集的特殊符号(如'#'字符),以示区别(参见图 4.2 中的最后一个结点)。

在设计链串时,结点大小越大,则存储密度越大。当链串的结点大小大于 1 时,一些操作(如插入、删除、替换等)有所不便,可能引起大量字符移动,因此它适合在串基本保持静态使用方式时采用。为简便起见,这里规定链串的结点大小均为 1。

链串的结点类型 LinkNode 的定义如下:

```
class LinkNode {                              //链串结点类型
    char data;                                //存放一个字符
    LinkNode next;                            //指向下一个结点的指针
    public LinkNode() {                       //构造方法
        next=null;
    }
    public LinkNode(char ch) {                //重载构造方法
        data=ch;
        next=null;
    }
}
```

一个链串用一个头结点 head 来唯一标识,设计链串类 LinkStringClass 如下:

```
public class LinkStringClass {                //链串类
    LinkNode head;
    int size;                                 //串中字符的个数
    public LinkStringClass() {                //构造方法
        head=new LinkNode();                  //建立头结点
        size=0;
    }
    //串的基本运算算法
}
```

链串上的基本运算算法设计与单链表类似,这里仅以串插入算法为例进行说明。在当前链串的序号 i 位置上插入串 t 时,先创建一个空串 s,当参数正确时,采用尾插法建立结果串 s 并返回 s。

(1) 将当前链串的前 i 个结点复制到 s 中。
(2) 将 t 中所有结点复制到 s 中。
(3) 将当前串余下的结点复制到 s 中。

如果参数错误,返回空串。对应的算法如下:

```
public LinkStringClass InsStr(int i,LinkStringClass t) {    //串插入
    LinkStringClass s=new LinkStringClass();                //新建一个空串
    if(i<0 || i>size) return s;                             //参数不正确时返回空串
    LinkNode p=head.next,p1=t.head.next,q,r;
    r=s.head;                                               //r指向新建链表的尾结点
    for(int k=0; k<i; k++) {                                //将当前链串的前i个结点复制到s
        q=new LinkNode(p.data);
        r.next=q; r=q;                                      //将q结点插入尾部
        p=p.next;
    }
    while(p1!=null) {                                       //将t中的所有结点复制到s
        q=new LinkNode(p1.data);
        r.next=q; r=q;                                      //将q结点插入尾部
        p1=p1.next;
    }
    while(p!=null) {                                        //将p及其后的结点复制到s
        q=new LinkNode(p.data);
        r.next=q; r=q;                                      //将q结点插入尾部
        p=p.next;
    }
    s.size=size+t.size;
    r.next=null;                                            //将尾结点的next设置为空
    return s;                                               //返回新建的链串
}
```

例如,在串对象 s 中插入串对象 t 产生对象 $t1$ 的结果如图 4.4 所示,其中 $s=$"abcd", $t=$"123",执行 $t1=s.InsStr(2,t)$,在 s 中序号为 2 的位置上插入 t,得到 $t1=$"ab123cd"。

图 4.4 串插入示意图

【例 4.3】 设计一个算法 $StrEqual(s,t)$ 比较两个链串 s、t 是否相等。

解 两个串 s、t 相等的条件是它们的长度相等且所有对应位置上的字符均相同。对应的算法如下:

```
public static boolean StrEqual(LinkStringClass s,LinkStringClass t) {
    if(s.size()!=t.size()) return false;
    LinkNode p=s.head.next;
    LinkNode q=t.head.next;
    while(p!=null && q!=null) {
        if(p.data!=q.data) return false;
        p=p.next;
        q=q.next;
    }
```

```
        return true;
}
```

由于链串中size()的时间复杂度为$O(n)$,若链串s和t的长度分别为m和n,则上述算法的时间复杂度为$O(m+n)$。实际上不必做长度相等的比较,删除该长度比较语句后算法的时间复杂度为$O(\min(m,n))$。

【**例4.4**】 以链串为串的存储结构,设计一个算法把一个链串s中最先出现的子串"ab"改为"xyz",找到并成功替换返回 true;否则返回 false。

解 在串s中找到最先出现的子串"ab",在找到这样的子串时,p指向 data 域值为'a'的结点,其后继结点为 data 域值为'b'的结点,将它们的 data 域值分别改为'x'和'z',再创建一个 data 域值为'y'的q结点,将其插入p结点之后。对应的算法如下:

```
public static boolean Replace(LinkStringClass s) {
    LinkNode p=s.head.next,q;
    boolean find=false;
    while(p.next!=null && !find) {              //查找"ab"子串
        if(p.data=='a' && p.next.data=='b') {   //找到了"ab"子串
            p.data='x';p.next.data='z';         //替换为"xyz"
            q=new LinkNode('y');                //新建一个存放字符'y'的结点 q
            q.next=p.next; p.next=q;
            find=true;
        }
        else p=p.next;
    }
    return find;
}
```

视频讲解

4.3 Java 中的字符串

4.3.1 String

在 Java 中提供了 String 字符串类(位于 java.lang 命名空间中),所有字符串字面值(例如"abc")都作为此类的实例实现。

String 类包括的方法可用于检查序列的单个字符、比较字符串、搜索字符串、提取子串、创建字符串副本并将所有字符全部转换为大写或小写等。另外,Java 语言还提供对字符串串联符号("+")以及将其他对象转换为字符串的特殊支持。

String 类的主要方法如下。

(1) char charAt(int index):返回指定索引处的 char 值。
(2) int compareTo(String anotherString):按字典顺序比较两个字符串。
(3) int compareToIgnoreCase(String str):按字典顺序比较两个字符串,不考虑大小写。
(4) String concat(String str):将指定字符串连接到此字符串的结尾。
(5) boolean endsWith(String suffix):测试此字符串是否以指定的后缀结束。
(6) boolean equals(Object anObject):将此字符串与指定的对象比较。

（7）boolean equalsIgnoreCase(String anotherString)：将此 String 与另一个 String 比较，不考虑大小写。

（8）static String format(String format,Object…args)：使用指定的格式字符串和参数返回一个格式化字符串。

（9）int indexOf(int ch)：返回指定字符在此字符串中第一次出现处的索引。

（10）int indexOf(int ch,int fromIndex)：返回在此字符串中第一次出现指定字符处的索引，从指定的索引开始搜索。

（11）int indexOf(String str)：返回指定子字符串在此字符串中第一次出现处的索引。

（12）int indexOf(String str,int fromIndex)：返回指定子字符串在此字符串中第一次出现处的索引，从指定的索引开始。

（13）boolean isEmpty()：当且仅当 length() 为 0 时返回 true。

（14）int lastIndexOf(int ch)：返回指定字符在此字符串中最后一次出现处的索引。

（15）int lastIndexOf(int ch,int fromIndex)：返回指定字符在此字符串中最后一次出现处的索引，从指定的索引处开始进行反向搜索。

（16）int lastIndexOf(String str)：返回指定子字符串在此字符串中最右边出现处的索引。

（17）int lastIndexOf(String str,int fromIndex)：返回指定子字符串在此字符串中最后一次出现处的索引，从指定的索引开始反向搜索。

（18）int length()：返回此字符串的长度。

（19）String replace(char oldChar,char newChar)：返回一个新的字符串，它是通过用 newChar 替换此字符串中出现的所有 oldChar 得到的。

（20）String replaceAll(String regex,String replacement)：使用给定的 replacement 替换此字符串所有匹配给定的正则表达式的子字符串。

（21）String replaceFirst(String regex,String replacement)：使用给定的 replacement 替换此字符串匹配给定的正则表达式的第一个子字符串。

（22）String[] split(String regex)：根据给定正则表达式的匹配拆分此字符串。

（23）String[] split(String regex,int limit)：根据匹配给定的正则表达式来拆分此字符串。

（24）boolean startsWith(String prefix)：测试此字符串是否以指定的前缀开始。

（25）boolean startsWith(String prefix,int toffset)：测试此字符串从指定索引开始的子字符串是否以指定前缀开始。

（26）String substring(int beginIndex)：返回一个新的字符串，它是此字符串的一个子字符串。

（27）String substring(int beginIndex,int endIndex)：返回一个新字符串，它是此字符串的一个子字符串。

（28）char[] toCharArray()：将此字符串转换为一个新的字符数组。

（29）String toLowerCase()：使用默认语言环境的规则将此 String 中的所有字符都转换为小写。

（30）String toUpperCase()：使用默认语言环境的规则将此 String 中的所有字符都转换为大写。

读者需要注意字符串比较中"=="操作符和 equals() 方法的区别。"=="可以用于基本数据类型的比较,当用于引用对象比较时是判断引用是否指向堆内存的同一块地址;而equals()方法的作用是判断两个变量是否为同一个对象的引用,即堆中的内容是否相同,返回值为布尔类型。

(1) 对象不同、内容相同时,"=="返回 false,equals()方法返回 true。例如:

```
String s1=new String("java");
String s2=new String("java");
System.out.println(s1==s2);              //false
System.out.println(s1.equals(s2));       //true
```

(2) 同一对象,"=="和 equals()方法的结果相同。例如:

```
String s1=new String("java");
String s2=s1;
System.out.println(s1==s2);              //true
System.out.println(s1.equals(s2));       //true
```

(3) String 作为一个基本类型使用时,如果值相同对象就相同,如果值不相同对象就不相同,所以"=="和 equals()方法的结果一样。例如:

```
String s1="java";
String s2="java";
System.out.println(s1==s2);              //true
System.out.println(s1.equals(s2));       //true
```

4.3.2 StringBuffer

String 字符串是常量,其值在创建之后不能更改,因此 Java 中提供了 StringBuffer 字符串缓冲区支持可变的字符串。StringBuffer 每次都对对象本身进行操作,而不是生成新的对象,所以在字符串内容不断改变的情况下建议使用 StringBuffer。

StringBuffer 类的主要方法如下。

(1) StringBuffer append(String str):将指定的字符串添加到此字符序列的末尾。

(2) char charAt(int index):返回此序列中指定索引处的 char 值。

(3) StringBuffer delete(int start, int end):移除此序列的子字符串中的字符。

(4) StringBuffer deleteCharAt(int index):移除此序列指定位置的 char。

(5) StringBuffer insert(int offset, String str):将字符串插入此字符序列中。

(6) StringBuffer replace(int start, int end, String str):使用给定 String 中的字符替换此序列的子字符串中的字符。

(7) StringBuffer reverse():将此字符序列用其反转形式取代。

(8) String substring(int start):返回一个新的 String,它包含此字符序列当前所包含的字符子序列。

(9) String substring(int start, int end):返回一个新的 String,它包含此序列当前所包含的字符子序列。

例如,有以下程序及其执行结果:

```
import java.lang.*;
public class tmp {
    public static void main(String[] args) {
        String s1="abc";
        String s2=s1;
        s1+="123";
        System.out.println(s1==s2);                //false
        System.out.println("s1: "+s1);             //s1:abc123
        System.out.println("s2: "+s2);             //s2:abc
        StringBuffer s3=new StringBuffer("abc");
        StringBuffer s4=s3;
        s3.append("123");
        System.out.println(s3==s4);                //返回 true
        System.out.println("s3: "+s3);             //s3:abc123
        System.out.println("s4: "+s4);             //s4:abc123
    }
}
```

在上述程序中,String 对象 s1 是常量,它是不可更改的,当执行 s1+="123"后会建立一个新对象存放"abc123",每次修改都是如此;而 StringBuffer 对象是在原来对象的基础上修改的,并不新建对象。

4.4 串的模式匹配

设有两个串 s 和 t,串 t 定位操作就是在串 s 中查找与子串 t 相等的子串。通常把串 s 称为**目标串**,把串 t 称为**模式串**,因此定位也称为模式匹配。模式匹配成功是指在目标串 s 中找到一个模式串 t,不成功则指目标串 s 中不存在模式串 t。

模式匹配是一个比较复杂的串操作,许多人对它提出了多种性能不同的算法。在此介绍两种算法,并设串均采用 String 对象存储。

4.4.1 BF 算法

视频讲解

BF(Brute-Force)算法也称简单匹配算法,其基本思路是从目标串 $s=$"$s_0 s_1 \cdots s_{n-1}$"的 s_0 字符开始和模式串 $t=$"$t_0 t_1 \cdots t_{m-1}$"中的 t_0 字符比较,若相等,则继续逐个比较后续字符;否则从目标串 s 的 s_1 字符开始重新与模式串 t 的 t_0 字符进行比较。以此类推,若从目标串 s 的 s_i 字符开始,每个字符依次和模式串 t 中的对应字符相等,则匹配成功,该算法返回 i;若从目标串 s 的每个字符开始的匹配均不成功,则表示匹配失败,算法返回 -1。

例如,设目标串 $s=$"aaaaab",模式串 $t=$"aaab",s 的长度为 $n(n=6)$,t 的长度为 $m(m=4)$,用整型变量 i 遍历目标串 s,模式匹配过程如图 4.5 所示,其采用的是穷举思路,基本过程如下。

(1) 第 1 趟匹配,$i=0$,从 s_0/t_0 开始比较,若两个字符相同,继续比较各自的下一个字符,如果比较的字符全部相同,t 的字符比较完,说明 t 是 s 的子串,返回 t 在 s 中的起始位置 0,表示匹配成功;如果两个字符不相同,说明第 1 趟匹配失败,继续下一趟的匹配。

(2) 第 2 趟匹配,$i=1$,从 s_1/t_0 开始比较,若两个字符相同,继续比较各自的下一个字

图 4.5　BF 算法的模式匹配过程

符,如果比较的字符全部相同,t 的字符比较完,说明 t 是 s 的子串,返回 t 在 s 中的起始位置 1,表示匹配成功;如果两个字符不相同,说明第 2 趟匹配失败,继续下一趟的匹配。

(3) 以此类推,只要有一趟匹配成功,则说明 t 是 s 的子串。如果 i 超界都没有匹配成功,说明 t 不是 s 的子串,返回 −1。

在用 i 遍历目标串 s 的同时用 j 遍历模式串 t(i、j 均从 0 开始),假设当前一趟是从 s_{i-j}/t_0 比较开始的。

(1) 若对应字符相同,即 $s_i == t_j$,则继续比较各自的下一个字符,即执行 $i++$,$j++$(从 s_{i-j}/t_0 比较开始,i 和 j 递增的次数相同)。

(2) 若 $s_i \neq t_j$(该位置称为失配处),表示这一趟匹配失败,下一趟应该从 s_{i-j+1}/t_0 开始比较继续匹配,即执行 $i=i-j+1$(回退到 s 的上一趟首字符的下一个字符,称为回溯),$j=0$。

BF 算法的模式匹配的一般过程如图 4.6 所示。

图 4.6　BF 算法的模式匹配的一般过程

对应的 BF 算法如下:

```
public static int Index(String s, String t) {
    int i=0, j=0;
    while(i<s.length() && j<t.length()) {    //两串未遍历完时循环
        if(s.charAt(i)==t.charAt(j)) {        //继续匹配下一个字符
            i++; j++;                         //目标串和模式串依次匹配下一个字符
```

```
        }
        else {                          //目标串、模式串指针回溯,重新开始下一次匹配
            i=i-j+1; j=0;               //目标串从下一个位置、模式串从头开始匹配
        }
    }
    if(j>=t.length()) return i-t.length();  //返回匹配的第一个字符的序号
    else return -1;                         //模式匹配不成功
}
```

这个算法简单,易于理解,但效率不高,主要原因是主串指针 i 在若干字符序列比较相等后,若有一对字符比较不相等,仍需回溯(即 $i=i-j+1$)。该算法在最好情况下的时间复杂度为 $O(m)$,即目标串的前 m 个字符正好等于模式串的 m 个字符;在最坏情况下的时间复杂度和平均时间复杂度均为 $O(n\times m)$。

【例 4.5】 设目标串 $s=$"ababcabcacbab"、模式串 $t=$"abcac",给出采用 BF 算法进行模式匹配的过程。

解 采用 BF 算法进行模式匹配的过程如图 4.7 所示。首先 i、j 分别扫描主串和模式串,$i=0/j=0$,当前字符相同时均增 1,比较到 $i=2/j=2$ 失败为止,修改 $i=i-j+1=1$ (回溯到前面),$j=0$,…,继续这一过程直到 $i=5/j=0$,这时所有比较的字符均相同,i、j 递增到模式串扫描完毕,此时 $i=10/j=5$,返回 $i-t.\mathrm{length}=5$,表示 t 是 s 的子串,对应序号为 5。

图 4.7 BF 算法的模式匹配的过程

【例 4.6】 假设串采用链串存储,设计相应的 BF 算法。

解 初始时,p 指向 s 串的首结点,i 置为 0,让 $p1$ 指向 p 结点,q 指向 t 串的首结点,$p1$ 和 q 结点的字符相等时同步后移,若 q 为 null 表示 t 串比较完毕,说明 t 串是 s 串的子串,返回序号 i,否则 p 移向 s 串的下一个结点,i 增 1,继续上述过程。如果 p 为 null 即 s 串比较完毕,表示 t 串不是 s 串的子串,则返回 -1。对应的算法如下:

```
public static int Index1(LinkStringClass s,LinkStringClass t) {
    LinkNode p=s.head.next,p1;           //p 指向 s 串的首结点
    LinkNode q;
    int i=0;                              //i 为 p 指的首结点的序号,置为 0
    while(p!=null) {
        p1=p;
        q=t.head.next;                    //q 指向 t 串的首结点
        while(p1!=null && q!=null && p1.data==q.data) {
            p1=p1.next;                   //比较 p1 结点和 q 结点的字符,相等时同步后移
            q=q.next;
        }
        if(q==null) return i;             //t 串比较完毕,返回 i
        p=p.next;                         //p 移到 s 串的下一个结点
        i++;
    }
    return -1;                            //t 串不是 s 串的子串时返回-1
}
```

4.4.2 KMP 算法

Knuth-Morris-Pratt 算法(简称 KMP)是由高德纳(Donald Ervin Knuth)和沃恩·普拉特在 1974 年构思的,同年詹姆斯·H.莫里斯独立地设计出该算法,最终 3 人于 1977 年联合发表。该算法与 BF 算法相比有较大改进,主要是消除了目标串指针的回溯,从而使算法效率有了某种程度的提高。

1. 求模式串的 next 数组

视频讲解

那么如何消除目标串指针的回溯呢？先看一个示例,假设目标串 $s=$"aaaaab",模式串 $t=$"aaab",看其匹配过程。

(1) 当进行第 1 趟匹配时,失配处为 $i=3/j=3$。尽管本趟匹配失败了,但得到这样的启发信息, s 的前 3 个字符" $s_0s_1s_2$ "与 t 的前 3 个字符" $t_0t_1t_2$ "相同,显然" s_1s_2 "=="t_1t_2"是成立的。

图 4.8 利用启发信息进行的匹配

(2) 从 t 中观察到" t_0t_1 "=="t_1t_2",这样就有" s_1s_2 "=="t_1t_2"=="t_0t_1"。按照 BF 算法下一趟匹配应该从 s_1/t_0 比较开始,而此时已有" s_1s_2 "=="t_0t_1",没有必要再做重复比较,下一步只需将 s_3 与 t_2 开始比较(即做 s_3/t_2 的比较),如图 4.8 所示。

这种"观察信息"就是失配处为 s_i/t_j 时,需要找出 t_j 前面有多少个字符与 t 开头的字符相同。采用一个 next 数组表示,即 next$[j]=k$ 表示有" $t_0t_1\cdots t_{k-1}$ "=="$t_{j-k}t_{j-k+1}\cdots t_{j-1}$"成立,那么如何求 next$[j]$ 呢？

考虑失配处模式串 t 中的字符 t_j 前面的子串" $t_0t_1\cdots t_{j-1}$",定义其前缀(真前缀更加准确些)为除了自身以外的全部头部组合,即以首字符 t_0 开头的除了自身以外的子串;定义其后缀(真后缀更加准确些)为除了自身以外的全部尾部组合,即以尾字符 t_{j-1} 结尾的除了自身以外的子串;定义其中最长的相同前、后缀为 M 串,则 next$[j]$ 就是该 M 串的长度。next$[j]=k$ 的含义如图 4.9 所示,其中前缀和后缀可以部分重叠。

例如，$t=$"abcdabd"，求 next[6] 的过程是，$t_6=$'d'，t 中它前面的串是"abcdab"（恰好含 6 个字符），其前缀有"a"、"ab"、"abc"、"abcd"、"abcda"（注意前缀不包含自身"abcdab"），其后缀有"b"、"ab"、"dab"、"cdab"、"bcdab"（注意后缀不包含自身"abcdab"），前、后缀中相同的只有"ab"，它就是 t_6 的 M 串，含两个字符，所以 next[6]=2。

图 4.9　next[j]=k 的含义

在求模式串 t 中 t_j 的 M 串时需要注意以下几点。

(1) M 串最多从 t_1 开始，也就是说 $j-k\geqslant 1$，或者 $k<j$。

(2) M 串与 t 中字符的位置相关，除了 t_0 以外，每个位置都有一个 M 串（M 串可以为空，此时 $k=0$）。

(3) 如果 t_j 有多个相同的前、后缀，应该取最大长度的相同前、后缀作为 M 串。

(4) next[j]=k 中的 k 表示 M 串中字符的个数。

归纳起来，求模式串 t 的 next[j]（$0\leqslant j\leqslant m-1$）数组的公式如下：

$$\text{next}[j]=\begin{cases} \text{MAX}\{k\mid 0<k<j \text{ 且 }"t_0t_1\cdots t_{k-1}"=="k_{j-k}t_{j-k+1}\cdots t_{j-1}"\} & \text{M 串非空} \\ -1 & j=0 \\ 0 & \text{其他} \end{cases}$$

对于模式串 $t=$"abcac"，求其 next 数组的过程如下。

(1) 对于序号 0，规定 next[0]=-1。（因为 t_0 的前面没有字符，置为 -1 表示这种特殊情况）

(2) 对于序号 1，置 next[1]=0，实际上 next[1] 总是为 0。因为 M 串最多从 t_1 开始，此时 M 串必为空串。

(3) 对于序号 2，t_2 前面的子串为"ab"（含两个字符），前缀为"a"，后缀为"b"，对应的 M 串为空，置 next[2]=0。

(4) 对于序号 3，t_3 前面的子串为"abc"（含 3 个字符），前缀为"a"和"ab"，后缀为"c"和"bc"，对应的 M 串为空，置 next[3]=0。

(5) 对于序号 4，t_4 前面的子串为"abca"（含 4 个字符），前缀为"a"、"ab"和"abc"，后缀为"a"、"ca"和"bca"，相同的前、后缀只有"a"，对应的 M 串为"a"，它只有一个字符，置 next[4]=1。

这样，模式串 t 对应的 next 数组如表 4.1 所示。

表 4.1　模式串 t 的 next 数组的值

j	0	1	2	3	4
$t[j]$	a	b	c	a	c
next[j]	-1	0	0	0	1

求模式串 t 的 next 数组的算法如下：

```
public static void GetNext(String t, int next[]) {      //由模式串 t 求出 next 数组的值
    int j=0,k=-1;
    next[0]=-1;
    while(j<t.length()-1) {
        if(k==-1 || t.charAt(j)==t.charAt(k)) {         //j 遍历后缀，k 遍历前缀
            j++;k++;
            next[j]=k;
```

```
        }
        else k=next[k];                    //k 置为 next[k]
    }
}
```

*2. GetNext()算法的说明

视频讲解

Get Next()算法的思路是先置 next[0]=−1(为了区分 j 的不同取值,取值为−1 表示 $j=0$ 的特殊情况),再由已经计算出的 next[j]求 next[j+1]($1 \leq j \leq m-1$)。初始时将 k 置为−1(表示从 $j=0$ 开始求 next[]的其他元素值)。

假设 next[j]=k,即有 $"t_0 t_1 \cdots t_{k-1}" == "t_{j-k} t_{j-k+1} \cdots t_{j-1}"$ 成立:

(1) 若 $t_j = t_k$,可以推出 $"t_0 t_1 \cdots t_{k-1} t_k" == "t_{j-k} t_{j-k+1} \cdots t_{j-1} t_j"$ (共 $k+1$ 个字符)成立,说明字符 t_{j+1} 的 M 串的长度为 $k+1$,所以置 $j++,k++$,next[j]=k,如图 4.10 所示。

图 4.10 $t_j = t_k$ 的情况

(2) 若 $t_j \neq t_k$,则说明 t_{j1} 之前不存在长度为 next[j]+1(或者 $k+1$)的和从 t_0 起匹配的子串。那么是不是必须从 $k=0$ 开始试探来求 next[j+1]呢?

可以这样来提高效率,如果 next[k]=k'($k'<k$),说明字符 t_k 有一个长度为 k' 的 M 前缀,若 $t_j == t_{k'}$,那么就有 next[j+1]=next[k']+1,推导过程如图 4.11 所示。当然,若 $t_j \neq t_{k'}$,需要置 k'=next[k']继续做下去,最多到 k'=−1 为止,这时的结果是 next[j+1]=k'+1=0。

显然,t_j前面的k''个字符与以t开头的k''个字符相等,在$t_{k'}=t_j$时,以t_k结尾的$k''+1$个字符与以t开头的$k''+1$个字符相等(因为$k''<k'$,由next[k]=k''可知,t_k的前面的k''个字符与以t开头的k''个字符相等),所以以t_{j+1}结尾的$k''+1$个字符与以t开头的$k''+1$个字符相等,即next[j+1]=k''+1=next[k']+1

图 4.11 $t_j \neq t_k$ 的情况

由这两种情况分析可知,求每个 next[j] 的时间大约为常量(因为计算过程与 t 的长度无关),所以 GetNext() 算法的时间复杂度为 $O(m)$,m 为 t 的长度。

例如,$t=$"aaaabaaaaabc",按照 GetNext() 算法求出 next[0..9]如表 4.2 所示,现在由 next[9] 求 next[10]。此时 next[9]=4,j=9,k=4,由于 $t[9] \neq t[4]$,置 k=next[k]=3,而 $t[9]=t[3]$ 成立,所以执行 j++,k++,next[10]=next[4]+1=4,如图 4.12 所示。从中看出,不需要从 k=0 开始,而是从 k=next[k] 的位置开始比较效率更高。

表 4.2 模式串 t 的 next 数组的部分值

j	0	1	2	3	4	5	6	7	8	9	10	11
$t[j]$	a	a	a	a	b	a	a	a	a	a	b	c
next[j]	-1	0	1	2	3	0	1	2	3	4		

图 4.12 求 next[10]

3. 基本的 KMP 算法

讨论 KMP 算法的一般情形,设目标串 $s=$"$s_0 s_1 \cdots s_{n-1}$",模式串 $t=$"$t_0 t_1 \cdots t_{m-1}$",在进行一趟匹配(该趟是从 s_{i-j}/t_0 开始比较的)时出现如图 4.13 所示的情况。

图 4.13 主串和模式串匹配的一般情况

此时失配处为 s_i/t_j,显然有 "$t_0 t_1 \cdots t_{j-1}$"=="$s_{i-j} s_{i-j+1} \cdots s_{i-1}$",假设 next[$j$]=$k$($k<j$),考虑 k 的各种情况。

(1) 若 next[j]$\neq j-1$,即有 "$t_0 t_1 \cdots t_{j-2}$" $\neq$ "$t_1 t_2 \cdots t_{j-1}$"(含 $j-1$ 个字符,若相等则 next[j]=$j-1$),则回溯到 s_{i-j+1} 开始与 t 匹配必然"失配",理由很简单,由这两个式子可知,一定有 "$t_0 t_1 \cdots t_{j-2}$" $\neq$ "$s_{i-j+1} s_{i-j+2} \cdots s_{i-1}$"(含 $j-1$ 个字符),既然如此,回溯到 s_{i-j+1} 开始与 t 匹配可以不做,如图 4.14 所示。简单地说,若 next[j]$\neq j-1$,则按 BF 算法做下一趟(即从 s_{i-j+1}/t_0 开始的比较)是不必要的(因为这一趟一定失败)。

(2) 若 next[j]$\neq j-2$,即有 "$t_0 t_1 \cdots t_{j-3}$" $\neq$ "$t_2 t_3 \cdots t_{j-1}$"(含 $j-2$ 个字符,若相等则 next[j]=$j-2$),则回溯到 s_{i-j+2} 开始与 t 匹配必然"失配",因为有 "$t_2 \cdots t_{j-1}$"=="$s_{i-j+2} \cdots s_{i-1}$",很容易推出 "$t_0 t_1 \cdots t_{j-3}$" $\neq$ "$s_{i-j+2} \cdots s_{i-1}$"。简单地说,若 next[j]$\neq j-2$,则按 BF 算法做再下一趟(即从 s_{i-j+2}/t_0 开始比较的这一趟)是不必要的。

(3) 以此类推,直到对于某一个值 k,有 next[j]=k 成立,也就是说有 "$t_0 t_1 \cdots t_{k-1}$"== "$t_{j-k} t_{j-k+1} \cdots t_{j-1}$"(含 k 个字符,当多于 k 个字符时不成立),这样有 "$t_{j-k} t_{j-k+1} \cdots t_{j-1}$"==

图 4.14 说明回溯到 s_{i-j+1} 是没有必要的

扫一扫

视频讲解

"$s_{i-k}s_{i-k+1}\cdots s_{i-1}$"=="$t_0t_1\cdots t_{k-1}$",说明下一次可直接比较 s_i 和 t_k,这样可以直接把当前趟匹配"失配"时的模式串 t 从当前位置直接右滑 $j-k$ 位。这里的 k 即为 next[j],如图 4.15 所示。然后继续做下去。

图 4.15 模式串右滑 $j-k$ 位

从中可以看出,与 BF 算法相比 KMP 算法不仅减少了一趟中字符比较的次数,还可能会减少匹配的趟数。如果说 BF 算法是 $i=0,1,2,\cdots$ 连续匹配的,那么 KMP 算法是跳跃匹配的,上述过程证明这些跳过的趟是不必要的匹配。

综上所述,KMP 算法的过程是设 s 为目标串,t 为模式串,并设 i 指针和 j 指针分别指向目标串和模式串中正待比较的字符(i 和 j 均从 0 开始)。

(1) 若有 $s_i=t_j$,则 i 和 j 分别增 1。

(2) 否则,失配处为 s_i/t_j,i 不变,j 退回到 $j=$next[j]的位置(即模式串右滑),再比较 s_i 和 t_j,若相等,则 i、j 各增 1,否则 j 再次退回到下一个 $j=$next[j]的位置,以此类推,直到出现下列两种情况之一:一种情况是 j 退回到某个 $j=$next[j]位置时有 $s_i==t_j$,则指针各增 1 后继续匹配;另一种情况是 j 退回到 $j=-1$,此时令 i、j 指针各增 1,即下一次比较 s_{i+1} 和 t_0,

从而开始新的一趟匹配。

简单地说，KMP算法利用已经部分匹配的有效信息，保持 i 指针不回溯，通过修改 j 指针让模式串尽量地移动到有效的位置。对应的基本KMP算法如下：

```java
public static int KMP(String s, String t) {      //基本KMP算法
    int[] next = new int[MaxSize];
    int i = 0, j = 0;
    GetNext(t, next);                              //求 next 数组
    while(i < s.length() && j < t.length()) {
        if(j == -1 || s.charAt(i) == t.charAt(j)) {
            i++; j++;                              //i、j 各增 1
        }
        else j = next[j];                          //i 不变, j 回退
    }
    if(j >= t.length()) return i - t.length();    //返回起始序号
    else return -1;                                //返回 -1
}
```

设目标串 s 的长度为 n，模式串 t 的长度为 m，在KMP算法中求 next 数组的时间复杂度为 $O(m)$，在后面的匹配中因主串 s 的下标 i 不减(即不回溯)，比较次数可记为 n，所以基本KMP算法总的时间复杂度为 $O(n+m)$。

4. 改进的KMP算法

先看一个基本KMP算法的应用示例，由其中存在的缺陷引出改进的KMP算法。

【例4.7】 设主串 $s=$"ababcabcacbab"，模式串 $t=$"abcac"。给出KMP进行模式匹配的过程。

解 模式串对应的next数组如表4.1所示，其采用KMP算法的模式匹配过程如图4.16所示。首先 $i=0, j=0$，匹配到 $i=2/j=2$ 失败为止。i 值不变(不回溯到前面)，修改 $j=$ next[j]$=0$，匹配到 $i=6/j=1$ 失败为止。i 值不变(不回溯到前面)，修改 $j=$ next[j]$=1$，匹配到 $i=10/j=5$ (t 的字符比较完)，返回 $i-t$.length$=5$，表示 t 是 s 的子串，且位置为5。

图4.16 KMP算法的模式匹配过程1

上述 next 数组在某些情况下尚有缺陷。例如，设主串 $s=$ "aaabaaaab"，模式串 $t=$ "aaaab"，t 对应的 next 数组如表 4.3 所示。

表 4.3 模式串 t 的 next 数组的值

j	0	1	2	3	4
$t[j]$	a	a	a	a	b
$next[j]$	-1	0	1	2	3

两串匹配的过程如图 4.17 所示，从中看到，当 $i=3/j=3$ 时 $s_3 \neq t_3$，由 $next[j]$ 的指示还需进行 $i=3/j=2$、$i=3/j=1$、$i=3/j=0$ 等 3 次比较。实际上，因为 t 串中的 t_2、t_1、t_0 字符和 t_3 字符都相等，所以不需要再和 s 串中的 s_3 字符相比较，而可以将模式串一次向右滑动 4 个字符的位置直接进行 $i=4/j=0$ 时的字符比较。

(a) 第1趟匹配

(b) 第2趟匹配

(c) 第3趟匹配

(d) 第4趟匹配

(e) 第5趟匹配，返回 $i-t.length=4$

图 4.17 KMP 算法的模式匹配过程 2

上述示例中存在的问题可以通过改进 next 数组得到解决，将 next 数组改为 nextval 数组，与 $next[0]$ 一样，先置 $nextval[0]=-1$。假设求出 $next[j]=k$，现在失配处为 s_i/t_j，即 $s_i \neq t_j$：

(1) 如果有 $t_j == t_k$ 成立,可以直接推出 $s_i \neq t_k$ 成立,没有必要再做 s_i/t_k 的比较,直接置 nextval[j]=nextval[k](即 nextval[next[j]]),即下一步做 $s_i/t_{\text{nextval}[j]}$ 的比较。

(2) 如果有 $t_j \neq t_k$,没有可改进的,直接置 nextval[j]=next[j]。

改进的求 nextval 数组的算法如下。

```
public static void GetNextval(String t, int[] nextval) {    //由模式串 t 求出 nextval 数组的值
    int j=0, k=-1;
    nextval[0]=-1;
    while(j < t.length()-1) {
        if(k==-1 || t.charAt(j)==t.charAt(k)) {
            j++; k++;
            if(t.charAt(j)!=t.charAt(k))
                nextval[j]=k;
            else
                nextval[j]=nextval[k];
        }
        else k=nextval[k];
    }
}
```

改进的 KMP 算法如下:

```
public static int KMP1(String s, String t) {               //改进的 KMP 算法
    int[] nextval=new int[MaxSize];
    int i=0, j=0;
    GetNextval(t, nextval);                                 //求 nextval 数组
    while(i < s.length() && j < t.length()) {
        if(j==-1 || s.charAt(i)==t.charAt(j)) {
            i++; j++;                                       //i,j 各增 1
        }
        else j=nextval[j];                                  //i 不变,j 回退
    }
    if(j >= t.length()) return i-t.length();                //返回起始序号
    else return -1;                                         //返回-1
}
```

与基本 KMP 算法一样,本算法的时间复杂度也为 $O(n+m)$。

【例 4.8】 设目标串 s="abcaabbabcabaacbacba",模式串 t="abcabaa",计算模式串 t 的 nextval 数组的值,并画出利用改进的 KMP 算法进行模式匹配时每一趟的匹配过程。

扫一扫

视频讲解

解 模式串 t 的 nextval 数组的值如表 4.4 所示。

表 4.4 模式串 t 的 nextval 数组的值

j	0	1	2	3	4	5	6
$t[j]$	a	b	c	a	b	a	a
next[j]	-1	0	0	0	1	2	1
nextval[j]	-1	0	0	-1	0	2	1

利用改进的 KMP 算法进行模式匹配的匹配过程如图 4.18 所示,从中可以看到,匹配效率得到进一步提高。

图 4.18 KMP 算法的匹配过程

4.5 练 习 题

扫一扫
练习题

扫一扫
自测题

4.6 实 验 题

4.6.1 上机实验题

扫一扫
上机实验题

扫一扫
题目描述

4.6.2 在线编程题

1. HDU1020——编码问题。
2. HUD1711——数字序列问题。
3. HDU2087——剪花布条问题。
4. POJ3461——Oulipo 问题。

第 5 章 递归

在算法设计中经常需要用递归方法求解,特别是在后面的树和二叉树、图、查找及排序等章节中会大量地遇到递归算法。递归是计算机科学中的一个重要的工具,很多程序设计语言(如 Java)都支持递归程序设计。本章介绍递归的定义和递归算法设计的方法等,为后面的学习打下基础。本章主要学习要点如下:

(1) 递归的定义和递归模型。
(2) 递归算法设计的一般方法。
(3) 灵活运用递归算法解决一些较复杂的应用问题。

5.1 什么是递归

5.1.1 递归的定义

在定义一个过程或函数时有时会出现调用本过程或本函数的成分,称为递归。若调用自身,称为直接递归。若过程或函数A()调用过程或函数B(),而B()又调用A(),称为间接递归。在算法设计中,任何间接递归算法都可以转换为直接递归算法来实现,所以后面主要讨论直接递归。

递归不仅是数学中的一个重要概念,也是计算技术中重要的概念之一。在计算技术中,与递归有关的概念有递归数列、递归过程、递归算法、递归程序和递归方法等。

【例5.1】 以下是求 $n!$(n 为正整数)的递归函数,它属于什么类型的递归?

```
int fun(int n) {
    if(n==1)                    //语句1
        return(1);              //语句2
    else                        //语句3
        return fun(n-1) * n;    //语句4
}
```

解 在函数 fun(n)求解过程中调用 fun($n-1$)(语句4),它是一个直接递归函数。

递归算法通常把一个大的复杂问题层层转换为一个或多个与原问题相似的规模较小的问题来求解,递归策略只需少量的代码就可以描述出解题过程中所需要的多次重复计算,大大减少了算法的代码量。

一般来说,能够用递归解决的问题应该满足以下3个条件。

(1) 需要解决的问题可以转换为一个或多个子问题来求解,而这些子问题的求解方法与原问题完全相同,只是在数量规模上不同。

(2) 递归调用的次数必须是有限的。

(3) 必须有结束递归的条件来终止递归。

递归算法的优点是结构简单、清晰,易于阅读,方便其正确性的证明;缺点是算法执行中占用的内存空间较多,执行效率低,不容易优化。

5.1.2 何时使用递归

在以下3种情况下经常要用到递归方法。

1. 定义是递归的

有许多数学公式、数列等的定义是递归的。例如求 $n!$ 和 Fibonacci(斐波那契)数列等。对于这些问题的求解,可以将其递归定义直接转换为对应的递归算法。例如,求 $n!$ 可以转换为例5.1的递归算法。求 Fibonacci 数列的递归算法如下:

```
int Fib(int n) {                    //求 Fibonacci 数列的第 n 项
    if(n==1 || n==2)
        return 1;
```

```
        else
            return Fib(n-1)+Fib(n-2);
}
```

2. 数据结构是递归的

有些数据结构是递归的,例如第 2 章中介绍过的单链表就是一种递归数据结构,其结点类定义如下:

```
class LinkNode<E> {                    //单链表结点泛型类
    E data;
    LinkNode<E> next;                  //下一个结点的指针
    public LinkNode() {                //构造方法
        next=null;
    }
    public LinkNode(E d) {             //重载构造方法
        data=d;
        next=null;
    }
}
```

其中,指针成员 next 是一种指向自身类型结点的指针,所以它是一种递归数据结构。

对于递归数据结构,采用递归的方法编写算法既方便又有效。例如,求一个不带头结点的单链表 p 中的所有 data 成员(假设为 int 型)之和的递归算法如下:

```
public static int Sum(LinkNode<Integer> p) {
    if(p==null) return 0;
    else return(p.data+Sum(p.next));
}
```

说明:对于第 2 章讨论的单链表对象 L,$L.head$ 为头结点,将 $L.head.next$ 看成不带头结点的单链表。

3. 问题的求解方法是递归的

有些问题的解法是递归的,典型的有 Hanoi(汉诺)塔问题,该问题是设有 3 个分别命名为 X、Y 和 Z 的塔座,在塔座 X 上有 n 个直径各不相同的盘片,从小到大依次编号为 1、2、……、n,现要求将 X 塔座上的 n 个盘片移到塔座 Z 上并按同样的顺序叠放,在移动盘片时必须遵守以下规则:每次只能移动一个盘片;盘片可以插在 X、Y 和 Z 中的任一塔座上;任何时候都不能将一个较大的盘片放在较小的盘片上。图 5.1 所示为 $n=4$ 的 Hanoi 塔问题,设计求解该问题的算法。

图 5.1 Hanoi 塔问题($n=4$)

Hanoi 塔问题特别适合采用递归方法来求解。设 Hanoi(n,X,Y,Z)表示将 n 个盘片从 X 塔座借助 Y 塔座移动到 Z 塔座上,递归分解的过程是:

其含义是首先将 X 塔座上的 $n-1$ 个盘片借助 Z 塔座移动到 Y 塔座上,此时 X 塔座上只有一个编号为 n 的盘片,将其直接移动到 Z 塔座上,再将 Y 塔座上的 $n-1$ 个盘片借助 X 塔座移动到 Z 塔座上。由此得到 Hanoi 递归算法如下:

```java
public static void Hanoi(int n,char X,char Y,char Z) {
    if(n==1)                                          //只有一个盘片的情况
        System.out.printf("将第%d个盘片从%c移动到%c\n",n,X,Z);
    else {                                            //有两个或多个盘片的情况
        Hanoi(n-1,X,Z,Y);
        System.out.printf("将第%d个盘片从%c移动到%c\n",n,X,Z);
        Hanoi(n-1,Y,X,Z);
    }
}
```

扫一扫

视频讲解

5.1.3 递归模型

递归模型是递归算法的抽象,它反映了一个递归问题的递归结构。例如,例 5.1 的递归算法对应的递归模型如下:

$$f(n)=1 \qquad n=1$$
$$f(n)=n*f(n-1) \qquad n>1$$

其中,第一个式子给出了递归的终止条件,第二个式子给出了 $f(n)$ 的值与 $f(n-1)$ 的值之间的关系,把第一个式子称为递归出口,把第二个式子称为递归体。

一般来说,一个递归模型由递归出口和递归体两部分组成。**递归出口**确定递归到何时结束,即指出明确的递归结束条件。**递归体**确定递归求解时的递推关系。

递归出口的一般格式如下:

$$f(s_1)=m_1$$

这里的 s_1 与 m_1 均为常量。有些递归问题可能有几个递归出口。递归体的一般格式如下:

$$f(s_n)=g(f(s_i),f(s_{i+1}),\cdots,f(s_{n-1}),c_j,c_{j+1},\cdots,c_m)$$

其中,n、i、j、m 均为正整数。这里的 s_n 是一个递归"大问题",s_i、s_{i+1}、……、s_{n-1} 为递归"小问题",c_j、c_{j+1}、……、c_m 是若干可以直接(用非递归方法)解决的问题,g 是一个非递归函数,可以直接求值。

实际上,递归思路是把一个不能或不好直接求解的"大问题"转换成一个或几个"小问题"来解决(如图 5.2 所示),再把这些"小问题"进一步分解成更小的"小问题"来解决,如此分解,直至每个"小问题"都可以直接解决(此时分解到递归出口)。但递归分解不是随意的分解,递归分解要保证"大问题"与"小问题"相似,即求解过程与环境都相似。

图 5.2 把大问题 $f(s_n)$ 转换成几个小问题来解决

5.1.4 递归与数学归纳法

数学归纳法是一种数学证明方法,通常被用于证明某个给定命题在整个(或者局部)自然数范围内成立。先看一个简单示例,采用数学归纳法证明下式:

$$1+2+\cdots+n=n(n+1)/2$$

其证明过程如下。

(1) 当 $n=1$ 时,左式$=1$,右式$=(1\times 2)/2=1$,左、右两式相等,等式成立。

(2) 假设当 $n=k-1$ 时等式成立,有 $1+2+\cdots+(k-1)=k(k-1)/2$。

(3) 当 $n=k$ 时,左式$=1+2+\cdots+k=[1+2+\cdots+(k-1)]+k=k(k-1)/2+k=k(k+1)/2==$右式。

等式成立,即证。

数学归纳法证明问题的过程分为两个步骤,先考虑特殊情况,然后假设 $n=k-1$ 成立(第二数学归纳法是假设 $n\leqslant k-1$ 成立),再证明 $n=k$ 时成立,即假设"小问题"成立,再推导出"大问题"成立。

递归模型中的递归体就是表示"大问题"和"小问题"解之间的关系,如果已知 s_i、s_{i+1}、……、s_{n-1} 这些"小问题"的解,就可以计算出 s_n "大问题"的解。从数学归纳法的角度来看,这相当于数学归纳法的归纳步骤,只不过数学归纳法是一种论证方法,而递归是算法和程序设计的一种实现技术,数学归纳法是递归求解问题的理论基础。

5.1.5 递归的执行过程

为了讨论方便,将前面的一般化的递归模型简化如下(即将一个"大问题"分解为一个"小问题"):

$$f(s_1)=m_1$$
$$f(s_n)=g(f(s_{n-1}),c_{n-1})$$

在求 $f(s_n)$ 时的分解过程是 $f(s_n)\to f(s_{n-1})\to\cdots\to f(s_2)\to f(s_1)$。

一旦遇到递归出口,分解过程结束,开始求值过程,所以分解过程是"量变"过程,即原来的"大问题"在慢慢变小,但尚未解决,遇到递归出口后便发生了"质变",即原递归问题便转换成直接可解问题。

其求值过程是 $f(s_1)=m_1\to f(s_2)=g(f(s_1),c_1)\to f(s_3)=g(f(s_2),c_2)\to\cdots\to f(s_n)=g(f(s_{n-1}),c_{n-1})$。

这样 $f(s_n)$ 便计算出来了。因此递归的执行过程由分解和求值两部分构成,分解部分就是用递归体将"大问题"分解成"小问题",直到递归出口为止,然后进行求值过程,即已知"小问题",计算"大问题"。例如,fun(5)的求值过程如图5.3所示。

在递归算法的执行中最长的递归调用的链长称为该算法的**递归调用深度**。例如,求 $n!$ 对应的递归算法在求 fun(5)时递归调用深度是5。

对于复杂的递归算法,其执行过程中可能需要循环反复地分解和求值才能获得最终解。例如,对于前面求 Fibonacci 数列的 Fib 算法,求 Fib(6)的过程构成的递归树如图5.4所示,向下的实箭头表示分解,向上的虚箭头表示求值,每个方框旁边的数字是该方框的求值结果,最后求得 Fib(6)为8。该递归树的高度为5,所以递归调用深度也是5。

图 5.3 fun(5)求值过程

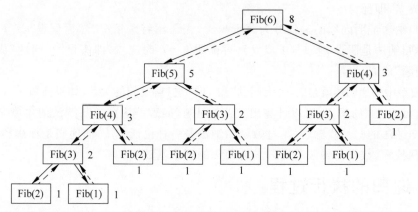

图 5.4 求 Fib(6)对应的递归树

那么在系统内部如何执行递归算法呢？实际上一个递归函数的调用过程类似于多个函数的嵌套调用，只不过调用函数和被调用函数是同一个函数。为了保证递归函数的正确执行，系统需设立一个工作栈。具体地说，递归调用的内部执行过程如下。

（1）执行开始时，首先为递归调用建立一个工作栈，其结构包括参数、局部变量和返回地址。

（2）每次执行递归调用之前，把递归函数的参数值和局部变量的当前值以及调用后的返回地址进栈。

（3）每次递归调用结束后，将栈顶元素出栈，使相应的参数值和局部变量值恢复为调用前的值，然后转向返回地址指定的位置继续执行。

例如，有以下程序段：

```java
public static int S(int n) {
    return (n<=0) ? 0 : S(n-1)+n;
}
public static void main(String[] args) {
    System.out.printf("%d\n",S(1));
}
```

程序执行时使用一个栈来保存调用过程的信息，这些信息用 main()、S(0)和 S(1)表示，那么自栈底到栈顶保存的信息的顺序是怎样的呢？

首先从 main() 开始执行程序,将 main() 信息进栈,遇到调用 S(1),将 S(1) 信息进栈,在执行递归函数 S(1) 时又遇到调用 S(0),再将 S(0) 信息进栈(如图 5.5 所示),所以自栈底到栈顶保存的信息的顺序是 main()→S(1)→S(0)。

图 5.5　系统栈状态

用递归算法的参数值表示状态,由于在递归算法的执行中系统栈保存了递归调用的参数值、局部变量和返回地址,所以在递归算法中一次递归调用后会自动恢复该次递归调用前的状态。例如,有以下递归算法,其状态为参数 n 的值:

```
public static void f(int n) {
    if(n==0)                                        //递归出口
        return;
    else {                                          //递归体
        System.out.println("Pre:  n="+n);
        System.out.printf("执行 f(%d)\n",n-1);
        f(n-1);
        System.out.println("Post: n="+n);
    }
}
```

执行 $f(4)$ 的结果如下:

```
Pre: n=4
执行 f(3)                    //递归调用 f(3)
Pre: n=3
执行 f(2)                    //递归调用 f(2)
Pre: n=2
执行 f(1)                    //递归调用 f(1)
Pre: n=1
执行 f(0)                    //递归调用 f(0)
Post:n=1                     //恢复 f(0)调用前的 n 值
Post:n=2                     //恢复 f(1)调用前的 n 值
Post:n=3                     //恢复 f(2)调用前的 n 值
Post:n=4                     //恢复 f(3)调用前的 n 值
```

从中可以看出,参数 n 的值在每次递归调用后都自动恢复了,大家所说的递归算法参数可以自动回退(回溯)就是这个意思。但全局变量并不能自动恢复,因为在系统栈中并不保存全局变量值。

5.1.6　递归算法的时空分析

从前面递归算法的执行过程看到,递归算法的执行过程不同于非递归算法,所以其时空分析也不同于非递归算法。如果非递归算法分析是定长时空分析,递归算法分析就是变长时空分析。

1. 递归算法的时间分析

在递归算法的时间分析中,首先给出执行时间对应的递推式,然后求解递推式得出算法的执行时间 $T(n)$,再由 $T(n)$ 得到时间复杂度。

例如,对于前面求解 Hanoi 塔问题的递归算法,求问题规模为 n 时的时间复杂度。求解过程是设大问题 Hanoi(n,X,Y,Z) 的执行时间为 $T(n)$,则小问题 Hanoi$(n-1,X,Y,Z)$

的执行时间为 $T(n-1)$。当 $n>1$ 时,大问题分解为两个小问题和一步移动操作,大问题的执行时间为两个小问题的执行时间+1,对应的递推式如下:

$$T(n)=1 \qquad n=1$$
$$T(n)=2T(n-1)+1 \qquad n>1$$

求解递推式的过程如下:

$$\begin{aligned}T(n)&=2T(n-1)+1=2(2T(n-2)+1)+1\\&=2^2T(n-2)+2+1=2^2(2T(n-3)+1)+2+1\\&=2^3T(n-3)+2^2+2+1\\&=\cdots\\&=2^{n-1}T(1)+2^{n-2}+\cdots+2^2+2+1\\&=2^n-1=O(2^n)\end{aligned}$$

所以问题规模为 n 时的时间复杂度是 $O(2^n)$。

2. 递归算法的空间分析

对于递归算法,为了实现递归过程用到一个递归工作栈,所以需要根据递归深度得到执行算法的空间。

例如,对于前面求解 Hanoi 塔问题的递归算法,求问题规模为 n 时的空间。求解过程是设大问题 Hanoi(n,X,Y,Z)的临时空间为 $S(n)$,则小问题 Hanoi($n-1$,X,Y,Z)的临时空间为 $S(n-1)$。当 $n>1$ 时,大问题分解为两个小问题和一步移动操作,但第一个小问题执行后会释放其空间,释放的空间可以被第二个小问题重复使用,所以大问题的临时空间为一个小问题的临时空间+1,对应的递推式如下:

$$S(n)=1 \qquad n=1$$
$$S(n)=S(n-1)+1 \qquad n>1$$

求解递推式的过程如下:

$$\begin{aligned}S(n)&=S(n-1)+1\\&=S(n-2)+1+1=S(n-2)+2\\&=\cdots\\&=S(1)+(n-1)=1+(n-1)\\&=n=O(n)\end{aligned}$$

所以问题规模为 n 时的空间复杂度是 $O(n)$。

5.2 递归算法的设计

5.2.1 递归算法设计的步骤

递归算法设计的基本步骤是先确定求解问题的递归模型,再转换成对应的 Java 语言方法。由于递归模型反映递归问题的"本质",所以前一步是关键,也是讨论的重点。

递归算法的求解过程是先将原问题划分为若干子问题,然后分别求解子问题,最后获得原问题的解。这是一种分而治之的思路,通常由原问题划分的若干子问题的求解是独立的,所以求解过程对应一棵递归树。如果在设计算法时就考虑递归树中的每一个分解/求值部分,会使问题复杂化,不妨只考虑递归树中第 1 层和第 2 层之间的关系,即"大问题"和"小问题"的关系,其他关系与之相似。

由此得出构造求解问题的递归模型(简化递归模型)的步骤如下。

(1) 对原问题 $f(s_n)$ 进行分析,假设出合理的"小问题"$f(s_{n-1})$。

(2) 假设小问题 $f(s_{n-1})$ 是可解的,在此基础上确定大问题 $f(s_n)$ 的解,即给出 $f(s_n)$ 与 $f(s_{n-1})$ 之间的关系,也就是确定递归体(与数学归纳法中假设 $i=n-1$ 时等式成立,再求证 $i=n$ 时等式成立的过程相似)。

(3) 确定一个特定情况[例如 $f(1)$ 或 $f(0)$]的解,由此作为递归出口(与数学归纳法中求证 $i=1$ 或 $i=0$ 时等式成立相似)。

【例 5.2】 采用递归算法求整数数组 $a[0..n-1]$ 中的最小值。

解 假设 $f(a,i)$,求数组元素 $a[0..i]$(共 $i+1$ 个元素)中的最小值。当 $i=0$ 时有 $f(a,i)=a[0]$;假设 $f(a,i-1)$ 已求出,显然有 $f(a,i)=\min(f(a,i-1),a[i])$,其中 $\min()$ 为求两个值中较小值的函数。因此得到如下递归模型:

$$f(a,i)=a[0] \qquad i=0$$
$$f(a,i)=\min(f(a,i-1),a[i]) \quad \text{其他}$$

由此得到如下递归求解算法:

```
public static int Min(int[] a,int i) {
    if(i==0)                                    //递归出口
        return a[0];
    else {                                      //递归体
        int min=Min(a,i-1);
        if(min>a[i]) return(a[i]);
        else return min;
    }
}
```

例如,若一个数组 int[] $a=\{3,2,1,5,4\}$,调用 $\text{Min}(a,4)$ 返回最小元素 1。

5.2.2 基于递归数据结构的递归算法设计

具有递归特性的数据结构称为**递归数据结构**。递归数据结构通常是采用递归方式定义的。在一个递归数据结构中总会包含一个或者多个递归运算。

例如,正整数的定义为 1 是正整数,若 n 是正整数($n \geq 1$),则 $n+1$ 也是正整数。从中看出,正整数就是一种递归数据结构。显然,若 n 是正整数($n>1$),$m=n-1$ 也是正整数,也就是说,对于大于 1 的正整数 n,$n-1$ 是一种递归运算。

所以在求 $n!$ 的算法中,递归体 $f(n)=n*f(n-1)$ 是可行的,因为对于大于 1 的 n,n 和 $n-1$ 都是正整数。

一般来说,对于如下递归数据结构:

$$\text{RD}=(D,\text{Op})$$

$D=\{d_i\}$($1 \leq i \leq n$,共 n 个元素)为构成该数据结构的所有元素的集合,Op 是递归运算的集合,$\text{Op}=\{\text{op}_j\}$($1 \leq j \leq m$,共 m 个递归运算),对于 $\forall d_i \in D$,不妨设 op_j 为一元运算符,

视频讲解

则有 $op_j(d_i) \in D$,也就是说,递归运算具有封闭性。

在上述正整数的定义中,D 是正整数的集合,$Op=\{op_1,op_2\}$ 由两个基本递归运算符构成,op_1 的定义为 $op_1(n)=n-1(n>1)$;op_2 的定义为 $op_2(n)=n+1(n\geq 1)$。

对于不带头结点的单链表 head(head 结点为首结点),其结点类型为 LinkNode,每个结点的 next 成员为 LinkNode 类型的指针。这样的单链表通过首结点指针来标识。采用递归数据结构的定义如下:

$$SL=(D,Op)$$

其中,D 是由部分或全部结点构成的单链表的集合(含空单链表),$Op=\{op\}$,op 的定义如下:

    op(head)=head.next   //head 为含一个或以上结点的单链表

显然,这个递归运算符是一元运算符,且具有封闭性。也就是说,若 head 为不带头结点的非空单链表,则 head.next 也是一个不带头结点的单链表。

实际上,构造递归模型中的第 2 步是用于确定递归体。在假设原问题 $f(s_n)$ 合理的"小问题"$f(s_{n-1})$ 时,需要考虑递归数据结构的递归运算。例如,在设计不带头结点的单链表的递归算法时,通常设 s_n 为以 head 为首结点的整个单链表,s_{n-1} 为除首结点外余下结点构成的单链表(由 head.next 标识,其中的 '.next' 运算为递归运算)。

【例 5.3】 假设有一个不带头结点的单链表 p,完成以下两个算法设计。

(1) 设计一个算法正向输出所有结点值。

(2) 设计一个算法反向输出所有结点值。

解 (1) 设 $f(p)$ 的功能是正向输出单链表 p 的所有结点值,即输出 $a_1 \sim a_n$,为大问题。小问题 $f(p.\text{next})$ 的功能是输出 $a_2 \sim a_n$,如图 5.6 所示。对应的递归模型如下:

$$f(p) \equiv 不做任何事件 \qquad p=\text{null}$$
$$f(p) \equiv 输出\ p\ 结点值;f(p.\text{next}) \qquad 其他$$

图 5.6 正向输出 head 的所有结点值

其中,"≡"表示功能等价关系。对应的递归算法如下:

```
public static void Positive(LinkNode<Integer> p) {
    if(p==null) return;
    else {
        System.out.print(p.data+" ");
        Positive(p.next);
    }
}
```

(2) 设 $f(p)$ 的功能是反向输出 p 的所有结点值,即输出 $a_n \sim a_1$,为大问题。小问题 $f(p.\text{next})$ 的功能是输出 $a_n \sim a_2$,如图 5.7 所示。对应的递归模型如下:

$$f(p) \equiv 不做任何事件 \qquad p=\text{null}$$
$$f(p) \equiv f(p.\text{next});输出\ p\ 结点值 \qquad 其他$$

图 5.7 一个不带头结点的单链表

对应的递归算法如下：

```
public static void Reverse(LinkNode<Integer> p) {
    if(p==null) return;
    else {
        Reverse(p.next);
        System.out.print(p.data+" ");
    }
}
```

从中可以看出，两个算法的功能完全相反，但在算法设计上仅仅是两行语句的顺序不同，而且两个算法的时间复杂度和空间复杂度完全相同。如果采用第 2 章的遍历方法，这两个算法在设计上有较大的差异。

说明：在设计单链表的递归算法时通常采用不带头结点的单链表，这是因为小问题处理的单链表不可能带头结点，大问题处理的单链表需要在结构上相同，所以整个单链表也不应该带头结点。实际上，若单链表对象 L 是带头结点的，则 L.head.next 就看成一个不带头结点的单链表。

所以在对采用递归数据结构存储的数据设计递归算法时，通常先对该数据结构及其递归运算进行分析，从而设计出正确的递归体，再假设一种特殊情况，得到对应的递归出口。

5.2.3 基于归纳方法的递归算法设计

基于归纳方法的递归算法设计是指通过对求解问题的分析归纳来转换成递归方法求解（如皇后问题等）。

例如，有一个位数为 n 的十进制正整数 x，求所有数位的和，如果 $x=123$，结果为 $1+2+3=6$。

不妨将 x 表示为 $x=x_{n-1}x_{n-2}\cdots x_1 x_0$，设大问题 $f(x)=x_{n-1}+x_{n-2}+\cdots+x_1+x_0(n \geqslant 1)$，由于 $y=x/10=x_{n-1}x_{n-2}\cdots x_1$，$x\%10=x_0$，所以对应的小问题为 $f(y)=x_{n-1}+x_{n-2}+\cdots+x_1$。假设小问题是可求的，则 $f(x)=f(x/10)+x\%10$。特殊情况是 x 的位数为 1，此时结果就是 x。对应的递归模型如下：

$$f(x)=x \qquad x \text{ 为一位整数}$$
$$f(x)=f(x/10)+x\%10 \qquad \text{其他}$$

对应的递归算法如下：

```
public static int Sum(int x) {
    if (x>=0 && x<=9) return x;
    else return Sum(x/10)+x%10;
}
```

从中可以看出，在采用递归方法求解时关键是对问题本身进行分析，确定大、小问题解之间的关系,构造出合理的递归体,而其中最重要的又是假设出"合理"的小问题。对于上一个问题,如果假设小问题为 $f(y)=x_{n-2}+x_{n-3}+\cdots+x_0$,就不如假设小问题为 $f(y)=x_{n-1}+x_{n-2}+\cdots+x_1$ 简单。

*【例 5.4】 若算法 $pow(x,n)$ 用于计算 x^n(n 为大于 1 的整数),完成以下任务。

(1) 采用递归方法设计 $pow(x,n)$ 算法。

(2) 执行 $pow(x,5)$ 发生几次递归调用?$pow(x,n)$ 对应的算法时间复杂度是多少?

(3) 设计相应的非递归算法 $pow1(x,n)$。

解 (1) 设 $f(x,n)$ 用于计算 x^n,则有以下递归模型:

$$f(x,n)=1 \qquad\qquad\qquad\qquad n=0$$
$$f(x,n)=x*f(x,n/2)*f(x,n/2) \quad n\text{ 为奇数}$$
$$f(x,n)=f(x,n/2)*f(x,n/2) \quad\quad n\text{ 为偶数}$$

对应的递归算法如下:

```
public static double pow(double x, int n) {
    if(n==0) return 1;
    double p=pow(x,n/2);
    if(n%2==1) return x * p * p;         //n 为奇数
    else return p * p;                    //n 为偶数
}
```

(2) 执行 $pow(x,5)$ 的递归调用顺序是 $pow(x,5) \rightarrow pow(x,2) \rightarrow pow(x,1) \rightarrow pow(x,0)$,共发生 4 次递归调用。求 $pow(x,n)$ 对应的算法时间复杂度是 $O(\log_2 n)$。

(3) 为了计算 x^n,可以将 n 拆成二进制数,该二进制数的第 i 位的权为 2^{i-1},例如,当 $n=11$ 时,其二进制数是 $[1011]_2$,即 $11=2^3 \times 1+2^2 \times 0+2^1 \times 1+2^0 \times 1$,因此可以将 x^{11} 转换为计算 $x^{2^0} \times x^{2^1} \times x^{2^3}$,也就是 $x^{11}=x^1 \times x^2 \times x^8$。

用 ans 存放计算结果,先置 ans=1,base=x,当 $n>0$ 时循环:取 n 的末尾二进制数,若为 0 则跳过,若为 1 则执行 ans *= base,再执行 base *= base,并且将 n 右移一位。最后返回 ans。简单地说,base 为权,按 x、x^2、x^4……递增,当对应二进制位为 1 时,ans 乘上相应的 base。该算法称为快速幂算法。对应的非递归算法如下:

```
public static double pow1(double x, int n) {
    double ans=1.0, base=x;
    while(n!=0) {
        if((n&1)==1)
            ans *= base;              //遇到二进制位 1
                                       //求 ans
        base *= base;                 //权递增
        n >>= 1;                      //n 右移 1 位
    }
    return ans;
}
```

扫一扫

视频讲解

【例 5.5】 创建一个 n 阶螺旋矩阵并输出。例如,$n=4$ 时的螺旋矩阵如下:

```
 1  2  3  4
12 13 14  5
11 16 15  6
10  9  8  7
```

解 设 $f(x,y,\text{start},n)$ 用于创建左上角为 (x,y)、起始元素值为 start 的 n 阶螺旋矩阵,如图 5.8 所示,共 n 行 n 列,它是大问题。$f(x+1,y+1,\text{start},n-2)$ 用于创建左上角为 $(x+1,y+1)$、起始元素值为 start 的 $n-2$ 阶螺旋矩阵,共 $n-2$ 行 $n-2$ 列,它是小问题。例如,如果 4 阶螺旋矩阵为大问题,那么 2 阶螺旋矩阵就是一个小问题,如图 5.9 所示。

图 5.8　n 阶螺旋矩阵　　　　　图 5.9　$n=4$ 时的大问题和小问题

对应的递归模型如下(大问题的 start 从 1 开始,在产生一圈元素时 start 依次递增):

$$f(x,y,\text{start},n) \equiv 不做任何事情 \qquad n \leqslant 0$$
$$f(x,y,\text{start},n) \equiv 产生只有一个元素的螺旋矩阵 \qquad n=1$$
$$f(x,y,\text{start},n) \equiv 产生(x,y)的那一圈 \qquad n>1$$
$$\qquad f(x+1,y+1,\text{start},n-2)$$

对应的完整程序如下:

```java
public class Exam5_5 {
    static int N=15;
    static int[][] s=new int[N][N];
    static int n;
    public static void Spiral(int x,int y,int start,int n) {    //递归创建螺旋矩阵
        if(n<=0) return;                                         //递归结束条件
        if(n==1) {                                               //矩阵大小为1时
            s[x][y]=start;
            return;
        }
        for(int j=x;j<x+n-1;j++)                                 //上一行
            s[y][j]=start++;
        for(int i=y;i<y+n-1;i++)                                 //右一列
            s[i][x+n-1]=start++;
        for(int j=x+n-1;j>x;j--)                                 //下一行
            s[y+n-1][j]= start++;
        for(int i=y+n-1;i>y; i--)                                //左一列
            s[i][x]=start++;
        Spiral(x+1,y+1,start,n-2);                               //递归调用
    }
    public static void Display() {                               //输出螺旋矩阵
        for(int i=0;i<n;i++) {
            for(int j=0;j<n;j++)
                System.out.printf("%4d",s[i][j]);
            System.out.println("");
        }
    }
```

```
    public static void main(String[] args) {
        n=5;
        Spiral(0,0,1,n);
        Display();
    }
}
```

扫一扫

视频讲解

*【例 5.6】 采用递归算法求解迷宫问题,输出从入口到出口的所有迷宫路径。

解 迷宫问题在第 3 章中介绍过,设 mgpath(int xi,int yi,int xe,int ye,path)是求从 (xi,yi)到(xe,ye)的迷宫路径,用 path 变量保存一条迷宫路径,它是元素为 Box 类型的 ArrayList 对象,其中类 Box 定义如下:

```
class Box {                          //方块类
    int i;                           //方块的行号
    int j;                           //方块的列号
    public Box(int i1, int j1) {     //构造方法
        i=i1; j=j1;
    }
}
```

当从(xi,yi)方块找到一个相邻可走方块(i,j)后,mgpath$(i,j,xe,ye,path)$表示求从 (i,j)到出口(xe,ye)的迷宫路径。显然,mgpath(xi,yi,xe,ye,path)是"大问题",而 mgpath $(i,j,xe,ye,path)$是"小问题"(即大问题=试探一步+小问题),如图 5.10 所示。求解上述 迷宫问题的递归模型如下:

mgpath(xi,yi,xe,ye,path) ≡ 将(xi,yi)添加到 path 中;若(xi,yi)=(xe,ye),即找到出口
         置 mg[xi][yi]=−1;
         输出 path 中的迷宫路径;
         恢复出口迷宫值为 0,即置 mg[xe][ye]=0
mgpath(xi,yi,xe,ye,path) ≡ 将(xi,yi)添加到 path 中;若(xi,yi)不是出口
         置 mg[xi][yi]=−1;
         对于(xi,yi)的每个相邻可走方块(i,j),
         调用 mg(i,j,xe,ye,path);
         path 回退一步并置 mg[xi][yi]=0;

图 5.10 大、小问题的关系

在上述递归模型中,对于方块(xi,yi),先添加到 path 末尾(所有 path 中的方块都是通 道,所以初始调用时入口必须是通道),对于它的每个相邻可走方块(i,j)都执行"小问题" mgpath$(i,j,xe,ye,path)$,之后需要从(xi,yi)方块回退(删除 path 中的末尾方块)并置 mg[xi][yi]为 0,其目的是恢复前面求迷宫路径而改变的环境,以便找出所有的迷宫路径。

以图 3.13 所示的迷宫为例,求从入口(1,1)到出口(4,4)的所有迷宫路径的完整程序 如下:

```java
import java.lang.*;
import java.util.*;
class Box {                                    //方块类
    int i;                                     //方块的行号
    int j;                                     //方块的列号
    public Box(int i1,int j1) {                //构造方法
        i=i1; j=j1;
    }
}
class MazeClass {                              //求解迷宫路径类
    final int MaxSize=20;
    int[][] mg;                                //迷宫数组
    int m,n;                                   //迷宫的行列数
    int cnt=0;                                 //累计迷宫路径数
    public MazeClass(int m1,int n1) {          //构造方法
        m=m1;
        n=n1;
        mg=new int[MaxSize][MaxSize];
    }
    public void Setmg(int[][] a) {             //设置迷宫数组
        for(int i=0;i<m;i++)
            for(int j=0;j<n;j++) mg[i][j]=a[i][j];
    }
    void mgpath(int xi,int yi,int xe,int ye,ArrayList<Box> path) { //求解迷宫路径为(xi,yi)->(xe,ye)
        Box b;
        int di,i=0,j=0;
        b=new Box(xi,yi);
        path.add(b);                           //将(xi,yi)添加到 path 中
        mg[xi][yi]=-1;                         //mg[xi][yi]=-1
        if(xi==xe && yi==ye) {                 //找到了出口,输出一个迷宫路径
            System.out.printf("迷宫路径%d:",++cnt); //输出 path 中的迷宫路径
            for(int k=0;k<path.size();k++)
                System.out.printf(" (%d,%d)",path.get(k).i,path.get(k).j);
            System.out.println();
            mg[xi][yi]=0;                      //恢复为0,否则其他路径找不到出口
        }
        else {                                 //(xi,yi)不是出口
            di=0;
            while(di<4) {                      //处理(xi,yi)四周的每个相邻方块(i,j)
                switch(di) {
                    case 0:i=xi-1;   j=yi;   break;
                    case 1:i=xi;     j=yi+1; break;
                    case 2:i=xi+1;   j=yi;   break;
                    case 3:i=xi;     j=yi-1; break;
                }
                if(mg[i][j]==0)                //(i,j)可走时
                    mgpath(i,j,xe,ye,path);    //从(i,j)出发查找迷宫路径
                di++;                          //继续处理(xi,yi)的下一个相邻方块
            }
        }
        path.remove(path.size()-1);            //删除 path 中的末尾方块(回退一个方块)
        mg[xi][yi]=0;
    }
}
public class Exam5_6 {
    public static void main(String[] args) {
```

```
            int[][] a={ {1,1,1,1,1,1},{1,0,1,0,0,1},
                        {1,0,0,1,1,1},{1,0,1,0,0,1},
                        {1,0,0,0,0,1},{1,1,1,1,1,1} };
            MazeClass mz=new MazeClass(6,6);
            ArrayList<Box> path=new ArrayList<Box>();
            mz.Setmg(a);
            mz.mgpath(1,1,4,4,path);
        }
    }
```

上述程序的执行结果如下：

迷宫路径1：(1,1) (2,1) (3,1) (4,1) (4,2) (4,3) (3,3) (3,4) (4,4)
迷宫路径2：(1,1) (2,1) (3,1) (4,1) (4,2) (4,3) (4,4)

本例求出了所有的迷宫路径，可以通过路径长度的比较求出最短迷宫路径（可能存在多条最短迷宫路径）。

5.3 练习题

练习题

自测题

5.4 实验题

5.4.1 上机实验题

上机实验题

题目描述

5.4.2 在线编程题

1. POJ1664——放苹果。
2. POJ2083——分形问题。
3. HDU2021——发工资问题。
4. HDU1997——汉诺塔问题。
5. HDU2013——蟠桃记问题。
6. POJ1979——红与黑问题。
7. POJ3752——字母旋转游戏。

第 6 章 数组和稀疏矩阵

　　数组可以看成线性表的推广,稀疏矩阵是特殊的二维数组。本章主要学习要点如下:
　　(1)数组和一般线性表之间的差异。
　　(2)数组的存储结构和元素地址的计算方法。
　　(3)数组的应用算法设计。
　　(4)Java 中的数组类 Arrays 及其使用。
　　(5)各种特殊矩阵(如对称矩阵、上/下三角矩阵和对角矩阵)的压缩存储方法。
　　(6)稀疏矩阵的各种存储结构以及基本运算实现算法。
　　(7)灵活运用数组和稀疏矩阵解决一些较复杂的应用问题。

6.1 数组

本节介绍数组的定义、数组的存储结构和几种特殊矩阵的压缩存储等。

6.1.1 数组的基本概念

几乎所有的计算机语言都提供了数组类型,但直接将数组看成"连续的存储单元集合"是片面的,数组也分为逻辑结构和存储结构,尽管在计算机语言中实现数组通常是采用连续的存储单元集合,但并不能说数组只能这样实现。

从逻辑结构上看,数组是一个二元组(idx,value)的集合,对于每个 idx,都有一个 value 值与之对应。idx 称为下标,可以由一个整数、两个整数或多个整数构成,下标含有 $d(d \geqslant 1)$ 个整数时称数组的维数是 d。数组按维数分为一维、二维和多维数组。

一维数组 A 是 $n(n>1)$ 个相同特性的元素 a_0、a_1、……、a_{n-1} 构成的有限序列,其逻辑表示为 $A=(a_0,a_1,\cdots,a_{n-1})$,其中,$A$ 是数组名,$a_i(0 \leqslant i \leqslant n-1)$ 是数组 A 中序号为 i 的元素。

一个二维数组可以看作每个数据元素都是相同特性的一维数组的一维数组。以此类推,多维数组可以看作一个这样的线性表,其中的每个元素又是一个线性表。

大家也可以这样看,一个 d 维数组中含有 $b_1 \times b_2 \times \cdots \times b_d$(假设第 i 维的大小为 b_i)个元素,每个元素受到 d 个关系的约束,且这 d 个关系都是线性关系。当 $d=1$ 时,数组就退化为定长的线性表,当 $d>1$ 时,d 维数组可以看成线性表的推广。例如,图 6.1 所示的二维数组的逻辑关系用二元组表示如下:

$$\begin{bmatrix} 1 & 2 & 3 & 4 \\ 5 & 6 & 7 & 8 \\ 9 & 10 & 11 & 12 \end{bmatrix}$$

图 6.1 一个二维数组

$B=(D,R)$

$R=\{r_1,r_2\}$

$r_1=\{<1,2>,<2,3>,<3,4>,<5,6>,<6,7>,<7,8>,<9,10>,<10,11>,<11,12>\}$

$r_2=\{<1,5>,<5,9>,<2,6>,<6,10>,<3,7>,<7,11>,<4,8>,<8,12>\}$

其中,D 含有 12 个元素,这些元素之间有两种关系,r_1 表示行关系,r_2 表示列关系,r_1 和 r_2 均为线性关系。

数组具有以下特点。

(1) 数组中的各元素具有相同的数据特性。

(2) $d(d \geqslant 1)$ 维数组中的非边界元素有 d 个前驱元素和 d 个后继元素。

(3) 在数组维数确定后,数据元素个数和元素之间的关系不再发生改变,特别适合于顺序存储。

(4) 每个有意义的下标都存在一个与其相对应的数组元素值。

d 维数组抽象数据类型的定义如下:

```
ADT Array {
    数据对象：
        D={ 数组中的所有元素 }
    数据关系：
        R={r_1,r_2,…,r_d}
        r_i={元素之间第 i 维的线性关系 | i=1,2,…,d}
    基本运算：
        Value(A,i_1,i_2,…,i_d)：A 是已存在的 d 维数组，其运算结果是返回 A[i_1,i_2,…,i_d]值。
        Assign(A,e,i_1,i_2,…,i_d)：A 是已存在的 d 维数组，其运算结果是置 A[i_1,i_2,…,i_d]=e。
        …
}
```

6.1.2 数组的存储结构

数组的主要运算有两种即存取元素值，没有插入和删除操作，所以数组通常采用顺序存储方式来实现。

1. 一维数组

一维数组的所有元素按逻辑次序存放在一片连续的内存存储单元中，其起始地址为元素 a_0 的地址，即 $\text{LOC}(a_0)$。假设每个数据元素占用 k 个存储单元，则任一数据元素 a_i 的存储地址 $\text{LOC}(a_i)$ 就可以由以下公式求出：

$$\text{LOC}(a_i)=\text{LOC}(a_0)+i\times k \quad (1\leqslant i<n)$$

该式说明一维数组中任一元素的存储地址可直接计算得到，即一维数组中的任一元素可直接存取，正因为如此，一维数组具有随机存取特性。

2. d 维数组

对于 $d(d\geqslant 2)$ 维数组，必须约定其元素的存放次序（存储方案），这是因为存储单元是一维的（计算机内存地址是线性的），而数组是 d 维的。通常 d 维数组的存储方案有按行优先和按列优先两种。

下面以 m 行 n 列的二维数组 $A_{m\times n}=(a_{i,j})$ 为例进行讨论（二维数组也称矩阵）。

A 按行优先存储的形式如图 6.2 所示，假设每个元素占 k 个存储单元，$\text{LOC}(a_{0,0})$ 表示 $a_{0,0}$ 元素的存储地址，对于元素 $a_{i,j}$，其存储地址为

$$\text{LOC}(a_{i,j})=\text{LOC}(a_{0,0})+(i\times n+j)\times k$$

每个元素占 k 个存储单元

在第 i 行中，$a_{i,j}$ 前面有 j 个元素

$a_{i,j}$ 前面有 $0\sim i-1$ 共 i 行，每行 n 个元素，共有 $i\times n$ 个元素

图 6.2 按行优先存储

A 按列优先存储的形式如图 6.3 所示，对于元素 $a_{i,j}$，其存储地址为

图 6.3 按列优先存储

前面均假设二维数组的行、列下界为 0。更一般的情况是,二维数组的行下界是 c_1、行上界是 d_1,列下界是 c_2、列上界是 d_2,即为数组 $A[c_1..d_1, c_2..d_2]$[①],则该数组按行优先存储时有

$$LOC(a_{i,j}) = LOC(a_{c_1,c_2}) + [(i-c_1)\times(d_2-c_2+1)+(j-c_2)]\times k$$

按列优先存储时有

$$LOC(a_{i,j}) = LOC(a_{c_1,c_2}) + [(j-c_2)\times(d_1-c_1+1)+(i-c_1)]\times k$$

综上所述,从二维数组的元素地址计算公式 $LOC(a_{i,j})$ 可以看出,一旦数组元素的下标和元素类型确定,对应元素的存储地址就可以直接计算出来,也就是说与一维数组相同,二维数组也具有随机存取特性。这样的推导公式和结论可推广至三维甚至更高维数组中。

【例 6.1】 设有二维数组 $a[1..50, 1..80]$,其 $a[1][1]$ 元素的地址为 2000,每个元素占两个存储单元,若按行优先存储,则元素 $a[45][68]$ 的存储地址为多少?若按列优先存储,则元素 $a[45][68]$ 的存储地址为多少?

解 在按行优先存储时,元素 $a[45][68]$ 前面有 1~44 行,每行 80 个元素,计 44×80 个元素,在第 45 行中,元素 $a[45][68]$ 前面有 $a[45][1..67]$ 计 67 个元素,这样,元素 $a[45][68]$ 前面存储的元素的个数 $=44\times80+67$,所以 $LOC(a[45][68])=2000+(44\times80+67)\times2=9174$。

在按列优先存储时,元素 $a[45][68]$ 前面有 1~67 列,每列 50 个元素,计 67×50 个元素,在第 68 列中,元素 $a[45][68]$ 前面有 $a[1..44][68]$ 计 44 个元素,这样,元素 $a[45][68]$ 前面存储的元素的个数 $=67\times50+44$,所以 $LOC(a[45][68])=2000+(67\times50+44)\times2=8788$。

6.1.3 Java 中的数组

1. 一维数组

Java 声明一维数组的语法有两种,两者在形式上稍有差异,但使用效果完全一样:

```
int[] a;                    //第一种
int a[];                    //第二种
```

与 C/C++ 不同,Java 中的数组是一种引用类型的变量,数组变量并不是数组本身,它只

---

① $A[c_1..d_1, c_2..d_2]$ 表示数组 A 的行号从 c_1 到 c_2,列号从 d_1 到 d_2,例如,由于在 Java 语言中规定数组下标从 0 开始,所以 $A[m]$ 数组可以表示为 $A[0..m-1]$,$A[m][n]$ 或 $A[m,n]$ 数组可以表示为 $A[0..m-1, 0..n-1]$。

是指向堆内存中的数组对象,因此在[]中无须指定数组元素的个数,即数组长度,所以必须在分配内存空间后才能访问数组中的元素。为数组分配内存空间的方式如下:

```
int[] a;                    //定义一个 int 数组变量 a
a=new int[3];               //为 int 数组变量 a 指定数组元素个数为 3,此时分配内存空间
```

也可以这样写:

```
int[] a=new int[3];         //相当于在定义 int 数组变量的时候为其分配内存空间
```

Java 数组的初始化有两种方式,一种是静态初始化,即初始化时由程序员显式指定每个数组元素的初始值,由系统确定数组长度;另一种是动态初始化,即初始化时程序员只指定数组长度,由系统为数组元素分配初始值。例如:

```
int[] a=new int[]{1,2,3};   //静态初始化
String[] b=new String[3];   //动态初始化
b[0]="Hello";
b[1]="World";
b[2]="Hello World";
```

不管采用哪种方式初始化 Java 数组,一旦初始化完成,该数组的长度就不可以改变。在 Java 中通过数组的 length 属性来获取数组的长度。

Java 数组在内存中存储时一般需要 24 字节的头信息(占用 24 字节)再加上保存值所需的内存。例如,int[] c=new int[N]定义的一维数组 c 的内存空间如图 6.4 所示,总共占用 24+4N 字节。

图 6.4 一维数组的内存空间

用户可以通过下标来访问数组元素,与 C/C++不同,Java 在引用数组元素时要进行越界检查,以确保程序的安全性,如果出现数组的下标越界的情况,就会自动抛出数组越界异常(java.lang.ArrayIndexOutOfBoundsException)。

数组遍历的最基本的方式是使用 for 循环。例如:

```
int[] a={1,2,3,4,5};
for(int i=0;i<a.length;i++)
    System.out.printf("%3d",a[i]);
System.out.println();
```

Java 提供了增强版的 for 循环(foreach 格式),专门用于遍历数组。例如:

```
for(int e:a)                //变量 e 遍历数组 a 中的所有元素
    System.out.printf("%3d",e);
System.out.println();
```

2. 二维数组

二维数组的声明、初始化和访问元素与一维数组相似。例如:

```
int[][] a={{1,2},{2,3},{4,5}};           //静态初始化
int[][] b=new int[2][3];                  //动态初始化
b[0][0]=1;
b[0][1]=2;
//…
b[1][2]=6;
```

在 Java 语言中把二维数组看作一维数组的数组，数组空间不是连续分配的，所以不要求二维数组中每一维的大小相同。例如：

```
int[][] a=new int[2][];
a[0]=new int[3];
a[1]=new int[5];
System.out.printf("数组 a 的大小:%d\n",a.length);          //输出:2
System.out.printf("a[0]的大小:%d\n",a[0].length);          //输出:3
System.out.printf("a[1]的大小:%d\n",a[1].length);          //输出:5
```

以 double[][] c=new double[M][N] 为例，c 是一个 M 行 N 列的二维数组，在内存中存储时，c 的每个元素又是一个一维数组，存放的是对应一维数组的引用，其内存空间如图 6.5 所示。这里每个对象引用地址为 8 字节，总共占用 $24+8M+M(24+8N)=24+32M+8MN$ 字节。

图 6.5　二维数组的内存空间

有关 Java 数组的几点说明如下。

(1) Java 数组都是静态数组，一旦被声明其容量就固定了，不能改变，所以在声明数组时一定要考虑数组的最大容量，防止出现容量不够的现象。

(2) 如果希望在执行程序时动态地改变容量，可以使用 Java 集合中的 ArrayList 或者 Vector 容器。

(3) 由于 Java 中的数组(非基本类型的一维数组或者二维及二维以上的数组)并不像 C/C++中的数组那样占用一片连续空间，所以 C/C++数组的一些优化操作并不适合 Java 数

组。例如,在 C/C++ 中定义二维数组:

```
int a[500][1000];
```

有以下两个程序段:

```
for(int i=0;i<500;i++) {                        //程序段 1
    for(int j=0;j<1000;j++) a[i][j]=i+j;
}
for(int j=0;j<1000;j++) {                       //程序段 2
    for(int i=0;i<500;i++) a[i][j]=i+j;
}
```

程序段 1 的性能明显好于程序段 2,这是因为 C/C++ 数组按行优先存储,而程序段 1 的访问顺序恰好也是按行优先访问的。但在 Java 中性能的提升并不明显,这是因为 Java 中二维数组的所有元素并非占用一片连续空间,需要寻址访问元素。

3. Java 中的数组类 Arrays

扫一扫

视频讲解

在 Java 中提供了 Arrays 类可以方便地操作数组,它提供的所有方法都是静态的,实际上在 Java 中建立的各种数组都可以看作 Arrays 类的实例。

Arrays 类的主要方法(以 int 数据类型为例)如下。

(1) static int binarySearch(int[] a,int key):使用折半查找法来搜索 int 型数组 a,以获得指定的值。

(2) static int binarySearch(int[] a,int fromIndex,int toIndex,int key):使用折半查找法来搜索 int 数组 a 的[fromIndex,toIndex)范围,以获得指定的值。该范围从索引 fromIndex(包括)一直到索引 toIndex(不包括)。

(3) static boolean equals(int[] $a1$,int[] $a2$):如果两个指定的 int 型数组 $a1$ 和 $a2$ 彼此相等,则返回 true。

(4) static void fill(int[] a,int val):将指定的 int 值分配给 int 型数组 a 的每个元素。

(5) static void sort(int[] a):对 int 型数组 a 按数字升序进行排序。

(6) static void sort(int[] a,int fromIndex,int toIndex):对 int 型数组 a 的[fromIndex,toIndex)范围按数字升序进行排序。排序范围从索引 fromIndex(包括)一直到索引 toIndex(不包括),如果 fromIndex=toIndex,则排序范围为空。

(7) <E> void sort(E[] a,Comparator<? super E> c):根据指定比较器产生的顺序对对象数组 a 进行排序。

(8) <E> void sort(E[] a,int fromIndex,int toIndex,Comparator<? super E> c):根据指定比较器产生的顺序对指定对象数组 a 从索引 fromIndex(包括)一直到索引 toIndex(不包括)范围内的元素进行排序。

(9) static String toString(int[] a):返回 int 型数组 a 的内容的字符串表示形式。

【例 6.2】 有一个整数数组为(6,2,1,9,5,7,4,3,8),采用 Arrays 类的 sort()方法实现以下方式的排序:

(1) 全部元素递增排序。

(2) 全部元素递减排序。

(3) 将[2..6)范围内的元素递增排序。

解 采用3个数组存放(6,2,1,9,5,7,4,3,8),分别实现例中要求的排序。对应的程序如下:

```java
import java.util.*;
public class Exam6_2 {
    public static void main(String[] args) {
        int[] a={6,2,1,9,5,7,4,3,8};
        System.out.print("增序排序: ");
        Arrays.sort(a);
        for(int i=0;i<a.length;i++)        //输出:1 2 3 4 5 6 7 8 9
            System.out.print(a[i]+" ");
        System.out.print("\n减序排序: ");   //需要使用包装类型而不是基本类型
        Integer[] b={6,2,1,9,5,7,4,3,8};
        Arrays.sort(b, new Comparator<Integer>() {
            public int compare(Integer o1, Integer o2) {   //返回值>0时进行交换
                return o2-o1;
            }
        });
        for(Integer x:b)
            System.out.print(x+" ");        //输出:9 8 7 6 5 4 3 2 1
        System.out.print("\n部分排序: ");
        int[] c={6,2,1,9,5,7,4,3,8};
        Arrays.sort(c,2,6);                 //对数组的[2..6)区间进行排序
        for(int i=0;i<c.length;i++)
            System.out.print(c[i]+" ");     //输出:6 2 1 5 7 9 4 3 8
    }
}
```

6.1.4 数组的应用

本节通过几个示例讨论数组的应用。

【例6.3】 有一个 n 阶二维整数数组 a,设计一个算法将所有元素转置。

解 对于 n 阶二维整数数组 a,转置运算就是将上三角部分的元素 $a[i][j]$($0 \leqslant i \leqslant n-1$, $0 \leqslant j < i$)与下三角部分的元素 $a[j][i]$ 交换。对应的算法如下:

```java
public static void Trans(int[][] a) {       //转置算法
    int tmp;
    for(int i=0;i<a.length;i++) {
        for(int j=0;j<i;j++) {
            tmp=a[i][j];
            a[i][j]=a[j][i];
            a[j][i]=tmp;
        }
    }
}
```

*【例6.4】 有一个 n 阶二维整数数组 a,设计一个算法求 a^k (k 为大于1的整数),结果矩阵元素值取模111的结果。例如,$\begin{bmatrix} 1 & 2 & 1 \\ 0 & 2 & 3 \\ 1 & 0 & 1 \end{bmatrix}^5 = \begin{bmatrix} 13 & 69 & 58 \\ 3 & 65 & 48 \\ 52 & 76 & 13 \end{bmatrix}$。

解 如果直接求 $a^k=a\times\cdots\times a$，需要做 $k-1$ 次矩阵乘法运算，由于一次乘法运算的时间为 $O(n^3)$，所以这样做的算法时间复杂度为 $(k\times n^3)$，当 k 较大时算法的性能低下。

可以借鉴例 5.4 的快速幂算法。置常量 MOD=111，由于这里是矩阵阶乘，需要将原来 ans 初始设置为 1 改成设置为 n 阶单元矩阵（左上一右下对角线元素为 1，其他元素为 0），将 base 置为 a。对应的算法如下：

```
public static int[][] mult(int[][] a,int[][] b) {       //返回矩阵 a 和矩阵 b 相乘的矩阵
    int n=a.length;
    int[][] c=new int[n][n];
    for(int i=0;i<n;i++) {
        for(int j=0;j<n;j++) {
            for(int k=0;k<n;k++)
                c[i][j] += (a[i][k] * b[k][j]) % MOD;
            c[i][j] %= MOD;
        }
    }
    return c;
}
public static int[][] pow(int[][] a,int k) {            //返回 a^k 的矩阵
    int n=a.length;
    int[][] ans=new int[n][n];                          //建立 ans 矩阵
    for(int i=0;i<n;i++)                                //置 ans 为单位矩阵
        ans[i][i]=1;
    int[][] base=new int[n][n];                         //建立 base 矩阵
    for(int i=0;i<n;i++) {                              //置 base=a
        for(int j=0;j<n;j++)
            base[i][j]=a[i][j];
    }
    while(k!=0) {
        if((k&1)==1)                                    //遇到二进制位 1
            ans=mult(ans,base);
        base=mult(base,base);                           //倍乘
        k >>= 1;                                        //右移一位
    }
    return ans;
}
```

上述算法的时间复杂度为 $O(\log_2 k \times n^3)$。

【**例 6.5**】 有一个含 n 个整数的一维数组 a，设计一个算法求任意两个元素差的绝对值的最小值。

解 将数组 a 的所有元素递增排序，求两两元素差的绝对值，比较求出最小的差绝对值。对应的算法如下：

```
public static int mind(int[] a) {
    int n=a.length;
    Arrays.sort(a);                                     //递增排序
    int d=a[n-1]-a[0];                                  //置最大差绝对值
    for(int i=1;i<n;i++)
        if(a[i]-a[i-1]<d) d=a[i]-a[i-1];
    return d;
}
```

数组 a 中 n 个元素排序的时间为 $O(n\log_2 n)$，上述算法的时间复杂度为 $O(n\log_2 n)$。

6.2 特殊矩阵的压缩存储

二维数组也称为矩阵。对于一个 m 行 n 列的矩阵，当 $m=n$ 时称为方阵，方阵的元素可以分为 3 部分，即上三角部分、主对角线部分和下三角部分，如图 6.6 所示。

所谓特殊矩阵，是指非零元素或常量元素的分布有一定规律的矩阵，为了节省存储空间，可以利用特殊矩阵的规律对它们进行压缩存储，例如让多个相同值的元素共享同一个存储单元等。这里主要讨论对称矩阵、三角矩阵和对角矩阵，它们都是方阵。

图 6.6 一个方阵的 3 部分

1. 对称矩阵的压缩存储

若一个 n 阶方阵 A 的元素满足 $a_{i,j}=a_{j,i}(0\leqslant i,j\leqslant n-1)$，则称其为 n 阶对称矩阵。

如果直接采用二维数组来存储对称矩阵，占用的内存空间为 n^2 个元素大小。由于对称矩阵的元素关于主对角线对称，因此在存储时可只存储其上三角和主对角线部分的元素，或者下三角和主对角线部分的元素，使得对称的元素共享同一存储空间，这样就可以将 n^2 个元素压缩存储到 $n(n+1)/2$ 个元素的空间中。不失一般性，按行优先存储时仅存储其下三角和主对角线部分的元素，如图 6.7 所示。

图 6.7 对称矩阵的压缩存储

采用一维数组 $B=\{b_k\}$ 作为 n 阶对称矩阵 A 的压缩存储结构，在 B 中只存储对称矩阵 A 的下三角和主对角线部分的元素 $a_{i,j}(i\geqslant j)$，这样 B 中的元素个数为 $n(n+1)/2$。

(1) 将 A 中下三角和主对角线部分的元素 $a_{i,j}(i\geqslant j)$ 存储在 B 数组的 b_k 元素中。那么 k 和 i、j 之间是什么关系呢？

对于这样的元素 $a_{i,j}$，求出它前面共存储的元素的个数。不包括第 i 行，它前面共有 i 行(行下标为 $0\sim i-1$，第 0 行有 1 个元素，第 1 行有 2 个元素，……，第 $i-1$ 行有 i 个元素)，则这 i 行有 $1+2+\cdots+i=i(i+1)/2$ 个元素。在第 i 行中，元素 $a_{i,j}$ 的前面也有 j 个元素，则元素 $a_{i,j}$ 之前共有 $i(i+1)/2+j$ 个元素，所以有 $k=i(i+1)/2+j$。

(2) 对于 A 中上三角部分的元素 $a_{i,j}(i<j)$，其值等于 $a_{j,i}$，而 $a_{j,i}$ 元素在 B 中的存储位置 $k=j(j+1)/2+i$。

归纳起来，A 中任一元素 $a_{i,j}$ 和 B 中的元素 b_k 之间存在着如下对应关系：

$$k = \begin{cases} i(i+1)/2+j & i \geqslant j \\ j(j+1)/2+i & i < j \end{cases}$$

【例 6.6】 有两个 n 阶整型对称矩阵 A、B，编写一个程序完成以下功能。

(1) 将 A、B 均采用按行优先顺序存放其下三角和主对角线元素的压缩存储方式，A、B 的压缩结果存放在一维数组 a 和 b 中。

(2) 通过 a 和 b 实现求 A、B 的乘积运算，结果存放在二维数组 C 中。
并通过相关数据进行测试。

解 对于两个 n 阶对称矩阵 A、B，求乘积 C 数组时的计算公式如下：

$$C[i][j] = \sum_{k=0}^{n-1} A[i][k] \times B[k][j]$$

由于矩阵 A、B 均采用 a、b 压缩存储，设计 getk(int i,int j)算法由 i、j 求压缩存储中的下标 k。在矩阵乘法中，求出 k1=getk(i,k)，k2=getk(k,j)，在求 $C[i][j]$ 时，$A[i][k]$ 用 $a[k1]$ 替代，$B[k][j]$ 用 $b[k2]$ 替代即可。对应的程序如下：

```java
import java.util.*;
public class Exam6_6 {
    public static void disp(int[][] A) {                    //输出二维数组 A
        int n=A.length;
        for(int i=0;i<n;i++) {
            for(int j=0;j<n;j++)
                System.out.printf("%4d",A[i][j]);
            System.out.println();
        }
    }
    public static void compression(int[][] A,int[] a) {     //将 A 压缩存储到 a 中
        for(int i=0;i<A.length;i++) {
            for(int j=0;j<=i;j++) {
                int k=i*(i+1)/2+j;
                a[k]=A[i][j];
            }
        }
    }
    public static int getk(int i,int j) {                   //由 i、j 求压缩存储中的 k 下标
        if(i>=j) return (i*(i+1)/2+j);
        else return(j*(j+1)/2+i);
    }
    public static void Mult(int[] a,int[] b,int[][] C,int n) {  //矩阵乘法
        for(int i=0;i<n;i++)
            for(int j=0;j<n;j++) {
                int s=0;
                for(int k=0;k<n;k++) {
                    int k1=getk(i,k);
                    int k2=getk(k,j);
                    s+=a[k1]*b[k2];
                }
                C[i][j]=s;
            }
    }
    public static void main(String[] args) {
```

```
        int n=3;
        int m=n*(n+1)/2;
        int[][] A={{1,2,3},{2,4,5},{3,5,6}};
        int[][] B={{2,1,3},{1,5,2},{3,2,4}};
        int[][] C=new int[n][n];
        int[] a=new int[m];
        int[] b=new int[m];
        System.out.println("A:"); disp(A);
        System.out.println("A压缩存储到a中");
        compression(A,a);
        System.out.print("a:");
        for(int i=0;i<m;i++)
            System.out.printf(" %d",a[i]);
        System.out.println();
        System.out.println("B:"); disp(B);
        System.out.println("B压缩存储到b中");
        compression(B,b);
        System.out.print("b:");
        for(int i=0;i<m;i++)
            System.out.printf(" %d",b[i]);
        System.out.println();
        System.out.println("C=A*B");
        Mult(a,b,C,n);
        System.out.println("C:"); disp(C);
    }
}
```

上述程序的执行结果如下：

```
A:
   1   2   3
   2   4   5
   3   5   6
A压缩存储到a中
a: 1 2 4 3 5 6
B:
   2   1   3
   1   5   2
   3   2   4
B压缩存储到b中
b: 2 1 5 3 2 4
C=A*B
C:
  13  17  19
  23  32  34
  29  40  43
```

2. 三角矩阵的压缩存储

有些非对称的矩阵也可借用上述方法存储，例如 n 阶下(上)三角矩阵。所谓 **n 阶下(上)三角矩阵**，是指矩阵的上(下)三角部分(不包括主对角线)中的元素均为常数 c 的 n 阶方阵。

采用一维数组 $B=\{b_k\}$ 作为 n 阶三角矩阵 A 的存储结构，B 中的元素个数为 $n(n+1)/2+1$(其中常数 c 占用一个元素空间)，则 A 中任一元素 $a_{i,j}$ 和 B 中的元素 b_k 之间存在着如下对应关系。

上三角矩阵：
$$k = \begin{cases} i(2n-i+1)/2 + j - i & i \leqslant j \\ n(n+1)/2 & i > j \end{cases}$$

下三角矩阵：
$$k = \begin{cases} i(i+1)/2 + j & i \geqslant j \\ n(n+1)/2 & i > j \end{cases}$$

其中，B 的最后元素 $b_{n(n+1)/2}$ 中存放常数 c。

3. 对角矩阵的压缩存储

若一个 n 阶方阵 A 的所有非零元素都集中在以主对角线为中心的带状区域中，其他元素均为 0，则称其为 **n 阶对角矩阵**。其主对角线的上、下方各有 b 条次对角线，称 b 为矩阵的半带宽、$(2b+1)$ 为矩阵的带宽。对于半带宽为 $b(0 \leqslant b \leqslant (n-1)/2)$ 的对角矩阵，其 $|i-j| \leqslant b$ 的元素 $a_{i,j}$ 不为零，其余元素为零。图 6.8 所示为半带宽为 b 的对角矩阵示意图。

对于 $b=1$ 的对角矩阵 A，只存储其非零元素，并按行优先存储到一维数组 B 中，将 A 的非零元素 $a_{i,j}$ 存储到 B 的元素 b_k 中，k 的计算过程如下。

图 6.8 半带宽为 b 的对角矩阵

(1) 当 $i=0$ 时为第 0 行，共两个非零元素。

(2) 当 $i>0$ 时，第 0 行~第 $i-1$ 行共 $2+3(i-1)$ 个非零元素。

(3) 对于非零元素 $a_{i,j}$，第 i 行最多 3 个元素，该行的首个非零元素为 $a_{i,i-1}$（另外两个元素是 $a_{i,i}$ 和 $a_{i,i+1}$），即该行中元素 $a_{i,j}$ 前面存储的非零元素的个数为 $j-(i-1)=j-i+1$。

所以非零元素 $a_{i,j}$ 前面压缩存储的元素的总个数 $= 2+3(i-1)+j-i+1 = 2i+j$，即 $k = 2i+j$。

以上讨论的对称矩阵、三角矩阵、对角矩阵的压缩存储方法是把有一定分布规律的值相同的元素（包括 0）压缩存储到一个存储空间中，这样的压缩存储只需在算法中按公式做一映射即可实现矩阵元素的随机存取。

6.3 稀疏矩阵

当一个阶数较大的矩阵中的非零元素个数 s 相对于矩阵元素的总个数 t 十分小时，即 $s \ll t$ 时，称该矩阵为**稀疏矩阵**。例如，一个 100×100 的矩阵，若其中只有 100 个非零元素，就可称其为稀疏矩阵。

抽象数据类型稀疏矩阵与抽象数据类型 $d(d=2)$ 维数组的定义相似，这里不再介绍。

6.3.1 稀疏矩阵的三元组表示

由于稀疏矩阵中非零元素的个数很少，显然其压缩存储方法就是只存储非零元素。但不同于前面介绍的各种特殊矩阵，稀疏矩阵中非零元素的分布没有规律（或者说随机分布），所以在存储非零元素时除了元素值以外还需存储对应的行、列下标。这样,稀疏矩阵中的每个非零元素需由一个三元组$(i,j,a_{i,j})$来表示,稀疏矩阵中的所有非零元素构成一个三元组线性表。

图 6.9 所示为一个 6×7 阶稀疏矩阵 A(为图示方便,所取的行、列数都很小)及其对应的三元组表示。从中可以看到,这里的稀疏矩阵三元组表示是一种顺序存储结构。

图 6.9 一个稀疏矩阵 A 及其对应的三元组表示

三元组表示中每个元素的类定义如下:

```
class TupElem<E>{                          //三元组元素类
    int r;                                 //行号
    int c;                                 //列号
    int d;                                 //元素值
    public TupElem(int r1,int c1,int d1){  //构造方法
        r=r1; c=c1; d=d1;
    }
}
```

设计稀疏矩阵三元组存储结构类 TupClass 如下:

```
public class TupClass{                              //三元组表示类
    int rows;                                       //行数
    int cols;                                       //列数
    int nums;                                       //非零元素个数
    ArrayList<TupElem> data;                        //稀疏矩阵对应的三元组顺序表
    public TupClass(){                              //构造方法
        data=new ArrayList<TupElem>();
        nums=0;
    }
    public void CreateTup(int[][] A,int m,int n){…} //创建三元组表示
    public boolean SetValue(int i,int j,int x){…}   //三元组元素赋值 A[i][j]=x
    public int GetValue(int i,int j){…}             //执行 x=A[i][j]
    public void DispTup(){…}                        //输出三元组表示
}
```

其中,data 为 ArrayList 对象,用于存放稀疏矩阵中所有的非零元素,通常按行优先顺序排列。这种有序结构可简化大多数稀疏矩阵运算算法。

1. 从一个稀疏矩阵创建其三元组表示

按行优先方式遍历稀疏矩阵 A,将其非零元素添加到三元组的 data 中。对应的算法如下:

```
public void CreateTup(int[][] A,int m,int n){       //创建三元组表示
    rows=m; cols=n;
```

```
        for(int i=0;i<m;i++) {
            for(int j=0;j<n;j++) {
                if(A[i][j]!=0) {                    //只存储非零元素
                    data.add(new TupElem(i,j,A[i][j]));
                    nums++;
                }
            }
        }
    }
```

2. 三元组元素赋值

对于稀疏矩阵 A，执行 $A[i][j]=x$。先在三元组表示的 data 中找到适当的位置 k，若找到了这样的元素，将其 d 值置为 x，否则将新非零元素 x 插入 data$[k]$ 中。当位置错误时返回 false。对应的算法如下：

```
    public boolean SetValue(int i,int j,int x) {        //三元组元素赋值 A[i][j]=x
        int k=0;
        if(i<0 || i>=rows || j<0 || j>=cols)
            return false;                               //下标错误时返回 false
        while(k<nums && i>data.get(k).r)
            k++;                                        //找到第 i 行
        while(k<nums && i==data.get(k).r && j>data.get(k).c)
            k++;                                        //在第 i 行中找到第 j 列
        if(data.get(k).r==i && data.get(k).c==j)        //若存在这样的非零元素
            data.set(k,new TupElem(i,j,x));             //修改 k 下标元素值
        else {                                          //不存在这样的元素时插入一个元素
            data.add(k,new TupElem(i,j,x));             //在下标 k 位置插入新元素
            nums++;
        }
        return true;                                    //赋值成功时返回 true
    }
```

3. 将指定位置的元素值赋给变量

对于稀疏矩阵 A，执行 $x=A[i][j]$。先在三元组表示的 data 中找到指定的位置，将该处的元素值赋给 x，当参数错误或者没有时返回 0。对应的算法如下：

```
    public int GetValue(int i,int j) {                  //执行 x=A[i][j]
        int k=0;
        if(i<0 || i>=rows || j<0 || j>=cols)
            return 0;                                   //下标错误时返回 0
        while(k<nums && data.get(k).r<i)
            k++;                                        //找到第 i 行
        while(k<nums && data.get(k).r==i && data.get(k).c<j)
            k++;                                        //在第 i 行中找到第 j 列
        if(data.get(k).r==i && data.get(k).c==j)        //找到了这样的非零元素
            return data.get(k).d;                       //返回非零元素值
        return 0;                                       //没有找到返回 0
    }
```

4. 输出三元组

从头到尾扫描三元组表示的 data 并输出所有元素值及其位置。对应的算法如下：

```java
public void DispTup() {                                 //输出三元组表示
    if(nums<=0) return;                                 //没有非零元素时返回
    System.out.printf("行数=%d,列数=%d,非零元素个数=%d\n",rows,cols,nums);
    for(int i=0;i<nums;i++)
        System.out.printf("%5d%5d%5d\n",data.get(i).r,data.get(i).c,data.get(i).d);
}
```

【例 6.7】 有一个稀疏矩阵的三元组表示 a，设计一个算法生成其转置矩阵的三元组表示 b。

解 对于一个 $m \times n$ 的稀疏矩阵 $a_{m \times n}$，其转置矩阵是一个 $n \times m$ 的矩阵 $b_{n \times m}$，满足 $b_{j,i} = a_{i,j}$，其中 $0 \leq i \leq m-1, 0 \leq j \leq n-1$。按列号 v（0 到 a.cols）优先查找非零元素并添加到 b 中。对应的算法如下：

```java
public static TupClass Transpose(TupClass a) {          //矩阵转置
    TupClass b=new TupClass();                          //新建空三元组表示 b
    if(a.nums==0) return b;
    b.rows=a.cols;
    b.cols=a.rows;
    b.nums=a.nums;
    for(int v=0;v<a.cols;v++) {                         //按列号 v 查找
        for(int k=0;k<a.nums;k++) {                     //遍历 data
            if(a.data.get(k).c==v) {                    //找到 v 列号的非零元素
                TupElem p=new TupElem(a.data.get(k).c,a.data.get(k).r,a.data.get(k).d);
                b.data.add(p);                          //新元素添加到 b 中
            }
        }
    }
    return b;
}
```

视频讲解

6.3.2 稀疏矩阵的十字链表表示

十字链表是稀疏矩阵的一种链式存储结构。

对于一个 $m \times n$ 的稀疏矩阵，每个非零元素用一个结点表示，该结点中存放该非零元素的行号、列号和元素值。同一行中的所有非零元素结点链接成一个带行头结点的行循环单链表，将同一列的所有非零元素结点链接成一个带列头结点的列循环单链表。之所以采用循环单链表，是因为矩阵运算中常常是一行（列）操作完后进行下一行（列）操作，最后一行（列）操作完后进行首行（列）操作。

这样对稀疏矩阵的每个非零元素结点来说，它既是某个行链表中的一个结点，同时又是某个列链表中的一个结点，每个非零元素就好比在一个十字路口，由此称为**十字链表**。

（a）元素结点结构　　　　　　（b）头结点结构

图 6.10　十字链表结点结构

每个非零元素结点的类型设计成如图 6.10（a）所示的结构，其中，i、j、value 分别代表非零元素所在的行号、列号和相应的元素值；down 和 right 分别称为向下指针和向右指针，分别用来链接同列中和同行中的下一个非零元素结点。

这样，行循环单链表个数为 m（每一行对应一个行循环单链表），列循环单链表个数为 n（每一列对应一个列循环单链表），那么行、列头结点的个数就是 $m+n$。实际上，行头结点与列头结点是共享的，即 $h[i]$ 表示第 i 行循环单链表的头结点，同时也是第 i 列循环单链表的头结点，这里 $0 \leqslant i < \max\{m,n\}$，即行、列头结点的个数是 $\max\{m,n\}$，所有行、列头结点的类型与非零元素结点的类型相同。

另外，将所有行、列头结点再链接起来构成一个带头结点的循环单链表，这个头结点称为总头结点，即 hm，通过 hm 来标识整个十字链表。

总头结点的类型设计成如图 6.10(b)所示的结构（之所以这样设计，是为了与非零元素结点的类型一致，这样在整个十字链表中采用指针遍历所有结点时更方便），它的 link 域指向第一个行、列头结点，其 i、j 域分别存放稀疏矩阵的行数 m 和列数 n，而 down 和 right 域没有作用。

从中可以看出，在 $m \times n$ 的稀疏矩阵的十字链表存储结构中有 m 个行循环单链表，n 个列循环单链表，另外一个行、列头结点构成的循环单链表，总的循环单链表个数是 $m+n+1$，总的头结点个数是 $\max\{m,n\}+1$。

设稀疏矩阵如下：

$$\boldsymbol{B}_{3 \times 4} = \begin{bmatrix} 1 & 0 & 0 & 2 \\ 0 & 0 & 3 & 0 \\ 0 & 0 & 0 & 4 \end{bmatrix}$$

对应的十字链表如图 6.11 所示。为图示清楚，把每个行列头结点分别画成两个，实际上行列值相同的头结点只有一个。

图 6.11　一个稀疏矩阵的十字链表

十字链表元素结点和头结点合起来声明的结点类型如下：

```
class CNode {                              //十字链表结点类
    int i;                                 //行号
    int j;                                 //列号
    CNode right, down;                     //向右和向下的指针
    boolean tag;                           //tag 为 true 表示头结点,为 false 表示非零元素结点
    int value;                             //存放非零元素值
    CNode link;                            //头结点指针
    public CNode(int i1, int j1, boolean tag1) {
        i=i1; j=j1;
        tag=tag1;
        right=down=link=null;
    }
}
```

稀疏矩阵采用十字链表表示时的相关运算算法与三元组表示时的类似,但更复杂,这里不再讨论。

说明：从上述算法设计看出,若稀疏矩阵采用二维数组存储,则具有随机存取特性;若稀疏矩阵采用三元组顺序表存储或十字链表存储,则不再具有随机存取特性。

6.4 练习题

6.5 实验题

6.5.1 上机实验题

6.5.2 在线编程题

1. POJ3213——矩阵乘法问题。
2. POJ3233——矩阵幂序列问题。

第 7 章 树和二叉树

在前面介绍了几种常用的线性结构,本章讨论树形结构。树形结构属非线性结构,常用的树形结构有树和二叉树。在树形结构中,一个结点可以与多个结点相对应,因此能够表示元素或结点之间的一对多关系。本章主要学习要点如下:

(1) 树的相关概念、树的性质和树的各种存储结构。
(2) 二叉树的概念和二叉树的性质。
(3) 二叉树的存储结构,包括二叉树顺序存储结构和链式存储结构。
(4) 二叉树的基本运算和各种遍历算法的实现。
(5) 线索二叉树的概念和相关算法的实现。
(6) 哈夫曼树的定义、哈夫曼树的构造过程和哈夫曼编码产生的方法。
(7) 树和二叉树的转换与还原过程。
(8) 树算法设计和并查集。
(9) 灵活运用树和二叉树数据结构解决一些综合应用问题。

7.1 树

树是一种最典型的树形结构,如图 7.1 所示就是一棵现实生活中的树,它由树根、树枝和树叶等组成。本节介绍树的定义、逻辑结构表示、树的性质、树的基本运算和存储结构等。

7.1.1 树的定义

树是由 $n(n \geq 0)$ 个结点组成的有限集合(记为 T)。如果 $n=0$,它是一棵空树,这是树的特例;如果 $n>0$,这 n 个结点中存在(有且仅存在)一个结点作为树的根结点(root),其余结点可分为 $m(m \geq 0)$ 个互不相交的有限集(T_1、T_2、……、T_m),其中每个子集本身又是一棵符合本定义的树,称为根结点的子树。

图 7.1 一棵树

树的定义是递归的,因为在树的定义中又用到树的定义。它刻画了树的固有特性,即一棵树由若干棵互不相交的子树构成,而子树又由更小的若干棵子树构成。

树是一种非线性数据结构,具有以下特点:它的每一结点可以有零个或多个后继结点,但有且只有一个前驱结点(根结点除外);这些数据结点按分支关系组织起来,清晰地反映了数据元素之间的层次关系。可以看出,数据元素之间存在的关系是一对多的关系。

抽象数据类型树的定义如下:

```
ADT Tree {
    数据对象:
        D = {a_i | 0 ≤ i ≤ n-1, n ≥ 0, a_i 为 E 类型}
    数据关系:
        R = {r}
        r = {<a_i, a_j> | a_i, a_j ∈ D, 0 ≤ i, j ≤ n-1, 其中每个结点最多只有一个前驱结点、
            可以有零个或多个后继结点,有且仅有一个结点(即根结点)没有前驱结点}
    基本运算:
        bool CreateTree(): 由树的逻辑结构表示建立其存储结构。
        String toString(): 返回由树转换的括号表示串。
        E GetParent(int i): 求编号为 i 的结点的双亲结点值。
        ……
}
```

7.1.2 树的逻辑结构表示方法

树的逻辑结构表示方法有多种,但不管用户采用哪种表示方法,都应该能够正确地表达出树中数据元素之间的层次关系。下面是几种常见的树的逻辑结构表示方法。

(1) 树形表示法:用一个圆圈表示一个结点,圆圈内的符号代表该结点的数据信息,结点之间的关系通过连线表示。虽然每条连线上都不带有箭头(即方向),但它仍然是有向的,其方向隐含着从上向下,即连线的上方结点是下方结点的前驱结点,下方结点是上方结点的后继结点。它的直观形象是一棵倒置的树(树根在上,树叶在下),如图 7.2(a)所示。

(2) 文氏图表示法:每棵树对应一个圆圈,圆圈内包含根结点和子树的圆圈,同一个根

结点下的各子树对应的圆圈是不能相交的。在用这种方法表示的树中,结点之间的关系是通过圆圈的包含来表示的。图 7.2(a)所示的树对应的文氏图表示法如图 7.2(b)所示。

(3) 凹入表示法:每棵树的根对应着一个条形,子树的根对应着一个较短的条形,且树根在上,子树的根在下,同一个根下的各子树的根对应的条形长度是相同的。图 7.2(a)所示的树对应的凹入表示法如图 7.2(c)所示。

(4) 括号表示法:每棵树对应一个由根作为名字的表,表名放在表的左边,表是由在一个括号里的各子树对应的子表组成的,子表之间用逗号分开。在用这种方法表示的树中,结点之间的关系是通过括号的嵌套表示的。图 7.2(a)所示的树对应的括号表示法如图 7.2(d)所示。

图 7.2 树的各种表示法

7.1.3 树的基本术语

下面介绍树的基本术语。

(1) **结点的度与树的度**:树中某个结点的子树的个数称为**该结点的度**。树中各结点的度的最大值称为**树的度**,通常将度为 m 的树称为 m 次树。例如,图 7.2(a)是一棵 3 次树。

(2) **分支结点与叶子结点**:度不为零的结点称为非终端结点,又叫**分支结点**。度为零的结点称为**终端结点**或**叶子结点**。在分支结点中,每个结点的分支数就是该结点的度。例如,对于度为 1 的结点,其分支数为 1,被称为单分支结点;对于度为 2 的结点,其分支数为 2,被称为双分支结点,其余类推。例如,在图 7.2(a)所示的树中,B、C 和 D 等是分支结点,而E、F和J等是叶子结点。

(3) 路径与路径长度：对于任意两个结点k_i和k_j，若树中存在一个结点序列k_i,k_{i1}，$k_{i2},\cdots,k_j$，使得序列中除k_i以外的任一结点都是其在序列中前一个结点的后继结点，则称该结点序列为由k_i到k_j的一条**路径**，用路径所通过的结点序列$(k_i,k_{i1},k_{i2},\cdots,k_j)$表示这条路径。**路径长度**等于路径所通过的结点个数减1（即路径上的分支数目）。可见，路径就是从k_i出发"自上而下"到达k_j所通过的树中结点的序列。显然，从树的根结点到树中的其余结点均存在一条路径。例如，在图7.2(a)所示的树中，从结点A到结点K的路径为A→D→I→K，其长度为3。

(4) 孩子结点、双亲结点和兄弟结点：在一棵树中，每个结点的后继结点被称作该结点的**孩子结点**（或子女结点）。相应地，该结点被称作孩子结点的**双亲结点**（或父母结点）。具有同一双亲的孩子结点互为**兄弟结点**。进一步推广这些关系，可以把每个结点的所有子树中的结点称为该结点的**子孙结点**，从树根结点到达该结点的路径上经过的所有结点（除自身外）被称作该结点的**祖先结点**。例如，在图7.2(a)所示的树中，结点B、C互为兄弟结点；结点D的子孙结点有H、I、K、L和M；结点I的祖先结点有A、D。

(5) 结点的层次和树的高度：树中的每个结点都处在一定的层次上。结点的层次从树根开始定义，根结点为第一层，它的孩子结点为第二层，以此类推，一个结点所在的层次为其双亲结点所在的层次加1。树中结点的最大层次称为**树的高度**（或树的深度）。

(6) 有序树和无序树：若树中各结点的子树是按照一定的次序从左向右安排的，且相对次序是不能随意变换的，则称为**有序树**，否则称为**无序树**。默认为有序树。

(7) 森林：$n(n>0)$个互不相交的树的集合称为森林。森林的概念与树的概念十分相近，因为只要把树的根结点删去就成了**森林**。反之，只要给n棵独立的树加上一个结点，并把这n棵树作为该结点的子树，则森林就变成了树。

扫一扫

视频讲解

7.1.4 树的性质

性质1 树中的结点数等于所有结点的度之和加1。

证明：根据树的定义，在一棵树中除树根结点外，每个结点有且仅有一个前驱结点。也就是说，每个结点与指向它的一个分支一一对应（只有根结点没有这样的分支），这样结点数等于分支数之和加1，而所有分支数之和等于所有结点的度之和，所以树中的结点数等于所有结点的度之和加1。

性质2 度为m的树中第i层上最多有m^{i-1}个结点($i \geq 1$)。

证明：采用数学归纳法证明。对于第一层，因为树中的第一层上只有一个结点，即整个树的根结点，而将$i=1$代入m^{i-1}，得$m^{i-1}=m^{1-1}=1$，显然结论成立。

假设对于第$i-1$层($i>1$)命题成立，即度为m的树中第$i-1$层上最多有m^{i-2}个结点，则根据树的度的定义，度为m的树中每个结点最多有m个孩子结点，所以第i层上的结点数最多为第$i-1$层上结点数的m倍，即最多为$m^{i-2} \times m = m^{i-1}$个，这与命题相同，故命题成立。

推广：当一棵m次树的第i层上有m^{i-1}个结点($i \geq 1$)时，称该层是满的，若一棵m次树的所有叶子结点在同一层并且所有层都是满的，称为**满m次树**。显然，满m次树是所有相同高度的m次树中结点总数最多的树。也可以说，对于n个结点，构造的m次树为满m次树或者接近满m次树，此时树的高度最小。

性质3 高度为 h 的 m 次树最多有 $\frac{m^h-1}{m-1}$ 个结点。

证明：由树的性质2可知，第 i 层上结点数最多为 $m^{i-1}(i=1,2,\cdots,h)$。显然，当高度为 h 的 m 次树（即度为 m 的树）为满 m 次树时，整棵 m 次树具有最多结点数，因此有

整棵树的最多结点数＝每一层的最多结点数之和＝$m^0+m^1+m^2+\cdots+m^{h-1}=\frac{m^h-1}{m-1}$

所以满 m 次树的另一种定义为：当一棵高度为 h 的 m 次树上的结点数等于 $\frac{m^h-1}{m-1}$ 时，则称该树为满 m 次树。例如，对于一棵高度为5的满2次树，结点数为 $(2^5-1)/(2-1)=31$；对于一棵高度为5的满3次树，结点数为 $(3^5-1)/(3-1)=121$。

性质4 具有 n 个结点的 m 次树的最小高度为 $\lceil \log_m(n(m-1)+1) \rceil$[①]。

证明：设具有 n 个结点的 m 次树的最小高度为 h，这样的树中前 $h-1$ 层都是满的，即每一层的结点数都等于 m^{i-1} 个 $(1 \leq i \leq h-1)$，第 h 层（即最后一层）的结点数可能满，也可能不满，但至少有一个结点。

根据树的性质3，可得 $\frac{m^{h-1}-1}{m-1} < n \leq \frac{m^h-1}{m-1}$。

乘 $(m-1)$ 后得 $m^{h-1} < n(m-1)+1 \leq m^h$。

以 m 为底取对数后得 $h-1 < \log_m(n(m-1)+1) \leq h$。

即 $\log_m(n(m-1)+1) \leq h < \log_m(n(m-1)+1)+1$。

因 h 只能取整数，所以 $h=\lceil \log_m(n(m-1)+1) \rceil$，结论得证。

例如，对于2次树，求最小高度的计算公式为 $\lceil \log_2(n+1) \rceil$，若 $n=20$，则最小高度为5；对于3次树，求最小高度的计算公式为 $\lceil \log_3(2n+1) \rceil$，若 $n=20$，则最小高度为4。

【例7.1】 若一棵3次树中度为3的结点为两个、度为2的结点为一个、度为1的结点为两个，则该3次树中总的结点个数和叶子结点个数分别是多少？

解 设该3次树中总的结点个数、度为0的结点个数、度为1的结点个数、度为2的结点个数和度为3的结点个数分别为 n、n_0、n_1、n_2 和 n_3。显然，每个度为 i 的结点在所有结点的度之和中贡献 i 个度。依题意有 $n_1=2$，$n_2=1$，$n_3=2$。由树的性质1可知：

$n=$ 所有结点的度之和 $+1=0 \times n_0+1 \times n_1+2 \times n_2+3 \times n_3+1=1 \times 2+2 \times 1+3 \times 2+1=11$

又因为 $n=n_0+n_1+n_2+n_3$，即 $n_0=n-n_1-n_2-n_3=11-2-1-2=6$。

所以该3次树中总的结点个数和叶子结点个数分别是11和6。

说明：在 m 次树中计算结点时常用的关系式有：①树中所有结点的度之和＝分支数＝$n-1$；②所有结点的度之和＝$n_1+2n_2+\cdots+m \times n_m$；③$n=n_0+n_1+\cdots+n_m$。

7.1.5 树的基本运算

由于树属于非线性结构，结点之间的关系比线性结构复杂，所以树的运算比以前讨论过的各种线性数据结构的运算要复杂许多。

---

① $\lceil x \rceil$ 表示大于或等于 x 的最小整数，例如 $\lceil 2.4 \rceil = 3$；$\lfloor x \rfloor$ 表示小于或等于 x 的最大整数，例如 $\lfloor 2.8 \rfloor = 2$。

树的运算主要分为以下三大类。

(1) 查找满足某种特定关系的结点,例如查找当前结点的双亲结点等。

(2) 插入或删除某个结点,例如在树的当前结点上插入一个新结点或删除当前结点的第 i 个孩子结点等。

(3) 遍历树中的每个结点。

树的遍历运算是指按某种方式访问树中的每个结点且每个结点只被访问一次。树的遍历运算主要有先根遍历、后根遍历和层次遍历 3 种。注意,下面的先根遍历和后根遍历过程都是递归的。

1. 先根遍历

先根遍历的过程如下。

(1) 访问根结点。

(2) 按照从左到右的次序先根遍历根结点的每棵子树。

例如,对于图 7.2(a)所示的树,采用先根遍历得到的结点序列为 ABEFCGJDHIKLM。

2. 后根遍历

后根遍历的过程如下。

(1) 按照从左到右的次序后根遍历根结点的每棵子树。

(2) 访问根结点。

例如,对于图 7.2(a)所示的树,采用后根遍历得到的结点序列为 EFBJGCHKLMIDA。

3. 层次遍历

层次遍历的过程为从根结点开始,按照从上到下、从左到右的次序访问树中的每个结点。例如,对于图 7.2(a)所示的树,采用层次遍历得到的结点序列为 ABCDEFGHIJKLM。

扫一扫

视频讲解

7.1.6 树的存储结构

树的存储要求既要存储结点的数据元素本身,又要存储结点之间的逻辑关系。有关树的存储结构有多种,下面介绍 3 种常用的存储结构,即双亲存储结构、孩子链存储结构和孩子兄弟链存储结构。

1. 双亲存储结构

这种存储结构是一种顺序存储结构,用一组连续空间存储树的所有结点,同时在每个结点中附设一个伪指针指示其双亲结点的位置。双亲存储结构中结点类 PTree 的定义如下:

```
class PTree< E > {                  //双亲存储结构的结点类
    E data;                         //存放结点的值
    int parent;                     //存放双亲的位置
}
PTree< E >[] t;                     //双亲存储结构 t
```

例如,图 7.3(a)所示的树对应的双亲存储结构如图 7.3(b)所示,其中根结点 A 的伪指针为 −1,其孩子结点 B、C 和 D 的双亲伪指针均为 0,E、F 和 G 的双亲伪指针均为 2。

该存储结构利用了每个结点(根结点除外)只有唯一双亲的性质。在这种存储结构中,求某个结点的双亲结点十分容易,但在求某个结点的孩子结点时需要遍历整个结构。

(a) 一棵树　　　　　　　(b) 对应的双亲存储结构

图 7.3　树的双亲存储结构

2. 孩子链存储结构

在这种存储结构中，每个结点不仅包含数据值，还包括指向所有孩子结点的指针。由于树中每个结点的子树个数（即结点的度）不同，如果按各个结点的度设计变长结构，则每个结点的孩子结点的指针域个数可能不同，使算法实现比较麻烦。为此，孩子链存储结构中按树的度（即树中所有结点的度的最大值）设计结点的孩子结点指针域个数。

孩子链存储结构的结点类 TSonNode 定义如下：

```
class TSonNode < E > {                //孩子链存储结构的结点类
    E data;                           //结点的值
    TSonNode < E > [] sons;           //指向孩子结点
}
```

其中，sons 数组的大小为 MaxSons，即为最多的孩子结点个数或该树的度。

例如，图 7.4(a)所示的一棵树，其度为 3，所以在设计其孩子链存储结构时每个结点的指针域个数应为 3，对应的孩子链存储结构如图 7.4(b)所示。

(a) 一棵树　　　　　(b) 孩子链存储结构　　　　　(c) 孩子兄弟链存储结构

图 7.4　树的孩子链存储结构和孩子兄弟链存储结构

孩子链存储结构的优点是查找某结点的孩子结点十分方便，其缺点是查找某结点的双亲结点比较费时，另外，当树的度较大时存在较多的空指针域，可以证明含有 n 个结点的 m 次树采用孩子链存储结构时有 $mn-n+1$ 个空指针域。

3. 孩子兄弟链存储结构

孩子兄弟链存储结构是为每个结点固定设计 3 个域，即一个数据元素域、一个指向该结点的第一个孩子结点的指针域、一个指向该结点的下一个兄弟结点的指针域。

孩子兄弟链存储结构中的结点类 TSBNode 定义如下：

```
class TSBNode<E> {                    //孩子兄弟链存储结构中的结点类
    E data;                           //结点的值
    TSBNode<E> hp;                    //指向兄弟
    TSBNode<E> vp;                    //指向孩子结点
}
```

例如,图 7.4(a)所示的树的孩子兄弟链存储结构如图 7.4(c)所示。

由于在树的孩子兄弟链存储结构中每个结点固定只有两个指针域,并且这两个指针是有序的(即兄弟域和孩子域不能混淆),所以孩子兄弟链存储结构实际上是把该树转换为二叉树的存储结构。这在后面将会讨论到,把树转换为二叉树所对应的结构恰好就是这种孩子兄弟链存储结构,所以孩子兄弟链存储结构的最大优点是可以方便地实现树和二叉树的相互转换。孩子兄弟链存储结构的缺点和孩子链存储结构的缺点一样,即从当前结点查找双亲结点比较麻烦,需要从树的根结点开始逐个结点比较查找。

7.2 二叉树

二叉树和树一样都属于树形结构,但属于两种不同的树形结构。本节讨论二叉树的定义、二叉树的性质、二叉树的存储结构、二叉树遍历等运算算法设计和线索二叉树等。

7.2.1 二叉树的概念

视频讲解

1. 二叉树的定义

二叉树也称为二分树,它是有限的结点集合,这个集合或者为空,或者由一个根结点和两棵互不相交的称为左子树和右子树的二叉树组成。

显然,和树的定义一样,二叉树的定义也是一个递归定义。二叉树的结构简单,存储效率高,其运算算法实现也相对简单。因此,二叉树在树形结构中具有很重要的地位。

二叉树中的许多概念(如结点的度、孩子结点、双亲结点、结点层次、子孙结点和祖先结点等)与树中的概念相同。在含 n 个结点的二叉树中,所有结点的度小于或等于2,通常用 n_0 表示叶子结点个数,n_1 表示单分支结点个数,n_2 表示双分支结点个数。

需要注意的是,二叉树和树是两种不同的树形结构,不能认为二叉树就是度为2的树(2次树),实际上二叉树和度为2的树是不同的,其差别如下。

(1) 度为2的树中至少有一个结点的度为2,也就是说,度为2的树中至少有3个结点,而二叉树没有这种要求,二叉树可以为空。

(2) 度为2的树中度为1的结点(如果有)不区分左、右子树,而二叉树中度为1的结点(如果有)是严格区分左、右子树的。

二叉树有5种基本形态,如图7.5所示,任何复杂的二叉树都是这5种基本形态的组合。其中,图7.5(a)是空二叉树,图7.5(b)是单结点的二叉树,图7.5(c)是右子树为空的二叉树,图7.5(d)是左子树为空的二叉树,图7.5(e)是左、右子树都不空的二叉树。

二叉树的逻辑表示法与树的逻辑表示法类似,有树形表示法、文氏图表示法、凹入表示法和括号表示法等。另外,7.1节中介绍的树的所有术语对于二叉树都适用。

第 7 章 树和二叉树

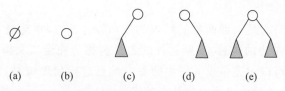

图 7.5 二叉树的 5 种基本形态

2. 二叉树的抽象数据类型

二叉树的抽象数据类型的描述如下：

ADT BTree {
  数据对象：
    $D = \{a_i \mid 0 \leqslant i \leqslant n-1, n \geqslant 0, a_i$ 为 E 类型$\}$　　//为了简单，除了特别说明外假设 E 为 char
  数据关系：
    $R = \{r\}$
    $r = \{<a_i, a_j> \mid a_i, a_j \in D, 0 \leqslant i, j \leqslant n-1$，当 $n=0$ 时称为空二叉树，否则其中有一个根结点，
      其他结点构成根结点的互不相交的左、右子树，该左、右两棵子树也是二叉树$\}$
  基本运算：
    void CreateBTree(String str)：根据二叉树的括号表示串建立其存储结构。
    String toString()：返回由二叉树转换的括号表示串。
    BTNode FindNode(E x)：在二叉树中查找值为 x 的结点。
    int Height()：求二叉树的高度。
    …
}

扫一扫

视频讲解

3. 满二叉树和完全二叉树

在一棵二叉树中，如果所有分支结点都有左、右孩子结点，并且叶子结点都集中在二叉树的最下一层，这样的二叉树称为**满二叉树**。图 7.6(a)所示就是一棵满二叉树。用户可以对满二叉树的结点进行层序编号，约定编号从树根为 1 开始，按照层数从小到大、同一层从左到右的次序进行，图中每个结点旁的数字为对该结点的编号。满二叉树也可以从结点个数和树高度之间的关系来定义，即一棵高度为 h 且有 $2^h - 1$ 个结点的二叉树称为**满二叉树**。

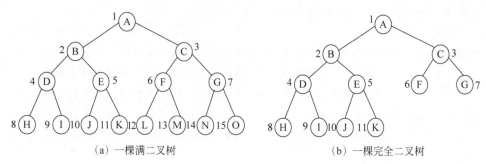

(a) 一棵满二叉树　　　　　　　　　　(b) 一棵完全二叉树

图 7.6 满二叉树和完全二叉树

满二叉树的特点如下。

(1) 叶子结点都在最下一层。
(2) 只有度为 0 和度为 2 的结点。
(3) 含 n 个结点的满二叉树的高度为 $\log_2(n+1)$，叶子结点个数为 $\lfloor n/2 \rfloor + 1$，度为 2

的结点个数为 $\lfloor n/2 \rfloor$。

若二叉树中最多只有最下面两层的结点的度可以小于 2，并且最下面一层的叶子结点都依次排列在该层最左边的位置上，则这样的二叉树称为**完全二叉树**，图 7.6(b)所示为一棵完全二叉树。同样可以对完全二叉树中的每个结点进行层序编号，编号的方法与满二叉树相同，图中每个结点旁的数字为对该结点的编号。

不难看出，满二叉树是完全二叉树的一种特例，并且完全二叉树与同高度的满二叉树对应结点的层序编号相同。图 7.6(b)所示的完全二叉树与等高度的满二叉树相比，它在最后一层的右边缺少了 4 个结点。

完全二叉树的特点如下。

(1) 叶子结点只可能出现在最下面两层中。

(2) 最下一层中的叶子结点都依次排列在该层最左边的位置上。

(3) 如果有度为 1 的结点，只可能有一个，且该结点最多只有左孩子而无右孩子。

(4) 按层序编号后，一旦出现某结点(其编号为 i)为叶子结点或只有左孩子，则编号大于 i 的结点均为叶子结点。

扫一扫

视频讲解

7.2.2 二叉树的性质

性质 1 非空二叉树上叶子结点数等于双分支结点数加 1。

证明：在一棵二叉树中，总结点数 $n=n_0+n_1+n_2$，所有结点的分支数(即所有结点的度之和)应等于单分支结点数加上双分支结点数的 2 倍，即总的分支数 $=n_1+2n_2$。

因为二叉树中除根结点以外，每个结点都有唯一的双亲，每个这样的父子关系对应一个分支，所以二叉树中总的分支数=总结点数-1。

由上述 3 个等式可得 $n_1+2n_2=n_0+n_1+n_2-1$，即 $n_0=n_2+1$。

说明：在二叉树中计算结点时常用的关系式有①所有结点的度之和=分支数=$n-1$；②所有结点的度之和=n_1+2n_2；③$n=n_0+n_1+n_2$。

性质 2 非空二叉树的第 i 层上最多有 2^{i-1} 个结点($i \geq 1$)。

由树的性质 2 可推出。

性质 3 高度为 h 的二叉树最多有 2^h-1 个结点($h \geq 1$)。

由树的性质 3 可推出。

性质 4 对完全二叉树中层序编号为 i 的结点($1 \leq i \leq n$，$n \geq 1$，n 为结点总数)，有：

(1) 若 $i \leq \lfloor n/2 \rfloor$，即 $2i \leq n$，则编号为 i 的结点为分支结点，否则为叶子结点。

(2) 若 n 为奇数，则 $n_1=0$，这样每个分支结点都是双分支结点[如图 7.6(b)所示的完全二叉树就是这种情况，其中 $n=11$，分支结点 1~5 都是双分支结点，其他为叶子结点]；若 n 为偶数，则 $n_1=1$，只有一个单分支结点，该单分支结点是编号最大的分支结点(编号为 $\lfloor n/2 \rfloor$)。

(3) 若编号为 i 的结点有左孩子结点，则左孩子结点的编号为 $2i$；若编号为 i 的结点有右孩子结点，则右孩子结点的编号为 $2i+1$。

(4) 若编号为 i 的结点有双亲结点，其双亲结点的编号为 $\lfloor i/2 \rfloor$。

上述性质均可采用归纳法证明，请读者自己完成。

性质 5 具有 n 个($n>0$)结点的完全二叉树的高度为 $\lceil \log_2(n+1) \rceil$ 或 $\lfloor \log_2 n \rfloor+1$。

由完全二叉树的定义和树的性质3可推出。

说明：在一棵完全二叉树中,由结点总数 n 可以确定其树形,n_1 只能是0或1,当 n 为偶数时,$n_1=1$,当 n 为奇数时,$n_1=0$。层序编号为 i 的结点的层次恰好为 $\lceil \log_2(i+1) \rceil$ 或者 $\lfloor \log_2 i \rfloor +1$。

【**例7.2**】 一棵含有882个结点的二叉树中有365个叶子结点,求度为1的结点个数和度为2的结点个数。

解 这里 $n=882, n_0=365$,由二叉树的性质1可知 $n_2=n_0-1=364$,而 $n=n_0+n_1+n_2$,即 $n_1=n-n_0-n_2=882-365-364=153$,所以该二叉树中度为1的结点个数和度为2的结点个数分别是153和364。

【**例7.3**】 若用 $f(n)$ 表示结点个数为 n 的不同形态的二叉树个数(假设所有结点值不同),试推导出 $f(n)$ 的循环公式。

解 一棵非空二叉树包括树根 N、左子树 L 和右子树 R。设 n 为该二叉树的结点个数,n_L 为左子树的结点个数,n_R 为右子树的结点个数,则 $n=1+n_L+n_R$。对于 (n_L, n_R),共有 n 种不同的可能,即 $(0, n-1)$、$(1, n-2)$、……、$(n-1, 0)$。

对于 $(0, n-1)$ 的情况,L 是空子树,R 为 $n-1$ 个结点的子树,这种情况共有 $f(0) \times f(n-1)$ 种不同的二叉树。

对于 $(1, n-2)$ 的情况,共有 $f(1) \times f(n-2)$ 种不同的二叉树。

……

对于 $(n-1, 0)$ 的情况,共有 $f(n-1) \times f(0)$ 种不同的二叉树。因此,有

$$f(n) = f(0) \times f(n-1) + f(1) \times f(n-2) + \cdots + f(n-1) \times f(0)$$
$$= \sum_{i=1}^{n} f(i-1) \times f(n-i)$$

其中,$f(0)=1$(不含任何结点的二叉树个数为1),$f(1)=1$(含一个结点的二叉树个数为1)。可以推出 $f(n) = \dfrac{1}{n+1} C_{2n}^{n}$。

例如,由3个不同的结点可以构造出 $\dfrac{1}{3+1} C_6^3 = 5$ 种不同形态的二叉树。

【**例7.4**】 一棵完全二叉树中有501个叶子结点,则最少有多少个结点?

解 该二叉树中有 $n_0=501$,由二叉树的性质1可知 $n_0=n_2+1$,所以 $n_2=n_0-1=500$,则 $n=n_0+n_1+n_2=1001+n_1$。由于完全二叉树中 $n_1=0$ 或 $n_1=1$,则 $n_1=0$ 时结点个数最少,此时 $n=1001$,即最少有1001个结点。

【**例7.5**】 一棵完全二叉树中有501个结点,则叶子结点的个数是多少?

解 该二叉树中有 $n=501$,由二叉树的性质4可知 $n_1=0$,又由二叉树的性质1可知 $n_0=n_2+1$,所以 $n_2=n_0-1$。$n=n_0+n_1+n_2=n_0+n_2=2n_0-1$,则 $n_0=(n+1)/2=502/2=251$,即该完全二叉树中的叶子结点个数为251。

7.2.3 二叉树的存储结构

二叉树主要有顺序存储结构和链式存储结构两种,本节分别予以介绍。

扫一扫

视频讲解

1. 二叉树的顺序存储结构

在顺序存储一棵二叉树时,就是用一组连续的存储单元存放二叉树中的结点。由二叉树的性质 4 可知,对于完全二叉树和满二叉树,树中结点的层序可以唯一地反映出结点之间的逻辑关系,所以可以用一维数组按层序顺序存储树中所有的结点值,通过数组元素的下标关系反映完全二叉树或满二叉树中结点之间的逻辑关系。

例如,图 7.6(b)所示的完全二叉树对应的顺序存储结构 sb 如图 7.7 所示,编号为 i 的结点值存放在数组下标为 i 的元素中。由于 Java 语言中数组的下标从 0 开始,这里为了保持一致性而没有使用下标为 0 的数组元素。

图 7.7 一棵完全二叉树的顺序存储结构

然而对于一般的二叉树,如果仍按照从上到下和从左到右的顺序将树中的结点顺序存储在一维数组中,则数组元素的下标关系不能够反映二叉树中结点之间的逻辑关系,这时可将一般二叉树进行改造,增添一些并不存在的空结点,使之成为一棵完全二叉树的形式[例如,对于图 7.8(a)所示的一般二叉树,添加空结点使其成为一棵完全二叉树,结果如图 7.8(b)所示],并对所有结点进行层序编号,再把各结点值按编号存储到一维数组中[空结点在数组中用特殊值(如'#')表示],如图 7.9 所示。也就是说,一般二叉树采用顺序存储结构后,各结点的编号与等高度的完全二叉树中相应位置上结点的编号相同。

(a) 一般二叉树　　　　　　　　(b) 添加空结点成为一棵完全二叉树

图 7.8 一般二叉树按完全二叉树结点编号

图 7.9 一棵二叉树的顺序存储结构

二叉树的顺序存储结构采用字符串(或者字符数组)存放:

```
String sb;                              //二叉树的顺序存储结构用 sb 字符串存储
```

显然,完全二叉树或满二叉树采用顺序存储结构比较合适,既能够最大可能地节省存储空间,又可以利用数组元素的下标确定结点在二叉树中的位置以及结点之间的关系。对于一般二叉树,如果它接近完全二叉树形态,需要增加的空结点个数不多,也可采用顺序存储结构。如果需要增加很多空结点才能将一棵二叉树改造为一棵完全二叉树,采用顺序存储结构会造成空间的大量浪费,这时不宜用顺序存储结构。最坏情况是右单支树(除叶子结点外每个结点只有一个右孩子),一棵高度为 h 的右单支树只有 h 个结点,却需要分配 2^h-1 个存储单元。

在顺序存储结构中,查找一个结点的孩子、双亲结点都很方便,编号(下标)为 i 的结点的层次为 $\lfloor \log_2(i+1) \rfloor$。

2. 二叉树的链式存储结构

二叉树的链式存储结构是指用一个链表来存储一棵二叉树,二叉树中的每一个结点用链表中的一个链结点来存储。在二叉树中,标准存储方式的结点结构为(lchild,data,rchild),其中,data 为值成员变量,用于存储对应的数据元素,lchild 和 rchild 分别为左、右指针变量,用于分别存储左孩子和右孩子结点(即左、右子树的根结点)的地址。这种链式存储结构通常简称为**二叉链**。

对应 Java 语言的二叉链结点类 BTNode＜E＞定义如下:

```
class BTNode ＜E＞ {                    //二叉链中的结点类
    E data;                            //存放数据元素
    BTNode lchild;                     //指向左孩子结点
    BTNode rchild;                     //指向右孩子结点
    public BTNode() {                  //默认构造方法
        lchild=rchild=null;
    }
    public BTNode(E d) {               //重载构造方法
        data=d;
        lchild=rchild=null;
    }
}
```

例如,图 7.10(a)所示的二叉树对应的二叉链存储结构如图 7.10(b)所示,整棵二叉树通过根结点 b 来唯一标识。

(a) 一棵二叉树　　　　　　(b) 二叉链存储结构

图 7.10　二叉树及其二叉链存储结构

7.2.4　二叉树的递归算法设计

二叉树是一种典型的递归数据结构。在 5.2.2 节讨论过递归数据结构通常有一个或一组基本递归运算,以二叉树的二叉链存储结构为例,其基本递归运算就是求一个结点 p 的左子树(p.lchild)和右子树(p.rchild),而 p.lchild 和 p.rchild 一定是一棵二叉树(这是二叉树的定义中空树也是二叉树的原因)。

图 7.11 二叉树的递归结构

一般地,二叉树的递归结构如图 7.11 所示,对于二叉树 b,设 $f(b)$ 是求解的"大问题",则 $f(b.\text{lchild})$ 和 $f(b.\text{rchild})$ 为"小问题",假设 $f(b.\text{lchild})$ 和 $f(b.\text{rchild})$ 是可求的,在此基础上得出 $f(b)$ 和 $f(b.\text{lchild})$、$f(b.\text{rchild})$ 之间的关系,从而得到递归体,再考虑 $b=\text{null}$ 或只有一个结点的特殊情况,从而得到递归出口。

例如,假设二叉树中的所有结点值为整数,采用二叉链存储结构,求该二叉树 b 中的所有结点值之和。

设 $f(b)$ 为二叉树 b 中的所有结点值之和,则 $f(b.\text{lchild})$ 和 $f(b.\text{rchild})$ 分别求根结点 b 的左、右子树的所有结点值之和,显然有 $f(b)=b.\text{data}+f(b.\text{lchild})+f(b.\text{rchild})$。当 $b=\text{null}$ 时 $f(b)=0$,从而得到以下递归模型:

$$f(b)=0 \qquad\qquad b=\text{null}$$
$$f(b)=b.\text{data}+f(b.\text{lchild})+f(b.\text{rchild}) \qquad 其他$$

对应的递归算法如下:

```java
int fun(BTNode<Character> b) {
    if(b==null) return 0;
    else return b.data+fun(b.lchild)+fun(b.rchild);
}
```

7.2.5 二叉树的基本运算及其实现

为了简单,本节讨论的二叉树中的所有结点值为单个字符,逻辑结构采用括号表示串,存储结构采用二叉链。

1. 二叉树类的设计

在二叉链中通过根结点 b 来唯一标识二叉树,对应的二叉树类设计如下:

```java
public class BTreeClass {                //二叉树类
    BTNode<Character> b;                 //根结点
    String bstr;                         //二叉树的括号表示串
    public BTreeClass() {                //构造方法
        b=null;
    }
    //二叉树基本运算算法
}
```

扫一扫

视频讲解

2. 二叉树基本运算算法的实现

下面讨论二叉树基本运算算法的实现。

1) 创建二叉树:CreateBTree(str)

假设采用括号表示串 str 表示的二叉树是正确的(本算法不对 str 的正确性进行检测,若 str 表示错误将得不到正确的结果),且每个结点的值是单个字符。用 ch 扫描 str,其中只有 4 类字符,各类字符的处理方式如下。

(1) ch='(':表示前面刚创建的 p 结点存在着孩子结点,需将其进栈,以便建立它和其孩子结点的关系（如果一个结点刚创建完毕，其后的一个字符不是'('，表示该结点是叶子结点，不需要进栈）。然后开始处理该结点的左孩子，因此置 flag=true，表示其后创建的结点将作为这个结点（栈顶结点）的左孩子结点。

（2）ch=')'：表示以栈顶结点为根结点的子树创建完毕，将其退栈。

（3）ch=','：表示开始处理栈顶结点的右孩子结点，置 flag=false。

（4）其他情况：只能是单个字符，表示要创建一个新结点 p，根据 flag 值建立 p 结点与栈顶结点之间的联系，当 flag==true 时表示 p 结点作为栈顶结点的左孩子结点，当 flag==false 时表示 p 结点作为栈顶结点的右孩子结点。

如此循环，直到 str 处理完毕。对应的算法如下：

```java
public void CreateBTree(String str) {              //创建以 b 为根结点的二叉链存储结构
    Stack<BTNode> st=new Stack<BTNode>();          //建立一个栈 st
    BTNode<Character> p=null;
    boolean flag=true;
    char ch;
    int i=0;
    while(i<str.length()) {                         //循环扫描 str 中的每个字符
        ch=str.charAt(i);
        switch(ch) {
            case '(':
                st.push(p);                         //刚刚新建的结点有孩子,将其进栈
                flag=true;
                break;
            case ')':
                st.pop();                           //栈顶结点的子树处理完,出栈
                break;
            case ',':
                flag=false;                         //开始处理栈顶结点的右孩子
                break;
            default:
                p=new BTNode<Character>(ch);        //用 ch 值新建一个结点
                if(b==null) b=p;                    //若尚未建立根结点,p 作为根结点
                else {                              //已建立二叉树的根结点
                    if(flag) {                      //新结点 p 作为栈顶结点的左孩子
                        if(!st.empty()) st.peek().lchild=p;
                    }
                    else {                          //新结点 p 作为栈顶结点的右孩子
                        if(!st.empty()) st.peek().rchild=p;
                    }
                }
                break;
        }
        i++;                                        //继续遍历
    }
}
```

例如，对于括号表示串"A(B(D(,G)),C(E,F))"，建立二叉树链式存储结构如图 7.10(b)所示。

2）返回二叉链的括号表示串：toString()

其过程是对于非空二叉树 t（t 为根结点），先输出 t 结点的值，当 t 结点存在左孩子或右孩子时，输出一个"("符号，然后递归处理左子树；当存在右孩子时，输出一个","符号，递归

视频讲解

处理右子树,最后输出一个")"符号。对应的递归算法如下:

```java
public String toString() {                          //返回二叉链的括号表示串
    bstr="";
    toString1(b);
    return bstr;
}
private void toString1(BTNode<Character> t) {       //被 toString()方法调用
    if(t!=null) {
        bstr+=t.data;                               //输出根结点值
        if(t.lchild!=null || t.rchild!=null) {      //有孩子结点时输出"("
            bstr+="(";
            toString1(t.lchild);                    //递归输出左子树
            if(t.rchild!=null) bstr+=",";           //有右孩子结点时输出","
            toString1(t.rchild);                    //递归输出右子树
            bstr+=")";                              //输出")"
        }
    }
}
```

例如,调用 CreateBTNode("A(B(D(,G)),C(E,F))")构造一棵二叉链,再调用 toString()并输出其结果,输出为 A(B(D(,G)),C(E,F))。

3) 查找值为 x 的结点:FindNode(x)

采用递归算法 $f(t,x)$ 在以 t 为根结点的二叉树中查找值为 x 的结点,找到后返回其引用,否则返回 null。其递归模型如下:

$f(t,x)=$ null $t=$ null

$f(t,x)=t$ $t.\text{data}=x$

$f(t,x)=p$ 在左子树中找到了,即 $p=f(t.\text{lchild},x)$ 且 $p!=$ null

$f(t,x)=f(t.\text{rchild},x)$ 其他

对应的递归算法如下:

```java
public BTNode<Character> FindNode(char x) {         //查找值为 x 的结点的算法
    return FindNode1(b,x);
}
private BTNode<Character> FindNode1(BTNode<Character> t,char x) { //被 FindNode()方法调用
    BTNode<Character> p;
    if(t==null)
        return null;                                //t 为空时返回 null
    else if(t.data==x)
        return t;                                   //t 所指结点值为 x 时返回 t
    else {
        p=FindNode1(t.lchild,x);                    //在左子树中查找
        if(p!=null)
            return p;                               //在左子树中找到 p 结点,返回 p
        else
            return FindNode1(t.rchild,x);           //返回在右子树中的查找结果
    }
}
```

4) 求高度:Height()

设以 t 为根结点的二叉树的高度为 $f(t)$,空树的高度为 0,非空树的高度为左、右子树

中较大的高度加 1。对应的递归模型如下：

$$f(t) = 0 \qquad t = \text{null}$$
$$f(t) = \text{MAX}\{f(t.\text{lchild}), f(t.\text{rchild})\} + 1 \qquad \text{其他}$$

对应的递归算法如下：

```
public int Height() {                              //求二叉树高度的算法
    return Height1(b);
}
private int Height1(BTNode<Character> t) {         //被 Height()方法调用
    int lchildh, rchildh;
    if(t==null)
        return 0;                                  //空树的高度为 0
    else {
        lchildh=Height1(t.lchild);                 //求左子树的高度 lchildh
        rchildh=Height1(t.rchild);                 //求右子树的高度 rchildh
        return Math.max(lchildh,rchildh)+1;
    }
}
```

7.3　二叉树的先序、中序和后序遍历

7.3.1　二叉树遍历的概念

二叉树遍历是指按照一定的次序访问二叉树中的每个结点，并且每个结点仅被访问一次的过程。通过遍历得到二叉树中某种结点的线性序列，即将非线性结构线性化，这里"访问"的含义可以很多，例如输出结点值或对结点值实施某种运算等。二叉树遍历是最基本的运算，是二叉树中所有其他运算的基础。

在二叉树中左子树和右子树是有严格区别的，在遍历一棵非空二叉树时，根据访问根结点、遍历左子树和遍历右子树之间的先后关系可以组合成 6 种遍历方法(假设 N 为根结点，L、R 分别为左、右子树，这 6 种遍历方法是 NLR、LNR、LRN、NRL、RNL、RLN)，若再规定先遍历左子树，后遍历右子树，则对于非空二叉树，可得到如下 3 种递归的遍历方法(即NLR、LNR 和 LRN)。

1. 先序遍历

先序遍历二叉树的过程如下。
(1) 访问根结点。
(2) 先序遍历左子树。
(3) 先序遍历右子树。

例如，图 7.10(a)所示的二叉树的先序序列为 ABDGCEF。显然，在一棵二叉树的先序序列中，第一个元素即为根结点对应的结点值。

2. 中序遍历

中序遍历二叉树的过程如下。

(1) 中序遍历左子树。
(2) 访问根结点。
(3) 中序遍历右子树。

例如,图7.10(a)所示的二叉树的中序序列为 DGBAECF。显然,在一棵二叉树的中序序列中,根结点值将其序列分为前、后两部分,前部分为左子树的中序序列,后部分为右子树的中序序列。

3. 后序遍历

后序遍历二叉树的过程如下。
(1) 后序遍历左子树。
(2) 后序遍历右子树。
(3) 访问根结点。

例如,图7.10(a)所示的二叉树的后序序列为 GDBEFCA。显然,在一棵二叉树的后序序列中,最后一个元素即为根结点对应的结点值。

7.3.2 先序、中序和后序遍历递归算法

扫一扫

视频讲解

假设二叉树采用二叉链存储结构,由二叉树的先序、中序和后序 3 种遍历过程直接得到相应的递归算法。

1. 先序遍历的递归算法

从根结点 t 出发进行先序遍历的递归算法 PreOrder11(t)如下,它被 PreOrder1()方法调用以输出先序遍历序列。对应的递归算法如下:

```java
public void PreOrder1(BTreeClass bt) {           //先序遍历的递归算法
    PreOrder11(bt.b);
}
private void PreOrder11(BTNode<Character> t) {   //被 PreOrder1()方法调用
    if(t!=null) {
        System.out.print(t.data+" ");            //访问根结点
        PreOrder11(t.lchild);                    //先序遍历左子树
        PreOrder11(t.rchild);                    //先序遍历右子树
    }
}
```

在上述先序遍历 PreOrder11(t)的方法中,又通过递归调用 PreOrder11(t.lchild)和 PreOrder11(t.rchild)来遍历左、右子树,整个遍历过程从根结点 t 出发,最后回到根结点 t。例如,对于图7.10(a)所示的二叉树,其先序遍历过程如图7.12(a)所示,图中虚线表示这种遍历过程,在每个结点的左边画一条线与虚线相交,该相交点表示访问点,然后按虚线遍历次序列出相交点得到先序遍历序列,即 ABDGCEF。

说明:在遍历过程中当到达某个结点时,称为"访问"该结点,通常是为了在这个结点处执行某种操作,例如查看结点值或输出结点值等,上述递归算法中的访问是输出结点值。

2. 中序遍历的递归算法

从根结点 t 出发进行中序遍历的递归算法 InOrder11(t)如下,它被 InOrder1()方法调用以输出中序遍历序列。对应的递归算法如下:

```
public void InOrder1(BTreeClass bt) {              //中序遍历的递归算法
    InOrder11(bt.b);
}
private void InOrder11(BTNode<Character> t) {      //被 InOrder1()方法调用
    if(t!=null) {
        InOrder11(t.lchild);                       //中序遍历左子树
        System.out.print(t.data+" ");              //访问根结点
        InOrder11(t.rchild);                       //中序遍历右子树
    }
}
```

对于图 7.10(a)所示的二叉树,其中序遍历过程如图 7.12(b)所示,在每个结点的底部画一条线与虚线相交,该相交点表示访问点,然后按虚线遍历次序列出相交点得到中序遍历序列,即 DGBAECF。

(a) 先序遍历　　　　　　(b) 中序遍历　　　　　　(c) 后序遍历

图 7.12　二叉树的 3 种递归遍历过程

3. 后序遍历的递归算法

从根结点 t 出发进行后序遍历的递归算法 PostOrder11(t)如下,它被 PostOrder1()方法调用以输出后序遍历序列。对应的递归算法如下:

```
public void PostOrder1(BTreeClass bt) {            //后序遍历的递归算法
    PostOrder11(bt.b);
}
private void PostOrder11(BTNode<Character> t) {    //被 PostOrder1()方法调用
    if(t!=null) {
        PostOrder11(t.lchild);                     //后序遍历左子树
        PostOrder11(t.rchild);                     //后序遍历右子树
        System.out.print(t.data+" ");              //访问根结点
    }
}
```

对于图 7.10(a)所示的二叉树,其后序遍历过程如图 7.12(c)所示,在每个结点的右边画一条线与虚线相交,该相交点表示访问点,然后按虚线遍历次序列出相交点得到后序遍历序列,即 GDBEFCA。

7.3.3　递归遍历算法的应用

本节通过几个示例说明递归遍历算法的应用。

【例7.6】 假设二叉树采用二叉链存储结构存储,设计一个算法求一棵给定二叉树中结点的个数。

解 求一棵二叉树中结点的个数是以遍历算法为基础的,任何一种遍历算法都可以求出一棵二叉树中结点的个数,以下给出了以先序、中序和后序遍历为基础的算法。

视频讲解

```java
public static int NodeCount1(BTreeClass bt) {          //基于先序遍历求结点的个数
    return NodeCount11(bt.b);
}
private static int NodeCount11(BTNode<Character> t) {
    int m,n,k;
    if(t==null) return 0;                               //空树的结点个数为0
    k=1;                                                //根结点计数1,相当于访问根结点
    m=NodeCount11(t.lchild);                            //遍历求左子树的结点个数
    n=NodeCount11(t.rchild);                            //遍历求右子树的结点个数
    return k+m+n;
}

public static int NodeCount2(BTreeClass bt) {          //基于中序遍历求结点的个数
    return NodeCount21(bt.b);
}
private static int NodeCount21(BTNode<Character> t) {
    int m,n,k;
    if(t==null) return 0;                               //空树的结点个数为0
    m=NodeCount21(t.lchild);                            //遍历求左子树的结点个数
    k=1;                                                //根结点计数1,相当于访问根结点
    n=NodeCount21(t.rchild);                            //遍历求右子树的结点个数
    return k+m+n;
}

public static int NodeCount3(BTreeClass bt) {          //基于后序遍历求结点的个数
    return NodeCount31(bt.b);
}
private static int NodeCount31(BTNode<Character> t) {
    int m,n,k;
    if(t==null) return 0;                               //空树的结点个数为0
    m=NodeCount31(t.lchild);                            //遍历求左子树的结点个数
    n=NodeCount31(t.rchild);                            //遍历求右子树的结点个数
    k=1;                                                //根结点计数1,相当于访问根结点
    return k+m+n;
}
```

实际上也可以从递归算法设计的角度来求解。设 $f(b)$ 求二叉树 b 中所有结点的个数,它是"大问题",$f(b.lchild)$ 和 $f(b.rchild)$ 分别求左、右子树的结点个数,它们是"小问题",如图7.11所示。对应的递归模型 $f(b)$ 如下:

$$f(b)=0 \qquad\qquad b=\text{null}$$
$$f(b)=f(b.lchild)+f(b.rchild)+1 \quad 其他$$

对应的递归算法如下:

```java
public static int NodeCount4(BTreeClass bt) {          //递归求解
    return NodeCount41(bt.b);
}
private static int NodeCount41(BTNode<Character> t) {
```

```
        if(t==null)
            return 0;                                    //空树的结点个数为0
        else
            return(NodeCount41(t.lchild)+NodeCount41(t.rchild)+1);
}
```

从递归遍历的角度看,其中"+1"相当于访问结点,放在不同位置体现不同的递归遍历思路(在前3种递归遍历算法中对应 $k=1$);NodeCount41()方法将"+1"放在最后,体现出后序遍历的算法思路。

【例 7.7】 假设二叉树采用二叉链存储结构存储,设计一个算法按从左到右的顺序输出一棵二叉树中所有的叶子结点。

解 由于先序、中序和后序递归遍历算法都是按从左到右的顺序访问叶子结点的,所以本题可以基于这3种递归遍历算法求解。对应的算法如下:

```
public static void displeaf1(BTreeClass bt) {           //基于先序遍历输出叶子结点
    displeaf11(bt.b);
}
private static void displeaf11(BTNode<Character> t) {
    if(t!=null) {
        if(t.lchild==null && t.rchild==null)
            System.out.print(t.data+" ");               //输出叶子结点
        displeaf11(t.lchild);                           //遍历左子树
        displeaf11(t.rchild);                           //遍历右子树
    }
}

public static void displeaf2(BTreeClass bt) {           //基于中序遍历输出叶子结点
    displeaf21(bt.b);
}
private static void displeaf21(BTNode<Character> t) {
    if(t!=null) {
        displeaf11(t.lchild);                           //遍历左子树
        if(t.lchild==null && t.rchild==null)
            System.out.print(t.data+" ");               //输出叶子结点
        displeaf11(t.rchild);                           //遍历右子树
    }
}

public static void displeaf3(BTreeClass bt) {           //基于后序遍历输出叶子结点
    displeaf31(bt.b);
}
private static void displeaf31(BTNode<Character> t) {
    if(t!=null) {
        displeaf11(t.lchild);                           //遍历左子树
        displeaf11(t.rchild);                           //遍历右子树
        if(t.lchild==null && t.rchild==null)
            System.out.print(t.data+" ");               //输出叶子结点
    }
}
```

当然,也可以直接采用递归算法设计方法求解。设 $f(b)$ 的功能是从左到右输出以 b 为根结点的二叉树的所有叶子结点,为"大问题",显然 $f(b.\text{lchild})$ 和 $f(b.\text{rchild})$ 是两个"小问题"。当 b 不是叶子结点时,先调用 $f(b.\text{lchild})$ 再调用 $f(b.\text{rchild})$。对应的递归模型

$f(b)$ 如下：

$f(b) \equiv$ 不做任何事件　　　　　　　　$b=$null

$f(b) \equiv$ 输出 b 结点　　　　　　　　　b 为叶子结点

$f(b) \equiv f(b.\text{lchild}); f(b.\text{rchild})$　　其他

对应的递归算法如下：

```java
public static void displeaf4(BTreeClass bt) {           //基于递归算法思路
    displeaf41(bt.b);
}
private static void displeaf41(BTNode<Character> t) {
    if(t!=null) {
        if(t.lchild==null && t.rchild==null)
            System.out.print(t.data+" ");               //输出叶子结点
        else {
            displeaf41(t.lchild);                       //遍历左子树
            displeaf41(t.rchild);                       //遍历右子树
        }
    }
}
```

displeaf41()算法是基于先序遍历思路。从上述两例可以看出，基于递归遍历思路和直接采用递归算法设计方法完全相同。实际上，当求解问题较复杂时，直接采用递归算法设计方法更加简单、方便。

若仅从递归遍历角度看，上述两例基于 3 种递归遍历思路中的任意一种都是可行的，但有些情况并非如此。一般地，二叉树由根和左、右子树三部分构成，但可以看成两类，即根和子树，如果需要先处理根再处理子树，可以采用先序遍历思路，如果需要先处理子树再处理根，可以采用后序遍历思路。

【例 7.8】 假设二叉树采用二叉链存储结构存储，设计一个算法将二叉树 bt1 复制到二叉树 bt2。

解 采用直接递归算法设计方法。设 $f(t1,t2)$ 是由二叉链 $t1$ 复制产生 $t2$，这是"大问题"。$f(t1.\text{lchild},t2.\text{lchild})$ 和 $f(t1.\text{rchild},t2.\text{rchild})$ 分别复制左子树和右子树，它们是"小问题"。假设小问题可解，也就是说左、右子树都可复制，则只需复制根结点，如图 7.13 所示。对应的递归模型如下：

$f(t1,t2) \equiv t2=$null　　　　　　　　　　　　　$t1=$null

$f(t1,t2) \equiv$ 由 $t1$ 根结点复制产生 $t2$ 根结点；　$t1 \neq$ null

　　　　　　$f(t1.\text{lchild},t2.\text{lchild})$;

　　　　　　$f(t1.\text{rchild},t2.\text{rchild})$;

图 7.13　由二叉树 $t1$ 复制产生二叉树 $t2$

对应的递归算法如下（复制产生的 $t2$ 作为方法的返回值）：

```
public static BTreeClass CopyBTree1(BTreeClass bt1) {        //基于先序遍历复制二叉树
    BTreeClass bt2=new BTreeClass();
    bt2.b=CopyBTree11(bt1.b);
    return bt2;
}
private static BTNode<Character> CopyBTree11(BTNode<Character> t1) {    //由 t1 复制产生 t2
    if(t1!=null) {
        BTNode<Character> t2=new BTNode<Character>(t1.data);  //复制根结点
        t2.lchild=CopyBTree11(t1.lchild);                      //递归复制左子树
        t2.rchild=CopyBTree11(t1.rchild);                      //递归复制右子树
        return t2;
    }
    return null;                                               //t1 为空时返回 null
}
```

显然上述算法是基于先序遍历的，因为先复制根结点，相当于二叉树先序遍历算法中的访问根结点语句，然后分别复制二叉树的左子树和右子树，这相当于二叉树先序遍历算法中的遍历左子树和右子树。实际上也可以采用基于后序遍历的思路，对应的求解算法如下：

```
public static BTreeClass CopyBTree2(BTreeClass bt1) {        //基于后序遍历复制二叉树
    BTreeClass bt2=new BTreeClass();
    bt2.b=CopyBTree21(bt1.b);
    return bt2;
}
private static BTNode<Character> CopyBTree21(BTNode<Character> t1) {    //由 t1 复制产生 t2
    if(t1!=null){
        BTNode<Character> l;
        BTNode<Character> r;
        l=CopyBTree21(t1.lchild);                              //递归复制左子树
        r=CopyBTree21(t1.rchild);                              //递归复制右子树
        BTNode<Character> t2=new BTNode<Character>(t1.data);  //复制根结点
        t2.lchild=l;
        t2.rchild=r;
        return t2;
    }
    return null;                                               //t1 为空时返回 null
}
```

那么是否可以基于中序遍历呢？尽管理论上可行，但不建议采用中序遍历思路求解，因为在复制中处理一个结点时最好先创建该结点，然后再一次性建立其左、右子树，这样思路更加清晰，所以基于先序遍历复制二叉树是最佳方法。又例如，交换一棵二叉树中的所有结点的左、右子树，采用先序遍历和后序遍历思路均可，但不能采用中序遍历思路，并且后序遍历思路最佳。

【例 7.9】 假设一棵二叉树采用二叉链存储结构，且所有结点值均不相同，设计一个算法求二叉树中指定结点值的结点所在的层次（根结点的层次计为 1）。

解法 1：二叉树中的每个结点都有一个相对于根结点的层次，根结点的层次为 1，那么如何指定这种情况呢？可以采用递归算法参数赋初值的方法，即设 $f(b,x,h)$ 为"大问题"，增加的第 3 个参数 h 表示第一个参数 b 指向结点的层次，在初始调用时 b 指向根结点，h 对应的实参为 1，从而指定了根结点的层次为 1 的情况。

扫一扫

视频讲解

大问题 $f(b,x,h)$ 的功能是在以 b 结点(层次为 h)为根的子树中查找值为 x 的结点层次,若找到返回其层次,若找不到返回 0(因为只要找到 x 结点,其层次至少为 1)。对应的递归模型如下:

$f(b,x,h)=0$ $b=$ null

$f(b,x,h)=h$ $b.\text{data}=x$

$f(b,x,h)=l$ $l=f(b.\text{lchild},x,h+1)$, 且 $l\neq 0$(在左子树中找到了)

$f(b,x,h)=f(b.\text{rchild},x,h+1)$ 其他

对应的递归算法如下:

```java
public static int Level1(BTreeClass bt, char x) {
    return Level11(bt.b, x, 1);
}
private static int Level11(BTNode<Character> t, char x, int h) {
    if(t==null)
        return 0;                                    //空树不能找到该结点
    else if(t.data==x)
        return h;                                    //根结点即为所找,返回其层次
    else {
        int l=Level11(t.lchild, x, h+1);             //在左子树中查找
        if(l!=0)
            return l;                                //在左子树中找到了,返回其层次
        else
            return(Level11(t.rchild, x, h+1));       //在左子树中未找到,再在右子树中查找
    }
}
```

解法 2:前面的解法是直接求 x 结点在整个二叉树 b 中的层次(称为绝对层次),实际上对于任何一棵包含 x 结点的子树,相对于该子树的 x 结点有一个层次(称为相对层次),不同的子树中 x 结点的相对层次是不同的。

对于二叉树 b 中的子树 t,若 $t=$ null,则不可能在子树 t 中找到 x 结点,返回 0;若 $t.\text{data}=x$,则 x 结点在自己的子树中的相对层次为 1,返回 1;否则递归,在 t 的左、右子树中求出相对于左、右孩子的相对层次 leftl 和 rightl,那么 x 结点相对于子树 t 的相对层次应该为 $\max(\text{leftl},\text{rightl})+1$。当子树 t 为二叉树 b 时,求出的结果就是 x 结点在整个二叉树中的层次。对应的算法如下:

```java
public static int Level2(BTreeClass bt, char x) {
    return Level21(bt.b, x);
}
private static int Level21(BTNode<Character> t, char x) {
    if(t==null) return 0;                                       //空树不能找到该结点
    if(t.data==x)                                               //根结点值为 x
        return 1;                                               //x 结点在自己的子树中的相对层次为 1
    int leftl=(t.lchild==null ? 0 : Level21(t.lchild, x));
    int rightl=(t.rchild==null ? 0 : Level21(t.rchild, x));
    if(leftl<1 && rightl<1) return 0;                           //左、右子树都没有找到,返回 0
    return Math.max(leftl, rightl)+1;                           //返回左、右子树中的最大层次+1
}
```

在上述两种解法中,解法 1 是假设二叉树中结点的层次是固定的,思路更清晰,但涉及

递归算法的参数赋初值问题;解法2采用相对层次,较难理解,不涉及递归算法的参数赋初值问题。

【例7.10】 假设一棵二叉树采用顺序存储结构,设计一个算法建立对应的二叉链存储结构。

解 二叉树的顺序存储结构采用字符串数组 sb 存放,现在由 sb 转换产生二叉链存储结构 bt。对于 sb,用 sb$[i]$ 表示编号为 i 的结点的子树,显然由 sb$[1]$ 创建整个二叉链 b。设 $f(sb,i)$ 返回编号为 i 的结点的子树(该子树的根结点),对应的递归模型如下:

$f(sb,i)=$ null $\qquad i \geqslant$ sb.length() 或 sb$[i]=$'#'
$f(sb,i)=$ 建立 t 结点;置 t.data $=$ sb$[i]$; 其他
$\qquad t$.lchild $= f(sb, 2*i);$
$\qquad t$.rchild $= f(sb, 2*i+1);$

对应的递归算法如下:

```
public static BTreeClass Trans(String sb) {
    BTreeClass bt=new BTreeClass();
    bt.b=Trans1(sb,1);                              //以 sb[1]为根创建二叉链
    return bt;
}
private static BTNode<Character> Trans1(String sb, int i) {  //被 Trans()方法调用
    if(i<sb.length()) {
        if(sb.charAt(i)!='#') {
            BTNode<Character> t=new BTNode<Character>(sb.charAt(i));   //建立根结点
            t.lchild=Trans1(sb,2*i);                //递归转换左子树
            t.rchild=Trans1(sb,2*i+1);              //递归转换右子树
            return t;
        }
        else return null;                           //#结点返回空
    }
    else return null;                               //无效结点返回空
}
```

上述调用 Trans1(sb,1)相当于递归算法参数赋初值。例如,如图7.9所示的二叉树的顺序存储结构 sb="#ABCDE#F##GH##I########",可以通过执行 bt=Trans(sb)语句创建该二叉树的二叉链存储结构。

【例7.11】 假设二叉树采用二叉链存储结构,且所有结点值均不相同,设计一个算法输出值为 x 的结点的所有祖先。

解法1:根据二叉树中祖先的定义可知,若一个结点的左孩子或右孩子值为 x,则该结点是 x 结点的祖先结点;若一个结点的左孩子或右孩子为 x 结点的祖先结点,则该结点也为 x 结点的祖先结点。设 $f(t,x)$ 表示 t 结点是否为 x 结点的祖先结点,对应的递归模型 $f(t,x)$ 如下:

$f(b,x)=$ false $\qquad\qquad b=$ null
$f(b,x)=$ true,并输出 b 结点 $\qquad b$ 结点有值为 x 的左孩子结点
$f(b,x)=$ true,并输出 b 结点 $\qquad b$ 结点有值为 x 的右孩子结点
$f(b,x)=$ true,并输出 b 结点 $\qquad f(b$.lchild$,x)$ 为 true 或 $f(b$.rchild$,x)$ 为 true
$f(b,x)=$ false $\qquad\qquad$ 其他

视频讲解

对应的求解类如下：

```java
public class Exam7_11 {
    static String ans;                                              //存放x结点的所有祖先结点
    public static String Ancestor1(BTreeClass bt,char x) {          //返回x结点的祖先
        ans="";
        Ancestor11(bt.b,x);
        return ans;
    }
    private static boolean Ancestor11(BTNode<Character> t,Character x) {
        if(t==null) return false;
        if(t.lchild!=null) {
            if(t.lchild.data==x) {
                ans+=t.data+" ";                                    //t结点是x结点的祖先
                return true;
            }
        }
        if(t.rchild!=null) {
            if(t.rchild.data==x) {
                ans+=t.data+" ";                                    //t结点是x结点的祖先
                return true;
            }
        }
        if(Ancestor11(t.lchild,x) || Ancestor11(t.rchild,x)) {
            ans+=t.data+" ";                                        //祖先的祖先是祖先
            return true;
        }
        return false;                                               //其他情况返回false
    }
}
```

对于图7.10(a)所示的二叉树bt，调用Ancestor1(bt.b,'G')求出G结点的所有祖先是DBA（离G结点越近越先输出）。

解法2：二叉树中x结点的祖先恰好是根结点到x结点的路径上除了x结点外的所有结点，为此该问题转换为求根结点到x结点的路径。采用先序遍历的思路，用一个ArrayList容器path存放路径，当找到x结点时将path中的x结点（最后添加的结点）删除，再将path复制到ans中。对应的求解类如下：

```java
public class Exam7_11 {
    static String ans;                                              //存放x结点的所有祖先结点
    public static String Ancestor2(BTreeClass bt,char x) {          //返回x结点的祖先
        ArrayList<Character> path=new ArrayList<Character>();       //存放根结点到x结点的路径
        ans="";
        Ancestor21(bt.b,x,path);
        return ans;
    }
    private static void Ancestor21(BTNode<Character> t,Character x,ArrayList<Character> path) {
        if(t==null) return;
        path.add(t.data);
        if(t.data==x) {
            path.remove(path.size()-1);                             //删除x结点
            ans=path.toString();
            return;
        }
```

```
        Ancestor21(t.lchild,x,path);           //遍历左子树
        Ancestor21(t.rchild,x,path);           //遍历右子树
        path.remove(path.size()−1);            //从path中删除t结点,回退
    }
}
```

需要注意的是,在方法 Ancestor21(t,x,path)中 path 为 ArrayList 对象,当执行该方法的 path.add(t.data)语句后将当前访问的 t 结点值添加到 path 中,这样在找到 x 结点时 path 是一个查找轨迹(包含所有遍历中访问的结点)。

对于图 7.10(a)所示的二叉树,当 $x=$'F'时,上述先序遍历中访问到 F 结点时的轨迹为 ABDGCE,而不是根结点到 F 结点的路径(如图 7.14 所示),显然本题不是找轨迹而是找路径。为此在遍历一个结点的左、右子树后在没有找到 x 结点时执行 path.remove(path.size()−1)将该结点从 path 中删除,也就是回退,这样 $x=$'F'时输出的正确结果为 A C(从根结点开始输出)。

图 7.14 轨迹和路径

归纳起来,方法中的引用参数相当于 C/C++中的全局变量,没有自动回退的能力,需要增加回退的语句,而只有非引用参数(方法中的基本数据类型的参数)才具有自动回退的能力,不需要增加回退的语句。例如,将上述算法中的 ArrayList 容器改为数组 path,用 path[0..d]存放根结点到 x 结点的路径(path[0..d−1]为 x 结点的所有祖先),采用 int 类型,在 Ancestor31(t,x,path,d)方法中 d 作为非引用参数(尽管 path 数组也是引用参数,但这里是通过 d 来表示求解结果的),这样就不需要回退,当找到 x 结点时将 path[0..d−1]复制到 ans 中。对应的求解类如下:

```
public class Exam7_11 {
    static String ans;                         //存放x结点的所有祖先结点
    public static String Ancestor3(BTreeClass bt,char x) {  //返回x结点的祖先
        char[] path=new char[100];
        int d=−1;                              //path[0..d]存放根结点到x结点的路径
        ans="";
        Ancestor31(bt.b,x,path,d);
        return ans;
    }
    private static void Ancestor31(BTNode<Character> t,Character x,char[] path,int d) {
        if(t==null) return;
        d++; path[d]=t.data;
        if(t.data==x) {
            for(int i=0;i<d;i++)              //将path[0..d−1]存放到ans中
```

```
            ans+=String.valueOf(path[i])+" ";
            return;
        }
        Ancestor31(t.lchild,x,path,d);              //遍历左子树
        Ancestor31(t.rchild,x,path,d);              //遍历右子树
    }
}
```

扫一扫

视频讲解

【例7.12】 假设二叉树采用二叉链存储结构,且所有结点值均不相同,设计一个算法求二叉树的宽度(二叉树中结点个数最多的那一层的结点个数)。

解 设置一个数组 w,$w[i]$ 表示第 $i(1 \leq i \leq$ 最大层次$)$ 层的结点个数(初始所有元素为0),采用先序遍历求 w(通过递归算法参数赋初值的方式指定根结点的层次为1),w 中的最大元素就是该二叉树的宽度。对应的求解类如下:

```
public class Exam7_12 {
    final static int MaxLevel=100;                  //最大层次
    static int[] w=new int[MaxLevel];               //存放每一层的结点个数
    public static int Width(BTreeClass bt) {        //求二叉树的宽度
        Width1(bt.b,1);
        int ans=0;
        for(int i=1;i<MaxLevel;i++)                 //求 w 中的最大元素
            if(ans<w[i]) ans=w[i];
        return ans;
    }
    private static void Width1(BTNode<Character> t,int h) {  //被 Width()方法调用
        if(t==null) return;
        w[h]++;                                     //第 h 层的结点个数增1
        Width1(t.lchild,h+1);                       //遍历左子树
        Width1(t.rchild,h+1);                       //遍历右子树
    }
}
```

【例7.13】 假设二叉树采用二叉链存储结构,且所有结点值均不相同,设计一个算法求二叉树中第 $k(1 \leq k \leq$ 二叉树的高度$)$ 层的结点个数。

解 采用先序遍历思路,设计 KCount11(BTNode<Character> t,int h,int k)递归算法在根结点 t 的二叉树中求第 k 层的结点个数 cnt,其中 h 表示 t 指向结点的层次(采用参数赋初值的方法,t 为根结点时 h 对应的实参为1)。对应的求解类如下:

```
public class Exam7_13 {
    static int cnt;                                 //累计第 k 层的结点个数
    public static int KCount1(BTreeClass bt,int k) { //求二叉树的第 k 层的结点个数
        cnt=0;
        KCount11(bt.b,1,k);
        return cnt;
    }
    private static void KCount11(BTNode<Character> t,int h,int k) {
        if(t==null) return;                         //空树返回
        if(h==k) cnt++;                             //当前层的结点在第 k 层,cnt 增1
        if(h<k) {                                   //当前结点层小于k,递归处理左、右子树
            KCount11(t.lchild,h+1,k);
            KCount11(t.rchild,h+1,k);
        }
    }
}
```

在 Exam7_13 类中增加如下主方法：

```java
public static void main(String[] args) {
    String s="A(B(D(,G)),C(E,F))";
    BTreeClass bt=new BTreeClass();
    bt.CreateBTree(s);
    System.out.println("bt: "+bt.toString());
    for(int i=0;i<=5;i++)
        System.out.printf("第%d层结点个数：%d\n",i,KCount1(bt,i));
}
```

该方法针对图 7.10(a)所示的二叉树 bt，求出第 0 层到第 5 层的结点个数分别为 0、1、2、3、1 和 0。

*7.3.4 先序、中序和后序遍历非递归算法

本节介绍前面先序、中序和后序 3 种递归遍历算法的非递归实现算法。

1. 先序遍历的非递归算法

先序遍历的非递归算法主要有两种设计方法。

设计 1：将先序遍历整棵二叉树的过程（大任务）转换为访问根结点（可直接求解任务）和先序遍历左、右子树两个子过程（两个小任务），将所有任务（每个遍历任务通过对应的子树的根结点标识）保存在栈中。

由于栈的特点是先进后出，而在先序遍历中先遍历左子树，再遍历右子树，所以当遇到一个非直接求解任务时，在访问根结点后应先将其右孩子（对应右子树遍历小任务）进栈，再将其左孩子（对应左子树遍历小任务）进栈。对应的非递归过程如下：

```
将根结点 t 进栈；
while(栈不空) {
    出栈 p 结点并访问之；
    若 p 结点有右孩子，将其右孩子进栈；
    若 p 结点有左孩子，将其左孩子进栈；
}
```

例如，对于图 7.15 所示的一棵二叉树，在采用二叉链存储后，首先 t 指向根结点（即 A 结点），其先序遍历的非递归算法 1 的执行过程如表 7.1 所示（栈中 A 表示 A 结点的引用）。

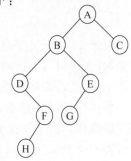

图 7.15　一棵二叉树

表 7.1　先序遍历非递归算法 1 的执行过程

执行的操作	访问结点	p 值	st（栈底⇨栈顶）
A 结点进栈			A
出栈 A 结点，访问之	A	p 指向 A 结点	
p 有右孩子 C 结点，将其进栈		—	C
p 有左孩子 B 结点，将其进栈		—	CB
出栈 B 结点，访问之	B	p 指向 B 结点	C
p 有右孩子 E 结点，将其进栈		—	CE
p 有左孩子 D 结点，将其进栈		—	CED
出栈 D 结点，访问之	D	p 指向 D 结点	CE

续表

执行的操作	访问结点	p 值	st(栈底⇨栈顶)
p 只有右孩子 F 结点,将其进栈		—	CEF
出栈 F 结点,访问之	F	p 指向 F 结点	CE
p 只有左孩子 H 结点,将其进栈		—	CEH
出栈 H 结点,访问之	H	p 指向 H 结点(没有孩子)	CE
出栈 E 结点,访问之	E	p 指向 E 结点	C
p 只有左孩子 G 结点,将其进栈		—	CG
出栈 G 结点,访问之	G	p 指向 G 结点(没有孩子)	C
出栈 C 结点,访问之	C	p 指向 C 结点(没有孩子)	

对应的先序遍历非递归算法 1 如下:

```java
public void PreOrder2(BTreeClass bt) {          //先序遍历的非递归算法 1
    PreOrder21(bt.b);
}
private void PreOrder21(BTNode<Character> t) {  //被 PreOrder2()方法调用
    Stack<BTNode> st=new Stack<BTNode>();       //定义一个栈
    BTNode<Character> p;
    st.push(t);                                 //根结点 t 进栈
    while(!st.empty()) {                        //栈不为空时循环
        p=st.pop();                             //出栈 p 结点
        System.out.print(p.data+" ");           //访问 p 结点
        if(p.rchild!=null)                      //p 结点有右孩子时将右孩子进栈
            st.push(p.rchild);
        if(p.lchild!=null)                      //p 结点有左孩子时将左孩子进栈
            st.push(p.lchild);
    }
}
```

设计 2: 由于先序遍历的顺序是根结点→左子树→右子树,所以对一棵根结点为 p 的二叉树(或子树),先访问 p 结点及其所有左下结点,由于二叉链中无法由孩子结点找到其双亲结点,所以需将这些访问过的结点进栈保存起来(栈中结点均已访问)。

再考虑栈顶 p 结点,它要么没有左子树,要么左子树已遍历过,所以转向它的右子树做相同的操作。由于先置 $p=t$,初始时栈为空,因此循环结束条件是栈空并且 $p==$null(或者说栈不空或 $p!=$null 时循环)。对应的非递归过程如下:

```
p=t;
while(栈不空或者 p!=null) {                    //访问 p 结点及其所有左下结点并进栈
    while(p 不空) {
        访问 p 结点;将 p 进栈;         ── I 部分
        p=p.lchild;
    }
    //此时栈顶结点要么没有左子树,要么左子树已遍历过
    if(栈不空) {
        出栈 p;
        p=p.rchild;                    ── II 部分
    }
}
```

例如,对于图 7.15 所示的一棵二叉树,在采用二叉链存储后,首先 p 指向根结点(即 A

结点),其先序遍历非递归算法 2 的执行过程如表 7.2 所示,也可以用图 7.16 来描述,其中实线箭头表示转向当前结点的孩子结点,虚线箭头表示转向外 while 循环语句的开头,结点旁的数字表示访问该结点的次序。

表 7.2　先序遍历非递归算法 2 的执行过程

Ⅰ/Ⅱ 部分	执行的操作	访问结点	修改后的 p 值	st(栈底⇨栈顶)
Ⅰ	A 结点进栈并访问之,$p=p$.lchild	A	p 指向 B 结点	A
	B 结点进栈并访问之,$p=p$.lchild	B	p 指向 D 结点	AB
	D 结点进栈并访问之,$p=p$.lchild	D	$p=$null	ABD
Ⅱ	出栈 D 结点		p 指向 D 结点	AB
	$p=p$.rchild(转向 D 的右子树)		p 指向 F 结点	AB
Ⅰ	F 结点进栈并访问之,$p=p$.lchild	F	p 指向 H 结点	ABF
	H 结点进栈并访问之,$p=p$.lchild	H	$p=$null	ABFH
Ⅱ	出栈 H 结点		p 指向 H 结点	ABF
	$p=p$.rchild(转向 H 的右子树)		$p=$null	ABF
Ⅰ	因 $p=$null,Ⅰ部分不执行			ABF
Ⅱ	出栈 F 结点		p 指向 F 结点	AB
	$p=p$.rchild(转向 F 的右子树)		$p=$null	AB
Ⅰ	因 $p=$null,Ⅰ部分不执行			AB
Ⅱ	出栈 B 结点		p 指向 B 结点	A
	$p=p$.rchild(转向 B 的右子树)		p 指向 E 结点	A
Ⅰ	E 结点进栈并访问之,$p=p$.lchild	E	p 指向 G 结点	AE
	G 结点进栈并访问之,$p=p$.lchild	G	$p=$null	AEG
Ⅱ	出栈 G 结点		p 指向 G 结点	AE
	$p=p$.rchild(转向 G 的右子树)		$p=$null	AE
Ⅰ	因 $p=$null,Ⅰ部分不执行			AE
Ⅱ	出栈 E 结点		p 指向 E 结点	A
	$p=p$.rchild(转向 E 的右子树)		$p=$null	A
Ⅰ	因 $p=$null,Ⅰ部分不执行			A
Ⅱ	出栈 A 结点		p 指向 A 结点	A
	$p=p$.rchild(转向 A 的右子树)		p 指向 C 结点	A
Ⅰ	C 结点进栈并访问之,$p=p$.lchild	C	$p=$null	C
Ⅱ	出栈 C 结点		p 指向 C 结点	
	$p=p$.rchild(转向 C 的右子树)		$p=$null	
	栈空且 $p=$null,算法结束			

图 7.16　先序遍历非递归算法 2 的执行过程

对应的先序遍历非递归算法 2 如下：

```java
public void PreOrder3(BTreeClass bt) {              //先序遍历的非递归算法 2
    PreOrder31(bt.b);
}
private void PreOrder31(BTNode<Character> t) {      //被 PreOder3() 方法调用
    Stack<BTNode> st=new Stack<BTNode>();           //定义一个栈
    BTNode<Character> p=t;
    while(!st.empty() || p!=null) {                 //栈不空或者 p 不空时循环
        while(p!=null) {                            //访问根结点及其所有左下结点并进栈
            System.out.print(p.data+" ");           //访问 p 结点
            st.push(p);
            p=p.lchild;
        }
        if(!st.empty()) {                           //若栈不空
            p=st.pop();                             //出栈 p 结点
            p=p.rchild;                             //转向处理其右子树
        }
    }
}
```

本算法通过 p 从根结点 t 开始，对根结点 t 及其左下结点边访问边进栈，当 p 指向根结点的最左下结点时（如图 7.17 所示），p 结点（值为 a_m 的结点）在栈顶，它本身已访问且没有左子树，所以转向遍历它的右子树，当其右子树处理完毕时，栈顶变为 a_{m-1} 结点，它本身已访问且左子树已处理完毕，又可以转向遍历它的右子树了，重复这一过程直到所有结点都遍历完毕。

图 7.17　先序遍历中 p 指向根结点 t 的最左下结点的情形

2. 中序遍历的非递归算法

中序遍历非递归算法是在先序遍历非递归算法 2 的基础上修改而来的。中序遍历的顺序是左子树→根结点→右子树，所以需将根结点 t 及其左下结点依次进栈，但此时还不能访问，因为它们的左子树没有遍历。

例如，当 p 指向根结点 t 的最左下结点时（如图 7.18 所示），p 结点（值为 a_m 的结点）在栈顶，它本身没有左子树，可以访问它，然后转向遍历它的右子树，而遍历其右子树的过程与遍历整棵二叉树是相似的。

图 7.18 中序遍历中 p 指向根结点 t 的最左下结点的情形

中序遍历的非递归过程如下：

```
p=t;
while(栈不空或者 p!=null){
    while(p 不空)                    //p 结点及其所有左下结点进栈
        将 p 进栈；
        p=p.lchild;
    }                                //Ⅰ部分
    if(栈不空){                      //此时栈顶结点没有左子树或左子树已遍历过
        出栈 p 并访问之；
        p=p.rchild;
    }                                //Ⅱ部分
}
```

例如，对于图 7.15 所示的一棵二叉树，在采用二叉链存储后，首先 p 指向根结点（即 A 结点），其中序遍历非递归算法的执行过程如图 7.19 所示，该图中符号的含义与图 7.16 中的相同。

图 7.19 中序遍历非递归算法的执行过程

对应的中序遍历非递归算法如下：

```
public void InOrder2(BTreeClass bt){           //中序遍历的非递归算法
    InOrder21(bt.b);
}
private void InOrder21(BTNode<Character> t){   //被 InOrder2()方法调用
```

```
Stack<BTNode> st=new Stack<BTNode>();          //定义一个栈
BTNode<Character> p=t;
while(!st.empty() || p!=null) {                //栈不空或者 p 不空时循环
    while(p!=null) {                           //p 及其所有左下结点进栈
        st.push(p);
        p=p.lchild;
    }
    if(!st.empty()) {                          //若栈不空
        p=st.pop();                            //出栈 p 结点
        System.out.print(p.data+" ");          //访问 p 结点
        p=p.rchild;                            //转向处理右子树
    }
}
```

3. 后序遍历的非递归算法

后序遍历非递归算法是在前面中序遍历非递归算法的基础上修改而来的。后序遍历的顺序是左子树→右子树→根结点，所以将根结点 t 及其左下结点依次进栈，在考虑栈顶结点 p 时，其左子树已遍历或为空，但此时还不能访问 p 结点，因为它们的右子树没有遍历，只有在 p 结点的右子树已遍历的情况下才能访问 p 结点。

例如，当 p 指向根结点 t 的最左下结点时（如图 7.20 所示），p 结点（值为 a_m 的结点）在栈顶，它本身没有左子树，如果可以确定 p 结点的右子树已遍历，则可以访问它，然后转向遍历它的右子树，而遍历其右子树的过程与遍历整棵二叉树是相似的。

图 7.20　后序遍历中 p 指向根结点 t 的最左下结点的情形

后序遍历的非递归过程如下：

```
p=t;
do {
    while(p 不空) {
        将 p 进栈；
        p=p.lchild;
    }                                          //Ⅰ部分
    while(栈不空且 p 结点的左子树已遍历或为空) {
        取栈顶结点 p;
        if(p 的右子树已遍历) {
```

```
            访问 p 结点;
            退栈;
         }
         else p=p.rchild;                    //转向处理右子树
      }                                      //Ⅱ部分
   } while(栈不空);
```

现在的主要难点是如何判断一个结点 p 的右子树已遍历过。在后序遍历中,一棵二叉树或者子树的根结点是最后访问的,或者说如果一棵二叉树或者子树的根结点已经访问,则可以确定该二叉树或者子树已遍历。为此设置一个变量 q(初始置为 null),考虑栈顶结点 p(与中序遍历的非递归过程相同,结点 p 的左子树已遍历或者没有左子树):

(1) 如果 q==null 并且 p.rchild==q,说明结点 p 没有右子树,此时可以访问结点 p,然后出栈结点 p 并且置 $q=p$(让 q 指向刚访问过的结点)。

(2) 如果 $q \neq$ null 并且 p.rchild==q,说明结点 p 的右子树刚刚遍历过,此时也可以访问结点 p,然后出栈结点 p 并且置 $q=p$。

这里需要注意的是,在出栈结点 p 后栈顶发生改变,而且刚刚访问过的结点 q 也发生了改变,此时需要连续判断新栈顶结点是不是也可以访问。

为此设置一个布尔变量 flag,先置 flag=true 表示在处理栈顶结点,若可以访问则保持 flag 不变,继续处理新栈顶结点。一旦栈顶结点 p 不能访问,则置 flag=false 结束这样的连续判断过程,让 $p==p$.rchild 转向遍历它的右子树。

为什么不像中序遍历的非递归过程那样,其循环执行的条件是栈不空或者 $p!$=null 呢?实际上,在后序遍历中一个结点只有在访问后才出栈,当栈空后说明所有结点均已访问(没有必要考虑 p 的情况),所以栈空就结束,但由于初始时栈为空,所以采用 do-while 循环,其 while 的条件就是栈不空。

例如,对于图 7.15 所示的一棵二叉树,在采用二叉链存储后,首先 p 指向根结点(即 A 结点),其后序遍历非递归算法的执行过程如图 7.21 所示,该图中符号的含义与图 7.16 中的相同。

图 7.21 后序遍历非递归算法的执行过程

对应的后序遍历非递归算法如下:

```
public void PostOrder2(BTreeClass bt) {       //后序遍历的非递归算法
   PostOrder21(bt.b);
}
private void PostOrder21(BTNode<Character> t) { //被 PostOrder2() 方法调用
   Stack<BTNode> st=new Stack<BTNode>();      //定义一个栈
   BTNode<Character> p=t,q;
   boolean flag;
   do {
      while(p!=null) {                         //p 及其所有左下结点进栈
         st.push(p);
         p=p.lchild;
      }
      q=null;                                  //q 指向前一个刚刚访问的结点或为空
      flag=true;                               //表示在处理栈顶结点
```

```
        while(!st.empty() && flag) {
            p=st.peek();                            //取当前栈顶结点
            if(p.rchild==q) {                       //若p结点的右子树已访问或为空
                System.out.print(p.data+" ");       //访问p结点
                st.pop();                           //结点访问后退栈
                q=p;                                //让q指向刚被访问的结点
            }
            else {                                  //若p结点的右子树没有遍历
                p=p.rchild;                         //转向处理其右子树
                flag=false;                         //退出栈顶结点的处理,转向p结点的右子树
            }
        }
    } while(!st.empty());                           //栈空结束
}
```

说明：以上后序遍历非递归算法的特点是当访问某个结点时栈中保存的恰好是该结点的所有祖先结点。有些复杂的算法是利用这个特点求解的。

【**例 7.14**】 采用后序遍历非递归方法设计例 7.11 的算法,即输出值为 x 的结点的所有祖先。

解 修改前面的后序遍历非递归算法,当要访问某个结点 p 时,判断其 data 是否为 x,若是,则只需要将栈中的结点出栈并存放到 ans 中(不含栈顶的 x 结点)。对应的求解类如下:

```
public class Exam7_14 {
    static String ans;                              //存放x结点的所有祖先结点
    public static String Ancestor4(BTreeClass bt,char x) {
        ans="";
        Ancestor41(bt.b,x);
        return ans;
    }
    private static void Ancestor41(BTNode<Character> t,Character x) {
        Stack<BTNode> st=new Stack<BTNode>();       //定义一个栈
        BTNode<Character> p=t,q;
        boolean flag;
        do {
            while(p!=null) {                        //p及其所有左下结点进栈
                st.push(p);
                p=p.lchild;
            }
            q=null;                                 //q指向前一个刚刚访问的结点或为空
            flag=true;                              //表示在处理栈顶结点
            while(!st.empty() && flag) {            //取当前栈顶结点
                p=st.peek();
                if(p.rchild==q) {                   //若p结点的右子树已访问或为空
                    if(p.data==x) {                 //当前访问的结点的值为x
                        st.pop();                   //出栈x结点
                        while(!st.empty())          //出栈其他所有祖先并存放到ans中
                            ans+=String.valueOf(st.pop().data)+" ";
                        return;                     //结束
                    }
                    else {                          //当前访问的结点的值不为x
                        st.pop();                   //结点访问后退栈
                        q=p;                        //让q指向刚被访问的结点
                    }
                }
```

```
            else {                              //若 p 结点的右子树没有遍历
                p=p.rchild;                     //转向处理其右子树
                flag=false;                     //退出栈顶结点的处理,转向 p 结点的右子树
            }
        }
    } while(!st.empty());                       //栈空结束
}
```

对于图 7.10(a)所示的二叉树,当 $x=$ 'F'时,上述算法的输出结果为 C A。

7.4 二叉树的层次遍历

扫一扫

视频讲解

7.4.1 层次遍历过程

若二叉树非空(假设其高度为 h),则层次遍历的过程如下。
(1) 访问根结点(第 1 层)。
(2) 从左到右访问第 2 层的所有结点。
(3) 从左到右访问第 3 层的所有结点,……,第 h 层的所有结点。

例如,图 7.10(a)所示的二叉树的层次遍历序列为 ABCDEFG。

7.4.2 层次遍历算法设计

在二叉树的层次遍历中,对一层的结点访问完后,再按照它们的访问次序对各结点的左、右孩子顺序访问,这样一层一层进行,即先访问结点的左、右孩子也先访问,这样与队列的先进先出的特点吻合,因此层次遍历算法采用一个队列 qu 来实现。

先将根结点 b 进队,在队不空时循环:从队列中出队一个结点 p,访问它;若它有左孩子结点,将左孩子结点进队;若它有右孩子结点,将右孩子结点进队。如此操作直到队空为止。对应的算法如下:

```
public void LevelOrder(BTreeClass bt) {                 //层次遍历的算法
    BTNode<Character> p;
    Queue<BTNode> qu=new LinkedList<BTNode>();          //定义一个队列 qu
    qu.offer(bt.b);                                     //根结点进队
    while(!qu.isEmpty()) {                              //队不空时循环
        p=qu.poll();                                    //出队一个结点
        System.out.print(p.data+" ");                   //访问 p 结点
        if(p.lchild!=null)
            qu.offer(p.lchild);                         //有左孩子时将其进队
        if(p.rchild!=null)
            qu.offer(p.rchild);                         //有右孩子时将其进队
    }
}
```

说明:层次遍历算法和先序遍历非递归算法 1 十分相似,只是一个使用队列,另一个使用栈来暂存中间数据,得到不同的结果,这正好体现了队列和栈的不同特点。

例如,对于图 7.15 所示的一棵二叉树,在采用二叉链存储后,首先 r 指向根结点(即 A

结点),其层次遍历算法的执行过程如表 7.3 所示。

表 7.3 层次遍历算法的执行过程

执行的操作	访问结点	qu(队头⇨队尾)
A 结点进队		A
出队 A 结点并访问之	A	
将 A 结点的孩子 B、C 进队		BC
出队 B 结点并访问之	B	C
将 B 结点的孩子 D、E 进队		CDE
出队 C 结点并访问之	C	DE
C 结点没有孩子		
出队 D 结点并访问之	D	E
将 D 结点的孩子 F 进队		EF
出队 E 结点并访问之	E	F
将 E 结点的孩子 G 进队		FG
出队 F 结点并访问之	F	G
将 F 结点的孩子 H 进队		GH
出队 G 结点并访问之	G	H
G 结点没有孩子		H
出队 H 结点并访问之	H	
H 结点没有孩子		
队空,算法结束		

7.4.3 层次遍历算法的应用

本节通过几个示例说明层次遍历算法的应用。

【例 7.15】 采用层次遍历方法设计例 7.13 的算法,即求二叉树中第 k($1 \leqslant k \leqslant$ 二叉树的高度)层的结点个数。

解法 1:用 cnt 变量计第 k 层的结点个数(初始为 0)。设计队列中元素的类型为 QNode 类,包含当前结点层次 lno 和结点引用 node 两个成员变量。先将根结点进队(根结点的层次为 1),在层次遍历中出队一个结点 p。

(1) 若结点 p 的层次大于 k,返回 cnt(继续层次遍历不可能再找到第 k 层的结点)。

(2) 若结点 p 是第 k 层的结点($p.\text{lno}==k$ 成立),cnt 增 1。

(3) 若结点 p 的层次小于 k,将其孩子结点进队,孩子结点的层次为双亲结点的层次加 1。

最后返回 cnt。对应的算法如下:

视频讲解

```
public static int KCount2(BTreeClass bt, int k) {      //解法 1:求二叉树中第 k 层的结点个数
    int cnt=0;                                          //累计第 k 层的结点个数
    class QNode {                                       //队列元素类(内部类)
        int lno;                                        //结点的层次
        BTNode<Character> node;                         //结点的引用
        public QNode(int l, BTNode<Character> no) {     //构造方法
            lno=1;
            node=no;
        }
    }
```

```
        Queue<QNode> qu=new LinkedList<QNode>();   //定义一个队列 qu
        QNode p;
        qu.offer(new QNode(1,bt.b));                //根结点(层次为1)进队
        while(!qu.isEmpty()) {                      //队不空循环
            p=qu.poll();                            //出队一个结点
            if(p.lno>k) return cnt;                 //当前结点的层次大于k,返回
            if(p.lno==k) cnt++;                     //当前结点是第k层的结点,cnt增1
            else {                                  //当前结点的层次小于k
                if(p.node.lchild!=null)             //有左孩子时将其进队
                    qu.offer(new QNode(p.lno+1,p.node.lchild));
                if(p.node.rchild!=null)             //有右孩子时将其进队
                    qu.offer(new QNode(p.lno+1,p.node.rchild));
            }
        }
        return cnt;
    }
```

解法2：用 cnt 变量计第 k 层的结点个数(初始为0)。设计队列仅保存结点引用,置当前层次 curl=1,用 last 变量指示当前层次的最右结点,第一层只有一个结点(即根结点),它就是第一层的最右结点,所以置 last 为根结点。根结点进队,队不空循环：

(1) 若 curl>k,返回 cnt(继续层次遍历不可能再找到第 k 层的结点)。

(2) 否则出队结点 p,若 curl==k,表示结点 p 是第 k 层的结点,cnt 增 1。

(3) 若结点 p 有左孩子 q,将结点 q 进队,若有右孩子 q,将结点 q 进队(总是用 q 表示进队的结点)。

(4) 若结点 p 是当前层的最右结点(p==last 成立),说明当前层处理完毕,而此时的 q 就是下一层的最右结点,置 last=q,curl++,进入下一层处理。

说明：该方法遵循的是迭代思路,第一层的最右结点 last 就是根结点(在遍历第一层之前就可以确定),而遍历一层后又可以找到下一层的最右结点,以此类推。每一层通过最右结点可以判断该层是否遍历完毕。

最后返回 cnt。对应的算法如下：

```
    public static int KCount3(BTreeClass bt,int k) {    //解法2:求二叉树中第k层的结点个数
        int cnt=0;                                       //累计第k层的结点个数
        Queue<BTNode> qu=new LinkedList<BTNode>();       //定义一个队列 qu
        BTNode<Character> p,q=null;
        int curl=1;                                      //当前层次,从1开始
        BTNode<Character> last;                          //当前层中的最右结点
        last=bt.b;                                       //第一层的最右结点
        qu.offer(bt.b);                                  //根结点进队
        while (!qu.isEmpty()) {                          //队不空循环
            if(curl>k) return cnt;                       //当层号大于k时返回cnt,不再继续
            p=qu.poll();                                 //出队一个结点
            if(curl==k) cnt++;                           //当前结点是第k层的结点,cnt增1
            if(p.lchild!=null) {                         //有左孩子时将其进队
                q=p.lchild;
                qu.offer(q);
            }
            if(p.rchild!=null) {                         //有右孩子时将其进队
                q=p.rchild;
                qu.offer(q);
```

```
        }
        if(p==last) {                          //当前层的所有结点处理完毕
            last=q;                            //让 last 指向下一层的最右结点
            curl++;
        }
    }
    return cnt;
}
```

解法 3：层次遍历是从第一层开始,在访问一层的全部结点后(此时该层的全部结点已出队)再访问下一层的结点,为此修改基本层次遍历过程改为一层一层地遍历,上一层遍历完毕,队中恰好是下一层的全部结点。若 $k<1$,返回 0;否则将根结点进队,当前层次 curl=1。队不空循环:

(1) 若 curl==k 成立,队中恰好包含该层的全部结点,直接返回队中的元素个数(即第 k 层的结点个数)。

(2) 否则求出队中的元素个数 n (当前层 curl 的全部结点个数),循环出队 n 次,每次出队一个结点时将其孩子结点进队。

(3) 置 curl++,进入下一层处理。

最后返回 0($k>$二叉树高度的情况)。对应的算法如下:

```java
public static int KCount4(BTreeClass bt,int k) {   //解法3:求二叉树中第 k 层的结点个数
    if(k<1) return 0;                              //k<1 返回 0
    Queue<BTNode> qu=new LinkedList<BTNode>();     //定义一个队列 qu
    BTNode<Character> p,q=null;
    int curl=1;                                    //当前层次,从 1 开始
    qu.offer(bt.b);                                //根结点进队
    while(!qu.isEmpty()) {                         //队不空循环
        if(curl==k) return qu.size();              //当前层为第 k 层,返回队中的元素个数
        int n=qu.size();                           //求出当前层的结点个数
        for(int i=1;i<=n;i++) {                    //出队当前层的 n 个结点
            p=qu.poll();                           //出队一个结点
            if(p.lchild!=null)                     //有左孩子时将其进队
                qu.offer(p.lchild);
            if(p.rchild!=null)                     //有右孩子时将其进队
                qu.offer(p.rchild);
        }
        curl++;                                    //转向下一层
    }
    return 0;
}
```

说明：上述算法中执行 $n=$qu.size(),再循环 n 次出队当前层的全部结点,不能改为从 1 到 qu.size()循环,因为循环中有结点进队列,qu.size()会发生改变。

【**例 7.16**】 采用层次遍历方法设计例 7.11 的算法,即输出值为 x 的结点的所有祖先。

解 采用例 7.15 的解法 1,设计队列中元素的类型为 QNode 类,包含当前结点引用 node 和双亲队列元素 pre 两个成员变量。先将根结点进队(根结点的双亲为 null)。在层次遍历中出队一个结点 p (为队列元素类型而不是二叉树结点类型):

(1) 若结点 p 为 x 结点(p.node.data==x 成立),从结点 p 出发通过队列元素回推求

出所有祖先结点 ans(类似用队列求解迷宫路径),返回 ans。

（2）否则将结点 p 的孩子结点进队,注意二叉树中孩子结点 p.node.lchild 和 p.node.rchild 的双亲结点为结点 p。

对应的求解类如下：

```java
public class Exam7_16 {
    static String ans;                                      //存放 x 结点的所有祖先结点
    public static String Ancestor4(BTreeClass bt, char x) { //返回 x 结点的祖先
        ans="";
        class QNode {                                       //队列元素类(内部类)
            BTNode<Character> node;                         //当前结点
            QNode pre;                                      //当前结点的双亲结点
            public QNode(BTNode<Character> no, QNode p) {   //构造方法
                node=no;
                pre=p;
            }
        }
        Queue<QNode> qu=new LinkedList<QNode>();            //定义一个队列 qu
        QNode p;
        qu.offer(new QNode(bt.b, null));                    //根结点(双亲为 null)进队
        while(!qu.isEmpty()) {                              //队不空循环
            p=qu.poll();                                    //出队一个结点
            if(p.node.data==x) {                            //当前结点 p 为 x 结点
                QNode q=p.pre;                              //q 为双亲
                while(q!=null) {                            //找到根结点为止
                    ans+=q.node.data+" ";
                    q=q.pre;
                }
                return ans;
            }
            if(p.node.lchild!=null)                         //有左孩子时将其进队
                qu.offer(new QNode(p.node.lchild, p));      //置其双亲为 p
            if(p.node.rchild!=null)                         //有右孩子时将其进队
                qu.offer(new QNode(p.node.rchild, p));      //置其双亲为 p
        }
        return ans;
    }
}
```

7.5 二叉树的构造

7.5.1 由先序/中序序列或后序/中序序列构造二叉树

假设二叉树中每个结点的值均不相同,同一棵二叉树具有唯一的先序序列、中序序列和后序序列,但不同的二叉树可能具有相同的先序序列、中序序列和后序序列。例如,如图 7.22 所示的 5 棵二叉树,先序序列都为 ABC；如图 7.23 所示的 5 棵二叉树,中序序列都为 ACB；如图 7.24 所示的 5 棵二叉树,后序序列都为 CBA。

显然,仅由先序序列、中序序列和后序序列中的任何一种无法确定这棵二叉树的树形。

图 7.22 先序序列为 ABC 的 5 棵二叉树

图 7.23 中序序列为 ACB 的 5 棵二叉树

图 7.24 后序序列为 CBA 的 5 棵二叉树

但是,如果同时知道一棵二叉树的先序序列和中序序列,或者同时知道中序序列和后序序列,就能确定这棵二叉树。

例如,先序序列是 ABC、中序序列是 ACB 的二叉树必定如图 7.22(c)所示。

类似地,中序序列是 ACB、后序序列是 CBA 的二叉树必定如图 7.23(c)所示。

但是,同时知道先序序列和后序序列仍不能确定二叉树的树形,例如,图 7.22 和图 7.24 中除第一棵以外的 4 棵二叉树的先序序列都是 ABC,后序序列都是 CBA。

定理 7.1:任何 $n(n \geqslant 0)$ 个不同结点的二叉树都可由它的中序序列和先序序列唯一地确定。

证明:采用数学归纳法证明。

当 $n=0$ 时二叉树为空,结论正确。

假设结点数小于 n 的任何二叉树都可以由其先序序列和中序序列唯一地确定。

若某棵二叉树具有 $n(n>0)$ 个不同结点,其先序序列是 $a_0 a_1 \cdots a_{n-1}$,中序序列是 $b_0 b_1 \cdots b_{k-1} b_k b_{k+1} \cdots b_{n-1}$。

因为在先序遍历过程中访问根结点后紧接着遍历左子树,最后再遍历右子树,所以 a_0 必定是二叉树的根结点,而且 a_0 必然在中序序列中出现。也就是说,在中序序列中必有某个 $b_k (0 \leqslant k \leqslant n-1)$ 就是根结点 a_0。

由于 b_k 是根结点,而在中序遍历过程中先遍历左子树再访问根结点,最后再遍历右子树,所以在中序序列中 $b_0b_1\cdots b_{k-1}$ 必是根结点 b_k(也就是 a_0)左子树的中序序列,即 b_k 的左子树有 k 个结点(注意,$k=0$ 表示结点 b_k 没有左子树)。而 $b_{k+1}\cdots b_{n-1}$ 必是根结点 b_k(也就是 a_0)右子树的中序序列,即 b_k 的右子树有 $n-k-1$ 个结点(注意,$k=n-1$ 表示结点 b_k 没有右子树)。

另外,在先序序列中紧跟在根结点 a_0 之后的 k 个结点 $a_1\cdots a_k$ 序列就是左子树的先序序列,而 $a_{k+1}\cdots a_{n-1}$ 这 $n-k-1$ 个结点序列就是右子树的先序序列,其示意图如图 7.25 所示。

图 7.25 由先序序列和中序序列确定一棵二叉树

根据归纳假设,子先序序列 $a_1\cdots a_k$ 和子中序序列 $b_0b_1\cdots b_{k-1}$ 可以唯一地确定根结点 a_0 的左子树,而子先序序列 $a_{k+1}\cdots a_{n-1}$ 和子中序序列 $b_{k+1}\cdots b_{n-1}$ 可以唯一地确定根结点 a_0 的右子树。

综上所述,这棵二叉树的根结点已经确定,而且其左、右子树都唯一地确定了,所以整个二叉树也就唯一地确定了。

假设二叉树的每个结点的值为单个字符,且没有值相同的结点。由先序序列 pre$[i..i+n-1]$ 和中序序列 in$[j..j+n-1]$ 创建二叉链 t 的过程如图 7.26 所示。

图 7.26 由先序序列 pre 和中序序列 in 创建二叉链 t 的过程

对应的构造算法如下:

```
public static BTreeClass CreateBT1(String pre,String in) {    //由先序序列 pre 和中序序列 in 构造二叉链
    BTreeClass bt=new BTreeClass();
    bt.b=CreateBT11(pre,0,in,0,pre.length());
    return bt;
```

```
    private static BTNode<Character> CreateBT11(String pre,int i,String in,int j,int n) {
        BTNode<Character> t;
        char ch;
        int p,k;
        if(n<=0) return null;
        ch=pre.charAt(i);
        t=new BTNode<Character>(ch);           //创建根结点(结点值为 ch)
        p=j;                                    //p 指中序序列的开始元素
        while(p<j+n) {                          //在中序序列中找等于 ch 的位置 p
            if(in.charAt(p)==ch) break;         //在 in 中找到根后退出循环
            p++;
        }
        k=p-j;                                  //确定左子树中的结点个数 k
        t.lchild=CreateBT11(pre,i+1,in,j,k);    //递归构造左子树
        t.rchild=CreateBT11(pre,i+k+1,in,p+1,n-k-1); //递归构造右子树
        return t;
    }
```

例如,已知先序序列为 ABDGCEF、中序序列为 DGBAECF,则构造二叉树的过程如图 7.27 所示。

图 7.27 由先序序列和中序序列构造二叉树的过程

定理 7.2：任何 $n(n \geq 0)$ 个不同结点的二叉树都可由它的中序序列和后序序列唯一地确定。

证明：同样采用数学归纳法证明。

当 $n=0$ 时二叉树为空,结论正确。

假设结点数小于 n 的任何二叉树都可以由其中序序列和后序序列唯一地确定。

若某棵二叉树具有 $n(n>0)$ 个不同结点,其中序序列是 $b_0 b_1 \cdots b_{n-1}$,后序序列是 $a_0 a_1 \cdots a_{n-1}$。

因为在后序遍历过程中先遍历左子树再遍历右子树,最后访问根结点,所以 a_{n-1} 必定是二叉树的根结点,而且 a_{n-1} 必然在中序序列中出现。也就是说,在中序序列中必有某个 $b_k(0 \leqslant k \leqslant n-1)$ 就是根结点 a_{n-1}。

由于 b_k 是根结点,而在中序遍历过程中先遍历左子树再访问根结点,最后再遍历右子树,所以在中序序列中 $b_0 \cdots b_{k-1}$ 必是根结点 b_k(也就是 a_{n-1})左子树的中序序列,即 b_k 的左子树有 k 个结点(注意,$k=0$ 表示结点 b_k 没有左子树)。而 $b_{k+1} \cdots b_{n-1}$ 必是根结点 b_k(也就是 a_{n-1})右子树的中序序列,即 b_k 的右子树有 $n-k-1$ 个结点(注意,$k=n-1$ 表示结点 b_k 没有右子树)。

另外,在后序序列中,在根结点 a_{n-1} 之前的 $n-k-1$ 个结点 $a_k \cdots a_{n-2}$ 序列就是右子树的后序序列,而 $a_0 \cdots a_{k-1}$ 这 k 个结点序列就是左子树的后序序列,其示意图如图 7.28 所示。

图 7.28 由后序序列和中序序列确定一棵二叉树

根据归纳假设,由于子中序序列 $b_0 \cdots b_{k-1}$ 和子后序序列 $a_0 \cdots a_{k-1}$ 可以唯一地确定根结点 b_k(也就是 a_{n-1})的左子树,而子中序序列 $b_{k+1} \cdots b_{n-1}$ 和子后序序列 $a_k \cdots a_{n-2}$ 可以唯一地确定根结点 b_k 的右子树。

综上所述,这棵二叉树的根结点已经确定,而且其左、右子树都唯一地确定了,所以整个二叉树也就唯一地确定了。

假设二叉树的每个结点的值为单个字符,且没有值相同的结点。由后序序列 $post[i..i+n-1]$ 和中序序列 $in[j..j+n-1]$ 创建二叉链 t 的算法如下:

```java
public static BTreeClass CreateBT2(String post, String in) {   //由后序序列 post 和中序序列 in 构造二叉链
    BTreeClass bt=new BTreeClass();
    bt.b=CreateBT22(post,0,in,0,post.length());
    return bt;
}
private static BTNode<Character> CreateBT22(String post, int i, String in, int j, int n) {
    BTNode<Character> t;
    char ch;
    int p,k;
    if(n<=0) return null;
    ch=post.charAt(i+n-1);                          //取后序序列的尾元素
    t=new BTNode<Character>(ch);                    //创建根结点(结点值为 ch)
    p=j;                                            //p 指中序序列的开始元素
    while(p<j+n) {                                  //在中序序列中找根位置 p
        if(in.charAt(p)==ch) break;                 //在 in 中找到根后退出循环
        p++;
    }
    k=p-j;                                          //确定左子树中的结点个数 k
    t.lchild=CreateBT22(post,i,in,j,k);             //递归构造左子树
```

```
        t.rchild=CreateBT22(post,i+k,in,p+1,n-k-1);   //递归构造右子树
        return t;
    }
```

例如,已知中序序列为DGBAECF、后序序列为GDBEFCA,则构造二叉树的过程如图7.29所示。

图7.29 由后序序列和中序序列构造二叉树的过程

说明:上述两个算法都是假设二叉树中所有的结点值不相同,当存在相同结点值时算法的执行可能不正确。如果存在结点值相同的情况,可以采用结点的唯一编号来区分。

【例7.17】 若某非空二叉树的先序序列和后序序列正好相同,则该二叉树的形态是什么?

解 用N表示根结点,L、R分别表示根结点的左、右子树,二叉树的先序序列是NLR,后序序列是LRN。如果要使NLR==LRN成立,则L和R均为空。所以满足条件的二叉树只有一个根结点。

【例7.18】 若某非空二叉树的先序序列和中序序列正好相反,则该二叉树的形态是什么?

解 二叉树的先序序列是NLR,中序序列是LNR。如果要使NLR==RNL(中序序列的反序)成立,则R必须为空。所以满足条件的二叉树的形态是所有结点没有右子树。

扫一扫

视频讲解

*7.5.2 序列化和反序列化

序列化和反序列化是针对单种遍历方式的,这里以先序遍历方式为例。

所谓序列化,是对二叉树进行先序遍历产生一个字符序列的过程,与一般先序遍历不同的是,这里还要记录空结点。假设二叉树中的结点值为单个字符,并且不含'♯'字符,用'♯'字符表示对应空结点即外部结点,如图7.12(a)所示的二叉树增加所有外部结点后的结果如图7.30所示,称为扩展二叉树。按先序遍历方式遍历扩展二叉树(含外部结点的访

问),得到的序列为ABD♯G♯♯♯CE♯♯F♯♯,称为序列化序列。

图7.30 添加空结点的二叉树

在由二叉链bt产生先序序列化序列s时,采用的是基本先序遍历过程,只是在遇到外部结点(null)时需要返回'♯'字符,对应的算法如下:

```
public static String PreOrderSeq(BTreeClass bt) {          //二叉树bt的序列化
    return PreOrderSeq1(bt.b);
}
private static String PreOrderSeq1(BTNode<Character> t) {
    String s="",s1,s2;
    if(t==null) return "♯";
    s+=String.valueOf(t.data);                              //构造只有根结点字符的串s
    s1=PreOrderSeq1(t.lchild);                              //产生左子树的序列化序列s1
    s+=s1;
    s2=PreOrderSeq1(t.rchild);                              //产生右子树的序列化序列s2
    s+=s2;                                                  //合并
    return s;
}
```

前面介绍过只有先序遍历序列不能唯一构造出二叉树,但由序列化序列可以唯一构造出二叉树。这是因为先序序列化时使用外部结点作为分隔符或特殊字符来区分不同的子树和结点的结束,而先序遍历中每个结点的访问顺序都是唯一的,且每个子树的划分也是唯一的(如果使用明确的方式标记了子树的结束),因此从先序序列化序列中恢复二叉树的过程是确定的,不会产生歧义。利用序列化序列s构造对应的二叉树称为反序列化,其过程是用类变量i从头到尾扫描s串,采用先序遍历过程:

(1)当i超界时返回null。

(2)当遇到'♯'字符时返回null。

(3)当遇到其他字符时创建根结点t,然后递归构造它的左、右子树。

对应的反序列化算法如下:

```
static int i;                                              //类变量
public static BTreeClass CreateBT3(String s) {             //由序列化序列s创建二叉链:反序列化
    BTreeClass bt=new BTreeClass();
    i=0;
    bt.b=CreateBT31(s);
    return bt;
}
```

```
private static BTNode<Character> CreateBT31(String s) {
    BTNode<Character> t;
    char ch;
    if(i>=s.length()) return null;              //i超界返回空
    ch=s.charAt(i);i++;                         //从s中取出一个字符ch
    if(ch=='#') return null;                    //若ch为'#',返回空
    t=new BTNode<Character>(ch);                //创建根结点(结点值为ch)
    t.lchild=CreateBT31(s);                     //递归构造左子树
    t.rchild=CreateBT31(s);                     //递归构造右子树
    return t;                                   //返回根结点
}
```

由于在反序列化构造二叉树的过程中不像先序/中序和后序/中序那样需要比较根结点的值,所以适合构造含相同结点值的二叉树。

7.6 线索二叉树

7.6.1 线索二叉树的定义

对于含 n 个结点的二叉树,在采用二叉链存储结构时每个结点有两个指针成员,总共有 $2n$ 个指针成员,又由于只有 $n-1$ 个结点被有效指针所指向(n 个结点中只有根结点没有被有效指针所指向),则共有 $2n-(n-1)=n+1$ 个空指针。

遍历二叉树的结果是一个结点的线性序列。用户可以利用这些空指针存放相应的前驱结点和后继结点的地址,这样的指向该线性序列中的"前驱结点"和"后继结点"的指针称作**线索**。

由于遍历方式不同,产生的遍历线性序列也不同,做如下规定:当某结点的左指针为空时,让该指针指向对应遍历序列的前驱结点;当某结点的右指针为空时,让该指针指向对应遍历序列的后继结点。那么如何区分左指针指向的结点是左孩子还是前驱结点,右指针指向的结点是右孩子还是后继结点呢?为此在结点的存储结构上增加两个标识位来区分这两种情况,左、右标识的取值如下:

$$左标识\ ltag = \begin{cases} 0 & 表示\ lchild\ 指向左孩子结点 \\ 1 & 表示\ lchild\ 指向前驱结点的线索 \end{cases}$$

$$右标识\ rtag = \begin{cases} 0 & 表示\ rchild\ 指向右孩子结点 \\ 1 & 表示\ rchild\ 指向后继结点的线索 \end{cases}$$

这样,每个结点的存储结构如图7.31所示。

图 7.31 结点的存储结构

按上述方法在每个结点上添加线索的二叉树称作**线索二叉树**。对二叉树以某种方式遍历使其变为线索二叉树的过程称为线索化。

为了使算法设计方便,在线索二叉树中再增加一个头结点。头结点的 data 成员为空,lchild 指向二叉树的根结点,ltag 为 0,rchild 指向遍历序列的尾结点,rtag 为 1。图 7.32 为图 7.10(a)所示二叉树的线索二叉树。其中,图 7.32(a)是中序线索二叉树(中序序列为

DGBAECF),图 7.32(b)是先序线索二叉树(先序序列为 ABDGCEF),图 7.32(c)是后序线索二叉树(后序序列为 GDBEFCA)。图中实线表示二叉树原来指针所指的结点,虚线表示线索二叉树所添加的线索。

图 7.32　3 种线索二叉树

注意：在中序、先序和后序线索二叉树中所有的实线均相同,即线索化之前的二叉树相同,所有结点的标识位的取值也完全相同,只是当标识位取 1 时不同的线索二叉树将用不同的虚线表示,即不同的线索树中线索指向的前驱结点和后继结点不同。

7.6.2　线索化二叉树

从 7.6.1 节的讨论得知,对同一棵二叉树的遍历方式不同,所得到的线索树也不同,二叉树有先序、中序和后序 3 种遍历方式,所以线索树也有先序线索二叉树、中序线索二叉树和后序线索二叉树 3 种。这里以中序线索二叉树为例讨论建立线索二叉树的算法。

建立线索二叉树,或者说对二叉树线索化,实质上就是遍历一棵二叉树,在遍历的过程中检查当前结点的左、右指针域是否为空,如果为空,将它们改为指向前驱结点或后继结点的线索。另外,在对一棵二叉树添加线索时创建一个头结点,并建立头结点与二叉树的根结点的线索。在对二叉树线索化后还需建立尾结点与头结点之间的线索。

为了实现线索化二叉树,将前面二叉链结点的类型的定义修改如下:

```java
class ThNode {                        //线索二叉树的结点类型
    char data;                        //存放结点值
    ThNode lchild,rchild;             //左、右孩子或线索的指针
    int ltag,rtag;                    //左、右标识
    public ThNode() {                 //默认构造方法
        lchild=rchild=null;
        ltag=rtag=0;
    }
    public ThNode(char d) {           //重载构造方法
        data=d;
        lchild=rchild=null;
        ltag=rtag=0;
    }
}
```

本节仅讨论二叉树的中序线索化,设计中序线索化二叉树类 ThreadClass 如下:

```java
public class ThreadClass {            //中序线索化二叉树类
    ThNode b;                         //二叉树的根结点
    ThNode root;                      //线索二叉树的头结点
    ThNode pre;                       //用于中序线索化,指向中序前驱结点
    String bstr;
    public ThreadClass() {
        root=null;
    }
    //中序线索二叉树的基本运算
}
```

中序线索二叉树的算法如下:

```java
public void CreateThread() {          //建立以 root 为头结点的中序线索二叉树
    root=new ThNode();                //创建头结点 root
    root.ltag=0; root.rtag=1;         //头结点的域置初值
    if(b==null) {                     //b 为空树时
        root.lchild=root;
        root.rchild=null;
    }
    else {                            //b 不为空树时
        root.lchild=b;
        pre=root;                     //pre 是 p 的前驱结点,用于线索化
        Thread(b);                    //中序遍历线索化二叉树
        pre.rchild=root;              //最后处理,加入指向根结点的线索
        pre.rtag=1;
        root.rchild=pre;              //根结点右线索化
    }
}
private void Thread(ThNode p) {       //对以 p 为根结点的二叉树进行中序线索化
    if(p!=null) {
```

```
        Thread(p.lchild);                    //左子树线索化
        if(p.lchild==null) {                 //结点 p 的左指针为空
            p.lchild=pre;                    //给结点 p 添加前驱线索
            p.ltag=1;
        }
        else p.ltag=0;
        if(pre.rchild==null) {               //结点 pre 的右指针为空
            pre.rchild=p;                    //给结点 pre 添加后继线索
            pre.rtag=1;
        }
        else pre.rtag=0;
        pre=p;                               //置 p 结点为下一个访问结点的前驱结点
        Thread(p.rchild);                    //右子树线索化
    }
}
```

CreateThread()算法是将以二叉链存储的二叉树 b（b 指向二叉链的根结点）进行中序线索化,并返回线索化后的头结点 root。其算法思路是先创建头结点 root,其 lchild 为链指针,rchild 为线索。如果二叉树 b 为空,则将其 lchild 指向自身;如果二叉树 b 不为空,则将 root 的 lchild 指向 b 结点。

首先 p 指向 b 结点,pre 指向 root 结点(pre 作为类成员变量表示当前访问结点的前驱),然后调用 Thread(p)对整个二叉树线索化。最后加入指向头结点的线索,并将头结点的 rchild 指针域线索化为指向尾结点(由于线索化直到 p 等于 null 为止,所以线索化结束后尾结点为 pre 结点)。

Thread(p)算法采用中序递归遍历对以 p 为根结点的二叉树中序线索化。在整个算法中 p 总是指向当前访问的结点,pre 指向其前驱结点。

(1) 若 p 结点没有左孩子结点,置其 lchild 指针为线索,指向前驱结点 pre,ltag 为 1,如图 7.33(a)所示;否则表示 lchild 指向其左孩子结点,置其 ltag 为 0。

(a) 将结点 p 的左空指针改为线索   (b) 将结点 pre 的右空指针改为线索

图 7.33 设置线索的过程

(2) 若 pre 结点没有右孩子结点,置其 rchild 指针为线索,指向其后继结点 p,rtag 为 1,如图 7.33(b)所示;否则表示 rchild 指向其右孩子结点,置其 rtag 为 0。

再将 pre 替换成 p 作为中序遍历下一个访问结点的前驱结点。

7.6.3 遍历线索二叉树

遍历某种次序的线索二叉树的过程分为两个步骤,一是找到该次序下的开始结点,访问该结点;二是从刚访问的结点出发,反复找到该结点的后继结点并访问之,直到尾结点为止。

在先序线索二叉树中查找一个结点的先序后继结点很简单,而查找先序前驱结点必须知道该结点的双亲结点。同样,在后序线索二叉树中查找一个结点的后序前驱结点也很简单,而查找后序后继结点也必须知道该结点的双亲结点。由于二叉链中没有存放双亲的指针,所以在实际应用中先序线索二叉树和后序线索二叉树较少用到,这里主要讨论中序线索二叉树的中序遍历。

在中序线索二叉树中,尾结点的 rchild 指针被线索化为指向头结点 root,在其中实现中序遍历的两个步骤如下。

(1) 求中序序列的开始结点:实际上该结点就是根结点的最左下结点,如图 7.34 所示。

(2) 对于一个结点 p,求其后继结点的过程如下。

① 如果 p 结点的 rchild 指针为线索,则 rchild 所指为其后继结点。

② 否则 p 结点的后继结点是其右孩子 q 的最左下后继结点,如图 7.35 所示。

图 7.34 p 结点为中序序列的开始结点　　图 7.35 p 结点的非线索后继结点

这样,得到中序线索二叉树中实现中序遍历的算法如下:

```java
public void ThInOrder( ) {                    //中序线索二叉树的中序遍历
    ThNode p=root.lchild;                     //p指向根结点
    while(p!=root) {
        while(p!=root && p.ltag==0)           //找中序开始结点
            p=p.lchild;
        System.out.print(p.data+" ");         //访问p结点
        while(p.rtag==1 && p.rchild!=root) {  //如果是线索,一直找下去
            p=p.rchild;
            System.out.print(p.data+" ");     //访问p结点
        }
        p=p.rchild;                           //如果不再是线索,转向其右子树
    }
}
```

显然该算法是一个非递归算法,算法的时间复杂度为 $O(n)$,空间复杂度为 $O(1)$,相比递归和非递归中序遍历算法的空间复杂度均为 $O(h)$(h 为二叉树的高度),其空间性能得到改善。

7.7 哈夫曼树

哈夫曼树是二叉树的应用之一,本节介绍哈夫曼树的定义、构造哈夫曼树和产生哈夫曼编码的算法设计。

7.7.1 哈夫曼树的定义

在许多应用中经常将树中的结点赋上一个有着某种意义的数值,称此数值为该结点的权。从树根结点到某个结点之间的路径长度与该结点上权的乘积称为结点的带权路径长度。一棵二叉树中所有叶子结点的带权路径长度之和称为该树的**带权路径长度**,通常记为

$$\text{WPL} = \sum_{i=0}^{n_0-1} w_i \times l_i$$

其中,n_0 表示叶子结点个数;w_i 和 l_i($0 \leq i \leq n_0-1$)分别表示叶子结点 k_i 的权值和根到 k_i 之间的路径长度(即从根到达该叶子结点的路径上的分支数)。

扫一扫

视频讲解

在 n_0 个带权叶子结点构成的所有二叉树中,带权路径长度最小的二叉树称为**哈夫曼树**(或最优二叉树)。因为构造这种树的算法最早是由哈夫曼于 1952 年提出的,所以这种树被称为哈夫曼树。

例如,给定 4 个叶子结点,设其权值分别为 1、3、5、7,可以构造出许多形状不同的二叉树,其中 4 棵二叉树如图 7.36 所示,图中带阴影的结点表示叶子结点,结点中的值表示权值。它们的带权路径长度分别为

(a) WPL=1×2+3×2+5×2+7×2=32
(b) WPL=1×2+3×3+5×3+7×1=33
(c) WPL=7×3+5×3+3×2+1×1=43
(d) WPL=1×3+3×3+5×2+7×1=29

由此可见,对于一组具有确定权值的叶子结点可以构造出多棵具有不同带权路径长度的二叉树,其中最小带权路径长度的二叉树就是哈夫曼树。可以证明,图 7.36(d)所示的二叉树是一棵哈夫曼树。

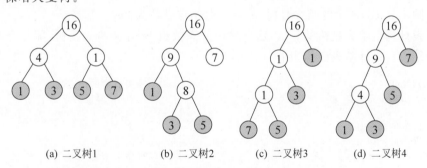

(a) 二叉树1　　(b) 二叉树2　　(c) 二叉树3　　(d) 二叉树4

图 7.36　由 4 个叶子结点构成不同带权路径长度的二叉树

7.7.2 哈夫曼树的构造算法

给定 n_0 个权值,如何构造一棵含有 n_0 个叶子结点的二叉树,使其带权路径长度最小呢?哈夫曼最早给出了一个带有一般规律的算法,称为哈夫曼算法,其构造过程如下。

(1) 根据给定的 n_0 个权值 $W=(w_0, w_1, \cdots, w_{n_0-1})$,对应结点构成 n_0 棵二叉树的森林 $T=(T_0, T_1, \cdots, T_{n_0-1})$,其中每棵二叉树 T_i($0 \leq i \leq n_0-1$)中都只有一个权值为 w_i 的根结点,其左、右子树均为空。

(2) 在森林 T 中选取两棵结点的权值最小的子树作为左、右子树构造一棵新的二叉

树,并且置新的二叉树的根结点的权值为其左、右子树上根的权值之和。这称为合并,每合并一次,T 中减少一棵二叉树。

(3) 重复(2)直到 T 中只含一棵树为止,这棵树便是哈夫曼树。

例如,假定仍采用 7.7.1 节给定的权值 $W=(1,3,5,7)$ 来构造一棵哈夫曼树,按照上述算法,图 7.37 给出了一棵哈夫曼树的构造过程,其中图 7.37(d)就是最后生成的哈夫曼树,它的带权路径长度为 29。

图 7.37 构造哈夫曼树的过程

说明:在构造哈夫曼树的过程中,每次合并都是取两个权值最小的二叉树合并,并添加一个根结点,这两棵二叉树作为根结点的左、右子树是任意的,这样构造的哈夫曼树可能不相同,但 WPL 一定是相同的。如图 7.36(d)和图 7.37(d)所示的哈夫曼树都是由{1,3,5,7}构造的,尽管树形不同,但它们的 WPL 都是 29。

定理 7.3:具有 n_0 个叶子结点的哈夫曼树共有 $2n_0-1$ 个结点。

证明:从哈夫曼树的构造过程看出,每次合并都是将两棵二叉树合并为一个,所以哈夫曼树不存在度为 1 的结点,即 $n_1=0$。由二叉树的性质 1 可知 $n_0=n_2+1$,即 $n_2=n_0-1$,则结点总数 $n=n_0+n_1+n_2=n_0+n_2=n_0+n_0-1=2n_0-1$。

对于图 7.39(d)所示的哈夫曼树,$n_0=4$,总结点个数为 $2n_0-1=7$。

为了设计构造哈夫曼树的算法,这里采用静态数组 ht 存储哈夫曼树,即每个数组元素存放一个结点。设计哈夫曼树中的结点类如下:

```
class HTNode {                              //哈夫曼树的结点类
    char data;                              //结点值,假设为单个字符
    double weight;                          //权值
    HTNode parent;                          //双亲结点
    HTNode lchild;                          //左孩子结点
    HTNode rchild;                          //右孩子结点
    boolean flag;                           //标识是双亲的左或者右孩子
    public HTNode() {                       //构造方法
        parent=null;
        lchild=null;
        rchild=null;
    }
    public double getw() {                  //取结点权值的方法
        return weight;
    }
}
```

若有 n_0 个叶子结点,哈夫曼树中总共有 $2n_0-1$ 个结点,所有叶子结点集中放在 ht$[0..n_0-1]$部分,并且用 hcd 字符串数组存放哈夫曼编码(在 7.7.3 节介绍),ht$[n_0..2n_0-2]$

存放其他需要构造的非叶子结点。设计哈夫曼树类 HuffmanClass 如下：

```
public class HuffmanClass {                    //哈夫曼树类
    final int MAXN=100;                        //最多结点个数
    double[] w;                                //权值数组
    String str;                                //存放字符串
    int n0;                                    //权值个数
    HTNode[] ht;                               //存放哈夫曼树
    String[] hcd;                              //存放哈夫曼编码
    public HuffmanClass() {                    //构造方法
        ht=new HTNode[MAXN];
        hcd=new String[MAXN];
        w=new double[MAXN];
    }
    public void Setdata(int n0,double[] w,String str) {  //设置初始值
        this.n0=n0;
        for(int i=0;i<n0;i++) this.w[i]=w[i];
        this.str=str;
    }
    public void CreateHT() { … }               //构造哈夫曼树
    public void CreateHCode() { … }            //根据哈夫曼树求哈夫曼编码
    public void DispHuffman() { … }            //输出哈夫曼编码
}
```

由于构造哈夫曼树中的合并操作是取两个根结点权值最小的二叉树进行合并，为此设计一个优先队列（按结点 weight 越小越优先）pq，其初始为空。构造哈夫曼树就是建立 $ht[n_0..2n_0-2]$ 的结点，其过程如下。

(1) 建立 $ht[0..n_0-1]$ 的叶子结点（设置结点的 data 和 weight，并将 parent 置为空），将它们进入 pq。

(2) i 从 n_0 到 $2n_0-2$ 循环（执行 n_0-1 次合并操作），每次出队两个结点 p1 和 p2，建立 $ht[i]$ 结点，设置 p1 和 p2 的双亲为 $ht[i]$，求权值和（$ht[i]$.weight = p1.weight + p2.weight），p1 作为双亲 $ht[i]$ 的左孩子（p1.flag=true），p2 作为双亲 $ht[i]$ 的右孩子（p2.flag=false），并将 $ht[i]$ 进入 pq。

循环结束后就构造好了哈夫曼树，对应的算法如下：

```
public void CreateHT() {                                   //构造哈夫曼树
    Comparator<HTNode> priComparator                       //定义 priComparator
        = new Comparator<HTNode>() {
        public int compare(HTNode o1,HTNode o2) {          //用于创建小根堆
            return (int)(o1.getw()-o2.getw());             //按 weight 越小越优先
        }
    };
    PriorityQueue<HTNode> pq=new PriorityQueue<>(MAXN,priComparator);  //定义优先队列
    for(int i=0;i<n0;i++) {                                //建立 n0 个叶子结点并进队
        ht[i]=new HTNode();                                //建立 ht[i] 结点
        ht[i].parent=null;                                 //双亲设置为空
        ht[i].data=str.charAt(i);
        ht[i].weight=w[i];
        pq.offer(ht[i]);                                   //进队
    }
    for(int i=n0;i<(2*n0-1);i++) {                         //n0-1 次合并操作
        HTNode p1=pq.poll();                               //出队两个权值最小的结点 p1 和 p2
```

```
            HTNode p2=pq.poll();
            ht[i]=new HTNode();                    //建立 ht[i]结点
            p1.parent=ht[i];                       //设置 p1 和 p2 的双亲为 ht[i]
            p2.parent=ht[i];
            ht[i].weight=p1.weight+p2.weight;      //求权值和
            ht[i].lchild=p1;                       //p1 作为双亲 ht[i]的左孩子
            p1.flag=true;
            ht[i].rchild=p2;                       //p2 作为双亲 ht[i]的右孩子
            p2.flag=false;
            pq.offer(ht[i]);                       //ht[i]结点进队
        }
    }
```

7.7.3 哈夫曼编码

扫一扫

视频讲解

在数据通信中经常需要将传送的文字转换为由二进制字符 0 和 1 组成的二进制字符串,称这个过程为编码。显然,我们希望电文编码的代码长度最短。哈夫曼树可用于构造使电文编码的代码长度最短的编码方案。

其具体构造方法如下:设需要编码的字符集合为 $\{d_0, d_1, \cdots, d_{n_0-1}\}$,各字符在电文中出现的次数集合为 $\{w_0, w_1, \cdots, w_{n_0-1}\}$,以 d_0、d_1、……、d_{n_0-1} 作为叶子结点,以 w_0、w_1、……、w_{n_0-1} 作为各根结点到每个叶子结点的权值构造一棵哈夫曼树,规定哈夫曼树中的左分支为 0,右分支为 1,则从根结点到每个叶子结点所经过的分支对应的 0 和 1 组成的序列便为该结点对应字符的编码。这样的编码称为**哈夫曼编码**。

哈夫曼编码的实质就是使用频率越高的采用越短的编码。注意,只有 ht[0..n_0-1]的叶子结点才对应哈夫曼编码,用 hcd[i]($0 \leq i \leq n_0-1$)表示 ht[i]叶子结点的哈夫曼编码。

当构造好哈夫曼树 ht 后,i 从 0 到 n_0-1 循环,从 ht[i]结点向根结点查找路径并产生逆向的哈夫曼编号 hcd[i],将 hcd[i]逆置得到正向的哈夫曼编码。对应的算法如下:

```
    private String reverse(String s) {              //逆置字符串 s
        String t="";
        for(int i=s.length()-1;i>=0;i--)
            t+=s.charAt(i);
        return t;
    }
    public void CreateHCode() {                     //根据哈夫曼树求哈夫曼编码
        for(int i=0;i<n0;i++) {                     //遍历下标从 0 到 n0-1 的叶子结点
            hcd[i]="";
            HTNode p=ht[i];                         //从 ht[i]开始找双亲结点
            while(p.parent!=null) {
                if(p.flag) hcd[i]+='0';             //p 结点是双亲的左孩子
                else hcd[i]+='1';                   //p 结点是双亲的右孩子
                p=p.parent;
            }
            System.out.println("hcd:"+hcd[i]);
            hcd[i]=reverse(hcd[i]);                 //逆置得到正向的哈夫曼编码
        }
    }
```

输出所有叶子结点的哈夫曼编码的算法如下:

```
public void DispHuffman( ) {                    //输出哈夫曼编码
    for(int i=0;i<n0;i++)
        System.out.println(ht[i].data+" "+hcd[i]);
}
```

说明：在一组字符的哈夫曼编码中，任一字符的哈夫曼编码不可能是另一字符的哈夫曼编码的前缀。

【例 7.19】 假定用于通信的电文仅由 a、b、c、d、e、f、g、h 共 8 个字母组成（$n_0=8$），字母在电文中出现的频率分别为 0.07、0.19、0.02、0.06、0.32、0.03、0.21 和 0.10。试为这些字母设计哈夫曼编码。

解 构造哈夫曼树的过程如下：

第 1 步由 8 个字符构造 8 个结点（编号分别为 0～7），结点的权值如上所给。

第 2 步选择频率最低的 c 和 f 结点合并成一棵二叉树，其根结点的频率为 0.05，记为结点 8。

第 3 步选择频率低的 8 和 d 结点合并成一棵二叉树，其根结点的频率为 0.11，记为结点 9。

第 4 步选择频率低的 a 和 h 结点合并成一棵二叉树，其根结点的频率为 0.17，记为结点 10。

第 5 步选择频率低的 9 和 10 结点合并成一棵二叉树，其根结点的频率为 0.28，记为结点 11。

第 6 步选择频率低的 b 和 g 结点合并成一棵二叉树，其根结点的频率为 0.4，记为结点 12。

第 7 步选择频率低的 11 和 e 结点合并成一棵二叉树，其根结点的频率为 0.6，记为结点 13。

第 8 步选择频率低的 12 和 13 结点合并成一棵二叉树，其根结点的频率为 1.0，记为结点 14。

最后构造的哈夫曼树如图 7.38 所示（树中结点的数字表示频率，结点旁的数字为结点的编号），给所有的左分支加上 0、所有的右分支加上 1，得到各字母的哈夫曼编码如下：

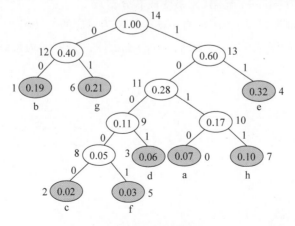

图 7.38 一棵哈夫曼树

a: 1010　　b: 00　　c: 10000　　d: 1001
e: 11　　f: 10001　　g: 01　　h: 1011

这样，在求出每个叶子结点的哈夫曼编码后，求得该哈夫曼树的带权路径长度 WPL＝4×0.07＋2×0.19＋5×0.02＋4×0.06＋2×0.32＋5×0.03＋2×0.21＋4×0.1＝2.61。

7.8　二叉树与树、森林之间的转换

树、森林与二叉树之间有一个自然的对应关系，它们之间可以互相进行转换，即任何一个森林或一棵树都可以唯一地对应一棵二叉树，而任何一棵二叉树也能唯一地对应到一个森林或一棵树上。正是由于有这样的一一对应关系，可以把树的处理中的问题对应到二叉树中进行处理，从而把问题简单化，因此二叉树在树的应用中显得特别重要。下面将介绍森林、树与二叉树相互转换的方法。

扫一扫
视频讲解

7.8.1　树到二叉树的转换及还原

1. 树到二叉树的转换

对于任意的一棵树，可以按照以下规则转换为二叉树。

(1) 加线：在各兄弟结点之间加一连线，将其隐含的"兄-弟"关系以"双亲-右孩子"关系显示出来。

(2) 抹线：对于任意结点，除了其最左子树之外，抹掉该结点与其他子树之间的"双亲-孩子"关系。

(3) 调整：以树的根结点作为二叉树的根结点，将树根与其最左子树之间的"双亲-孩子"关系改为"双亲-左孩子"关系，且将各结点按层次排列，形成二叉树。

经过这种方法转换所对应的二叉树是唯一的，并具有以下特点。

(1) 此二叉树的根结点只有左子树没有右子树。

(2) 转换生成的二叉树中各结点的左孩子是它原来树中的最左孩子(左分支不变)，右孩子是它在原来树中的下一个兄弟(兄弟变成右分支)。

【例 7.20】将如图 7.39(a)所示的一棵树转换为对应的二叉树。

解 其转换过程如图 7.39(b)～图 7.39(d)所示，图 7.39(d)为最终转换成的二叉树。

(a) 一棵树　　(b) 加线　　(c) 抹线　　(d) 调整

图 7.39　一棵树转换成一棵二叉树

2. 一棵由树转换的二叉树还原为树

这样的二叉树的根结点没有右子树,可以按照以下规则还原其相应的一棵树。

(1) 加线:在各结点的双亲与该结点右链上的每个结点之间加一连线,以"双亲-孩子"关系显示出来。

(2) 抹线:抹掉二叉树中所有双亲结点与其右孩子之间的"双亲-右孩子"关系。

(3) 调整:以二叉树的根结点作为树的根结点,将各结点按层次排列,形成树。

【例 7.21】 将如图 7.40(a)所示的二叉树还原成树。

(a)一棵二叉树　　(b)加线　　(c)抹线　　(d)调整

图 7.40　一棵二叉树还原成一棵树

解 其转换过程如图 7.40(b)~图 7.40(d)所示,图 7.40(d)为最终由一棵二叉树还原成的树。

7.8.2　森林到二叉树的转换及还原

从树与二叉树的转换可知,一棵树转换之后的二叉树的根结点没有右子树,如果把森林中的第二棵树的根结点看成第一棵树的根结点的兄弟,则同样可以导出森林和二叉树的对应关系。

扫一扫

视频讲解

1. 森林转换为二叉树

对于含有两棵或两棵以上的树的森林可以按照以下规则转换为二叉树。

(1) 转换:将森林中的每一棵树转换成二叉树,设转换成的二叉树为 $bt_1, bt_2, \cdots, bt_m$。

(2) 连接:将各棵转换后的二叉树的根结点相连。

(3) 调整:以 bt_1 的根结点作为整个二叉树的根结点,将 bt_2 的根结点作为 bt_1 的根结点的右孩子,将 bt_3 的根结点作为 bt_2 的根结点的右孩子,……,这样得到一棵二叉树,即为该森林转换得到的二叉树。

【例 7.22】 将如图 7.41(a)所示的森林(由 3 棵树组成)转换成二叉树。

解 转换为二叉树的过程如图 7.41(b)~图 7.41(e)所示,最终结果如图 7.41(e)所示。

说明 从上述转换过程看到,当有 m 棵树的森林转换为二叉树时,除第一棵树外,其余各棵树均变成二叉树中根结点的右子树中的结点。图 7.41 中的森林有 3 棵树,转换成二叉树后,根结点 A 有两个右下孩子。

(a)森林　　　(b)转换为二叉树（1）　　(c)转换为二叉树（2）　　(d)连线　　　(e)转换成的二叉树

图 7.41　森林转换成二叉树

2. 二叉树还原为森林

当一棵二叉树的根结点有 $m-1$ 个右下孩子时，还原的森林中有 m 棵树。这样的二叉树可以按照以下规则还原其相应的森林。

(1) 抹线：抹掉二叉树根结点右链上的所有结点之间的"双亲-右孩子"关系，分成若干以右链上的结点为根结点的二叉树，设这些二叉树为 $bt_1, bt_2, \cdots, bt_m$。

(2) 转换：分别将 $bt_1, bt_2, \cdots, bt_m$ 二叉树还原成一棵树。

(3) 调整：将转换好的树构成森林。

【例 7.23】　将如图 7.42(a)所示的二叉树还原为森林。

(a)二叉树　　　(b)抹线　　　(c)还原为树（1）　　(d)还原为树（2）　　(e)还原的森林

图 7.42　二叉树还原成森林

解　还原为森林的过程如图 7.42(b)～图 7.42(e)所示，最终结果如图 7.42(e)所示。

注意：当森林、树转换成对应的二叉树后，其左、右子树的概念已改变，即左链是原来的孩子关系，右链是原来的兄弟关系。

*7.9　树算法设计和并查集

在线编程中许多算法涉及树和并查集，本节简要讨论这两方面，并通过两个在线编程实例加以说明。

7.9.1　树算法设计

在 7.1 节中讨论了树的基本概念，树分为有根树和无根树。在有根树中有且仅有一个根结点并且默认树中的边(分支)是有向边,因此有根树也称为有向树。无根树实际上是一个连通无环图,没有根结点,树中的边是无向边。本章中的树默认为有根树,无根树可看成无向图,将在第8章讨论。

树有多种存储结构,采用哪种存储结构需要根据求解问题的过程来确定。这里通过一个示例说明树算法设计。

【例7.24】 POJ1330——求树中两个结点的最近公共祖先(LCA)。

问题描述:有根树是计算机科学和工程中众所周知的数据结构,图7.43所示为一棵有根树。在该图中每个结点标有1~16的整数,结点8是树的根。如果结点 x 位于根结点到结点 y 之间的路径中,则结点 x 是结点 y 的祖先。例如,结点4是结点16的祖先,结点10也是结点16的祖先,实际上结点8、4、10和16都是结点16的祖先(注意,这里规定一个结点也是自己的祖先,如结点7的祖先有结点8、4、6和7)。如果结点 x 是结点 y 和结点 z 的祖先,则结点 x 称为两个不同结点 y 和 z 的公共祖先,因

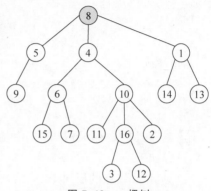

图7.43 一棵树

此结点8和4是结点16和7的公共祖先。如果 x 是 y 和 z 的共同祖先并且在所有共同祖先中最接近 y 和 z,则结点 x 被称为结点 y 和 z 的最近公共祖先。因此,结点16和7的最近公共祖先是结点4,因为结点4比结点8更靠近结点16和7。其他示例有结点2和3的最近公共祖先是结点10,结点6和13的最近公共祖先是结点8,并且结点4和12的最近公共祖先是结点4。在最后一个示例中,如果 y 是 z 的祖先,那么 y 和 z 的最近公共祖先是 y。编写一个程序,找到树中两个不同结点的最近公共祖先。

输入格式:输入由 T 个测试用例组成。测试用例个数(T)在输入文件的第一行中给出。每个测试用例以整数 N 的行开始,整数 N 是树中的结点数,$2 \leq N \leq 10\,000$。结点用整数1~N 标识。接下来的 $N-1$ 行中的每一行包含一对表示边的整数,第一个整数是第二个整数的父结点。注意,具有 N 个结点的树恰好具有 $N-1$ 个边。每个测试用例的最后一行包含两个不同的整数,需要计算它们的最近公共祖先。

输出格式:为每个测试用例输出一行,该行应包含最近公共祖先结点的编号。

输入样例:

```
2                //表示有两个测试用例
16               //测试用例1的数据
1 14
8 5
10 16
5 9
4 6
8 4
4 10
1 13
6 15
10 11
6 7
```

```
10 2
16 3
8 1
16 12
16 7                                          //求结点 16 和 7 的 LCA
5                                             //测试用例 2 的数据
2 3
3 4
3 1
1 5
3 5                                           //求结点 3 和 5 的 LCA
```

输出样例：

```
4
3
```

解 这里的树是有根树，首先由输入创建树存储结构，再对于给定的 x 和 y 结点求 LCA，过程如下：

(1) 求出 x 结点的层次 lx、y 结点的层次 ly。

(2) 若 lx≠ly，将较高层次的结点上移直到它们处于相同层次。

(3) 若 x≠y，再将它们同步上移直到 $x=y$。这样的 x 或者 y 结点就是 LCA。

从上述过程看出主要涉及结点上移操作，为此树采用双亲存储结构较合适。由于结点是通过编号唯一标识的，并且 N 个结点的编号是 1~N，所以直接采用 int 型的 parent 数组作为双亲存储结构，parent$[i]$ 表示结点 i 的双亲结点的编号。

那么如何确定根结点呢？任何一个结点 i 有双亲，则 parent$[i]$ 一定是 1~N 的整数，为此将 parent 数组中的所有元素初始化为 -1。如果一个结点 i 的双亲 parent$[i]$ 为 -1，则结点 i 就是根结点。

对应的 AC 程序如下（在线编程中包含主方法 main 的类必须是类 Main，否则会出现错误）：

```java
import java.util.*;
import java.util.Scanner;
public class Main {
    final static int MAXN=10005;
    static int[] parent=new int[MAXN];              //树的双亲存储结构
    public static int Level(int x) {                //求 x 结点的层次
        int cnt=0;
        while(x!=-1) {                              //找到根为止
            x=parent[x];                            //结点 x 上移
            cnt++;                                  //累计上移的次数就是原 x 结点的层次
        }
        return cnt;
    }
    public static int solve(int x,int y) {          //求 x 和 y 结点的最近公共祖先结点
        int lx=Level(x);                            //求 x 结点的层次 lx
        int ly=Level(y);                            //求 y 结点的层次 ly
        while(lx>ly) {                              //将较高层次的 x 结点上移
            x=parent[x];
            lx--;
```

```java
            }
            while(ly>lx) {              //将较高层次的y结点上移
                y=parent[y];
                ly--;
            }
            while(x!=y) {               //当x和y移到相同层次时再找LCA
                x=parent[x];
                y=parent[y];
            }
            return x;
        }
        public static void main(String[] args) {
            Scanner fin=new Scanner(System.in);
            int T,N,a,b,x,y;
            T=fin.nextInt();
            while(T-->0) {
                N=fin.nextInt();
                for(int i=0;i<=N;i++)   //初始化N个结点的双亲为-1
                    parent[i]=-1;
                for(int i=1;i<N;i++) {  //输入n-1条边,创建树的双亲存储结构
                    a=fin.nextInt();    //输入一条边
                    b=fin.nextInt();
                    parent[b]=a;
                }
                x=fin.nextInt();        //输入查询
                y=fin.nextInt();
                int ans=solve(x,y);     //求LCA
                System.out.println(ans); //输出结果
            }
        }
    }
```

本题的时间限制为1000ms、空间限制为10 000KB,上述程序的运行时间为485ms、空间为5296KB。

说明:本题有其他多种解法,不同解法采用的树存储结构可能不同。在线编程不同于一般的练习题算法设计,通常不会指定哪种存储结构,需要程序员选择合适的存储结构,所以更能够反映程序员求解问题的能力。例如,在例7.11和例7.16中规定二叉树采用二叉链存储结构,如果不做这样的规定,采用二叉树的双亲存储结构时算法的性能更好。实际上例7.16就是通过层次遍历在队列中建立二叉树的双亲存储结构,再求 x 结点的所有祖先结点。

7.9.2 并查集

1. 并查集的定义

给定 n 个结点的集合,结点编号为 $1\sim n$,再给定一个等价关系,由等价关系产生所有结点的一个划分,每个结点属于一个等价类,所有等价类是不相交的。这里需要求一个结点所属的等价类,以及合并两个等价类。

求解该问题的基本运算如下。

(1) Init():初始化。

(2) Find(int x):查找 x 结点所属的等价类。

(3) Union(int x,int y)：将 x 和 y 所属的两个等价类合并。

上述数据结构称为并查集，因为主要的运算是查找和合并。等价关系就是满足自反性、对称性和传递性的关系，像图中顶点之间的连通性、亲戚关系等都是等价关系，都可以采用并查集求解，所以并查集的应用十分广泛。

2. 并查集的实现

图 7.44 一个以 A 为根的子集树

并查集的实现方式有多种，这里采用树形结构来实现。将并查集看成一个森林，每个等价类用一棵树表示，包含该等价类的所有结点，即结点子集，每个子集通过一个代表来识别，该代表可以是该子集中的任一结点，通常选择根做这个代表。如图 7.44 所示的子集的根结点为 A 结点，称为以 A 为根的子集树。

并查集的基本存储结构（实际上是森林的双亲存储结构）如下：

```
final static int MAXN=1005;                //最多结点个数
static int[] parent=new int[MAXN];         //并查集存储结构
static int[] rank=new int[MAXN];           //存储结点的秩
static int n;                              //实际结点个数
```

其中，parent[i]=j 时表示结点 i 的双亲结点是 j，初始时每个结点可以看成一棵子树，置 parent[i]=i（实际上置 parent[i]=-1 也是可以的，只是人们习惯采用前一种方式），当结点 i 是对应子树的根结点时，用 rank[i]表示子树的高度（即秩），实际上秩并不与高度完全相同，但它与高度成正比，初始化时置所有结点的秩为 0。初始化算法如下[该算法的时间复杂度为 $O(n)$]：

```
void Init() {
    for(int i=1;i<=n;i++) {
        parent[i]=i;
        rank[i]=0;
    }
}
```

所谓查找，就是查找 x 结点所属子集树的根结点（根结点 y 满足条件 parent[y]=y），这是通过 parent[x]向上找双亲实现的，显然树的高度越小查找性能越好。为此在查找过程中进行路径压缩（即在查找过程中把查找路径上结点的双亲逐一指向根结点），如图 7.45 所示，查找 x 结点的根结点为 A，查找路径是 x→C→B→A，找到 A 结点后，将路径上的所有结点的双亲置为 A 结点。这样，在以后再查找 x、C 结点和 B 结点的根结点时效率更高。

图 7.45 查找中路径压缩

那么为什么不直接将一棵子树中的所有子结点的双亲都置为根结点呢？这是因为还有合并运算，合并运算可能会破坏这种结构。

查找运算的递归算法如下：

```
int Find(int x) {                        //查找 x 结点的根结点
    if(x!=parent[x])
        parent[x]= Find(parent[x]);      //路径压缩
    return parent[x];
}
```

查找运算的非递归算法如下：

```
int Find(int x) {                        //查找 x 结点的根结点
    int rx=x;
    while(parent[rx]!=rx)                //找到 x 的根 rx
        rx=parent[rx];
    int y=x;
    while(y!=rx) {                       //路径压缩
        int tmp= parent[y];
        parent[y]=rx;
        y=tmp;
    }
    return rx;                           //返回根
}
```

由于一棵子树的高度不超过 $\log_2 n$，所以上述两个查找算法的时间复杂度均不超过 $O(\log_2 n)$。实际上，由于采用了路径压缩，当总结点个数小于 10 000 时，每一棵子树的高度一般不超过 8，从而查找算法的时间复杂度可以看成常数级。

所谓合并，就是给定一个等价关系 (x,y) 后，需要将 x 和 y 所属的子树合并为一棵子树。首先查找 x 和 y 所属子树的根结点 rx 和 ry，若 rx==ry，说明它们属于同一棵子树，不需要合并；否则需要合并，注意合并是根结点 rx 和 ry 的合并，并且希望合并后的子树的高度(rx 或者 ry 子树的高度通过秩 rank[rx]或者 rank[ry]反映出来)尽可能小，其过程如下。

(1) 若 rank[rx]<rank[ry]，将高度较小的 rx 结点作为 ry 的孩子结点，ry 子树的高度不变。

(2) 若 rank[rx]>rank[ry]，将高度较小的 ry 结点作为 rx 的孩子结点，rx 子树的高度不变。

(3) 若 rank[rx]==rank[ry]，将 rx 结点作为 ry 的孩子结点或者将 ry 结点作为 rx 的孩子结点均可，但此时合并后的子树的高度增 1。

对应的合并算法如下[该算法的时间复杂度不超过 $O(\log_2 n)$]：

```
void Union(int x,int y) {                //x 和 y 的两个集合的合并
    int rx=Find(x);                      //在查找中包含路径压缩
    int ry=Find(y);
    if(rx==ry) return;                   //x 和 y 属于同一棵树的情况
    if(rank[rx]< rank[ry])
        parent[rx]=ry;                   //rx 结点作为 ry 的孩子
```

```
        else {
            if(rank[rx]==rank[ry])              //秩相同,合并后 rx 的秩增 1
                rank[rx]++;
            parent[ry]=rx;                      //ry 结点作为 rx 的孩子
        }
    }
```

下面通过一个示例讨论并查集的应用。需要说明的是,并查集通常作为求解问题中的一种临时数据结构,是由程序员设计的,程序员可以任意改变这种结构,如果用它来存放主数据并且题目要求不能改变主数据,在这种情况下并查集就不再合适。

【例 7.25】 HDU1232——畅通工程问题。

问题描述:某省调查城镇交通状况,得到现有城镇道路统计表,表中列出了每条道路直接连通的城镇。省政府"畅通工程"的目标是使全省任何两个城镇间都可以实现交通(但不一定有直接的道路相连,只要互相间接通过道路可达即可)。问最少还需要建设多少条道路?

输入格式:测试输入包含若干测试用例。每个测试用例的第一行给出两个正整数,分别是城镇数目 $N(N<1000)$ 和道路数目 M,随后的 M 行对应 M 条道路,每行给出一对正整数,分别是该条道路直接连通的两个城镇的编号。为简单起见,城镇从 1 到 N 编号。注意两个城镇之间可以有多条道路相通,也就是说:

```
3 3
1 2
1 2
2 1
```

这种输入也是合法的。当 N 为 0 时输入结束,该用例不被处理。

输出格式:对每个测试用例,在一行里输出最少还需要建设的道路数目。

输入样例:

```
4 2
1 3
4 3
3 3
1 2
1 3
2 3
5 2
1 2
3 5
999 0
0
```

输出样例:

```
1
0
2
998
```

解 要使全省任何两个城镇间都实现交通,最少的道路是所有城镇之间都有一条路径,即全部城镇构成一棵树。采用并查集求解,由输入构造并查集,每棵子树中的所有城镇是路径相通的,求出其中子树的个数 ans,那么最少还需要建设的道路数就是 ans－1。对应的 AC 程序如下:

```java
import java.util.*;
import java.util.Scanner;
public class Main {
    final static int MAXN=1005;
    static int[] parent=new int[MAXN];          //并查集存储结构
    static int[] rank=new int[MAXN];            //存储结点的秩
    static int n;                               //n 个城镇
    static int m;                               //m 条道路
    public static void Init() {                 //并查集初始化
        for(int i=1;i<=n;i++) {
            parent[i]=i;
            rank[i]=0;
        }
    }
    public static int Find(int x) {             //在并查集中查找 x 结点的根结点
        if(x!=parent[x])
            parent[x]= Find(parent[x]);         //路径压缩
        return parent[x];
    }
    public static void Union(int x, int y) {    //并查集中 x 和 y 的两个集合的合并
        int rx=Find(x);
        int ry=Find(y);
        if(rx==ry) return;                      //x 和 y 属于同一棵树的情况
        if(rank[rx]<rank[ry])
            parent[rx]=ry;                      //rx 结点作为 ry 的孩子
        else {
            if(rank[rx]==rank[ry])
                rank[rx]++;                     //秩相同,合并后 rx 的秩增 1
            parent[ry]=rx;                      //ry 结点作为 rx 的孩子
        }
    }
    public static void main(String[] args) {
        Scanner fin=new Scanner(System.in);
        while(fin.hasNext()) {
            n=fin.nextInt();                    //输入一个测试用例
            if(n==0) break;                     //n=0 结束
            m=fin.nextInt();
            Init();                             //初始化
            int a,b;
            for(int i=1;i<=m;i++) {             //输入 m 条边
                a=fin.nextInt();
                b=fin.nextInt();
                Union(a,b);
            }
            int ans=0;
            for(int i=1;i<=n;i++) {             //求子树个数 ans
                if(parent[i]==i) ans++;
            }
            System.out.println(ans-1);          //结果为 ans-1
        }
    }
}
```

本题的时间限制为4000ms、空间限制为65 536KB,上述程序的运行时间为468ms、空间为13 744KB。

说明:在本题中并查集的另一个功能是忽略重复的输入,例如输入两个(1,2)边不影响求解结果。

7.10 练习题

7.11 实验题

7.11.1 上机实验题

7.11.2 在线编程题

1. HDU1710——二叉树的遍历。
2. HDU1622——二叉树的层次遍历。
3. POJ2499——二叉树问题。
4. POJ3253——围栏修复问题。
5. POJ1308——是否为一棵树问题。

第 8 章 图

图形结构简称图,属于复杂的非线性数据结构。在图中数据元素称为顶点,每个顶点可以有零个或多个前驱顶点,也可以有零个或多个后继顶点,也就是说图中顶点之间是多对多的任意关系。本章主要学习要点如下:

(1) 图的相关概念,包括有向图/无向图、完全图、子图、路径/简单路径、路径长度、回路/简单回路、连通图/连通分量、强连通图/强连通分量、权/网等定义。

(2) 图的各种存储结构,主要包括邻接矩阵和邻接表。

(3) 图的基本运算算法设计。

(4) 图的遍历过程,包括深度优先遍历和广度优先遍历。

(5) 图遍历算法的应用。

(6) 生成树和最小生成树,包含 Prim 算法设计和 Kruskal 算法设计。

(7) 求图的最短路径,包括单源最短路径的 Dijkstra 算法设计和多源最短路径的 Floyd 算法设计。

(8) 拓扑排序过程及其算法设计。

(9) 求关键路径的过程及其算法设计。

(10) 灵活运用图数据结构解决一些综合应用问题。

8.1 图的基本概念

在实际应用中很多问题可以用图来描述,例如,城市街道图就是用图来表示地理元素之间的关系。本节介绍图的定义和图的基本术语。

8.1.1 图的定义

无论多么复杂的图都是由顶点和边构成的。采用形式化的定义,图 G(Graph)由两个集合 V(Vertex)和 E(Edge)组成,记为 $G=(V,E)$,其中 V 是顶点的有限集合,记为 $V(G)$,E 是连接 V 中两个不同顶点(顶点对)的边的有限集合,记为 $E(G)$。

抽象数据类型图的定义如下:

```
ADT Graph {
    数据对象:
        D={a_i| 0≤i≤n-1,n≥0,a_i 为 int 型}        //a_i 为每个顶点的唯一编号
    数据关系:
        R={r}
        r={<a_i,a_j> | a_i,a_j∈D,0≤i≤n-1,0≤j≤n-1,其中 a_i 可以有零个或多个前驱元素,
           也可以有零个或多个后继元素}
    基本运算:
        void CreateGraph():根据相关数据建立一个图。
        void DispGraph():输出一个图。
        ...
}
```

通常用字母或自然数(顶点的编号)来标识图中的顶点。$E(G)$ 表示图 G 中边的集合,它确定了图 G 中数据元素的关系。$E(G)$ 可以为空集,当 $E(G)$ 为空集时,图 G 只有顶点没有边。

在图 G 中,如果代表边的顶点对(或序偶)是无序的,则称 G 为**无向图**。在无向图中代表边的无序顶点对通常用圆括号括起来,以表示一条无向边。例如,(i,j) 表示顶点 i 与顶点 j 的一条无向边,显然,(i,j) 和 (j,i) 所代表的是同一条边。如果表示边的顶点对(或序偶)是有序的,则称 G 为**有向图**。在有向图中代表边的顶点对通常用尖括号括起来,以表示一条有向边(又称为弧),例如 $<i,j>$ 表示从顶点 i 到 j 的一条边,通常用顶点 i 到 j 的箭头表示,可见有向图中 $<i,j>$ 和 $<j,i>$ 是两条不同的边。

说明:图中的边一般不重复出现,如果允许出现重复边,这样的图称为多重图,例如一个无向图中顶点1和2之间出现两条或两条以上的边。数据结构课程中讨论的图均指非多重图。

(a) 一个无向图 G_1　　(b) 一个有向图 G_2

图 8.1　无向图 G_1 和有向图 G_2

如图 8.1 所示,图 8.1(a)是一个无向图 G_1,其顶点集合 $V(G_1)=\{0,1,2,3,4\}$,边集合 $E(G_1)=\{(1,2),(1,3),(1,0),(2,3),(3,0),(2,4),(3,4),(4,0)\}$。图 8.1(b)是一个有向图 G_2,其顶点集合 $V(G_2)=\{0,1,2,3,4\}$,边集合 $E(G_2)=\{<1,2>,<1,3>,<0,1>,<2,3>,<0,3>,<2,4>,<4,3>,<4,0>\}$。

说明：本章约定，对于有 n 个顶点的图，其顶点编号为 $0\sim n-1$，用编号 $i(0\leqslant i\leqslant n-1)$ 来唯一标识一个顶点。

8.1.2 图的基本术语

下面讨论有关图的各种基本术语。

1. 端点和邻接点

在一个无向图中，若存在一条边 (i,j)，则称顶点 i 和顶点 j 为该边的两个端点，并称它们互为**邻接点**，即顶点 i 是顶点 j 的一个邻接点，顶点 j 也是顶点 i 的一个邻接点。

在一个有向图中，若存在一条边 $<i,j>$，则称此边是顶点 i 的一条**出边**，同时也是顶点 j 的一条**入边**，称 i 和 j 分别为此边的**起始端点**（简称起点）和**终止端点**（简称终点），并称顶点 j 是 i 的**出边邻接点**，顶点 i 是 j 的**入边邻接点**。

2. 顶点的度、入度和出度

在无向图中，顶点所关联的边的数目称为该**顶点的度**。在有向图中，顶点 i 的度又分为入度和出度，以顶点 i 为终点的入边的数目称为该顶点的**入度**，以顶点 i 为起点的出边的数目称为该顶点的**出度**。一个顶点的入度与出度的和为该**顶点的度**。

若一个图（无论有向图或无向图）中有 n 个顶点和 e 条边，每个顶点的度为 $d_i(0\leqslant i\leqslant n-1)$，则有

$$e = \frac{1}{2}\sum_{i=0}^{n-1}d_i$$

也就是说，一个图中所有顶点的度之和等于边数的 2 倍，因为图中每条边分别作为两个邻接点的度各计一次。

【例 8.1】 一个无向图中有 16 条边，度为 4 的顶点有 3 个，度为 3 的顶点有 4 个，其余顶点的度均小于 3，则该图至少有多少个顶点？

解 设该图有 n 个顶点，图中度为 i 的顶点数为 $n_i(0\leqslant i\leqslant 4)$，$n_4=3$，$n_3=4$，要使顶点数最少，该图应是连通的，即 $n_0=0$，$n=n_4+n_3+n_2+n_1+n_0=7+n_2+n_1$，即 $n_2+n_1=n-7$。度之和 $=4\times3+3\times4+2\times n_2+n_1=24+2n_2+n_1\leqslant 24+2(n_2+n_1)=24+2\times(n-7)=10+2n$，而度之和 $=2e=32$，所以有 $10+2n\geqslant 32$，即 $n\geqslant 11$，即这样的无向图至少有 11 个顶点。

3. 完全图

若无向图中的每两个顶点之间都存在着一条边，有向图中的每两个顶点之间都存在着方向相反的两条边，则称此图为**完全图**。显然，含有 n 个顶点的完全无向图有 $n(n-1)/2$ 条边，含有 n 个顶点的完全有向图包含有 $n(n-1)$ 条边。例如，图 8.2(a) 所示的图是一个

(a) 一个具有4个顶点的完全无向图　　(b) 一个具有4个顶点的完全有向图

图 8.2　两个完全图

具有4个顶点的完全无向图,共有6条边;图8.2(b)所示的图是一个具有4个顶点的完全有向图,共有12条边。

4. 稠密图和稀疏图

当一个图接近完全图时称为**稠密图**。相反,当一个图含有较少的边数[即无向图有 $e \ll n(n-1)/2$,有向图有 $e \ll n(n-1)$]时称为**稀疏图**。

5. 子图

设有两个图 $G=(V,E)$ 和 $G'=(V',E')$,若 V' 是 V 的子集,即 $V' \subseteq V$,且 E' 是 E 的子集,即 $E' \subseteq E$,则称 G' 是 G 的**子图**。

说明:图 G 的子图 G' 一定是一个图,所以并非 V 的任何子集 V'' 和 E 的任何子集 E'' 都能构成 G 的子图,因为这样的 (V'',E'') 并不一定构成一个图。

6. 路径和路径长度

在一个图 $G=(V,E)$ 中,从顶点 i 到顶点 j 的一条**路径**是一个顶点序列 $(i,i_1,i_2,\cdots,i_m,j)$,若此图 G 是无向图,则边 (i,i_1)、(i_1,i_2)、……、(i_{m-1},i_m)、(i_m,j) 属于 $E(G)$;若此图是有向图,则 $<i,i_1>$、$<i_1,i_2>$、……、$<i_{m-1},i_m>$、$<i_m,j>$ 属于 $E(G)$。**路径长度**是指一条路径上经过的边的数目。若一条路径上除开始点和结束点可以相同外,其余顶点均不相同,则称此路径为**简单路径**。例如,在图8.2(b)中(0,2,1)就是一条简单路径,其长度为2。

7. 回路或环

若一条路径上的开始点与结束点为同一个顶点,则此路径被称为**回路**或**环**。开始点与结束点相同的简单路径被称为**简单回路**或**简单环**。例如,在图8.2(b)中(0,2,1,0)就是一条简单回路,其长度为3。

8. 连通、连通图和连通分量

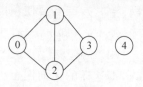

图8.3 一个无向图 G

在无向图 G 中,若从顶点 i 到顶点 j 有路径,则称顶点 i 和顶点 j 是**连通的**(顶点 i 和顶点 j 是有连通关系)。若图 G 中任意两个顶点都是连通的,则称 G 为**连通图**,否则称为**非连通图**。无向图 G 中的极大连通子图称为 G 的**连通分量**。显然,任何连通图的连通分量只有一个,即本身,而非连通图有多个连通分量。

如图8.3所示的无向图是非连通图,由两个连通分量构成,对应的顶点集分别是{0,1,2,3}和{4}。

9. 强连通图和强连通分量

在有向图 G 中,若从顶点 i 到顶点 j 有路径且顶点 j 到顶点 i 也有路径,则称从顶点 i 和顶点 j 是**强连通的**(顶点 i 和顶点 j 具有强连通关系)。若图 G 中的任意两个顶点 i 和 j 都是强连通的,则称图 G 是**强连通图**。有向图 G 中的极大强连通子图称为 G 的**强连通分量**。显然,强连通图只有一个强连通分量,即本身,非强连通图有多个强连通分量。一般单个顶点自身就是一个强连通分量。

如图8.4(a)所示的有向图是非强连通图,由两个强连通分量构成,如图8.4(b)所示,对应的顶点集分别是{0,1,2,3}和{4}。

说明:无向图中顶点之间的连通关系和有向图中顶点之间的强连通关系都是等价关系。

(a) 一个有向图 (b) 强连通分量

图 8.4 一个有向图及其强连通分量

10. 关结点和重连通图

假如在删除图 G 中的顶点 i 以及相关联的各边后,将图的一个连通分量分割成两个或多个连通分量,则称顶点 i 为该图的**关结点**。一个没有关结点的连通图称为**重连通图**。

11. 权和网

图中的每一条边都可以附有一个对应的数值,这种与边相关的数值称为**权**。权可以表示从一个顶点到另一个顶点的距离或花费的代价。边上带有权的图称为**带权图**,也称作**网**。例如,图 8.5 是一个带权有向图。

【例 8.2】 n 个顶点的强连通图至少有多少条边?这样的有向图是什么形状?

解 根据强连通图的定义可知,图中的任意两个顶点 i 和 j 都连通,即从顶点 i 到顶点 j 和从顶点 j 到顶点 i 都存在路径。这样,每个顶点的度 $d_i \geqslant 2$,设图中总的边数为 e,有

$$e = \frac{1}{2}\sum_{i=0}^{n-1} d_i \geqslant \frac{1}{2}\sum_{i=0}^{n-1} 2 = n$$

即 $e \geqslant n$。因此 n 个顶点的强连通图至少有 n 条边,刚好只有 n 条边的强连通图是环形的,即顶点 0 到顶点 1 有一条有向边,顶点 1 到顶点 2 有一条有向边,……,顶点 $n-1$ 到顶点 0 有一条有向边,如图 8.6 所示。

图 8.5 带权有向图 G_3

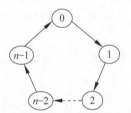

图 8.6 具有 n 个顶点、n 条边的强连通图

8.2 图的存储结构

图的存储结构除了要存储图中各顶点本身的信息外,同时还要存储顶点与顶点之间的所有关系(边的信息)。常用的图的存储结构主要有邻接矩阵和邻接表,还可以演变出逆邻接表、十字链表和邻接多重表等。

8.2.1 邻接矩阵

1. 邻接矩阵存储方法

邻接矩阵是表示顶点之间邻接关系的矩阵。设 $G=(V,E)$ 是含有 n(设 $n>0$)个顶点

的图,各顶点的编号为 $0 \sim n-1$,则 G 的邻接矩阵数组 A 是 n 阶方阵,其定义如下。

(1) 如果 G 是不带权图(或无权图),则

$$A[i][j] = \begin{cases} 1 & (i,j) \in E(G) \text{ 或者 } <i,j> \in E(G) \\ 0 & \text{其他} \end{cases}$$

(2) 如果 G 是带权图(或有权图),则

$$A[i][j] = \begin{cases} w_{ij} & i \neq j \text{ 并且 } (i,j) \in E(G) \text{ 或者 } <i,j> \in E(G) \\ 0 & i = j \\ \infty & \text{其他} \end{cases}$$

例如,图 8.1(a)所示的无向图 G_1、图 8.1(b)所示的有向图 G_2 和图 8.5 中的带权有向图 G_3 分别对应的邻接矩阵 A_1、A_2 和 A_3 如图 8.7 所示。

$$A_1 = \begin{bmatrix} 0 & 1 & 0 & 1 & 1 \\ 1 & 0 & 1 & 1 & 0 \\ 0 & 1 & 0 & 1 & 1 \\ 1 & 1 & 1 & 0 & 1 \\ 1 & 0 & 1 & 1 & 0 \end{bmatrix} \quad A_2 = \begin{bmatrix} 0 & 1 & 0 & 1 & 0 \\ 0 & 0 & 1 & 1 & 0 \\ 0 & 0 & 0 & 1 & 1 \\ 0 & 0 & 0 & 0 & 0 \\ 1 & 0 & 0 & 1 & 0 \end{bmatrix} \quad A_3 = \begin{bmatrix} 0 & 8 & \infty & 5 & \infty \\ \infty & 0 & 3 & \infty & 9 \\ \infty & \infty & 0 & \infty & 6 \\ \infty & \infty & 9 & 0 & \infty \\ \infty & \infty & \infty & \infty & 0 \end{bmatrix}$$

图 8.7 3 个邻接矩阵

邻接矩阵的特点如下。

(1) 图的邻接矩阵表示是唯一的。

(2) 对于含有 n 个顶点的图,在采用邻接矩阵存储时,无论是有向图还是无向图,也无论边的数目是多少,其存储空间均为 $O(n^2)$,所以邻接矩阵适合于存储边数较多的稠密图。

(3) 无向图的邻接矩阵一定是一个对称矩阵,因此在顶点个数 n 很大时可以采用对称矩阵的压缩存储方法减少存储空间。

(4) 对于无向图,邻接矩阵的第 i 行(或第 i 列)非零元素(或非∞元素)的个数正好是顶点 i 的度。

(5) 对于有向图,邻接矩阵的第 i 行(或第 i 列)非零元素(或非∞元素)的个数正好是顶点 i 的出度(或入度)。

(6) 在用邻接矩阵存储图时,确定任意两个顶点之间是否有边相连的时间为 $O(1)$,找一个顶点的所有相邻点的时间为 $O(n)$。

设计图的邻接矩阵类 MatGraphClass 如下:

```
public class MatGraphClass {                //图的邻接矩阵类
    final int MAXV=100;                     //表示最多顶点个数
    final int INF=0x3f3f3f3f;               //表示∞
    int[][] edges;                          //邻接矩阵数组,假设元素为 int 型
    int n,e;                                //顶点数和边数
    String[] vexs;                          //存放顶点信息
    public MatGraphClass() {                //构造方法
        edges=new int[MAXV][MAXV];
        vexs=new String[MAXV];
    }
    //图的基本运算算法
}
```

说明:INF 表示∞,对于 int 型,INF 置为 0x3f3f3f3f 而不是 Integer.INT_VALUE(最

大 int 型取值),原因是图算法中会出现 INF+INF 的情况,如果 INF 取值 Integer.INT_VALUE,则会出现溢出,导致 INF+INF<0 的情况发生。

2. 图基本运算在邻接矩阵中的实现

图的主要基本运算算法包括创建图的邻接矩阵和输出图。

1) 创建图的邻接矩阵

这里假设给定图的邻接矩阵数组 a、顶点数 n 和边数 e 来建立图的邻接矩阵存储结构(由于给定的邻接矩阵数组中已经确定了图类型,这样不带权和带权图、有向图和无向图的处理是相同的)。对应的算法(包括在 MatGraphClass 类中)如下:

```java
public void CreateMatGraph(int[][] a,int n,int e) {      //建立图的邻接矩阵
    this.n=n; this.e=e;                                   //设置顶点数和边数
    for(int i=0;i<n;i++) {
        edges[i]=new int[n];
        for(int j=0;j<n;j++) edges[i][j]=a[i][j];
    }
}
```

2) 输出图

输出图的邻接矩阵数组。对应的算法如下:

```java
public void DispMatGraph() {                              //输出图
    for(int i=0;i<n;i++) {
        for(int j=0;j<n;j++) {
            if(edges[i][j]==INF) System.out.printf("%4s","∞");
            else System.out.printf("%5d",edges[i][j]);
        }
        System.out.println();
    }
}
```

【例 8.3】 一个含有 n 个顶点、e 条边的图采用邻接矩阵 g 存储,设计以下算法。

(1) 该图为无向图,求其中顶点 v 的度。

(2) 该图为有向图,求该图中顶点 v 的出度和入度。

扫一扫

视频讲解

解 (1) 对于采用邻接矩阵存储的无向图,统计第 v 行的非 0 非 ∞ 元素个数即为顶点 v 的度。对应的算法如下:

```java
public static int Degree1(MatGraphClass g,int v) {       //在无向图邻接矩阵中求顶点 v 的度
    int d=0;
    for(int j=0;j<g.n;j++) {                              //统计第 v 行的非 0 非 ∞ 元素个数
        if(g.edges[v][j]!=0 && g.edges[v][j]!=g.INF) d++;
    }
    return d;
}
```

(2) 对于采用邻接矩阵存储的有向图,统计第 v 行的非 0 非 ∞ 元素个数即为顶点 v 的出度,统计第 v 列的非 0 非 ∞ 元素个数即为顶点 v 的入度。对应的算法如下:

```java
public static int[] Degree2(MatGraphClass g,int v) {     //在有向图邻接矩阵中求顶点 v 的出度和入度
    int[] ans=new int[2];
```

```
        ans[0]=0;                                  //累计出度
        for(int j=0;j<g.n;j++) {                   //统计第 v 行的非 0 非∞元素个数即为出度
            if(g.edges[v][j]!=0 && g.edges[v][j]!=g.INF) ans[0]++;
        }
        ans[1]=0;                                  //累计入度
        for(int i=0;i<g.n;i++) {                   //统计第 v 列的非 0 非∞元素个数即为入度
            if(g.edges[i][v]!=0 && g.edges[i][v]!=g.INF) ans[1]++;;
        }
        return ans;                                //返回出度和入度
    }
```

视频讲解

8.2.2 邻接表

1. 邻接表存储方法

图的邻接表存储方法是一种顺序分配与链式分配相结合的存储方法。在表示包含 n 个顶点的图的邻接表中，每个顶点建立一个单链表，第 $i(0 \leqslant i \leqslant n-1)$ 个单链表中的结点表示依附于顶点 i 的边(有向图是顶点 i 出边)。每个单链表上附设一个表头结点，将所有表头结点构成一个头结点数组。边结点和头结点的结构如图 8.8 所示。

图 8.8 边结点和头结点的结构

其中，边结点通常由 3 个成员变量组成，adjvex 表示与顶点 i 邻接的顶点编号，weight 存储与边相关的信息，例如权值等，nextarc 表示下一条边的结点。头结点通常由两个成员变量组成，data 存储顶点 i 的名称或其他信息，firstarc 指向顶点 i 的单链表中的第一个边结点。

例如，图 8.1(a)中的无向图 G_1、图 8.1(b)中的有向图 G_2 和图 8.5 中的带权有向图 G_3 对应的邻接表分别如图 8.9(a)~图 8.9(c)所示。

提示： 对于不带权的图，假设边的权值均为 1，在邻接表的边结点中通常不画出 weight (权值)部分。对于有向图，在邻接表的边结点中必须画出 weight 部分标识相应边的权值。

邻接表的特点如下。

(1) 邻接表的表示不唯一。这是因为在每个顶点对应的单链表中，各边结点的链接次序可以是任意的，取决于建立邻接表的算法以及边的输入次序。

(2) 对于有 n 个顶点和 e 条边的无向图，其邻接表有 n 个表头结点和 $2e$ 个边结点；对于有 n 个顶点和 e 条边的有向图，其邻接表有 n 个表头结点和 e 个边结点。显然，对于边数目较少的稀疏图，用邻接表比用邻接矩阵要节省空间。

(3) 对于无向图，顶点 $i(0 \leqslant i \leqslant n-1)$ 对应的单链表的边结点个数正好是顶点 i 的度。

(4) 对于有向图，顶点 $i(0 \leqslant i \leqslant n-1)$ 对应的单链表的边结点个数仅仅是顶点 i 的出度。顶点 i 的入度是邻接表中所有 adjvex 值为 i 的边结点个数。

(5) 在用邻接表存储图时，确定任意两个顶点之间是否有边相连的时间为 $O(m)$，找一个顶点的所有相邻点的时间也为 $O(m)$ (m 为最大顶点出度，$m < n$)。

设计图的邻接表存储类 AdjGraphClass 如下：

图 8.9 3 个邻接表

```
class ArcNode {                            //边结点类
    int adjvex;                            //该边的终点编号
    ArcNode nextarc;                       //指向下一条边的指针
    int weight;                            //该边的相关信息,例如边的权值
}
class VNode {                              //头结点类
    String[] data;                         //顶点信息
    ArcNode firstarc;                      //指向第一条边的邻接顶点
}
public class AdjGraphClass {               //图邻接表类
    final int MAXV=100;                    //表示最多顶点个数
    final int INF=0x3f3f3f3f;              //表示∞
    VNode[] adjlist;                       //邻接表头数组
    int n,e;                               //图中的顶点数 n 和边数 e
    public AdjGraphClass() {               //构造方法
        adjlist=new VNode[MAXV];
        for(int i=0;i<MAXV;i++)
            adjlist[i]=new VNode();
    }
    //图的基本运算算法
}
```

由于在有向图的邻接表中 adjlist[i] 的单链表只存放了顶点 i 的出边,不易找到顶点 i 的入边,为此可以设计有向图的逆邻接表。所谓**逆邻接表**,就是在有向图的邻接表中将 adjlist[i] 的单链表的出边改为入边。例如,在有向图 G 中有边 <1,3>、<2,3>、<4,3>,顶点 3 的入边顶点是 1、2 和 4,则 adjlist[3] 的单链表改为包含 1、2 和 4 的边结点。

例如,图 8.1(b)中的有向图 G_2 和图 8.5 中的带权有向图 G_3 对应的逆邻接表分别如图 8.10(a)和图 8.10(b)所示。

(a) 有向图G_2的逆邻接表　　　　　　　　(b) 有向图G_3的逆邻接表

图 8.10　两个逆邻接表

2. 图基本运算在邻接表中的实现

1) 创建图的邻接表

这里假设给定图的邻接矩阵数组 a、顶点数 n 和边数 e 来建立图的邻接表存储结构。其过程是先将头结点数组 adjlist 的所有元素的 firstarc 成员变量设置为空,再按行序优先遍历 a 数组,若 $a[i][j]$ 是非 0 非 ∞ 元素,表示存在一条从顶点 i 到顶点 j 的边,新建一个边结点 p 存放该边的信息,采用头插法将其插入 adjlist[i] 单链表的开头。对应的算法(包括在 AdjGraphClass 类中)如下:

```
public void CreateAdjGraph(int[][] a,int n,int e) {    //通过 a、n 和 e 建立图的邻接表
    this.n=n; this.e=e;                                 //置顶点数和边数
    ArcNode p;
    for(int i=0;i<n;i++)                                //将邻接表中所有头结点的指针置初值
        adjlist[i].firstarc=null;
    for(int i=0;i<n;i++) {                              //检查边数组 a 中的每个元素
        for(int j=n-1;j>=0;j--) {
            if(a[i][j]!=0 && a[i][j]!=INF) {            //存在一条边
                p=new ArcNode();                        //创建一个边结点 p
                p.adjvex=j; p.weight=a[i][j];
                p.nextarc=adjlist[i].firstarc;          //采用头插法插入 p
                adjlist[i].firstarc=p;
            }
        }
    }
}
```

2) 输出图

输出图的邻接表的算法如下:

```
public void DispAdjGraph() {                            //输出图的邻接表
    ArcNode p;
    for(int i=0;i<n;i++) {
        System.out.printf("  [%d]",i);
        p=adjlist[i].firstarc;                          //p 指向第一个邻接点
        while(p!=null) {
            System.out.printf("->(%d,%d)",p.adjvex,p.weight);
            p=p.nextarc;                                //p 移向下一个邻接点
        }
        System.out.println("->∧");
    }
}
```

思考题：图的两种存储结构(即邻接矩阵和邻接表)分别适合什么场合？

【**例 8.4**】 一个含有 n 个顶点、e 条边的图采用邻接表存储，设计以下算法：

(1) 该图为无向图，求其中顶点 v 的度。

(2) 该图为有向图，求该图中顶点 v 的出度和入度。

解 (1) 对于一个采用邻接表存储的无向图，统计第 v 个单链表的边结点个数即为顶点 v 的度。对应的算法如下：

```java
public static int Degree1(AdjGraphClass G,int v){    //在无向图邻接表中求顶点v的度
    int d=0;
    ArcNode p;
    p=G.adjlist[v].firstarc;
    while(p!=null) {
        d++;
        p=p.nextarc;
    }
    return d;
}
```

(2) 对于一个采用邻接表存储的有向图，统计第 v 个单链表的边结点个数即为顶点 v 的出度，统计所有 adjvex 为 v 的边结点个数即为顶点 v 的入度。对应的算法如下：

```java
public static int[] Degree2(AdjGraphClass G,int v){    //在有向图邻接表中求顶点v的出度和入度
    int[] ans=new int[2];
    ArcNode p;
    ans[0]=0;                                           //累计出度
    p=G.adjlist[v].firstarc;
    while(p!=null) {                                    //统计第v个单链表中的边结点个数
        ans[0]++;
        p=p.nextarc;
    }
    ans[1]=0;                                           //累计入度
    for(int i=0;i<G.n;i++) {                            //遍历所有的头结点
        p=G.adjlist[i].firstarc;                        //遍历第i个单链表
        while(p!=null) {
            if(p.adjvex==v) {
                ans[1]++;
                break;                                  //每个单链表中最多只有一个这样的边结点
            }
            else p=p.nextarc;
        }
    }
    return ans;                                         //返回出度和入度
}
```

3. 简化的邻接表

在线编程中常常采用简化的邻接表，即直接用数组表示，头结点数组为 head，边结点数组 edge 为 ENode 类型，该类型包含 v、w 和 next 成员变量，其中 head[i] 表示顶点 i 的单链表(head[i]=-1 表示顶点 i 没有出边)。edge 数组包含所有边，若 head[i] 指向边结点 (v_1,w_1,next_1)，而 next_1 指向 $(v_2,w_2,-1)$，表示顶点 i 有两条出边为 $<i,v_1,w_1>$ 和 $<i,v_2,w_2>$(next=-1 表示没有其他出边)。图 8.5 中的带权有向图 G_3 对应的简化邻接表如

图8.11所示。

图8.11 带权有向图 G_3 的简化邻接表

在简化邻接表中实现创建邻接表和输出邻接表的 AdjGraphClass1 类如下：

```
class ENode {                                    //边结点类
    int v;                                       //邻接点
    int w;                                       //边权值
    int next;                                    //下一条边
    public ENode(int v,int w) {                  //构造方法
        this.v=v;
        this.w=w;
    }
}
public class AdjGraphClass1 {                    //图的简化邻接表类
    final int MAXV=100;                          //表示最多顶点个数
    final int MAXE=300;                          //表示最多边数
    final int INF=0x3f3f3f3f;                    //表示∞
    int[] head;                                  //邻接表头结点数组
    ENode[] edge;                                //边结点数组
    int n,e;                                     //图中的顶点数 n 和边数 e
    int toll;                                    //边数组下标
    public AdjGraphClass1() {                    //构造方法
        head=new int[MAXV];                      //创建头结点数组
        Arrays.fill(head,-1);                    //head 的所有元素初始化为-1
        edge=new ENode[MAXE];                    //创建边结点数组
        toll=0;                                  //edge 数组的下标从 0 开始
    }
    public void addEdge(int u,int v,int w) {     //图中增加边<u,v,w>
        edge[toll]=new ENode(v,w);
        edge[toll].next=head[u];
        head[u]=toll++;
    }
    public void CreateAdjGraph(int[][] a) {      //通过边数组 a 建立图的简化邻接表
        n=a.length; e=0;                         //初始化顶点数和边数
        for(int i=0;i<n;i++) {                   //检查边数组 a 中的每个元素
            for(int j=1;j<n;j++) {
                if(a[i][j]!=0 && a[i][j]!=INF) { //存在一条边
                    addEdge(i,j,a[i][j]);
                    e++;                         //边数增1
                }
            }
        }
    }
```

```
public void DispAdjGraph() {                    //输出图的邻接表
    for(int i=0;i<n;i++) {
        System.out.printf("  [%d]",i);
        for(int e=head[i];e!=-1; e=edge[e].next)
            System.out.printf("->(%d,%d)",edge[e].v,edge[e].w);
        System.out.println("->∧");
    }
}
```

8.3 图的遍历

和树遍历一样,也存在图遍历,所不同的是树中有一个特殊的结点,即根结点,树的遍历总是从根结点出发,而图中没有特殊的顶点,可以从任何顶点出发进行遍历。本节主要讨论图的两种遍历算法及其应用。

8.3.1 图遍历的概念

从给定图中任意顶点(称为初始点)出发,按照某种搜索方法沿着图的边访问图中的所有顶点,使每个顶点仅被访问一次,这个过程称为**图遍历**。如果给定图是连通的无向图或者是强连通的有向图,则遍历一次就能访问全部顶点,并可按访问的先后顺序得到由该图的所有顶点组成的一个序列。

图遍历比树遍历更复杂,因为从树根到达树中的每个顶点只有一条路径,而从图的起始点到达图中的每个顶点可能存在着多条路径。

说明:为了避免同一个顶点被重复访问,用户必须记住访问过的顶点。为此可设置一个访问标识数组 visited,初始时所有元素置为 0,当顶点 i 访问过时,该数组元素 visited$[i]$ 置为 1。

根据遍历方式的不同,图的遍历方法有两种,一种是深度优先遍历(DFS)方法,另一种是广度优先遍历(BFS)方法。

8.3.2 深度优先遍历

深度优先遍历的过程是从图中某个起始点 v 出发,首先访问初始顶点 v,然后选择一个与顶点 v 邻接且没有访问过的顶点 w 为初始顶点,再从 w 出发进行深度优先搜索,直到图中与初始顶点 v 邻接的所有顶点都被访问过为止。

从中看出,深度优先遍历是一个递归过程,每次都以当前顶点的一个未访问过的邻接点进行深度优先遍历。因此,采用递归算法实现非常方便简洁。

图采用邻接表为存储结构,其深度优先遍历算法如下(其中,v 是起始点编号,visited 是类成员数组):

```
public static void DFS(AdjGraphClass G, int v) {    //邻接表 G 中从顶点 v 出发深度优先遍历
    int w;
    ArcNode p;
    System.out.print(v+" ");                         //访问顶点 v
    visited[v]=1;                                    //置已访问标记
```

```
        p=G.adjlist[v].firstarc;              //p 指向顶点 v 的第一个邻接点
        while(p!=null) {
            w=p.adjvex;
            if(visited[w]==0) DFS(G,w);       //若 w 顶点未访问,递归访问它
            p=p.nextarc;                       //p 置为下一个邻接点
        }
    }
```

从上述算法看出,在遍历中对图中的每个顶点最多访问一次,所以算法的时间复杂度为 $O(n+e)$。需要注意的是,同一个图可能对应不同的邻接表,而不同的邻接表得到的 DFS 序列可能不同。

以邻接矩阵为存储结构的图深度优先遍历算法如下(其中,v 是起始点编号,visited 是类成员数组):

```
    public static void DFS(MatGraphClass g,int v) {   //邻接矩阵 g 中从顶点 v 出发深度优先遍历
        System.out.print(v+" ");                       //访问顶点 v
        visited[v]=1;                                  //置已访问标记
        for(int w=0;w<g.n;w++) {
            if(g.edges[v][w]!=0 && g.edges[v][w]!=g.INF) {
                if(visited[w]==0) DFS(g,w);            //存在边<v,w>并且 w 没有访问过
                                                       //若 w 顶点未访问,递归访问它
            }
        }
    }
```

上述算法的时间复杂度为 $O(n^2)$。

例如,对于图 8.12(a)所示的有向图,对应的邻接表如图 8.12(b)所示,针对该邻接表从顶点 0 开始进行深度优先遍历,得到的访问序列是 0 1 5 2 3 4。其遍历过程如图 8.13 所示,图中实线表示查找顶点(对应的边为前向边),虚线表示返回(返回方式是原路返回,如图中访问顶点之后,从顶点 2 找到一个邻接点 3,访问顶点 3,顶点 3 没有邻接点,则从顶点 3 回退到顶点 2,再从顶点 2 找到邻接顶点 4),顶点旁与实线相交的粗线表示访问点。

(a) 一个有向图 G_4 (b) 图 G_4 的邻接表

图 8.12 一个有向图 G_4 和对应的邻接表

从中看出,在深度优先遍历中,起始点为 v,考虑 v 到图中顶点 u 的最短路径长度,则最短路径长度越大的顶点越优先访问。实际上,在遍历中产生以 v 为根的搜索子树(若搜索到边 $<v,w>$ 并且 w 是首次访问,则 $<v,w>$ 构成该子树的树边),对该子树进行先根遍历得到深度优先遍历序列。

图 8.13 从顶点 0 出发的深度优先遍历过程

8.3.3 广度优先遍历

广度优先遍历的过程是首先访问起始点 v,接着访问顶点 v 的所有未访问过的邻接点 v_1、v_2、……、v_t,然后再按照 v_1、v_2、……、v_t 的次序访问每个顶点的所有未访问过的邻接点,以此类推,直到图中所有和初始点 v 有路径相通的顶点或者图中所有已访问顶点的邻接点都被访问过为止。

广度优先遍历类似于树的层次遍历,即按树的深度来遍历,先访问深度为 1 的结点,再访问深度为 2 的结点,以此类推。对于图是按起始点为 v,由近至远,依次访问和 v 有路径相通且路径长度为 1、2……的顶点的过程。

由于广度优先遍历图中访问顶点的次序是"先访问的顶点的邻接点"先于"后访问的顶点的邻接点",所以使用一个队列暂存访问过的顶点。

图采用邻接表为存储结构,其广度优先遍历算法如下(其中,v 是起始点编号,visited 是类成员数组,可以改为局部数组):

```java
public static void BFS(AdjGraphClass G, int v) {        //邻接表 G 中从顶点 v 出发广度优先遍历
    ArcNode p;
    int w;
    Queue<Integer> qu=new LinkedList<Integer>();        //定义一个队列
    System.out.print(v+" ");                            //访问顶点 v
    visited[v]=1;                                       //置已访问标记
    qu.offer(v);                                        //v 进队
    while(!qu.isEmpty()) {                              //队列不空循环
        v=qu.poll();                                    //出队顶点 v
        p=G.adjlist[v].firstarc;                        //找顶点 v 的第一个邻接点
        while(p!=null) {
            w=p.adjvex;
            if(visited[w]==0) {                         //若 v 的邻接点 w 未访问
                System.out.print(w+" ");                //访问顶点 w
                visited[w]=1;                           //置已访问标记
                qu.offer(w);                            //w 进队
            }
            p=p.nextarc;                                //找下一个邻接点
        }
    }
}
```

从上述算法看出,在遍历中对图中的每个顶点最多访问一次,所以算法的时间复杂度为 $O(n+e)$。同样,同一个图可能对应不同的邻接表,而不同的邻接表得到的 BFS 序列可能不同。

以邻接矩阵为存储结构的图广度优先遍历算法如下（其中，v 是起始点编号，visited 是类成员数组，可以改为局部数组）：

```java
public static void BFS(MatGraphClass g,int v) {    //邻接矩阵 g 中从顶点 v 出发广度优先遍历
    Queue<Integer> qu=new LinkedList<Integer>();   //定义一个队列
    System.out.print(v+" ");                       //访问顶点 v
    visited[v]=1;                                  //置已访问标记
    qu.offer(v);                                   //v 进队
    while(!qu.isEmpty()) {                         //队列不空循环
        v=qu.poll();                               //出队顶点 v
        for(int w=0;w<g.n;w++) {
            if(g.edges[v][w]!=0 && g.edges[v][w]!=g.INF) {
                if(visited[w]==0) {                //存在边<v,w>并且 w 未访问
                    System.out.print(w+" ");       //访问顶点 w
                    visited[w]=1;                  //置已访问标记
                    qu.offer(w);                   //w 进队
                }
            }
        }
    }
}
```

上述算法的时间复杂度为 $O(n^2)$。

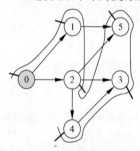

图 8.14 从顶点 0 出发的广度优先遍历过程

例如，对于如图 8.12(b) 所示的邻接表，针对该邻接表从顶点 0 开始进行广度优先遍历，得到的访问序列是 0 1 2 5 3 4。其遍历过程如图 8.14 所示，顶点旁与实线相交的粗线表示访问点。

从中可以看出，在广度优先遍历中，起始点为 v，考虑 v 到图中顶点 u 的最短路径长度，则最短路径长度越小的顶点越优先访问。实际上在遍历中产生以 v 为根的搜索子树（若搜索到边 $<v,w>$ 并且 w 是首次访问，则 $<v,w>$ 构成该子树的树边），对该子树进行层次遍历得到广度优先遍历序列。

8.3.4 非连通图的遍历

视频讲解

上面讨论的两种图遍历方法，对于无向图来说，若是连通图，则一次遍历能够访问到图中的所有顶点；若是非连通图，则只能访问到起始点所在连通分量中的所有顶点，其他连通分量中的顶点是不可能访问到的，为此需要从其他每个连通分量中选择起始点分别进行遍历，这样才能够访问到图中的所有顶点。

对于有向图来说，若从起始点到图中的其他每个顶点都有路径，则能够访问到图中的所有顶点；否则不能访问到所有顶点，为此同样需要再选起始点，继续进行遍历，直到图中的所有顶点都被访问过为止。

非连通图采用邻接表存储结构，其深度优先遍历算法如下：

```java
public static void DFSA(AdjGraphClass G) {    //非连通图的 DFS
    Arrays.fill(visited,0);                   //visited 数组元素均置为 0
    for(int i=0;i<G.n;i++) {
```

```
        if(visited[i]==0) DFS(G,i);              //从顶点i出发深度优先遍历
    }
}
```

非连通图采用邻接表存储结构,其广度优先遍历算法如下:

```
public static void BFSA(AdjGraphClass G) {        //非连通图的 BFS
    Arrays.fill(visited,0);                       //visited 数组元素均置为 0
    for(int i=0;i<G.n;i++) {
        if(visited[i]==0) BFS(G,i);               //从顶点i出发广度优先遍历
    }
}
```

【例 8.5】 假设图采用邻接表存储,设计一个算法判断一个无向图是否为连通图。若是连通图,则返回 true,否则返回 false。

解 采用遍历方式判断无向图是否连通。先将 visited 数组元素均置初值 0,然后从顶点 0 开始遍历该图(深度优先和广度优先均可)。在一次遍历之后,若所有顶点 i 的 visited[i] 均为 1,则该图是连通的,否则不连通。采用深度优先遍历的算法如下:

```
public static void DFS1(AdjGraphClass G,int v) {  //图 G 从 v 出发深度优先遍历
    int w;
    ArcNode p;
    visited[v]=1;                                 //置已访问标记
    p=G.adjlist[v].firstarc;                      //p 指向顶点 v 的第一个邻接点
    while(p!=null) {
        w=p.adjvex;
        if(visited[w]==0) DFS1(G,w);              //若 w 顶点未访问,递归访问它
        p=p.nextarc;                              //p 置为下一个邻接点
    }
}
public static boolean Connect(AdjGraphClass G) {  //判断无向图 G 的连通性
    boolean flag=true;
    Arrays.fill(visited,0);                       //visited 数组元素均置为 0
    DFS1(G,0);                                    //调用 DSF1 算法,从 0 出发深度优先遍历
    for(int i=0;i<G.n;i++) {
        if(visited[i]==0) {
            flag=false;                           //存在没有访问的顶点,则不连通
            break;
        }
    }
    return flag;
}
```

8.3.5 图遍历算法的应用

图遍历算法主要有基于深度优先和基于广度优先的算法,下面讨论这两种遍历算法的应用。

1. 基于深度优先遍历算法的应用

图的深度优先遍历算法是从顶点 v 出发,以纵向方式一步一步向后访问各顶点的。对图 8.12(b)的邻接表执行 DFS(G,0),其执行过程是 DFS(G,0)⇨DFS(G,1)⇨DFS(G,5)⇨回

视频讲解

退到顶点 1⇨回退到顶点 0⇨DFS(G,2)⇨DFS(G,3)⇨回退到顶点 2⇨DFS(G,4)⇨回退到顶点 2⇨回退到顶点 0。

简单地说,从起始点 v 深度优先遍历时,找顶点 v 的一个未访问的邻接点 u(对应边 $<v,u>$),从顶点 u 继续找一个未访问的邻接点 w(对应边 $<u,w>$),以此类推,若顶点 w 没有未访问的邻接点,则回退到顶点 u,再找顶点 u 的下一个未访问的邻接点,直到满足求解问题中的条件为止。这种思路常用于图算法设计中。

【例 8.6】 假设图 G 采用邻接表存储,设计一个算法判断顶点 u 到顶点 v 是否有路径,并对于图 8.15 所示的有向图判断从顶点 0 到顶点 5、从顶点 0 到顶点 2 是否有路径。

解 利用深度优先遍历方法,先置 visited 数组的所有元素值为 0。从顶点 u 开始,置 visited[u]=1,找到顶点 u 的一个未访问过的邻接点 u_1;再从顶点 u_1 出发,置 visited[u_1]=1,找到顶点 u_1 的一个未访问过的邻接点 u_2;……;当找到的某个未访问过的邻接点 u_n==v 时,说明顶点 u 到 v 有简单路径,返回 true;如果图遍历完都没有返回 true,则表示 u 到 v 没有路径,返回 false,其过程如图 8.16 所示(深度优先遍历中包括自动回退过程)。

图 8.15 一个有向图

图 8.16 查找从顶点 u 到 v 是否有简单路径的过程

图 8.17 $f(G,u,v)$ 和 $f(G,w,v)$

实际上,从递归算法设计角度看,$f(G,u,v)$ 是大问题,表示图 G 中从顶点 u 到顶点 v 是否存在简单路径,再找到顶点 u 的没有搜索过的边 $<u,w>$,则 $f(G,w,v)$ 是小问题,如图 8.17 所示。若小问题返回 true,表示 G 中从顶点 w 到顶点 v 存在简单路径,显然可推出顶点 u 到 v 存在简单路径;若小问题返回 false,表示 G 中从顶点 w 到顶点 v 不存在简单路径,回退再搜索顶点 u 的下一条没有搜索过的边,以此类推。对应的完整程序如下:

```
import java.util.*;
public class Exam8_6 {
    static final int MAXV=100;                                  //表示最多顶点个数
    static int[] visited=new int[MAXV];                         //全局变量数组
    public static boolean HasPath(AdjGraphClass G,int u,int v) { //判断 u 到 v 是否有简单路径
        Arrays.fill(visited,0);                                 //初始化
        return HasPath1(G,u,v);
    }
    private static boolean HasPath1(AdjGraphClass G,int u,int v) { //被 HasPath()方法调用
        ArcNode p;
        int w;
        visited[u]=1;
        p=G.adjlist[u].firstarc;                                //p 指向 u 的第一个相邻点
        while(p!=null) {
```

```
            w=p.adjvex;                    //w 是 u 的邻接点
            if(w==v) return true;          //找到目标顶点后返回
            if(visited[w]==0) {
                if(HasPath1(G,w,v)) return true;
            }
            p=p.nextarc;                   //p 指向下一个邻接点
        }
        return false;
    }
    public static void main(String[] args) {
        AdjGraphClass G=new AdjGraphClass();
        int n=6,e=9;
        int[][] a={{0,1,0,1,0,0},{0,0,0,0,0,1},{0,1,0,0,0,1},
                   {0,1,0,0,1,0},{0,1,0,0,0,1},{0,0,0,0,0,0} };
        G.CreateAdjGraph(a,n,e);           //创建图 8.15 所示有向图的邻接表
        System.out.println("图 G");   G.DispAdjGraph();
        int u=0,v=5;
        System.out.println("求解结果");
        System.out.printf("  顶点%d 到顶点%d 路径情况:%s \n",u,v,(HasPath(G,u,v)?"有":"没有"));
        u=0; v=2;
        System.out.printf("  顶点%d 到顶点%d 路径情况:%s \n",u,v,(HasPath(G,u,v)?"有":"没有"));
    }
}
```

上述程序的执行结果如下:

```
图 G
  [0]->(1,1)->(3,1)->∧
  [1]->(5,1)->∧
  [2]->(1,1)->(5,1)->∧
  [3]->(1,1)->(4,1)->∧
  [4]->(1,1)->(5,1)->∧
  [5]->∧
求解结果
  顶点 0 到顶点 5 路径情况:有
  顶点 0 到顶点 2 路径情况:没有
```

【**例 8.7**】 假设图 G 采用邻接表存储,设计一个算法求顶点 u 到顶点 v 的一条简单路径(假设两顶点之间存在一条或多条这样的简单路径),并对于图 8.14 所示的有向图求从顶点 0 到顶点 5 的一条简单路径。

解 利用深度优先遍历方法,先置 visited 数组的所有元素值为 0,采用 path[0..d]存放从 u 到 v 的一条结点路径(初始时路径为空,d 设置为-1)。从顶点 u 开始,置 visited[u]=1,将顶点 u 添加到 path 中,找到顶点 u 的一个未访问过的邻接点 u_1;再从顶点 u_1 出发,置 visited[u_1]=1,将顶点 u_1 添加到 path 中,找到顶点 u_1 的一个未访问过的邻接点 u_2;……;当找到的某个未访问过的邻接点 u_n==v 时,说明 path 中存放的是顶点 u 到 v 的一条简单路径,输出并返回,其过程如图 8.18 所示(深度优先遍历中包括自动回退过程)。

对应的算法如下:

图 8.18 查找从顶点 u 到 v 的一条简单路径的过程

```java
public static void FindaPath1(AdjGraphClass G, int u, int v) {     //求 u 到 v 的一条简单路径
    int[] path=new int[MAXV];
    int d=-1;                                                      //path[0..d]存放一条路径
    Arrays.fill(visited,0);                                        //visited 数组元素置初值 0
    FindaPath11(G,u,v,path,d);
}
private static void FindaPath11(AdjGraphClass G, int u, int v, int[] path, int d) {  //被 FindaPath1()调用
    ArcNode p;
    visited[u]=1;
    d++; path[d]=u;                                                //顶点 u 加入路径中
    if(u==v) {                                                     //找到一条路径后输出并返回
        for(int i=0;i<=d;i++)
            System.out.print(path[i]+" ");
        System.out.println();
        return;
    }
    p=G.adjlist[u].firstarc;                                       //p 指向 u 的第一个邻接点
    while(p!=null) {
        int w=p.adjvex;                                            //w 为邻接点
        if(visited[w]==0)                                          //w 没有访问过
            FindaPath11(G,w,v,path,d);                             //递归调用
        p=p.nextarc;                                               //p 指向下一个邻接点
    }
}
```

对于图 8.15 所示的有向图,在执行 FindaPath1(G,0,5)语句时输出的一条简单路径为 0 1 5。

那么能不能用 ArrayList 对象 path 存放路径呢?答案是完全可行的,如果直接将上述算法中的 path 改为 ArrayList 对象,对应的算法如下:

```java
public static void FindaPath2(AdjGraphClass G, int u, int v) {     //求 u 到 v 的一条简单路径
    ArrayList<Integer> path=new ArrayList<Integer>();
    FindaPath21(G,u,v,path);
}
private static void FindaPath21(AdjGraphClass G, int u, int v, ArrayList<Integer> path) {
    ArcNode p;
    visited[u]=1;
    path.add(u);                                                   //将顶点 u 加入路径中
    if(u==v) {                                                     //找到一条路径后输出并返回
        System.out.println(path);
        return;
    }
    p=G.adjlist[u].firstarc;                                       //p 指向 u 的第一个邻接点
    while(p!=null) {
```

```
            int w=p.adjvex;                          //w 为邻接点
            if(visited[w]==0)                         //w 没有访问过
                FindaPath21(G,w,v,path);              //递归调用
            p=p.nextarc;                              //p 指向下一个邻接点
        }
    }
```

对于图 8.15 所示的有向图,在执行 FindaPath2(*G*,0,5)语句时输出的一条简单路径为 0 1 5,但执行 FindaPath2(*G*,0,4)语句时输出的一条简单路径为 0 1 5 3 4,显然结果是错误的。为什么出现这样的情况呢?这是因为 ArrayList 对象 path 是引用参数,在 Java 中引用参数没有自动回退功能,相当于全局变量。实际上执行 FindaPath2(*G*,0,4)语句时 path 中存放的是搜索轨迹,而不是从顶点 0 到顶点 4 的路径,改正的方式是增加具有回退功能的代码,即在访问顶点 *u* 时将 *u* 添加到 path 中,如果从 *u* 出发没有找到终点 *v*,则回退,也就是将顶点 *u* 从 path 中删除(*u* 是 path 中最后添加的顶点)。对应的正确算法如下:

```
    public static void FindaPath3(AdjGraphClass G, int u, int v) {   //求 u 到 v 的一条简单路径
        ArrayList<Integer> path=new ArrayList<Integer>();
        FindaPath31(G,u,v,path);
    }
    private static void FindaPath31(AdjGraphClass G, int u, int v, ArrayList<Integer> path) {
        ArcNode p;
        visited[u]=1;
        path.add(u);                                  //将顶点 u 加入路径中
        if(u==v) {                                    //找到一条路径后输出并返回
            System.out.println(path);
            return;
        }
        p=G.adjlist[u].firstarc;                      //p 指向 u 的第一个邻接点
        while(p!=null) {
            int w=p.adjvex;                           //w 为邻接点
            if(visited[w]==0)                         //w 没有访问过
                FindaPath31(G,w,v,path);              //递归调用
            p=p.nextarc;                              //p 指向下一个邻接点
        }
        path.remove(path.size()-1);                   //增加的具有回退功能的代码
    }
```

前面的 FindaPath1 算法之所以正确,是由于路径 path[0..*d*]中的 *d* 是 int 基本数据类型,为非引用参数,具有自动回退功能。

【例 8.8】 假设图 *G* 采用邻接表存储,设计一个算法求顶点 *u* 到顶点 *v* 的所有简单路径(假设存在一条或多条这样的简单路径),并对于图 8.15 所示的有向图,求从顶点 0 到顶点 5 的所有简单路径。

视频讲解

解 利用带回溯的深度优先遍历方法,先置 visited 数组的所有元素值为 0,用 path[0..*d*]存放两顶点之间的一条简单路径(初始时路径为空,*d* 设置为 -1)。

从顶点 *u* 出发,置 visited[*u*]=1,将 *u* 放入 path。

(1) 若 *u*==*v*,表示找到从源顶点 *u* 到 *v* 的一条简单路径,输出该路径。

(2) 若找到 *u* 的未访问过的邻接点,则从该顶点出发继续下去。

(3) 若找不到 *u* 的未访问过的邻接点,需要重置 visited[*u*]=0,以便 *u* 成为另一条路

径上的顶点(这称为回溯)。

其过程如图 8.19 所示。

图 8.19　查找从顶点 u 到 v 的所有简单路径的过程

这里的 path 利用了深度优先遍历中包括的自动回退过程,不必增加 path 回退的代码,而 visited 数组是类变量(即全局变量),一旦设置了 visited[u] 为 1,后面就不能再搜索到顶点 u,当从 u 出发的路径搜索完毕,从 u 自动回退到前一个顶点时,需要重置 visited[u] 为 0。对于图 8.15 所示的有向图,在求从顶点 0 到顶点 5 的所有简单路径时,搜索过程如图 8.20 所示。先找到路径 0→1→5,从顶点 5 回退到顶点 1,将 visited[5] 重置 visited[u] 为 0,从顶点 1 回退到顶点 0,将 visited[1] 重置 visited[u] 为 0,再找到从顶点 0 的下一个邻接点 3,以此类推,结果找到从顶点 0 到顶点 5 的 4 条结点路径,分别是 0 1 5、0 3 1 5、0 3 4 1 5、0 3 4 5。

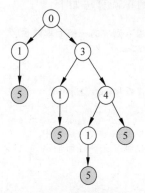

图 8.20　搜索从顶点 0 到顶点 5 的所有简单路径

从中看出,所谓带回溯的深度优先遍历主要体现在 visited 的回退,实际上这里的 path 和 visited 是一致的(path 中的顶点对应的 visited 值为 1),可以用 visited 替代 path。对应的算法如下:

```java
public static void FindallPath(AdjGraphClass G, int u, int v) {     //求 u 到 v 的所有简单路径
    Arrays.fill(visited,0);                                          //visited 数组元素设置初值为 0
    FindallPath1(G,u,v);
}
private static void FindallPath1(AdjGraphClass G, int u, int v) {    //被 FindallPath()调用
    ArcNode p;
    visited[u]=1;
    if(u==v) {                                                       //找到一条路径后输出
        for(int i=0;i<G.n;i++) {
            if(visited[i]==1) System.out.print(i+" ");
        }
        System.out.println();
        visited[u]=0;
        return;
    }
    p=G.adjlist[u].firstarc;                                         //p 指向 u 的第一个邻接点
    while(p!=null) {
        int w=p.adjvex;                                              //w 为邻接点
        if(visited[w]==0)                                            //w 没有访问过
```

```
            FindallPath1(G,w,v);                        //递归调用
            p=p.nextarc;                                //p 指向下一个邻接点
        }
        visited[u]=0;                                   //回溯并重置 visited[u]为 0
    }
```

实际上,上述算法中输出的是 visited 值为 1 的顶点,如果希望输出 u 到 v 的真正路径,还需要增加 path,对应的算法如下:

```
public static void FindallPath(AdjGraphClass G,int u,int v) {   //求 u 到 v 的所有简单路径
    int[] path=new int[MAXV];
    int d=-1;                                           //path[0..d]存放一条路径
    Arrays.fill(visited,0);                             //visited 数组元素设置初值为 0
    FindallPath1(G,u,v,path,d);
}
private static void FindallPath1(AdjGraphClass G,int u,int v,int[] path,int d) {   //被 FindallPath()调用
    ArcNode p;
    visited[u]=1;
    d++; path[d]=u;                                     //顶点 u 加入路径中
    if(u==v) {                                          //找到一条路径后输出
        for(int i=0;i<=d;i++)
            System.out.print(path[i]+" ");
        System.out.println();                           //输出一条路径后返回
        visited[u]=0;
        return;
    }
    p=G.adjlist[u].firstarc;                            //p 指向 u 的第一个邻接点
    while(p!=null) {
        int w=p.adjvex;                                 //w 为邻接点
        if(visited[w]==0)                               //w 没有访问过
            FindallPath1(G,w,v,path,d);                 //递归调用
        p=p.nextarc;                                    //p 指向下一个邻接点
    }
    visited[u]=0;                                       //回溯并重置 visited[u]为 0
}
```

【例 8.9】 假设图 G 采用邻接表存储,设计一个算法求图 G 中从顶点 u 到 v 的长度为 l 的所有简单路径(假设存在一条或多条这样的简单路径),并对于图 8.15 所示的有向图,求从顶点 0 到顶点 5 的所有长度为 3 的简单路径。

解 和例 8.8 相似,采用带回溯的深度优先遍历,只是增加一个找到一条简单路径的条件判断(路径长度是否为 l)。对应的算法如下:

```
public static void FindallLengthPath(AdjGraphClass G,int u,int v,int l) {
    int[] path=new int[MAXV];
    int d=-1;                                           //path[0..d]存放一条路径
    Arrays.fill(visited,0);                             //visited 数组元素设置初值为 0
    FindallLengthPath1(G,u,v,l,path,d);
}
private static void FindallLengthPath1(AdjGraphClass G,int u,int v,int l,int[] path,int d) {
    ArcNode p;
    visited[u]=1;
    d++; path[d]=u;                                     //顶点 u 加入路径中
    if(u==v && d==l) {                                  //找到一条长度为 l 的路径后输出
```

```
            for(int i=0;i<=d;i++)
                System.out.print(path[i]+" ");
            System.out.println();
            visited[u]=0;
            return;
        }
        p=G.adjlist[u].firstarc;                    //p 指向 u 的第一个邻接点
        while(p!=null) {
            int w=p.adjvex;                         //w 为邻接点
            if(visited[w]==0)                       //w 没有访问过
                FindallLengthPath1(G,w,v,l,path,d); //递归调用
            p=p.nextarc;                            //p 指向下一个邻接点
        }
        visited[u]=0;                               //回溯,并重置 visited[u] 为 0
    }
```

对于图 8.14 所示的有向图,执行 FindallLengthPath(G,0,5,3)输出从顶点 0 到顶点 5 的长度为 3 的两条简单路径为 0 3 1 5、0 3 4 5。

视频讲解

*【例 8.10】 假设无向图 G 采用邻接表存储,设计一个算法判断图中是否包含任何简单回路。注意,若一个无向图中只有两个顶点、一条连接它们的边,不能认为存在回路,也就是说尽管无向图中边是对称的,单条边不能看成一个回路,回路的长度应大于 1(至少包含两条边)。

解法 1: 采用深度优先遍历方法判断无向图 G 中是否存在经过顶点 v 的回路。从图中顶点 v 出发遍历,对每个访问的顶点做标记(设置其 visited 元素为 1),并用 d 表示对应路径的长度。

当从顶点 v 出发访问到顶点 u 时,若找到顶点 u 的一个邻接点 w,如果 visited[w]=0,继续遍历下去;若 visited[w]=1 并且 $w==v$,当 $d>1$ 时表示从顶点 v 出发又回到顶点 v,而且路径长度大于 1,说明存在一条经过顶点 v 的回路,如图 8.21 所示,返回 true。

图 8.21 无向图中存在经过顶点 v 的回路的情况

如果从图中所有顶点出发遍历都没有返回 true,说明没有经过顶点 v 的回路,返回 false。一旦从图中某个顶点出发遍历返回 true 就结束,表示存在回路。

说明: 从图中顶点 v 出发遍历找到经过顶点 v 的回路的条件是搜索到顶点 w 时有 visited[w]=1 && $w==v$ && $d>1$ 成立,visited[w]=1 && $w==v$ 表示搜索到初始点,$d>1$ 表示回路的长度大于 1。

对应的算法如下:

```
public static boolean Cycle1(AdjGraphClass G) {    //解法 1:判断无向图 G 中是否有回路
    for(int i=0;i<G.n;i++) {
        Arrays.fill(visited,0);                    //visited 初始化
        if(Cycle11(G,i,i,-1)) return true;         //从顶点 v 出发搜索成功则返回 true
```

```
            return false;
    }
    private static boolean Cycle11(AdjGraphClass G,int u,int v,int d) {    //经过顶点v的回路判断算法
        ArcNode p;
        visited[u]=1;                        //置已访问标记
        d++;                                 //路径长度增加1
        p=G.adjlist[u].firstarc;             //p指向顶点u的第一个邻接点
        while(p!=null) {
            int w=p.adjvex;
            if(visited[w]==0) {              //若顶点w未访问,递归调用
                if(Cycle11(G,w,v,d)) return true;  //从顶点w出发找到回路成功则返回true
            }
            else if(w==v && d>1)             //搜索到顶点v并且环长度大于1
                return true;
            p=p.nextarc;                     //寻找下一个邻接点
        }
        return false;
    }
```

解法 2：在深度优先遍历时，visited 记录的是搜索轨迹，当访问到顶点 u 时，如果找到顶点 u 的邻接点 w，若 w 已经访问过，由于是无向图，说明从 w 到 u 一定有路径，而此时 u 到 w 有边，说明找到一个回路，但需要排除将 (w,u) 一条边作为回路的情况。为此增加一个 pre 参数，表示顶点 u 的前驱顶点，只要 $w\neq$ pre 才能够排除这种情况，从而确定找到一个长度大于 1 的回路。如图 8.22 所示，当 $w\neq$ pre 时，w 到 u 的路径长度至少是 1，再加上边 (u,w)，所以回路的长度大于 1。对应的算法如下：

图 8.22　无向图中存在回路的情况

```
        static boolean has;                  //是否有回路
        public static boolean Cycle2(AdjGraphClass G) {  //判断无向图G中是否有回路
            for(int i=0;i<G.n;i++) {
                Arrays.fill(visited,0);      //visited初始化
                has=false;
                Cycle21(G,i,-1);             //从顶点i出发搜索是否有回路,i的前驱为-1
                if(has) return true;         //有回路则返回true
            }
            return false;
        }
        private static void Cycle21(AdjGraphClass G,int u,int pre) {  //从顶点u出发判断是否有回路的算法
            ArcNode p;
            visited[u]=1;                    //设置已访问标记
            if(has) return;                  //找到回路后直接返回
            p=G.adjlist[u].firstarc;         //p指向顶点u的第一个邻接点
            while(p!=null) {
                int w=p.adjvex;
                if(visited[w]==0)            //若顶点w未访问,递归调用
                    Cycle21(G,w,u);          //从顶点w出发搜索
                else if(w!=pre) {            //搜索到已访问的顶点并且不是w
                    has=true;                //说明有回路
                    return;
                }
            }
```

```
        p=p.nextarc;                          //寻找下一个邻接点
    }
}
```

说明：对于无向图，解法2更加高效，因为解法1从顶点 v 出发遍历时是确定是否存在一定经过顶点 v 的回路；而解法2是从顶点 v 出发遍历确定是否存在回路，该回路不一定经过顶点 v。

*【例8.11】 假设有向图 G 采用邻接表存储，设计一个算法判断图中是否包含任何简单回路。注意，若一个有向图只有两个顶点 a 和 b，并且存在边 $<a,b>$ 和 $<b,a>$，则认为存在回路。

解法1：例8.10中的解法1既适合无向图也适合有向图判断是否有回路，但针对有向图不必增加 $d>1$ 的条件，所以需要删除形参 d，其算法不再列出。

例8.10中的解法2仅适合无向图，不适合有向图判断是否有回路，这是因为该算法中仅仅通过 visited 记录搜索轨迹，没有记录路径。在无向图中先访问 w 后访问 u，则 w 到 u 一定有一条路径，对于有向图却不一定成立。例如，如图8.23所示的有向图没有回路，但采用例8.10中的解法2，从顶点0出发遍历时，先访问0再访问1，回退到顶点0时继续访问顶点2，顶点2有一个已经访问的邻接点1，从而得出有回路的结果。实际上，尽管先访问顶点1后访问顶点2，但顶点1到顶点2并没有路径。

解法2：对于有向图，可以进一步优化解法1，从顶点 v 出发深度优先遍历，当访问到顶点 u 时，path 中保存从 v 到 u 的路径，若 u 的一个邻接点 w 是 path 中的一个顶点（w 一定是已经访问过的顶点），如图8.24所示，则构成一个包含顶点 u 和 w 的回路。与解法1不同，这里找到的简单回路不一定包含顶点 v，实际上是从顶点 v 出发搜索任何一个简单回路，所以效率更高。对应的算法如下：

图8.23 一个无回路的有向图   图8.24 有向图中存在回路的情况

```
public static boolean Cycle2(AdjGraphClass G) {      //判断有向图 G 中是否有回路
    int[] path=new int[MAXV];                        //path[0..d]存放路径
    int d;
    for(int i=0;i<G.n;i++) {
        d=-1;
        Arrays.fill(visited,0);                      //visited 初始化
        if(Cycle21(G,i,path,d))                      //从顶点 v 出发搜索
            return true;
    }
    return false;
}
private static boolean inpath(int[] path,int d,int w) {  //判断 w 是否在 path[0..d]中
    for(int i=0;i<=d;i++) {
        if(path[i]==w) return true;
    }
```

```
            return false;
    }
    private static boolean Cycle21(AdjGraphClass G,int u,int[] path,int d) {
    //从顶点 u 出发搜索有向图 G 中是否存在回路的算法
        ArcNode p;
        visited[u]=1;                              //设置已访问标记
        d++; path[d]=u;                            //将顶点 u 添加到路径中
        p=G.adjlist[u].firstarc;                   //p 指向顶点 u 的第一个邻接点
        while(p!=null) {
            int w=p.adjvex;
            if(visited[w]==0) {                    //若顶点 w 未访问
                if(Cycle21(G,w,path,d))            //从顶点 w 出发搜索存在回路
                    return true;
            }
            else if(inpath(path,d,w))              //顶点 w 没有访问且在路径中
                return true;                       //找到回路则返回 true
            p=p.nextarc;                           //寻找下一个邻接点
        }
        return false;
    }
```

说明：在上述算法中 path 和 visited 是不同的，前者表示路径，后者表示轨迹，不能将 inpath(path,d,w) 条件改为 visited[w]==1。

解法 3：在解法 2 中判断一个顶点 w 是否在路径 path 中时采用逐一比较的方式，效率比较低，可以进一步改进，将路径 path 改为一个栈 st（但与前面的路径 path[0..d] 不同，st 为引用对象，不会自动回退，这里直接采用类成员变量表示，需要增加回退的代码），增加一个 flag 数组标记顶点 w 是否在栈中。对应的算法如下：

```
    static Stack<Integer> st=new Stack<Integer>();   //定义一个栈
    static int[] flag=new int[MAXV];                 //标记顶点是否在栈中
    public static boolean Cycle3(AdjGraphClass G) {  //判断有向图 G 中是否有回路
        for(int i=0;i<G.n;i++) {
            Arrays.fill(visited,0);                  //对 visited 初始化
            if(Cycle31(G,i)) return true;            //从顶点 v 出发搜索
        }
        return false;
    }
    private static boolean Cycle31(AdjGraphClass G,int u) { //从顶点 u 出发搜索是否存在回路的算法
        ArcNode p;
        visited[u]=1;                                //设置已访问标记
        st.push(u);                                  //使顶点 u 进栈
        flag[u]=1;                                   //表示顶点 u 在栈中
        p=G.adjlist[u].firstarc;                     //p 指向顶点 u 的第一个邻接点
        while(p!=null) {
            int w=p.adjvex;
            if(visited[w]==0) {                      //若顶点 w 未访问
                if(Cycle31(G,w))                     //从顶点 w 出发搜索存在回路
                    return true;
                else {                               //从 w 回退,出栈 w,置 flag[w]=0
                    st.pop();
                    flag[w]=0;
                }
            }
```

```
            else if(flag[w]==1)                    //顶点v已访问且在栈中,则返回true
                return true;
            p=p.nextarc;                           //寻找下一个邻接点
        }
        return false;
    }
```

说明：从例8.10和例8.11可以看出,判断一个图中是否有回路,首先看图是无向图还是有向图,再采用相应的算法求解。

2. 基于广度优先遍历算法的应用

图的广度优先遍历算法是从顶点v出发,以横向方式一步一步向后访问各个顶点的,即访问过程是一层一层地向后推进的。简单地说,当起始点为u时,以顶点u到其他顶点的最短路径长度分层,一层一层地访问顶点。用户可以利用这一特点采用广度优先遍历算法找从顶点u到顶点v的最短路径(这里的路径长度是指路径上包含的边数)等。

【**例 8.12**】 假设图G采用邻接表存储,设计一个算法求不带权图G中从顶点u到顶点v的一条最短路径(假设两顶点之间存在一条或多条简单路径),并对于图8.15所示的有向图求从顶点0到顶点5的一条最短简单路径。

图 8.25 查找顶点u和顶点v的最短路径

解 图G是不带权图,一条边的长度计为1,因此求顶点u到顶点v的最短路径即求顶点u到顶点v的边数最少的顶点序列。利用广度优先遍历算法,从u出发进行广度优先遍历,类似于从顶点u出发一层一层地向外扩展,当第一次找到点v时队列中便包含了从顶点u到顶点v最近的路径,如图8.25所示,再利用队列输出最短路径(逆路径),由于要利用队列找出路径,所以设计成非循环队列。对应的算法如下:

```java
public static void ShortPath(AdjGraphClass G,int u,int v) {
    class QNode {                                  //队列元素类型
        int no;                                    //顶点编号
        QNode parent;                              //前驱顶点
    }
    Queue<QNode> qu=new LinkedList<QNode>();       //定义一个队列
    QNode e,e1;
    ArcNode p;
    e=new QNode();
    e.no=u; e.parent=null;                         //初始点对应队列元素的前驱为空
    qu.offer(e);                                   //u进队
    visited[u]=1;                                  //设置已访问标记
    while(!qu.isEmpty()) {                         //队列不空循环
        e=qu.poll();                               //出队元素e
        if(e.no==v) {                              //找到v时输出路径之逆并退出
            int[] path=new int[MAXV];              //path[0..d]存放逆路径
            int d=-1;
            QNode f=e;                             //通过前驱关系求逆路径
            while(f!=null) {
                d++; path[d]=f.no;
                f=f.parent;
            }
```

```
            for(int i=d;i>=0;i--)                //反向输出逆路径构成正向路径
                System.out.print(path[i]+" ");
            System.out.println();
            return;                              //输出一条路径后返回
        }
        p=G.adjlist[e.no].firstarc;              //找 e 对应顶点的第一个邻接点
        while(p!=null) {
            int w=p.adjvex;
            if(visited[w]==0) {                  //若 u 的邻接点 w 未访问
                e1=new QNode();                  //建立队列元素
                e1.no=w; e1.parent=e;            //其前驱为 e
                visited[w]=1;                    //设置已访问标记
                qu.offer(e1);                    //e1 进队
            }
            p=p.nextarc;                         //找下一个邻接点
        }
    }
}
```

对于图 8.15 所示的有向图,执行 ShortPath(G,0,5)输出的一条最短简单路径为 0 1 5。

说明:本题的思想类似于用队列求解迷宫问题,只是这里的数据用邻接表存储,而前面的迷宫用数组存储。

【疑难解析】 为什么广度优先遍历找到的路径一定是最短路径呢？以图 8.15 中求顶点 0 到 5 的路径为例,起始点为 0,以顶点 0 到其他顶点的最短路径长度分层,如图 8.26 所示。当搜索到顶点 5 时,求出的逆路径是 5 1 0,路径上的每个顶点均为不同层次的顶点,所以该路径一定是最短路径。如果采用深度优先遍历,找到的路径中的顶点可能属于相同层次的顶点,所以不一定是最短路径。

【例 8.13】 假设图 G 采用邻接表存储,设计一个算法求不带权图 G 中离顶点 v 的最短路径中最远的一个顶点,并对于图 8.15 所示的有向图求距离顶点 0 的最短路径中最远的顶点。

解 给定的图 G 是不带权的图,一条边的长度计为 1,因此求距离顶点 v 的最远的顶点即求距离顶点 v 的边数最多的顶点。

从顶点 v 到某个顶点的路径可能有多条,这里是求最短路径中最远的一个顶点,所以利用广度优先遍历算法。从顶点 v 出发进行广度遍历,类似于从顶点 v 出发一层一层地向外扩展,到达顶点 w,到达顶点 j ……最后到达的顶点 k 即为距离 v 最远的顶点(这样的顶点可能有多个),如图 8.27 所示。在遍历时利用队列逐层暂存各顶点,最后出队的一个顶点 k 即为所求。由于本题只需要求距离顶点 v 的最远的一个顶点,不需要求路径,所以采用 int 型的队列即可。对应的算法如下:

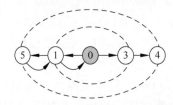

图 8.26 搜索从 0 到 5 的所有简单路径

图 8.27 查找距离顶点 v 的最远的顶点 k

```java
public static int Maxdist(AdjGraphClass G, int v) {        //图G从顶点v出发的广度优先遍历
    ArcNode p;
    Queue<Integer> qu=new LinkedList<Integer>();           //定义一个队列
    visited[v]=1;                                          //设置已访问标记
    qu.offer(v);                                           //v进队
    while(!qu.isEmpty()) {                                 //队列不空循环
        v=qu.poll();                                       //出队顶点v
        p=G.adjlist[v].firstarc;                           //找顶点v的第一个邻接点
        while(p!=null) {
            int w=p.adjvex;
            if(visited[w]==0) {                            //若v的邻接点w未访问
                visited[w]=1;                              //设置已访问标记
                qu.offer(w);                               //w进队
            }
            p=p.nextarc;                                   //找下一个邻接点
        }
    }
    return v;
}
```

对于图 8.14 所示的有向图,执行 Maxdist(G,0)求出距离顶点 0 的最短路径中最远的顶点是 4。

说明: 在采用广度优先遍历求最短路径时,一定要针对不带权图(或者所有边的权值相同),如果是带权图,需要采用后面 8.5 节介绍的求最短路径算法。

*8.3.6 求有向图中强连通分量的 Tarjan 算法

Tarjan(塔里杨)算法采用深度优先遍历过程求有向图的所有强连通分量,将每个强连通分量作为搜索树上的一个子树。为了在搜索树上顺利地找到强连通分量的顶点,每个顶点都有两个参数。

(1) DFN[u]:表示顶点 u 搜索的次序编号(时间戳),简单来说就是第几个被搜索到的,每个顶点的时间戳都不一样。

(2) LOW[u]:表示顶点 u 在这棵树中的最小子树的根(也是指时间戳),每次保证是最小的。在深度优先遍历中每找到一个新顶点 u,总是置 LOW[u]=DFN[u]。

为了存储整个强连通分量,采用一个栈 st,每次新顶点出现就进栈。从顶点 u 出发搜索,若有出边<u,v>:

(1) 若顶点 v 没有访问过,就从顶点 v 继续下去,每次返回时,顶点 v 对应的最小子树的根为 LOW[v],根据顶点 v 与这个顶点 u 的 LOW 值,修改 LOW[u]取两者的最小值,即 LOW[u]=min(LOW[u],LOW[v]),保证 LOW[u]存放最小子树的根。

(2) 若顶点 v 访问过并且在栈中,更新 LOW[u]=min(LOW[u],DFN[v]),因为 v 是在 u 之后搜索的顶点(存在从 u 到 v 的路径),如果顶点 u 能够回溯到已经在栈中的顶点,则顶点 u 也一定能够回溯到(v 能够到达的顶点 u 也一定能够到达)。

顶点 u 的所有出边处理后,如果 DFN[u]==LOW[u],说明顶点 u 是这个强连通分量的最小根(因为 LOW[u]就是这个强连通分量的最小根),输出该强连通分量,也就是说出栈栈中所有比顶点 u 后进来的顶点。Tarjan 算法的过程如下:

```
Tarjan(G,u) {
    DFN[u]=LOW[u]=++Index;                    //为顶点 u 设置次序编号和 LOW 初值
    st.push(u);                               //顶点 u 进栈
    for each (u, v) in E {                    //枚举每一条边<u,v>
        if(v 没有访问过) {                     //如果顶点 v 未被访问过
            Tarjan(G,v);                      //从新顶点 v 继续向下找
            LOW[u]=min(LOW[u], LOW[v]);       //遍历返回时,由 LOW[v]更新 LOW[u]
        }
        else if(v in st)                      //如果顶点 u 在栈中
            LOW[u]=min(LOW[u], DFN[v]);       //说明当前路径上存在环,更新 LOW[u]
    }
    if(DFN[u]==LOW[u]) {                      //如果顶点 u 是强连通分量的最小根
        repeat {
            v=st.pop                          //v 退栈,为该强连通分量中的一个顶点
            print v;                          //输出 v
        } until (v==u)                        //直到 v=u
    }
}
```

对于图 8.4(a)所示的有向图,从顶点 0 出发求强连通分量的过程如下。

(1) $u=0$,置 DFN[0]=LOW[0]=1,访问 0 并进栈,找到顶点 u 的出边<0,1>。

(2) $u=1$,置 DFN[1]=LOW[1]=2,访问 1 并进栈,找到顶点 u 的出边<1,2>。

(3) $u=2$,置 DFN[2]=LOW[2]=3,访问 2 并进栈,找到顶点 u 的出边<2,0>。$v=0$ 已访问且在栈中,说明找到当前路径上存在环 0→1→2→0,修改 LOW[2]=min(LOW[2], DFN[0])=1,表示顶点 2 的最小根为顶点 0。

(4) 顶点 2 没有其他未访问的出边,从顶点 2 回退到顶点 1,修改 LOW[1]=min(LOW[1], LOW[2])=1,表示顶点 1 的最小根也是顶点 0。

(5) 找到顶点 $u=1$ 的其他出边<1,3>。

(6) $u=3$,置 DFN[3]=LOW[3]=4,访问 3 并进栈,找到顶点 u 的出边<3,2>。$v=2$ 已访问且在栈中,说明找到当前路径上存在环,修改 LOW[3]=min(LOW[3],DFN[2])=3,找到顶点 u 的其他出边<3,4>。

(7) $u=4$,置 DFN[4]=LOW[4]=5,访问 4 并进栈,顶点 4 没有出边。

(8) $u=4$,有 DFN[u]==LOW[u]成立,说明 u 是一个强连通分量的最小根,通过出栈输出一个强连通分量顶点集为{4}。

(9) 从顶点 4 回退到顶点 3,修改 LOW[3]=min(LOW[3],LOW[4])=3。从顶点 3 回退到顶点 1,修改 LOW[1]=min(LOW[1],LOW[3])=1。从顶点 1 回退到顶点 0,修改 LOW[0]=min(LOW[0],LOW[1])=1。

(10) $u=0$,有 DFN[u]==LOW[u]成立,说明 u 是一个强连通分量的最小根,通过出栈输出一个强连通分量顶点集为{3,2,1,0}。

对应的 Tarjan 算法(算法思路可以参考例 8.11 的解法 3)如下:

```
import java.lang.*;
import java.util.*;
public class Tarjan {
    static final int MAXV=100;                //表示最多顶点个数
```

```java
    static int[] visited=new int[MAXV];              //全局变量数组
    static int[] DFN=new int[MAXV];
    static int[] LOW=new int[MAXV];
    static Stack<Integer> st=new Stack<Integer>();   //定义一个栈
    static int[] flag=new int[MAXV];                 //标记顶点是否在栈中
    static int Index=0;                              //搜索次序号
    public static void Tarjan(AdjGraphClass G,int u) {   //Tarjan算法
        int v;
        DFN[u]=LOW[u]=++Index;                       //次序从1开始
        visited[u]=1;                                //设置顶点u的访问标记
        st.push(u);                                  //将顶点u进栈
        flag[u]=1;                                   //表示顶点u在栈中
        ArcNode p=G.adjlist[u].firstarc;
        while(p!=null) {                             //处理顶点u的所有出边<u,v>
            v=p.adjvex;
            if(visited[v]==0) {                      //顶点v没有访问过
                Tarjan(G,v);                         //继续向下找
                LOW[u]=Math.min(LOW[u],LOW[v]);      //返回时,由LOW[v]更新LOW[u]
            }
            else if(flag[v]==1)                      //顶点v已访问且在栈中,更新LOW[u]
                LOW[u]=Math.min(LOW[u],DFN[v]);
            p=p.nextarc;                             //继续处理顶点u的出边
        }
        if(DFN[u]==LOW[u]) {                         //顶点u是强连通分量的最小根
            System.out.print("  一个以"+u+"为根的强连通分量: ");
            do {
                v=st.pop();
                System.out.print(v+" ");
                flag[v]=0;
            } while(v!=u);
            System.out.println();
        }
    }
    public static void main(String[] args) {
        AdjGraphClass G=new AdjGraphClass();
        int n=5,e=6;
        int[][] a={{0,1,0,0,0},{0,0,1,1,0},{1,0,0,0,0},{0,0,1,0,1},{0,0,0,0,0}};
        G.CreateAdjGraph(a,n,e);                     //创建图8.4(a)所示有向图的邻接表
        Arrays.fill(visited,0);                      //初始化所有元素为0
        Tarjan(G,0);
        System.out.println();
    }
}
```

上述程序是求图 8.4(a)所示的有向图的强连通分量,执行结果如下:

一个以 4 为根的强连通分量: 4
一个以 0 为根的强连通分量: 3 2 1 0

8.4 生成树和最小生成树

8.4.1 生成树和最小生成树的概念

通常生成树是针对无向图的,最小生成树是针对带权无向图的。

1. 什么是生成树

一个有 n 个顶点的连通图的**生成树**是一个极小连通子图,它含有图中的全部顶点,但只包含构成一棵树的 $n-1$ 条边。如果在一棵生成树上添加一条边,必定构成一个环,因为这条边使得它依附的那两个顶点之间有了第二条路径。

如果一个无向图有 n 个顶点和少于 $n-1$ 条边,则是非连通图。如果它有多于 $n-1$ 条边,则一定有回路,但是有 $n-1$ 条边的图不一定都是生成树。

2. 连通图的生成树和非连通图的生成森林

在对无向图进行遍历时,若是连通图,仅需调用遍历过程(DFS 或 BFS)一次,从图中任一顶点出发,便可以遍历图中的各顶点。在遍历中搜索边 $<v,w>$ 时,若顶点 w 首次访问(该边也是首次搜索到),则该边是一条树边,所有树边构成一棵生成树。

若是非连通图,则需对每个连通分量调用一次遍历过程,所有连通分量对应的生成树构成整个非连通图的生成森林。

3. 由两种遍历方法产生的生成树

连通图可以产生一棵生成树,非连通分量可以产生生成森林。由深度优先遍历得到的生成树称为**深度优先生成树**,由广度优先遍历得到的生成树称为**广度优先生成树**。无论哪种生成树,都是由相应遍历中首次搜索的边构成的。

【例 8.14】 对于如图 8.28 所示的无向图,画出其邻接表存储结构,并在该邻接表中以顶点 0 为根画出图 G 的深度优先生成树和广度优先生成树。

解 假设该图的邻接表如图 8.29 所示(注意,图 G 的邻接表不是唯一的)。

图 8.28 一个无向图

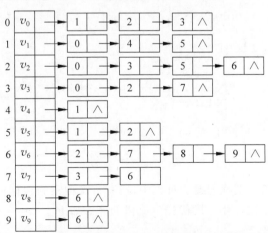

图 8.29 图 G 的邻接表

对于该邻接表,从顶点 0 出发的深度优先遍历过程如图 8.30 所示,因此对应的深度优先生成树如图 8.31 所示。

图 8.30 深度优先遍历过程

图 8.31 深度优先生成树

对于该邻接表,从顶点 0 出发的广度优先遍历过程如图 8.32 所示,因此对应的广度优先生成树如图 8.33 所示。

图 8.32 广度优先遍历过程

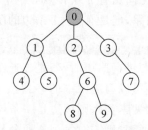

图 8.33 广度优先生成树

说明:一个图的邻接表存储结构不一定唯一,而不同的邻接表,其深度优先遍历序列和广度优先遍历序列可能不同,对应的深度优先生成树和广度优先生成树也可能不同。

【**例 8.15**】 假设图 G 采用邻接表存储结构表示,设计产生从该图中顶点 v 出发的深度优先生成树和广度优先生成树的算法。

解 在深度优先遍历过程中,所有首次搜索的边(前向边)构成的生成树即为深度优先生成树。从顶点 v 出发产生深度优先生成树的算法如下:

```java
public static void DFSTree(AdjGraphClass G, int v) {    //生成图的深度优先生成树
    ArcNode p;
    visited[v]=1;                                       //设置已访问标记
    p=G.adjlist[v].firstarc;                            //p 指向顶点 v 的第一个邻接点
    while(p!=null) {
        int w=p.adjvex;
        if(visited[w]==0) {
            System.out.print("("+v+","+w+")   ");       //输出生成树的一条边
            DFSTree(G,w);                               //递归调用
        }
        p=p.nextarc;                                    //p 置为下一个邻接点
    }
}
```

在广度优先遍历过程中,所有首次搜索的边构成的生成树即为广度优先生成树。从顶点 v 出发产生广度优先生成树的算法如下:

```java
public static void BFSTree(AdjGraphClass G, int v) {    //生成图的广度优先生成树
    ArcNode p;
```

```java
Queue<Integer> qu=new LinkedList<Integer>();   //定义一个队列
visited[v]=1;                                   //设置已访问标记
qu.offer(v);                                    //v进队
while(!qu.isEmpty()) {                          //队列不空循环
    v=qu.poll();                                //出队顶点v
    p=G.adjlist[v].firstarc;                    //寻找顶点v的第一个邻接点
    while(p!=null) {
        int w=p.adjvex;
        if(visited[w]==0) {                     //若v的邻接点w未访问
            System.out.print("("+v+","+w+")  ");//输出生成树的一条边
            visited[w]=1;                       //设置已访问标记
            qu.offer(w);                        //w进队
        }
        p=p.nextarc;                            //寻找下一个邻接点
    }
}
```

4. 什么是最小生成树

一个带权连通图 G（假定每条边上的权值均大于零）可能有多棵生成树，每棵生成树中所有边上的权值之和可能不同，其中边上的权值之和最小的生成树称为图的**最小生成树**。

按照生成树的定义，n 个顶点的连通图的生成树有 n 个顶点、$n-1$ 条边，因此构造最小生成树的准则有以下几条。

（1）必须只使用该图中的边来构造最小生成树。

（2）必须使用且仅使用 $n-1$ 条边来连接图中的 n 个顶点，生成树一定是连通的。

（3）不能使用产生回路的边。

（4）最小生成树的权值之和是最小的，一个图的最小生成树不一定是唯一的。

求图的最小生成树有很多实际应用，例如，城市之间的交通工程造价最优问题就是一个最小生成树问题。构造图的最小生成树主要有两个算法，即 Prim 算法和 Kruskal 算法，将分别在后面介绍。

8.4.2 Prim 算法

1. Prim 算法过程

Prim（普里姆）算法是一种构造性算法。假设 $G=(V,E)$ 是一个具有 n 个顶点的带权连通图，$T=(U,TE)$ 是 G 的最小生成树，其中 U 是 T 的顶点集，TE 是 T 的边集，则由 G 构造从起始点 v 出发的最小生成树 T 的步骤如下。

（1）初始化 $U=\{v\}$，TE 为空集，以 v 到其他顶点的所有边为候选边。

（2）重复以下步骤 $n-1$ 次，使得其他 $n-1$ 个顶点被加入 U 中。

① 从候选边中挑选权值最小的边加入 TE（所有候选边一定是连接两个顶点集 U 和 $V-U$ 的边），设该边在 $V-U$ 中的顶点是 k，将顶点 k 加入 U 中。

② 考查当前 $V-U$ 中的所有顶点 j，修改候选边：若 (k,j) 的权值小于原来和顶点 j 关联的候选边，则用 (k,j) 取代后者作为候选边。

简单地说，Prim 算法将图中的所有顶点分为 U 和 $V-U$ 两个集合，初始时 U 中仅包含一个顶点，即起始点 v，每次取两个顶点集之间的最小边（权值最小的边）作为最小生成树的

扫一扫

视频讲解

一条边,将该边位于 $V-U$ 中的那个顶点移到 U 中,这样 U 和 $V-U$ 两个集合发生改变,以此类推,直到 U 中包含 n 个顶点。

2. Prim 算法设计

设计 Prim 算法的要点如下。

(1) 算法中最主要的操作是在集合 U 和 $V-U$ 之间选择最小边 (i,j),并且 $i\in U,j\in V-U$,两个顶点集之间的所有边称为割集,这里就是在割集中找最小边。由于是无向图,求割集可以考虑 U 中每个顶点到 $V-U$ 的所有边,也可以考虑 $V-U$ 中每个顶点到 U 的所有边,但本问题的目的仅仅是求最小边,没有必要求出整个割集,只需要考虑 U 中每个顶点到 $V-U$ 的最小边,或者 $V-U$ 中每个顶点到 U 的最小边。不妨考虑 $V-U$ 中每个顶点 j 到 U 的最小边,在这样的最小边中再找出一条最小边便是最小生成树的一条边。

(2) 如何记录 $V-U$ 中每个顶点 $j(j\in V-U)$ 到 U 的最小边呢?为此建立两个数组 closest 和 lowcost,用 closest$[j]$ 表示该最小边在 U 中的顶点,lowcost$[j]$ 表示该边的权值。

(3) 对于任意顶点 i,如何知道它属于集合 U 还是集合 $V-U$ 呢?由于图中的权值为正整数,可以通过 lowcost 值来区分,一旦顶点 i 移到 U 中,将 lowcost$[i]$ 置为 0,即 $U=\{i\mid \text{lowcost}[i]=0\}$,而 $V-U=\{j\mid \text{lowcost}[j]\neq 0\}$。

假设 $V-U$ 中顶点 j 的最小边为 (i,j),有 closest$[j]=i$,其权值为 lowcost$[j]$,它表示的是 j 到 U 集合的最小边,对应图 8.34 中的左图。当然,也可以采用图 8.34 中右图所示的表示形式。注意,右图中顶点 j 连接的是整个 U 集合,表示 $V-U$ 中顶点 j 到 U 集合的最小边是 (closest$[j],j$),其权值为 lowcost$[j]$。

图 8.34 顶点集合 U 和 $V-U$

(4) 在算法中频繁地取两个顶点的权值,所以采用邻接矩阵存储图更加高效。

(5) 初始时,U 中只有一个顶点 v,其他顶点 i 均在 $V-U$ 中,如果 (v,i) 是图中一条边,它就是 i 到 U 的最小边,所以置 closest$[i]=v$,lowcost$[i]=$g.edges$[v][i]$。如果 (v,i) 不是图中的一条边,不妨认为有一条权为 ∞ 的边,同样置 closest$[i]=v$,lowcost$[i]=$g.edges$[v][i]$(此时恰好有 g.edges$[v][i]$ 为 ∞,可以看出邻接矩阵为什么这样表示的原因)。

(6) 一旦找到集合 U 和 $V-U$ 之间的最小边 (i,k),将顶点 k 移到 U 中,操作是置 lowcost$[k]=0$,这样 U 和 $V-U$ 两个集合发生改变,显然 $V-U$ 集合中每个顶点 j 的最小边需要修改。实际上,在顶点 k 移到 U 中之前,顶点 j 的最小边用 closest$[j]$ 和 lowcost$[j]$ 表示,现在 U 中仅仅新增加了一个顶点 k,只需要将原 lowcost$[j]$ 与 g.edges$[k][j]$ 比较,若 g.edges$[k][j]<$lowcost$[j]$,说明 (k,j) 边更小,修改为 lowcost$[j]=$g.edges$[k][j]$,closest$[j]=k$,否则说明原来的最小边仍然是最小边,不需要修改,如图 8.35 所示。

说明:在上述要点(6)中可能出现 lowcost$[j]=$g.edges$[k][j]$ 的情况,这就是为什么

图 8.35 修改 $V-U$ 集合中顶点 j 的最小边

最小生成树不一定唯一的原因。另外,当一个带权连通图有多棵最小生成树时,起始点 v 不同得到的最小生成树也可能不同。

对应的 Prim(v) 算法如下(该算法输出从起始点 v 出发求得的最小生成树的所有边):

```
public static void Prim(MatGraphClass g,int v) {       //Prim 算法
    int[] lowcost=new int[MAXV];                        //建立数组 lowcost
    int[] closest=new int[MAXV];                        //建立数组 closest
    int min,k;
    for(int i=0;i<g.n;i++) {                            //给 lowcost[]和 closest[]设置初值
        lowcost[i]=g.edges[v][i];
        closest[i]=v;
    }
    for(int i=1;i<g.n;i++) {                            //找出最小生成树的 n-1 条边
        min=g.INF; k=-1;
        for(int j=0;j<g.n;j++) {                        //在(V-U)集合中找出离 U 集合最近的顶点 k
            if(lowcost[j]!=0 && lowcost[j]<min) {
                min=lowcost[j];
                k=j;                                    //k 记录最小顶点的编号
            }
        }
        System.out.print("("+closest[k]+","+k+"):"+min+" ");  //输出最小生成树的边
        lowcost[k]=0;                                   //将顶点 k 移到 U 集合中
        for(int j=0;j<g.n;j++) {                        //修改数组 lowcost 和 closest
            if(lowcost[j]!=0 && g.edges[k][j]<lowcost[j]) {
                lowcost[j]=g.edges[k][j];
                closest[j]=k;
            }
        }
    }
}
```

提示:图应用的几个算法是难度较高的算法,例如求最小生成树和最短路径等,如何掌握这些算法呢? 其要点之一是首先要弄清楚算法执行的过程;二是要理解算法设计中几个辅助数组的含义,例如 Prim 算法中 closest 和 lowcost 数组元素的含义;三是要体会算法增

量的思路,即一步一步地求解,每一步都是在前面一步的基础上执行的,后一步有哪些变化,如何利用这些变化使得结果向最终解靠近。

例如,图8.36(a)所示的带权连通图采用 Prim 算法调用 Prim(0)构造最小生成树的过程如图8.36(b)~图8.36(f)所示,图8.36(f)就是最后求出的一棵最小生成树。

(a) 初始化,(0,2)最小

(b) 选择(0,2)边并调整,(2,5)最小

(c) 选择(2,5)边并调整,(5,3)最小

(d) 选择(5,3)边并调整,(2,1)最小

(e) 选择(2,1)边并调整,(1,4)最小

(f) 选择(1,4)边,结束

图 8.36 用 Prim 算法求解最小生成树的过程

上述 Prim 算法中有两重 for 循环语句,所以时间复杂度为 $O(n^2)$,其中 n 为图的顶点个数。由于与 e 无关,所以 Prim 算法特别适合于稠密图求最小生成树。

思考题:当一个带权连通图有多棵最小生成树时,如何利用 Prim 算法的思路求出所有的最小生成树?

8.4.3 Kruskal 算法

1. Kruskal 算法过程

Kruskal(克鲁斯卡尔)算法是一种按权值的递增次序选择合适的边来构造最小生成树的方法。假设 $G=(V,E)$ 是一个具有 n 个顶点的带权连通图,$T=(U,TE)$ 是 G 的最小生成树,则构造最小生成树的步骤如下。

(1) 置 U 的初值等于 V(即包含有 G 中的全部顶点),TE 的初值为空集(即图 T 中的每个顶点都构成一个连通分量)。

(2) 将图 G 中的边按权值从小到大的顺序依次选取:若选取的边未使生成树 T 形成回路,则加入 TE;否则舍弃,直到 TE 中包含 $n-1$ 条边为止。

2. Kruskal算法设计

设计 Kruskal 算法的关键是如何判断选择的边是否与生成树中已有的边形成回路,这可以通过判断该边的两个顶点所在的连通分量是否相同的方法来解决。每个连通分量用其中的一个顶点编号来标识,称为连通分量编号,同一个连通分量中所有顶点的连通分量编号相同,不同连通分量中两个顶点的连通分量编号一定不相同。如果所选择边的两个顶点的连通分量编号相同,添加到 TE 中一定会出现回路。

为此设置一个辅助数组 vset$[0..n-1]$,其元素 vset$[i]$ 代表顶点 i 所属的连通分量的编号(同一个连通分量中所有顶点的 vset 值相同)。

初始时 T 中只有 n 个顶点,没有任何边,每个顶点 i 看成一个连通分量,该连通分量的编号就是 i。将图中的所有边按权值递增排序,从前向后选边(保证总是选择权值最小的边),当选择一条边 $(u1,v1)$ 时,求出这两个顶点所属连通分量的编号分别为 sn1 和 sn2。

(1) 若 sn1=sn2,说明顶点 $u1$ 和 $v1$ 属于同一个连通分量,如果添加这条边会出现回路,所以不能添加该边。

(2) 若 sn1≠sn2,说明顶点 $u1$ 和 $v1$ 属于不同连通分量,添加这条边不会出现回路,所以添加该边。添加后原来的两个连通分量需要合并,即将两个连通分量中所有顶点的 vset 值改为相同(改为 sn1 或者 sn2 均可)。

如此,直到在 T 中添加 $n-1$ 条边为止。

在算法中需要考虑所有边,为此从图 G 的邻接矩阵中获取存放所有边的数组 E,其数组元素类型如下:

```java
class Edge {                                    //边数组元素类
    int u;                                      //边的起始顶点
    int v;                                      //边的终止顶点
    int w;                                      //边的权值
    public Edge(int u, int v, int w) {          //构造方法
        this.u=u; this.v=v; this.w=w;
    }
}
```

再对 E 数组按权值 w 递增排序,排序采用 Java 中的 sort() 方法。Kruskal 算法如下:

```java
public static void Kruskal1(MatGraphClass g) {      //Kruskal算法
    int[] vset=new int[MAXV];                       //建立数组 vset
    Edge[] E=new Edge[MAXE];                        //建立存放所有边的数组 E
    int k=0;                                        //E 数组的下标从 0 开始
    for(int i=0;i<g.n;i++)                          //由邻接矩阵 g 产生的边集数组 E
        for(int j=0;j<i;j++)                        //对于无向图仅考虑下三角部分的边
            if(g.edges[i][j]!=0 && g.edges[i][j]!=g.INF) {
                E[k]=new Edge(i,j,g.edges[i][j]);
                k++;
            }
        }
    }
    Arrays.sort(E,0,k,new Comparator<Edge>() {      //E 数组按 w 递增排序
        public int compare(Edge o1,Edge o2) {       //返回值>0 时进行交换
            return o1.w-o2.w;
        }
```

```
    });
    for(int i=0;i<g.n;i++) vset[i]=i;              //初始化辅助数组
    int cnt=1;                                      //cnt 表示当前构造生成树的第几条边,初值为 1
    int j=0;                                        //取 E 中边的下标,初值为 0
    while(cnt<g.n) {                                //生成的边数小于 n 时循环
        int u1=E[j].u; int v1=E[j].v;               //取一条边的起始和终止顶点
        int sn1=vset[u1];
        int sn2=vset[v1];                           //分别得到两个顶点所属连通分量的编号
        if(sn1!=sn2) {                              //两顶点属于不同连通分量,添加不会构成回路
            System.out.print("("+u1+","+v1+"):"+E[j].w+"  ");  //输出最小生成树的边
            cnt++;                                  //生成边数增 1
            for(int i=0;i<g.n;i++) {                //两个连通分量统一编号
                if(vset[i]==sn2) vset[i]=sn1;       //将 sn2 的连通分量中的顶点改为 sn1
            }
        }
        j++;                                        //继续取 E 的下一条边
    }
}
```

说明：从数组 E 中添加边时可能会出现几条权值相同的边,这就是为什么最小生成树不一定唯一的原因。另外,Kruskal 算法中最开头添加的两条边一定不会出现回路,所以图中如果有两条权值最小的边,它们一定都会出现在所有的最小生成树中；而添加第 3 条就可能出现回路,所以图中如果有 3 条权值最小的边,它们不一定都会出现在所有的最小生成树中。

例如,对于图 8.36(a)所示的带权无向图,采用 Kruskal 算法构造最小生成树的过程如图 8.37(a)~图 8.37(e)所示。初始时,$j=0$,顶点 i 对应的 $vset[i]$ 值为 i,图 8.36 中各顶点旁边标出该值的变化过程。

(1) 在图 8.37(a)中添加一条 $j=0$ 的边(0,2):1,顶点 0 和 2 连通,则将顶点 2 的 $vset[2]$ 值改为 0。

(2) 在图 8.37(b)中添加一条 $j=1$ 的边(3,5):2,顶点 3 和 5 连通,则将顶点 5 的 $vset[5]$ 值改为 3。

(3) 在图 8.37(c)中添加一条 $j=2$ 的边(1,4):3,顶点 1 和 4 连通,则将顶点 4 的 $vset[4]$ 值改为 1。

图 8.37　用 Kruskal 算法求解最小生成树的过程

(4) 在图 8.37(d)中添加一条 $j=3$ 的边(2,5):4,这样,顶点 0、2、3、5 连通,则将顶点 5 的 vset[5]值改为 0,顶点 3 的 vset[3]值改为 0。

(5) 选择一条 $j=4$ 的边(0,3):5,由于 vset[0]=vset[3],不能添加该边。执行 $j++$, 选择 $j=5$ 的边(1,2):5,这样,所有顶点都连通,则所有顶点的 vset 值改为 1,如图 8.37(e) 所示,该图就是最后求出的一棵最小生成树。

思考题:当一个带权连通图有多棵最小生成树时,如何利用 Kruskal 算法的思路求出所有的最小生成树?

*3. 改进的 Kruskal 算法设计

上述 Kruskal 算法不是高效的算法,因为在采用 vset 数组时添加一条边后合并的时间复杂度为 $O(n)$,可以采用 7.9.2 节的并查集实现连通分量的查找和合并,也就是将一个连通分量看成一个等价类,属于一个等价类的两个顶点是同一个连通分量的顶点,属于两个不同等价类的两个顶点是不同连通分量的顶点。采用并查集实现的 Kruskal 算法如下:

```java
static int[] parent=new int[MAXV];        //并查集存储结构
static int[] rank=new int[MAXV];          //存储结点的秩
//这里有关并查集的 Init,Find 和 Union 算法参见 7.9.2 节
public static void Kruskal2(MatGraphClass g) {   //改进的 Kruskal 算法
    Edge[] E=new Edge[MAXE];              //建立存放所有边的数组 E
    int k=0;                              //E 数组下标从 0 开始
    for(int i=0;i<g.n;i++) {              //由邻接矩阵 g 产生的边集数组 E
        for(int j=0;j<i;j++) {            //对于无向图仅考虑下三角部分的边
            if(g.edges[i][j]!=0 && g.edges[i][j]!=g.INF) {
                E[k]=new Edge(i,j,g.edges[i][j]);
                k++;
            }
        }
    }
    Arrays.sort(E,0,k,new Comparator<Edge>() {   //E 数组按 w 递增排序
        public int compare(Edge o1,Edge o2) {    //返回值>0 时进行交换
            return o1.w-o2.w;
        }
    });
    Init(g.n);
    int cnt=1;                            //cnt 表示当前构造生成树的第几条边,初值为 1
    int j=0;                              //取 E 中边的下标,初值为 0
    while(cnt<g.n) {                      //生成的边数小于 n 时循环
        int u1=E[j].u; int v1=E[j].v;     //取一条边的头尾顶点
        int sn1=Find(u1);
        int sn2=Find(v1);                 //分别得到两个顶点所属连通分量编号
        if(sn1!=sn2) {                    //两顶点属于不同连通分量,添加不会构成回路
            System.out.print("("+u1+","+v1+"):"+E[j].w+"  ");   //输出最小生成树的边
            cnt++;                        //生成边数增 1
            Union(u1,v1);                 //合并
        }
        j++;                              //继续取 E 的下一条边
    }
}
```

若带权连通图 G 有 n 个顶点、e 条边,上述算法中排序的时间复杂度为 $O(e\log_2 e)$,而并查集的查找和合并都是 $O(\log_2 e)$,while 循环语句最多执行 e 次,所以整个算法的时间复

杂度仍然为 $O(e\log_2 e)$(注意,这里的时间不计提取 E 数组的时间,因为在许多实际问题中边信息是已知的)。通常说 Kruskal 算法的时间复杂度为 $O(e\log_2 e)$,指的是改进的 Kruskal 算法。由于与 n 无关,所以 Kruskal 算法特别适合于稀疏图求最小生成树。

8.5 最短路径

8.5.1 最短路径的概念

在一个不带权图中,若从一顶点到另一顶点存在着一条路径,则称该路径的长度为该路径上所经过边的数目,它等于该路径上的顶点数减 1。从一顶点到另一顶点可能存在着多条路径,每条路径上所经过的边数可能不同,即路径长度不同,把路径长度最短(即经过的边数最少)的那条路径称为**最短路径**,把其路径长度称为**最短路径长度**或最短距离。

对于带权图,考虑路径上各边的权值,通常把一条路径上所经边的权值之和定义为该路径的路径长度或称**带权路径长度**。从源点到终点可能不止一条路径,把带权路径长度最短的那条路径称为最短路径,把其路径长度(权值之和)称为**最短路径长度**或者最短距离。

实际上,只要把不带权图上的每条边看成权值为 1 的边,那么不带权图和带权图的最短路径和最短距离的定义是一致的。

求图的最短路径主要包括两方面的问题,一是求图中某一顶点到其余各顶点的最短路径(称为单源最短路径),这里介绍 Dijkstra(狄克斯特拉)算法;二是求图中每对顶点之间的最短路径(称为多源最短路径),这里介绍 Floyd(弗洛伊德)算法。

8.5.2 Dijkstra 算法

1. Dijkstra 算法过程

给定一个带权图 G 和一个起始点(即源点 v),Dijkstra 算法的具体步骤如下。

(1) 初始时,顶点集 S 只包含源点,即 $S=\{v\}$,顶点 v 到自己的最短路径长度为 0。顶点集 U 包含除 v 以外的其他顶点,源点 v 到 U 中顶点 i 的最短路径长度为边上的权值(若源点 v 到顶点 i 有边 $<v,i>$)或 ∞(若源点 v 到顶点 i 没有边,此时认为有一条长度为 ∞ 的最短路径)。

(2) 从 U 中选取一个顶点 u,它是源点 v 到 U 中最短路径长度最小的顶点,然后把顶点 u 加入 S 中(此时求出了源点 v 到顶点 u 的最短路径长度)。

(3) 以顶点 u 为新考虑的中间点,修改顶点 u 的出边邻接点 j 的最短路径长度,此时源点 v 到顶点 j 的最短路径有两条,一条经过顶点 u,另一条不经过顶点 u。如图 8.38 所示,图中实线表示边,虚线表示路径。

图 8.38 从源点 v 到顶点 j 的路径比较

① 若经过顶点 u 的最短路径长度(图中为 $c_{vu}+w_{uj}$)比不经过顶点 u 的最短路径长度(图中为 c_{vj})更短,则修改源点 v 到顶点 j 的最短路径长度为经过顶点 u 的那条路径长度。

② 否则,说明原来的不经过顶点 u 的最短路径长度更短,不需要修改。

这一过程可以看成边 $<u,j>$ 的松弛操作。

(4) 重复步骤(2)和步骤(3),直到 S 包含所有的顶点,即 U 为空。

2. Dijkstra 算法设计

设有向图 $G=(V,E)$,采用邻接矩阵作为存储结构。设计 Dijkstra 算法的要点如下。

(1) 判断顶点 i 属于哪个集合,设置一个数组 S,$S[i]=1$ 表示顶点 i 属于 S 集合,$S[i]=0$ 表示顶点 i 属于 U 集合。

(2) 保存最短路径长度,由于源点 v 是已知的,只需要设置一个数组 $dist[0..n-1]$,$dist[i]$ 用来保存从源点 v 到顶点 i 的最短路径长度。$dist[i]$ 的初值为 $<v,i>$ 边上的权值,若顶点 v 到顶点 i 没有边,则权值定为 ∞。以后每考虑一个新的中间点 u 时,$dist[i]$ 的值可能被修改变小。

(3) 保存最短路径,设置一个数组 $path[0..n-1]$,其中 $path[i]$ 存放从源点 v 到顶点 i 的最短路径。为什么能够用一个一维数组保存多条最短路径呢?

如图8.39所示,假设从源点 v 到顶点 j 有多条路径,其中 $v\Rightarrow\cdots\Rightarrow a\Rightarrow\cdots\Rightarrow u\Rightarrow j$ 是最短路径,即最短路径上顶点 j 的前一个顶点是顶点 u,则 $v\Rightarrow\cdots\Rightarrow a\Rightarrow\cdots\Rightarrow u$ 也一定是从源点 v 到顶点 u 的最短路径,否则说明从源点 v 到顶点 u 还有另一条最短路径,如 $v\Rightarrow\cdots\Rightarrow b\Rightarrow\cdots\Rightarrow u$,而这条路径加上顶点 j 即 $v\Rightarrow\cdots\Rightarrow b\Rightarrow\cdots\Rightarrow u\Rightarrow j$,构成从源点 v 到顶点 j 的最短路径,这与前面的假设矛盾。所以,若 $v\Rightarrow\cdots\Rightarrow a\Rightarrow\cdots\Rightarrow u\Rightarrow j$ 是一条最短路径,则 $v\Rightarrow\cdots\Rightarrow a\Rightarrow\cdots\Rightarrow u$ 一定是从源点 v 到顶点 u 的最短路径,这样就可以用 $path[j]$ 保存从源点 v 到顶点 j 的最短路径了,即置 $path[j]$ 为最短路径上的前一个顶点 u(即 $path[j]=u$),不妨称顶点 u 为顶点 j 的前驱顶点,再由 $path[u]$ 一步一步向前推,直到源点 v,这样可以推出从源点 v 到顶点 j 的最短路径。

也就是说 $path[j]$ 只保存源点 v 到顶点 j 的最短路径上顶点 j 的前驱顶点(实际上 path 数组改名为 pre 数组更直观,但为了尊重算法的发明者,仍采用 path 数组),从而只需要用一个一维数组 path 便可以保存所有的最短路径了。

例如,对于图8.40所示的带权有向图,在采用 Dijkstra 算法求从顶点0到其他顶点的最短路径时,S、U、dist 和 path 到各顶点的距离的变化过程如表8.1所示,其中 dist 和 path 中的阴影部分表示发生了修改。

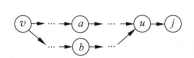

图8.39 顶点 v 到 j 的最短路径

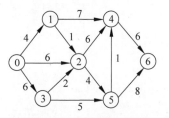

图8.40 一个带权有向图

表 8.1 求从顶点 0 出发的最短路径时 S、U、dist 和 path 的变化过程

S	U	dist							path							选择U中的u顶点
		0	1	2	3	4	5	6	0	1	2	3	4	5	6	
{0}	{1,2,3,4,5,6}	0	4	6	6	∞	∞	∞	0	0	0	0	−1	−1	−1	1
{0,1}	{2,3,4,5,6}	0	4	5	6	11	∞	∞	0	0	1	0	1	−1	−1	2
{0,1,2}	{3,4,5,6}	0	4	5	6	11	9	∞	0	0	1	0	1	2	−1	3
{0,1,2,3}	{4,5,6}	0	4	5	6	11	9	∞	0	0	1	0	1	2	−1	5
{0,1,2,3,5}	{4,6}	0	4	5	6	10	9	17	0	0	1	0	5	2	5	4
{0,2,3,5,4}	{6}	0	4	5	6	10	9	16	0	0	1	0	5	2	4	6
{0,1,2,3,5,4,6}	{}	0	4	5	6	10	9	16	0	0	1	0	5	2	4	算法结束

最后求出顶点 0 到 1~6 各顶点的最短距离分别为 4、5、6、10、9 和 16。

求出的 path 为{0,0,1,0,5,2,4}。这里以求顶点 0 到顶点 4 的最短路径为例说明通过 path 求最短路径的过程：path[4]=5,path[5]=2,path[2]=1,path[1]=0(源点)，则顶点 0 到顶点 4 的最短路径之逆为 4→5→2→1→0，正向最短路径为 0→1→2→5→4。

对应的 Dijkstra 算法如下（v 为源点）：

```java
public static void Dijkstra1(MatGraphClass g, int v) {    //Dijkstra 算法
    int[] dist=new int[MAXV];                              //建立 dist 数组
    int[] path=new int[MAXV];                              //建立 path 数组
    int[] S=new int[MAXV];                                 //建立 S 数组
    for(int i=0;i<g.n;i++) {                               //对最短路径长度进行初始化
        dist[i]=g.edges[v][i];
        S[i]=0;                                            //S[]置空
        if(g.edges[v][i]<g.INF) path[i]=v;                 //v 到 i 有边时置路径上顶点 i 的前驱为 v
        else path[i]=-1;                                   //v 到 i 没边时置路径上顶点 i 的前驱为-1
    }
    S[v]=1;                                                //将源点 v 放入 S 中
    int u=-1;
    int mindis;
    for(int i=0;i<g.n-1;i++) {                             //循环向 S 中添加 n-1 个顶点
        mindis=g.INF;                                      //mindis 置求最小长度的初值
        for(int j=0;j<g.n;j++) {                           //选取不在 S 中且具有最小距离的顶点 u
            if(S[j]==0 && dist[j]<mindis) {
                u=j;
                mindis=dist[j];
            }
        }
        S[u]=1;                                            //将顶点 u 加入 S 中
        for(int j=0;j<g.n;j++) {                           //修改不在 S 中的顶点的距离
            if(S[j]==0) {                                  //仅修改 S 中的顶点 j
                if(g.edges[u][j]<g.INF && dist[u]+g.edges[u][j]<dist[j]) {
                    dist[j]=dist[u]+g.edges[u][j];
                    path[j]=u;
                }
            }
        }
    }
    DispAllPath(dist,path,S,v,g.n);                        //输出所有最短路径及长度
}
```

以下是输出所有最短路径及其长度的方法，其中通过对 path 数组向前递推生成从源点到顶点 i 的最短路径。

```
private static void DispAllPath(int[] dist,int[] path,int[] S,int v,int n) {
    int[] apath=new int [MAXV];
    int d;
    for(int i=0;i<n;i++) {                               //path[0..d]存放一条最短路径(逆向)
        if(S[i]==1 && i!=v) {                             //循环输出从顶点 v 到 i 的路径
            System.out.printf("  从%d 到%d 最短路径长度: %d \t路径:",v,i,dist[i]);
            d=0; apath[d]=i;                              //添加路径上的终点
            int k=path[i];
            if(k==-1)                                     //没有路径的情况
                System.out.println("无路径");
            else {                                        //存在路径时输出该路径
                while(k!=v) {
                    d++; apath[d]=k;                      //将顶点 k 加入路径中
                    k=path[k];
                }
                d++; apath[d]=v;                          //添加路径上的起点
                for(int j=d;j>=0;j--)                     //输出最短路径
                    System.out.print(apath[j]+" ");
                System.out.println();
            }
        }
    }
}
```

上述 Dijkstra 算法的时间复杂度为 $O(n^2)$。

思考题：①一个带权图的两个顶点之间有多条长度相同的最短路径？如何利用 Dijkstra 算法的思路求出所有的最短路径？②如何利用 Dijkstra 算法的思路仅仅求出顶点 i 到顶点 j 的最短路径？

【深入扩展】 Dijkstra 算法的特点如下。

(1) 既适合带权有向图求单源最短路径，也适合带权无向图求单源最短路径。

(2) 算法中一旦顶点 u 添加到 S 中，源点 v 到该顶点的最短路径在后面不再发生改变，所以 Dijkstra 算法不适合含负权的图求最短路径。因为含负权时后面可能出现源点 v 到顶点 u 的更短路径，但这里是得不到修改的。例如，图 8.41 所示为一个含负权的带权图，源点为 0，在采用 Dijkstra 算法时，先求出 0～1 的最短路径长度为 1，后面不会修改，而实际上 0～1 的最短路径长度为 3-4=-1。

(3) S 中越后面添加的顶点，源点 v 到该顶点的最短路径长度越长，也就是说是按照最短路径长度递增次序向 S 中添加顶点的。

(4) 能不能利用 Dijkstra 算法思路求源点 v 到其他顶点的最长路径呢？即选择的 u 顶点是具有最长路径长度的顶点，其出边邻接点也改为按最长路径长度进行修改。答案是否定的。可以通过一个反例证明，例如，对于图 8.42 所示的带权图，求源点 0 到其他顶点的最长路径，照此方法求出 0⇨3 的最长路径为 0→1→3，实际上是 0→2→3。

           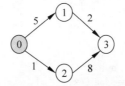

图 8.41 一个含负权的带权图　　图 8.42 一个带权图

*3. 改进的 Dijkstra 算法设计

对前面的 Dijkstra 算法可以从两方面进行优化,这里仅求最短路径长度。

(1) 在前面的 Dijkstra1 算法中,当求出源点 v 到顶点 u 的最短路径长度后,实际上只需要调整从顶点 u 出发的邻接点的最短路径长度,而 Dijkstra1 算法由于采用邻接矩阵存储图,需要花费 $O(n)$ 的时间来调整从顶点 u 出发的邻接点的最短路径长度。如果采用邻接表存储图,可以更快地查找到顶点 u 的所有邻接点并进行调整,时间为 $O(\max(\text{图中顶点的出度}))$。

扫一扫

视频讲解

(2) 在求当前一条最短路径长度的顶点 u 时,Dijkstra1 算法采用的是简单比较方法,可以改为采用优先队列(小根堆)求解。由于最多有 n 个顶点进队,对应的时间为 $O(\log_2 n)$。

对应的改进 Dijkstra 算法 Dijkstra2 如下:

```java
class Node {                                    //优先队列(小根堆)中的结点类型
    int i;                                      //为顶点编号
    int dist;                                   //dist[i]值
    public Node(int i,int dist) {               //构造方法
        this.i=i;
        this.dist=dist;
    }
}
static final int MAXV=100;                      //表示最多顶点个数
public static void Dijkstra2(AdjGraphClass G,int v) {    //改进的 Dijkstra 算法
    Comparator<Node> dComparator                //定义 dComparator
        = new Comparator<Node>() {
        public int compare(Node o1,Node o2) {   //用于创建 dist 小根堆
            return (o2.dist-o1.dist);
        }
    };
    PriorityQueue<Node> pq=new PriorityQueue<Node>(MAXV,dComparator);
    int[] dist=new int[MAXV];                   //建立 dist 数组
    int[] S=new int[MAXV];                      //建立 S 数组
    Node e;
    ArcNode p;
    Arrays.fill(dist,G.INF);                    //初始化 dist[i]为∞
    p=G.adjlist[v].firstarc;
    while(p!=null) {
        int w=p.adjvex;
        dist[w]=p.weight;                       //距离初始化
        pq.offer(new Node(w,dist[w]));          //将 v 的出边顶点进队
        p=p.nextarc;
    }
    S[v]=1;                                     //源点 v 添加到 S 中
    for(int i=0;i<G.n-1;i++) {                  //循环直到所有顶点的最短路径都求出
        e=pq.poll();                            //出队 e
        int u=e.i;                              //选取具有最短路径长度的顶点 u
        if(S[u]==1) continue;                   //跳过 S 中的顶点
        S[u]=1;                                 //顶点 u 加入 S 中
        p=G.adjlist[u].firstarc;
        while(p!=null) {                        //考查从顶点 u 出发的所有相邻点
            int w=p.adjvex;
            if(S[w]==0) {                       //考虑修改不在 S 中的顶点 w 的最短路径长度
```

```
                if(dist[u]+p.weight<dist[w]) {
                    dist[w]=dist[u]+p.weight;              //修改最短路径长度
                    pq.offer(new Node(w,dist[w]));         //修改最短路径长度的顶点进队
                }
            }
            p=p.nextarc;
        }
    }
    System.out.printf("从%d顶点出发的最短路径长度如下:\n",v);
    for(int i=0;i<G.n;i++)                                 //输出结果
        if(i!=v) System.out.println("  到顶点"+i+"的最短路径长度:"+dist[i]);
}
```

上述 Dijkstra2 算法中，主要时间花费在小根堆维护和边松弛操作上。小根堆维护包含初始时全部顶点进堆和后面的出堆操作，对应的时间为 $O(n\log_2 n)$。边松弛操作用于更新一条边中某个顶点的最短路径长度值，理论上最多可以进行 e 次松弛操作(尽管在实际中，由于边的权重和算法的执行过程，某些松弛操作可能是不必要的或重复的)，对应的时间为 $O(e\log_2 n)$。这样，算法的总时间为 $O(n\log_2 n+e\log_2 n)$，通常 $n<e$，结果为 $O(e\log_2 n)$，所以该算法特别适合稀疏图求单源最短路径。

8.5.3 Floyd 算法

1. Floyd 算法过程

求解每对顶点之间的最短路径的一个办法是每次以一个顶点为源点，重复执行 Dijkstra 算法 n 次，这样便可以求得每对顶点之间的最短路径。解决该问题的另一种方法是采用 Floyd(弗洛伊德)算法。

Floyd 算法的思路是假设有向图 $G=(V,E)$ 采用邻接矩阵 g 表示，另外设置一个二维数组 A 用于存放当前顶点之间的最短路径长度，其中元素 $A[i][j]$ 表示当前顶点 i 到 j 的最短路径长度。为了求 A，必须考查以所有顶点为中间点通过比较求最短路径长度，如一个图中只有 3 个顶点和 $0\rightarrow1$ 以及 $1\rightarrow2$ 的两条边，仅从邻接矩阵看，$0\rightarrow2$ 是没有路径的，但考查中间顶点 1 时就会发现有一条 $0\rightarrow1\rightarrow2$ 的路径。

当图中的顶点个数 $n>2$ 时，中间顶点会有多个，但每一次只能考查一个顶点，不妨按从 $0\sim n-1$ 的次序来考查 n 个顶点。这样在考查中间顶点 k 时，前面的 $0\sim k-1$ 顶点均已考查过。所谓考查中间顶点 k，就是考查任意两个顶点 i 到 j 的路径上经过考查顶点 k 的新路径。k 从 $0\sim n-1$，这样产生了一个矩阵序列 $A_0,A_1,\cdots,A_k,\cdots,A_{n-1}$，其中 $A_k[i][j]$ 表示从顶点 i 到 j 的路径上所经过的顶点不大于 k(或者说经过的顶点小于或等于 k)的最短路径长度。

初始时没有考查任何中间顶点，也就是将任意两个顶点之间的边看成它们之间的最短路径，而邻接矩阵恰好表示了这样的最短路径，所以 $A_{-1}[i][j]=g.edges[i][j]$。

若 $A_{k-1}[i][j](k>0)$ 已求出，或者说已经求出以 $0\sim k-1$ 为中间顶点的任意两个顶点的最短路径长度，现在新增加一个中间顶点 k，即求 $A_k[i][j]$。如图 8.43 所示(图中虚线表示路径)，$A_{k-1}[i][k]$ 是顶点 i 到顶点 k 经过 $0\sim k-1$ 的中间顶点(该路径除了终点为 k 外，中间顶点一定不含顶点 k)的最短路径长度，$A_{k-1}[k][j]$ 是顶点 k 到顶点 j 经过 $0\sim k-1$ 的中

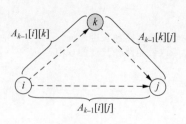

图 8.43 在考查顶点 $0\sim k$ 后求顶点 i 到 j 的最短路径长度 $A_k[i][j]$

间顶点(该路径除了起点为 k 外中间顶点一定不含顶点 k)的最短路径长度,$A_{k-1}[i][j]$ 是顶点 i 到顶点 j 经过 $0\sim k-1$ 的中间顶点(该路径中一定不含顶点 k)的最短路径长度。简单地说,在考查顶点 k 时,顶点 i 到顶点 j 有两条路径(若没有其中的某条路径,不妨将其看成长度为 ∞ 的路径)。

(1) 不经过顶点 k 的路径,该路径与之前求出的路径长度相同,即为 $A_{k-1}[i][j]$。

(2) 经过顶点 k 的路径,其长度为 $A_{k-1}[i][k]+A_{k-1}[k][j]$。

显然,顶点 i 到顶点 j 的最短路径是这样两条路径中的较短者。若 $A_{k-1}[i][j] > A_{k-1}[i][k]+A_{k-1}[k][j]$,选择经过顶点 k 的路径,即 $A_k[i][j]=A_{k-1}[i][k]+A_{k-1}[k][j]$,否则 $A_k[i][j]=A_{k-1}[i][j]$。

归纳起来,上述求解思路可用如下表达式来描述:

$$A_{-1}[i][j] = g.edges[i][j]$$
$$A_k[i][j] = \text{MIN}\{A_{k-1}[i][j], A_{k-1}[i][k]+A_{k-1}[k][j]\} \quad 0 \leqslant k \leqslant n-1$$

该式是一个迭代表达式,每迭代一次,在从顶点 i 到顶点 j 的最短路径上就多考查了一个中间顶点,经过 n 次迭代后所得的 $A_{n-1}[i][j]$ 值就是考查所有顶点后求出的从顶点 i 到顶点 j 的最短路径长度,也就是最后的解。

另外,用二维数组 path 保存最短路径,path 中存放最短路径的含义与 Dijkstra 算法中的路径表示方式类似。它与当前迭代的次数有关,即当迭代完毕时,path$[i][j]$ 存放从顶点 i 到顶点 j 的最短路径上顶点 j 的前驱顶点。

说明:由于 k 是递增的,而且是 A_{k-1} 全部求出后再求 A_k,同时在求 A_k 时 $A_k[i][k]$ 与 $A_{k-1}[i][k]$ 相同,$A_k[k][j]$ 与 $A_{k-1}[k][j]$ 相同,所以用 A_k 覆盖 A_{k-1},这样 A 仅仅设计为二维数组而不是三维数组,从而节省空间。path 也采用类似的设计。

在求 $A_{k-1}[i][j]$ 时,path$_{k-1}[i][j]$ 中存放的是已考查 $0\sim k-1$ 中间顶点求出的从顶点 i 到顶点 j 的最短路径上顶点 j 的前驱顶点,考查顶点 k 的最短路径修改情况如图 8.44 所示(图中虚线表示路径,实线表示边);path$_{k-1}[i][j]=b$ 表示考查 $0\sim k-1$ 中间顶点后求出顶点 i 到顶点 j 的最短路径上顶点 j 的前驱顶点是 b,path$_{k-1}[k][j]=a$ 表示这样的最短路径上顶点 j 的前驱顶点是 a。若 $A_{k-1}[i][j] > A_{k-1}[i][k]+A_{k-1}[k][j]$,应选择经过顶点 k 的路径,新路径表示为 path$_k[i][j]=a=$ path$_{k-1}[k][j]$,否则仍然选择不经过顶点 k 的原来路径,即不修改 path。

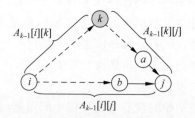

图 8.44 在路径调整后修改 path$_k[i][j]$

在算法结束时,由二维数组 path 一步一步向前推可以得到从顶点 i 到顶点 j 的最短路径。例如,对于图 8.45 所示的带权有向图,对应的邻接矩阵如图 8.46 所示,求所有顶点之间最短路径时 A、path 数组的变化如表 8.2 所示(表中深阴影表示修改部分)。

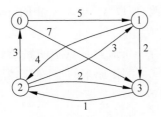

图 8.45 一个有向图

$$\begin{pmatrix} 0 & 5 & \infty & 7 \\ \infty & 0 & 4 & 2 \\ 3 & 3 & 0 & 2 \\ \infty & \infty & 1 & 0 \end{pmatrix}$$

图 8.46 图的邻接矩阵

表 8.2 求最短路径时 A、path 数组的变化过程

A_{-1}	0	1	2	3
0	0	5	∞	7
1	∞	0	4	2
2	3	3	0	2
3	∞	∞	1	0

$path_{-1}$	0	1	2	3
0	−1	0	−1	0
1	−1	−1	1	1
2	2	2	−1	2
3	−1	−1	3	−1

A_0	0	1	2	3
0	0	5	∞	7
1	∞	0	4	2
2	3	3	0	2
3	∞	∞	1	0

$path_0$	0	1	2	3
0	−1	0	−1	0
1	−1	−1	1	1
2	2	2	−1	2
3	−1	−1	3	−1

A_1	0	1	2	3
0	0	5	9	7
1	∞	0	4	2
2	3	3	0	2
3	∞	∞	1	0

$path_1$	0	1	2	3
0	−1	0	1	0
1	−1	−1	1	1
2	2	2	−1	2
3	−1	−1	3	−1

A_2	0	1	2	3
0	0	5	9	7
1	7	0	4	2
2	3	3	0	2
3	4	4	1	0

$path_2$	0	1	2	3
0	−1	0	1	0
1	2	−1	1	1
2	2	2	−1	2
3	2	2	3	−1

A_3	0	1	2	3
0	0	5	8	7
1	6	0	3	2
2	3	3	0	2
3	4	4	1	0

$path_3$	0	1	2	3
0	−1	0	3	0
1	2	−1	3	1
2	2	2	−1	2
3	2	2	3	−1

初始时，A_{-1} 和邻接矩阵相同。$path_{-1}$ 元素的设置是当存在顶点 i 到顶点 j 的边时，$path[i][j]$ 置为 i（将 $i \to j$ 的边看成 i 到 j 的最短路径，这样 i 到 j 的最短路径上顶点 j 的前驱顶点是 i），否则置为 -1。

(1) 考虑顶点 0 时,没有任何最短路径得到修改,所以 A_0 与 A_{-1} 相同,$path_0$ 与 $path_{-1}$ 相同。

(2) 考虑顶点 1 时,0⇨2 原来没有路径,现在有一条通过顶点 1 的路径 0→1→2,其长度为 5+4=9,A[0][2] 由原来的 ∞ 修改为 9,path[0][2] 由原来的 -1 修改为该路径上顶点 2 的前驱顶点 1。其他两个顶点的最短路径没有修改。

(3) 考虑顶点 2 时:

① 1⇨0 原来没有路径,现在有一条通过顶点 2 的路径 1→2→0,其长度为 4+3=7,A[1][0] 由原来的 ∞ 修改为 7,path[1][0] 由原来的 -1 修改为该路径上顶点 0 的前驱顶点 2。

② 3⇨0 原来没有路径,现在有一条通过顶点 2 的路径 3→2→0,其长度为 1+3=4,A[3][0] 由原来的 ∞ 修改为 4,path[3][0] 由原来的 -1 修改为该路径上顶点 0 的前驱顶点 2。

③ 3⇨1 原来没有路径,现在有一条通过顶点 2 的路径 3→2→1,其长度为 1+3=4,A[3][1] 由原来的 ∞ 修改为 4,path[3][1] 由原来的 -1 修改为该路径上顶点 1 的前驱顶点 2。其他两个顶点的最短路径没有修改。

(4) 考虑顶点 3 时:

① 0⇨2 原来路径为 0→1→2,长度为 9,现在有一条通过顶点 3 的更短路径为 0→1→3→2,其长度为 5+2+1=8,A[0][2] 修改为 8,path[0][2] 修改为该路径上顶点 2 的前驱顶点 3。

② 1⇨0 原来路径为 1→2→0,长度为 7,现在有一条通过顶点 3 的更短路径为 1→3→2→0,其长度为 2+1+3=6,A[1][0] 修改为 6,path[1][0] 由原来的 2 修改为该路径上顶点 0 的前驱顶点 2(尽管都是 2,但也有修改)。

③ 1⇨2 原来路径为 1→2,长度为 4,现在有一条通过顶点 3 的更短路径为 1→3→2,其长度为 2+1=3,A[1][2] 修改为 3,path[1][2] 修改为该路径上顶点 2 的前驱顶点 3。其他两个顶点的最短路径没有修改。

这样的 A_3 和 $path_3$ 就是最终的 A 和 path。在求出 A 和 path 后,由 A 数组可以直接得到两个顶点之间的最短路径长度,例如 A[1][0]=6,说明顶点 1 到顶点 0 的最短路径长度为 6。

由 path 数组可以推导出所有顶点之间的最短路径,其中,第 $i(0 \leqslant i \leqslant n-1)$ 行用于推导顶点 i 到其他各顶点的最短路径。这里以求顶点 1 到顶点 0 的最短路径及长度为例说明求路径的过程:path[1][0]=2,说明 1⇨0 的最短路径上顶点 0 的前驱顶点是 2;path[1][2]=3,表示该路径上顶点 2 的前驱顶点是 3;path[1][3]=1,表示该路径上顶点 3 的前驱顶点是 1,找到起点,得到的顶点序列为 0,2,3,1(逆路径),则顶点 1 到顶点 0 的最短路径为 1→3→2→0。

2. Floyd 算法设计

利用前述原理设计的 Floyd 算法如下:

```
public static void Floyd(MatGraphClass g) {         //Floyd 算法
    int[][] A=new int[MAXV][MAXV];                  //建立 A 数组
    int[][] path=new int[MAXV][MAXV];               //建立 path 数组
    for(int i=0;i<g.n;i++) {                        //给数组 A 和 path 置初值,即求 $A_{-1}[i][j]$
```

```
            for(int j=0;j<g.n;j++) {
                A[i][j]=g.edges[i][j];
                if(i!=j && g.edges[i][j]<g.INF) path[i][j]=i;   //i和j顶点之间有边时
                else path[i][j]=-1;                              //i和j顶点之间没有边时
            }
        }
        for(int k=0;k<g.n;k++) {                                 //求A_k[i][j]
            for(int i=0;i<g.n;i++) {
                for(int j=0;j<g.n;j++) {
                    if(A[i][j]>A[i][k]+A[k][j]) {
                        A[i][j]=A[i][k]+A[k][j];
                        path[i][j]=path[k][j];                   //修改最短路径
                    }
                }
            }
        }
        Dispath(A,path,g);                                       //生成最短路径和长度
    }
```

以下是输出所有最短路径及其长度的方法,其中,通过对 path 数组向前递推生成从顶点 i 到顶点 j 的最短路径。

```
    public static void Dispath(int[][]A,int[][] path,MatGraphClass g) { //输出所有的最短路径和长度
        int[] apath=new int[MAXV];
        int d;                                                   //apath[0..d]存放一条最短路径(逆向)
        for(int i=0;i<g.n;i++) {
            for(int j=0;j<g.n;j++) {
                if(A[i][j]!=g.INF && i!=j) {                     //若顶点i和顶点j之间存在路径
                    System.out.print(" 顶点"+i+"到"+j+"的最短路径长度:"+A[i][j]+"\t路径:");
                    int k=path[i][j];
                    d=0; apath[d]=j;                             //在路径上添加终点
                    while(k!=-1 && k!=i) {                       //在路径上添加中间点
                        d++; apath[d]=k;                         //将顶点k加入路径中
                        k=path[i][k];
                    }
                    d++; apath[d]=i;                             //在路径上添加起点
                    for(int s=d;s>=0;s--)                        //输出最短路径
                        System.out.print(" "+apath[s]);
                    System.out.println();
                }
            }
        }
    }
```

上述 Floyd 算法中有三重循环,其时间复杂度为 $O(n^3)$。

【深入扩展】 Floyd 算法的特点如下。

(1) 既适合带权有向图求多源最短路径,也适合带权无向图求多源最短路径。

(2) Floyd 算法适合含负权和存在回路的带权图求多源最短路径。这是因为每考虑一个顶点 k,其他任意两个顶点 i、$j(i \neq j)$ 之间的最短路径长度都可能调整。简单地说,在求出 $A_k[i][j]$ 后,后面考查其他顶点时可能修改该路径长度,这一点不同于 Dijkstra 算法。

(3) Floyd 算法不适合负回路(该回路上所有边的权值和为负数)的带权图求多源最短路径。这是因为当出现负回路时,理论上讲不存在最短路径,因为围绕负回路走一圈的路径

更短,而Floyd算法中没有判断路径中顶点是否重复。

【例8.16】 假设一个带权有向图G采用邻接矩阵存储结构表示(所有权值为正整数),设计一个算法求其中的一个最小环的长度,要求这样的环至少包含3个顶点,并求出如图8.47所示的带权有向图中满足要求的最小环的长度。

视频讲解

解 采用Floyd算法求存放任意两个顶点之间最短路径长度的数组A。另外设置一个二维数组pcnt,pcnt$[i][j]$表示从顶点i到顶点j的最短路径上包含的顶点个数。求pcnt的过程如图8.48所示,考虑顶点k时,若顶点i到顶点j经过顶点k的路径更短,则修改pcnt$[i][j]$为pcnt$[i][k]$+pcnt$[k][j]$−1。

图8.47 一个带权有向图G　　　　　图8.48 求pcnt$[i][j]$的过程

当求出A和pcnt后,如果$i \neq j$并且$A[i][j] <$ INF && pcnt$[i][j] > 2$,表示顶点i到顶点j有一条包含3个或者更多顶点的最短路径,若g.edges$[j][i] <$ INF,表示顶点j到顶点i有一条边,则构成一个至少包含3个顶点的环,其长度为$A[i][j]$+g.edges$[j][i]$,通过比较求出长度最短的环的长度。对应的完整程序如下:

```java
public class Exam8_16 {
    static final int MAXV=100;                                //表示最多顶点个数
    static int[][] A=new int[MAXV][MAXV];                     //A 数组
    static int[][] pcnt=new int[MAXV][MAXV];                  //路径中的顶点个数
    public static void Floyd(MatGraphClass g) {               //Floyd 算法
        for(int i=0;i<g.n;i++) {                              //A 和 pcnt 初始化
            for(int j=0;j<g.n;j++) {
                A[i][j]=g.edges[i][j];
                if(A[i][j]!=0 && A[i][j]!=g.INF)              //有边
                    pcnt[i][j]=2;                             //<i,j>作为路径,含两个顶点
                else
                    pcnt[i][j]=0;                             //没有路径,顶点个数为 0
            }
        }
        for(int k=0;k<g.n;k++) {                              //依次考查所有顶点
            for(int i=0;i<g.n;i++) {
                for(int j=0;j<g.n;j++)
                    if(A[i][j]>A[i][k]+A[k][j]) {
                        A[i][j]=A[i][k]+A[k][j];              //修改最短路径长度
                        pcnt[i][j]=pcnt[i][k]+pcnt[k][j]-1;   //求 pcnt 的过程如图8.48所示
                    }
            }
        }
    }
    public static int Mincycle(MatGraphClass g) {             //找出一个最小环长度
        int minlength=g.INF;
        Floyd(g);
```

```
            for(int i=0;i<g.n;i++) {
                for(int j=0;j<g.n;j++) {
                    if(i!=j && A[i][j]<g.INF && pcnt[i][j]>2 && g.edges[j][i]<g.INF) {
                        if(A[i][j]+g.edges[j][i]<minlength)
                            minlength=A[i][j]+g.edges[j][i];
                    }
                }
            }
            return minlength;
        }
        public static void main(String[] args) {
            MatGraphClass g=new MatGraphClass();
            int n=5,e=10;
            int[][] a={{0,13,g.INF,4,g.INF},{13,0,15,g.INF,5},
                       {g.INF,g.INF,0,12,g.INF},{4,g.INF,12,0,g.INF},{g.INF,g.INF,6,3,0}};
            g.CreateMatGraph(a,n,e);                    //建立图 8.47 所示有向图的邻接矩阵
            System.out.println("图 g");
            g.DispMatGraph();
            System.out.println("最小环长度="+Mincycle(g));
        }
    }
```

上述程序的执行结果如下：

```
图 g
    0   13   ∞    4   ∞
   13    0  15    ∞   5
    ∞    ∞   0   12   ∞
    4    ∞  12    0   ∞
    ∞    ∞   6    3   0
最小环长度=25
```

该程序求出图 8.47 所示带权有向图中最小环(至少包含 3 个顶点)的长度为 25,该环为 0→1→4→3→0。如果不考虑最小环至少包含 3 个顶点,算法设计会更简单(不必设计 pcnt 数组),其结果是 8,对应的最小环是 0→3→0。

8.6 拓扑排序

8.6.1 什么是拓扑排序

设 $G=(V,E)$ 是一个具有 n 个顶点的有向图,当且仅当 V 中的顶点序列 $v_1,v_2,\cdots,v_n$ 满足下列条件时称为一个**拓扑序列**：若 $<v_i,v_j>$ 是图中的有向边或者从顶点 v_i 到顶点 v_j 有一条路径,则在序列中顶点 v_i 必须排在顶点 v_j 之前。

在一个有向图 G 中找一个拓扑序列的过程称为**拓扑排序**。

例如,计算机专业的学生必须完成一系列规定的基础课和专业课才能毕业,假设这些课程的名称与相应编号如表 8.3 所示。

表 8.3 课程名称与相应编号的关系

课 程 编 号	课 程 名 称	先 修 课 程
C_1	高等数学	无
C_2	程序设计	无
C_3	离散数学	C_1
C_4	数据结构	C_2、C_3
C_5	编译原理	C_2、C_4
C_6	操作系统	C_4、C_7
C_7	计算机组成原理	C_2

图 8.49 课程之间的优先关系有向图

课程之间的这种先修关系可用一个有向图表示，如图 8.49 所示。这种用顶点表示活动、用有向边表示活动之间优先关系的有向图称为顶点表示活动的网（简称 AOV 网）。

对这个有向图进行拓扑排序可得到一个拓扑序列 $C_1 \rightarrow C_3 \rightarrow C_2 \rightarrow C_4 \rightarrow C_7 \rightarrow C_6 \rightarrow C_5$，也可得到另一个拓扑序列 $C_2 \rightarrow C_7 \rightarrow C_1 \rightarrow C_3 \rightarrow C_4 \rightarrow C_5 \rightarrow C_6$，还可以得到其他的拓扑序列。学生按照任何一个拓扑序列都可以有顺序地进行课程学习。

拓扑排序的过程如下。

（1）从有向图中选择一个没有前驱（即入度为 0）的顶点并且输出它。

（2）从图中删去该顶点，并且删去从该顶点发出的全部有向边。

（3）重复上述两步，直到剩余的图中不再存在没有前驱的顶点为止。

拓扑排序的结果有两种：一种是图中的全部顶点都被输出，即得到包含全部顶点的拓扑序列，称为成功的拓扑排序；另一种就是图中顶点未被全部输出，即只能得到部分顶点的拓扑序列，称为失败的拓扑排序。

由拓扑排序过程看出，如果只得到部分顶点的拓扑序列，那么剩余的顶点均有前驱顶点，或者说至少有两个顶点相互为前驱，从而构成一个有向回路。

说明：对一个有向图进行拓扑排序，如果不能得到全部顶点的拓扑序列，则图中存在有向回路，否则图中不存在有向回路，可以利用这个特点采用拓扑排序判断一个有向图中是否存在回路。

【**例 8.17**】 给出图 8.50 所示有向图的全部可能的拓扑排序序列。

解 从图中看到，入度为 0 有两个顶点，即 0 和 4。先考虑顶点 0，删除顶点 0 及相关边，入度为 0 者有顶点 4；删除顶点 4 及相关边，入度为 0 者有顶点 1 和顶点 5；考虑顶点 1，删除顶点 1 及相关边，入度为 0 者有顶点 2 和顶点 5，如此得到拓扑序列 041253、041523、045123。

图 8.50 一个有向图 G

再考查顶点 4，类似地得到拓扑序列 450123、401253、405123、401523。

因此，所有的拓扑序列为 041253、041523、045123、450123、401253、405123、401523。

从该例可知，一个有向图的拓扑序列不一定唯一。那么在什么情况下一个有向图的拓扑序列唯一呢？按照拓扑排序的过程可以看出，有唯一拓扑序列的有向图中入度为 0 的顶点是唯一的,而且每次输出一个顶点并删去从该顶点发出的全部有向边后,剩下部分中入度为 0 的顶点也是唯一的。

8.6.2 拓扑排序算法设计

在设计拓扑排序算法时,假设给定的有向图采用邻接表作为存储结构,需要考虑顶点的入度,为此设计一个 ind 数组,ind[*i*]存放顶点 *i* 的入度,先通过邻接表 G 求出 ind。拓扑排序时的设计要点如下。

扫一扫

视频讲解

(1) 在某个时刻,可以有多个入度为 0 的顶点,为此设置一个栈 st,以存放入度为 0 的顶点。

(2) 在出栈顶点 *i* 时,将顶点 *i* 输出,同时删去该顶点的所有出边,实际上没有必要真删去这些出边,只需要将顶点 *i* 的所有出边邻接点的入度减 1 就可以了。

对应的拓扑排序算法如下:

```
public static void TopSort(AdjGraphClass G) {         //拓扑排序
    int[] ind=new int[MAXV];                          //记录每个顶点的入度
    Arrays.fill(ind,0);                               //初始化 ind 数组
    ArcNode p;
    for(int i=0;i<G.n;i++) {                          //求顶点 i 的入度
        p=G.adjlist[i].firstarc;
        while(p!=null) {
            int j=p.adjvex;
            ind[j]++;                                 //有边<i,j>,顶点 j 的入度增 1
            p=p.nextarc;
        }
    }
    Stack<Integer> st=new Stack<Integer>();           //定义一个栈
    for(int i=0;i<G.n;i++) {                          //所有入度为 0 的顶点进栈
        if(ind[i]==0) st.push(i);
    }
    while(!st.empty()) {                              //栈不为空时循环
        int i=st.pop();                               //出栈一个顶点 i
        System.out.print(i+" ");                      //输出顶点 i
        p=G.adjlist[i].firstarc;                      //寻找第一个邻接点
        while(p!=null) {
            int j=p.adjvex;
            ind[j]--;                                 //顶点 j 的入度减 1
            if(ind[j]==0) st.push(j);                 //入度为 0 的邻接点进栈
            p=p.nextarc;                              //寻找下一个邻接点
        }
    }
}
```

上述算法仅输出一个拓扑序列(实际应用中绝大多数情况都是如此,如 8.7 节讨论的求关键路径就只需要产生一个拓扑序列)。对于图 8.50 所示的有向图,输出的拓扑序列为 4 5 0 1 2 3。

说明:在拓扑排序中栈仅用于存放所有入度为 0 的顶点,不必考虑先后顺序,可以用队列代替栈。对于图 8.50 所示的有向图,采用队列时输出的拓扑序列为 0 4 1 5 2 3。

*8.6.3 逆拓扑序列和非递归深度优先遍历

若在有向图中考查各顶点的出度并以下列步骤进行排序,则将这种排序称为逆拓扑排序,将输出的结果称为逆拓扑序列。

(1) 在有向图中选择一个没有后继的顶点(出度为 0)输出。
(2) 在图中删除该顶点,并删去所有到达该顶点的边,即删除所有入边。
(3) 重复(1)、(2),直到图中没有出度为 0 的顶点为止。

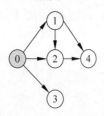

图 8.51 一个有向无环图

若上述过程结束时全部顶点均已输出,则排序成功,否则说明有向图中存在有向回路。例如,对于图 8.51 所示的有向无环图,采用上述过程求出的一个逆拓扑序列是 4→2→1→3→0,包含全部顶点,表示排序成功。

实际上逆拓扑序列就是拓扑序列的反序,显然求一个有向无环图的逆拓扑序列可以这样做,先求出一个拓扑序列,然后反过来就是逆拓扑序列。图 8.51 的一个拓扑序列为 0→3→1→2→4,反过来得到的逆拓扑序列是 4→2→1→3→0。

当一个有向无环图可以利用深度优先遍历访问所有顶点时,则可以采用非递归的深度优先遍历的方法进行逆拓扑排序,如果遍历一次不能访问全部顶点,可以像非强连通图那样多次遍历。

从顶点 v 出发的深度优先遍历过程是访问顶点 v,找到顶点 v 的一个未访问的邻接点 w,从 w 出发继续深度优先遍历(即使顶点 v 还有其他未访问的邻接点 w_1,也总是先扩展 w 而不是先访问 w_1),对应的非递归过程如下:

(1) 采用一个栈 st 保存被访问过的结点,先访问起始点 v 并修改其访问标记,将顶点 v 进栈。

(2) 栈不空时循环,取栈顶顶点 x,找顶点 x 的一个未访问的邻接点 w,访问顶点 w 并修改其访问标记,将顶点 w 进栈,然后不是考虑顶点 x 的下一个未访问的邻接点,而是对顶点 w 做与顶点 x 相同的操作(后进的顶点 w 先扩展)。若顶点 x 不再有未访问的邻接点,将顶点 x 出栈(此时 x 没有保存的必要)。

对应的算法如下:

```java
public static void DFS1(AdjGraphClass G, int v) {    //非递归深度优先遍历算法
    ArcNode p;
    Stack<Integer> st=new Stack<Integer>();           //定义一个栈
    System.out.print(v+" ");                          //访问顶点 v
    visited[v]=1;                                     //设置顶点 v 已访问
    st.push(v);                                       //使顶点 v 进栈
    while(!st.empty()) {                              //栈不空时循环
        int x=st.peek();                              //取栈顶顶点 x 作为当前顶点
        p=G.adjlist[x].firstarc;                      //p 指向顶点 x 的第一个邻接点
        while(p!=null) {
            int w=p.adjvex;                           //x 的邻接点为 w
            if(visited[w]==0) {                       //若顶点 w 没有访问
                System.out.print(w+" ");              //访问顶点 w
                visited[w]=1;                         //设置顶点 w 已访问
```

```
                st.push(w);                        //使顶点w进栈
                break;                             //退出循环,转向处理栈顶顶点(体现后进先出)
            }
            p=p.nextarc;                           //寻找顶点x的下一个邻接点
        }
        if(p==null) st.pop();                      //若顶点x再没有未访问的邻接点,将其退栈
    }
}
```

从上述过程可以看出,当有向无环图可以利用非递归深度优先遍历算法访问所有顶点时,最先出栈的顶点即为出度为0的顶点,它是拓扑序列中最后一个顶点,因此按顶点出栈的先后次序记录下的顶点序列即为逆拓扑序列。对应的算法如下:

```
public static void ReTopSort(AdjGraphClass G,int v){  //求G中从v出发的逆拓扑序列
    ArcNode p;
    Arrays.fill(visited,0);
    Stack<Integer> st=new Stack<Integer>();        //定义一个栈
    visited[v]=1;                                  //设置顶点v已访问
    st.push(v);                                    //使顶点v进栈
    while(!st.empty()) {                           //栈不空时循环
        int x=st.peek();                           //取栈顶顶点x作为当前顶点
        p=G.adjlist[x].firstarc;                   //寻找顶点x的第一个邻接点
        while(p!=null) {
            int w=p.adjvex;                        //x的邻接点为w
            if(visited[w]==0) {                    //若顶点w没有访问
                visited[w]=1;                      //设置顶点w已访问但不输出
                st.push(w);                        //使顶点w进栈
                break;                             //退出循环,转向处理栈顶顶点(体现后进先出)
            }
            p=p.nextarc;                           //寻找顶点x的下一个邻接点
        }
        if(p==null) {                              //若顶点x再没有未访问的邻接点
            System.out.print(x+" ");               //访问x
            st.pop();                              //将其退栈
        }
    }
}
```

8.7 AOE网与关键路径

视频讲解

8.7.1 什么是AOE网和关键路径

若用一个带权有向图(DAG)描述工程的预计进度,以顶点表示事件,有向边表示活动,边e的权$c(e)$表示完成活动e所需的时间(如天数),或者说活动e持续时间,图中入度为0的顶点表示工程开始事件(如开工仪式),出度为0的顶点表示工程结束事件,则称这样的有向图为AOE网。

通常每个工程都只有一个开始事件和一个结束事件,因此表示工程的AOE网都只有一个入度为0的顶点,称为**源点**(source),和一个出度为0的顶点,称为**汇点**(converge)。如

果图中存在多个入度为0的顶点,只要加一个虚拟源点,使这个虚拟源点到原来所有入度为0的点都有一条长度为0的边,变成只有一个源点,对存在多个出度为0的顶点的情况做类似的处理,所以只需讨论单源点和单汇点的情况。

利用这样的AOE网能够预计整个工程的完工时间,并找出影响工程进度的"关键活动",为决策者提供修改各活动的预计进度的依据。所谓关键活动,是指不存在富余时间的活动,关键活动不能按期完工,整个工程的工期会发生拖延。与之相对应,非关键活动是指存在有富裕时间的活动,适当地拖延非关键活动可能不影响整个工程的工期。例如,小明和小英是小学三年级的同班学生,教师布置一项作业要求3天交,小明恰好需要3天完成该作业,而小英只需要两天完成该作业,那么该作业对于小明来说是关键活动,一天都不能耽误,但对于小英来说是非关键活动,有一天的富裕时间。

在AOE网从源点到汇点的所有路径中,具有最大路径长度的路径称为**关键路径**。完成整个工程的最短时间就是网中关键路径的长度,也就是网中关键路径上各活动持续时间的总和。关键路径上的活动都是关键活动,或者说关键路径是由关键活动构成的,所以只要找出AOE网中的全部关键活动,也就找到全部关键路径了。

例如,图8.52表示某工程的AOE网,共有9个事件和11项活动,其中A表示开始事件即源点,I表示结束事件即汇点。

图8.52 AOE网的示例(粗线表示一条关键路径)

AOE网中的任何活动连接两个事件,若存在活动$a=<x,y>$,称x为y的前驱事件,y为x的后继事件。

下面介绍如何利用AOE网计算出影响工程进度的关键活动。

在AOE网中先求出每个事件(顶点)的最早开始时间和最迟开始时间,再求出每个活动(边)的最早开始时间和最迟开始时间,由此求出所有的关键活动。

(1) 事件的最早开始时间:规定源点事件的最早开始时间为0,定义AOE网中其他事件v的最早开始时间$ve(v)$等于所有前驱事件最早开始时间加上相应活动持续时间的最大值。例如,事件v有x、y、z共3个前驱事件(即有3个活动到事件v,持续时间分别为a、b、c),求事件v的最早开始时间如图8.53所示。

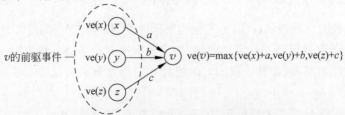

图8.53 求事件v的最早开始时间

归纳起来,事件 v 的最早开始时间定义如下:

$$ve(v) = 0 \qquad v \text{ 为源点}$$
$$ve(v) = \max\{ve(x_i) + c(a_j) \mid a_j \text{ 为活动}<x_i, v>, c(a_j) \text{ 为活动 } a_j \text{ 的持续时间}\} \quad \text{其他}$$

(2) 事件的最迟开始时间:定义在不影响整个工程进度的前提下,事件 v 必须发生的时间称为 v 的最迟开始时间 $vl(v)$。规定汇点事件的最迟开始时间等于其最早开始时间,定义其他事件 v 的最迟开始时间 $vl(v)$ 等于所有后继事件最迟开始时间减去相应活动持续时间的最小值。例如,事件 v 有 x、y、z 共 3 个后继事件(即从事件 v 出发有 3 个活动,持续时间分别为 a、b、c),求事件 v 的最迟开始时间如图 8.54 所示。

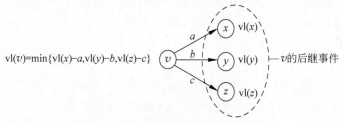

图 8.54 求事件 v 的最迟开始时间

归纳起来,事件 v 的最迟开始时间定义如下:

$$vl(v) = ve(v) \qquad v \text{ 为汇点}$$
$$vl(v) = \min\{vl(x_i) - c(a_j) \mid a_j \text{ 为活动}<v, x_i>, c(a_j) \text{ 为活动 } a_j \text{ 的持续时间}\} \quad \text{其他}$$

(3) 活动的最早开始时间:活动 $a = <x, y>$ 的最早开始时间 $e(a)$ 等于 x 事件的最早开始时间,如图 8.55 所示,即

$$e(a) = ve(x)$$

(4) 活动的最迟开始时间:活动 $a = <x, y>$ 的最迟开始时间 $l(a)$ 等于 y 事件的最迟开始时间与该活动持续时间之差,如图 8.55 所示,即

$$l(a) = vl(y) - c(a)$$

图 8.55 活动 a 的最早开始时间和最迟开始时间

(5) 关键活动:如果一个活动 a 的最早开始时间等于最迟开始时间,即 $d(a) = e(a) - l(a) == 0$,则 a 为关键活动。

【例 8.18】 求图 8.52 所示的 AOE 网的关键路径。

解 对于图 8.52 所示的 AOE 图,源点为顶点 A,汇点为顶点 I。求出一个拓扑序列为 ABCDEFGHI,按其次序计算各事件 v 的 $ve(v)$ 如下:

$ve(A) = 0$

$ve(B) = ve(A) + c(a_1) = 6$

$ve(C) = ve(A) + c(a_2) = 4$

$ve(D) = ve(A) + c(a_3) = 5$

$ve(E) = \max\{ve(B) + c(a_4), ve(C) + c(a_5)\} = \max\{7, 5\} = 7$

$ve(F) = ve(E) + c(a_7) = 16$

$ve(G)=ve(E)+c(a_8)=14$

$ve(H)=ve(D)+c(a_6)=7$

$ve(I)=\max\{ve(F)+c(a_{10}),ve(G)+c(a_{11}),ve(H)+c(a_9)\}=\max\{18,18,11\}=18$

按上述拓扑序列的逆序计算各事件 v 的 $vl(v)$ 如下:

$vl(I)=ve(I)=18$

$vl(F)=vl(I)-c(a_{10})=16$

$vl(G)=vl(I)-c(a_{11})=14$

$vl(H)=vl(I)-c(a_9)=14$

$vl(E)=\min\{vl(F)-c(a_7),vl(G)-c(a_8)\}=\min\{7,7\}=7$

$vl(D)=vl(H)-c(a_6)=12$

$vl(C)=vl(E)-c(a_5)=6$

$vl(B)=vl(E)-c(a_4)=6$

$vl(A)=\min\{vl(B)-c(a_1),vl(C)-c(a_2),vl(D)-c(a_3)\}=\min\{0,2,7\}=0$

计算各活动 a 的 $e(a)$、$l(a)$ 和差值 $d(a)$ 如下:

活动 a_1: $e(a_1)=ve(A)=0$　　　$l(a_1)=vl(B)-6=0$　　　$d(a_1)=0$

活动 a_2: $e(a_2)=ve(A)=0$　　　$l(a_2)=vl(C)-4=2$　　　$d(a_2)=2$

活动 a_3: $e(a_3)=ve(A)=0$　　　$l(a_3)=vl(D)-5=7$　　　$d(a_3)=7$

活动 a_4: $e(a_4)=ve(B)=6$　　　$l(a_4)=vl(E)-1=6$　　　$d(a_4)=0$

活动 a_5: $e(a_5)=ve(C)=4$　　　$l(a_5)=vl(E)-1=6$　　　$d(a_5)=2$

活动 a_6: $e(a_6)=ve(D)=5$　　　$l(a_6)=vl(H)-2=12$　　$d(a_6)=7$

活动 a_7: $e(a_7)=ve(E)=7$　　　$l(a_7)=vl(F)-9=7$　　　$d(a_7)=0$

活动 a_8: $e(a_8)=ve(E)=7$　　　$l(a_8)=vl(G)-7=7$　　　$d(a_8)=0$

活动 a_9: $e(a_9)=ve(H)=7$　　　$l(a_9)=vl(I)-4=14$　　$d(a_9)=7$

活动 a_{10}: $e(a_{10})=ve(F)=16$　$l(a_{10})=vl(I)-2=16$　$d(a_{10})=0$

活动 a_{11}: $e(a_{11})=ve(G)=14$　$l(a_{11})=vl(I)-4=14$　$d(a_{11})=0$

由此可知,关键活动有 a_{11}、a_{10}、a_8、a_7、a_4、a_1,因此关键路径有两条,即 A⇨B⇨E⇨F⇨I 和 A⇨B⇨E⇨G⇨I。

8.7.2　求 AOE 网中关键路径的算法

下面讨论 AOE 网中求关键路径的算法。假设 AOE 网采用邻接表存储,用 ve 数组存放每个顶点的最早开始时间,用 vl 数组存放每个顶点的最迟开始时间。先调用前面介绍的拓扑排序算法产生拓扑序列 top,其中第一个顶点为源点,最后一个顶点为汇点。按照拓扑序列的正序求出每个顶点的最早开始时间,按照拓扑序列的反序求出每个顶点的最迟开始时间。在算法中并没有保存每个活动(边)的最早开始时间和最迟开始时间,因为对每一条边 $<i,p.adjvex>$,如果有 $ve[i]==vl[p.adjvex]-p.weight$,则说明该边是关键活动。对应的求关键路径的 KeypathExam 类如下:

```
public class KeypathExam {
    static final int MAXV=100;                //表示最多顶点个数
    static int start;                         //G 的源点
    static int end;                           //G 的汇点
```

```java
    static ArrayList<KeyNode> keys=new ArrayList<KeyNode>();   //存放图 G 的关键活动
    static ArrayList<Integer> top=new ArrayList<>();//拓扑序列
    public static boolean KeyPath(AdjGraphClass G) {           //求从源点 start 到汇点 end 的关键活动
        ArcNode p;
        TopSort(G);                                            //调用拓扑排序算法产生拓扑序列
        if(top.size()<G.n) return false;                       //不能产生拓扑序列时则返回 false
        start=top.get(0);                                      //求出源点
        end=top.get(top.size()-1);                             //求出汇点
        int[] ve=new int[MAXV];                                //事件的最早开始时间
        int[] vl=new int[MAXV];                                //事件的最迟开始时间
        Arrays.fill(ve,0);                                     //先将所有事件的 ve 设置初值为 0
        for(int i=0;i<G.n;i++) {                               //从左向右求所有事件的最早开始时间
            p=G.adjlist[i].firstarc;
            while(p!=null) {                                   //遍历每一条边(即活动)
                int w=p.adjvex;
                if(ve[i]+p.weight>ve[w])                       //求出的最大者即为最早开始时间
                    ve[w]=ve[i]+p.weight;
                p=p.nextarc;
            }
        }
        Arrays.fill(vl,ve[end]);                               //先将所有事件的 vl 值设置为最大值
        for(int i=G.n-2;i>=0;i--) {                            //从右向左求所有事件的最迟开始时间
            p=G.adjlist[i].firstarc;
            while(p!=null) {
                int w=p.adjvex;
                if(vl[w]-p.weight<vl[i])                       //求出的最小者即为最迟开始时间
                    vl[i]=vl[w]-p.weight;
                p=p.nextarc;
            }
        }
        for(int i=0;i<G.n;i++) {                               //求所有的关键活动
            p=G.adjlist[i].firstarc;
            while(p!=null) {
                int w=p.adjvex;
                if(ve[i]==vl[w]-p.weight)                      //<i,w>是一个关键活动
                    keys.add(new KeyNode(i,w));                //添加到 KeyNode 数组中
                p=p.nextarc;
            }
        }
        return true;                                           //能够产生拓扑序列,则返回 true
    }
    public static void TopSort(AdjGraphClass G) {              //拓扑排序
        int[] ind=new int[MAXV];                               //记录每个顶点的入度
        Arrays.fill(ind,0);                                    //初始化 ind 数组
        ArcNode p;
        for(int i=0;i<G.n;i++) {                               //求顶点 i 的入度
            p=G.adjlist[i].firstarc;
            while(p!=null) {
                int j=p.adjvex;
                ind[j]++;                                      //有边<i,j>,顶点 j 的入度增 1
                p=p.nextarc;
            }
        }
        Stack<Integer> st=new Stack<Integer>();                //定义一个栈
        for(int i=0;i<G.n;i++)                                 //所有入度为 0 的顶点进栈
```

```
            if(ind[i]==0) st.push(i);
        while(!st.empty()) {                    //栈不为空时循环
            int i=st.pop();                     //出栈一个顶点 i
            top.add(i);                         //将顶点 i 添加到拓扑序列中
            p=G.adjlist[i].firstarc;            //寻找第一个邻接点
            while(p!=null) {
                int j=p.adjvex;
                ind[j]--;                       //使顶点 j 的入度减 1
                if(ind[j]==0) st.push(j);       //入度为 0 的邻接点进栈
                p=p.nextarc;                    //寻找下一个邻接点
            }
        }
    }
    public static void DispKeynode(AdjGraphClass G) {   //输出图的所有关键活动
        if(KeyPath(G)) {
            System.out.printf("    源点: %c\n",(char)(start+'A'));
            System.out.printf("    汇点: %c\n",(char)(end+'A'));
            System.out.print("    关键活动: "+keys.size());
            for(int i=0;i<keys.size();i++)              //输出所有的关键活动
                System.out.printf("(%c,%c)    ",(char)(keys.get(i).i+'A'),(char)(keys.get(i).j+'A'));
            System.out.println();
        }
        else System.out.println("不能求关键活动");
    }
```

对于图 8.51 所示的图 G，调用 DispKeynode(G) 的结果如下：

源点：A
汇点：I
关键活动：(A,B)　(B,E)　(E,F)　(E,G)　(F,I)　(G,I)

本算法的时间复杂度为 $O(n+e)$，其中，n 为 AOE 网中的顶点数，e 为边数。

8.8 练习题

8.9 实验题

8.9.1 上机实验题

8.9.2 在线编程题

1. POJ1985——求最长路径长度问题。
2. HDU4514——求风景线的最大长度问题。
3. POJ1164——城堡问题。
4. POJ1751——高速公路问题。
5. POJ1797——重型运输问题。
6. POJ1125——股票经纪人的小道消息问题。
7. HDU4109——重新排列指令问题。

扫一扫

题目描述

第 9 章 查 找

查找又称为检索,是指在某种数据结构中找出满足给定条件的元素,所以查找与数据组织和查找方式有关。本章主要学习要点如下:

(1) 查找的基本概念,包括静态查找表和动态查找表、内查找和外查找之间的差异以及平均查找长度等。

(2) 线性表的各种查找算法,包括顺序查找、折半查找和分块查找的基本思路、算法实现和查找效率等。

(3) 各种树表的查找算法,包括二叉排序树、AVL 树、B 树和 B+树的基本思路、算法实现和查找效率等,以及 Java 中 TreeMap 和 TreeSet 集合的使用方法。

(4) 哈希表查找技术以及 Java 中 HashMap 和 HashSet 集合的使用方法。

(5) 灵活运用各种查找算法解决一些综合应用问题。

9.1 查找的基本概念

扫一扫

视频讲解

查找是一种十分有用的操作,在实际生活中人们经常需要从海量信息中查找有用的资料。一般情况下,被查找的对象称为**查找表**,查找表包含一组元素(或记录),每个元素由若干数据项组成,并假设有能唯一标识元素的数据项,称为**主关键字**,查找表中所有元素的主关键字值均不相同。那些可以标识多个元素的数据项称为**次关键字**,查找表值可能存在两个次关键字值相同的元素。除非特别指定,本章中默认为按主关键字查找。

查找的定义是给定一个值 k,在含有 n 个元素的查找表中找出关键字等于 k 的元素。若成功找到这样的元素,返回该元素在表中的位置;否则表示查找不成功或者查找失败,返回相应的指示信息。

查找表按照操作方式分为静态查找表和动态查找表两类。**静态查找表**是主要适合做查找操作的查找表,如查询某个"特定的"数据元素是否在查找表中,检索某个"特定的"数据元素的某个属性。**动态查找表**适合于在查找过程中同时插入查找表中不存在的数据元素,或者从查找表中删除已经存在的某个数据元素。

为了提高查找的效率,需要专门为查找操作设计合适的数据结构。从逻辑上来说,查找所基于的数据结构是集合,集合中的元素之间没有特定关系,但是要想获得较高的查找性能,就不得不改变元素之间的关系,将查找集合组织成线性表和树等结构。

查找有内查找和外查找之分。若整个查找过程都在内存中进行,则称为**内查找**;若查找过程中需要访问外存,则称为**外查找**。

由于查找算法中的主要操作是关键字之间的比较,所以通常把查找过程中关键字的平均比较次数(也就是平均查找长度)作为衡量一个查找算法效率优劣的依据。**平均查找长度** (Average Search Length)定义为 $ASL = \sum_{i=0}^{n-1} p_i c_i$,其中,$n$ 是查找表中元素的个数,p_i 是查找第 i 个元素的概率,除特别指出外,均认为每个元素的查找概率相等,即 $p_i = 1/n (0 \leqslant i \leqslant n-1)$,$c_i$ 是查找到第 i 个元素所需的关键字比较次数。

由于查找的结果有查找成功和不成功两种情况,所以平均查找长度也分为成功情况下的平均查找长度和不成功情况下的平均查找长度。前者指在查找表中找到指定关键字 k 的元素平均所需关键字比较的次数,后者指在查找表中确定找不到关键字 k 的元素平均所需关键字比较的次数。

9.2 线性表的查找

线性表是最简单也是最常见的一种查找表。本节将介绍3种线性表查找方法,即顺序查找、折半查找和分块查找算法。这里的线性表采用顺序表存储,由于顺序表不适合数据修改操作(插入和删除元素几乎需要移动一半的元素),所以顺序表是一种静态查找表。

为了简单,假设元素的查找关键字为 int 型,顺序表中元素的类型如下:

```java
class RecType {                              //顺序表的元素类型
    int key;                                 //存放关键字,假设关键字为 int 型
    String data;                             //存放其他数据,假设为 String 型
    public RecType(int d) {                  //构造方法
        key=d;
    }
}
```

定义一个顺序表查找类 SqListSearchClass 如下:

```java
public class SqListSearchClass {             //顺序表查找类
    final int MAXN=100;                      //表示最多元素个数
    RecType[] R;                             //存放查找表的数组,R[0..n-1]表示查找表
    int n;                                   //实际元素个数
    public void CreateR(int[] a) {           //由关键字序列 a 构造顺序表 R
        R=new RecType[MAXN];
        for(int i=0;i<a.length;i++)
            R[i]=new RecType(a[i]);
        n=a.length;
    }
    public void Disp() {                     //输出顺序表
        for(int i=0;i<n;i++)
            System.out.print(R[i].key+" ");
        System.out.println();
    }
    //各种顺序表查找算法将在后面讨论
}
```

扫一扫

视频讲解

9.2.1 顺序查找

1. 顺序查找算法

顺序查找是一种最简单的查找方法。其基本思路是从顺序表的一端开始依次遍历,将遍历的元素关键字和给定值 k 相比较,若两者相等,则查找成功,返回该元素的序号;若遍历结束后仍未找到关键字等于 k 的元素,则查找失败,返回 -1。为了简单,假设从顺序表的前端开始遍历(从顺序表后端开始遍历的过程与之类似),对应的顺序查找算法如下:

```java
public int SeqSearch1(int k) {               //顺序查找算法 1
    int i=0;
    while(i<n && R[i].key!=k) i++;           //从表头往后找
    if(i>=n) return -1;                      //未找到返回-1
    else return i;                           //找到后返回其序号 i
}
```

另外,可以设置一个哨兵,即将顺序表 $R[0..n-1]$ 后面位置 $R[n]$ 的关键字设置为 k,这样,i 从 0 开始依次比较,当满足 $R[i].key==k$ 时(任何查找一定会出现这种情况),若 $i==n$ 说明查找失败,返回 -1;否则说明查找成功,返回 i。对应的算法如下:

```java
public int SeqSearch2(int k) {               //顺序查找算法 2
    R[n]=new RecType(k);                     //添加哨兵 k
    int i=0;
    while(R[i].key!=k) i++;                  //从表头往后找
```

```
        if(i==n) return -1;                    //未找到返回-1
        else return i;                         //找到后返回其序号i
}
```

说明：上述 SeqSearch1 算法中需要做 i 的越界判断,由于查找算法中主要考虑关键字比较次数,所以这里只考虑 $R[i].key$ 和 k 之间的比较次数,在查找失败时需要 n 次关键字比较。增加哨兵后的 SeqSearch2 算法在查找中不需要做 i 的越界判断,但在查找失败时需要 $n+1$ 次关键字比较。

【例 9.1】 在关键字序列为(3,9,1,5,8,10,6,7,2,4)的顺序表中采用顺序查找方法查找关键字为 6 的元素。

解 顺序查找 $k=6$ 的过程如图 9.1 所示。

```
第1次比较： 3 9 1 5 8 10 6 7 2 4
            ↑i=0
第2次比较： 3 9 1 5 8 10 6 7 2 4
              ↑i=1
第3次比较： 3 9 1 5 8 10 6 7 2 4
                ↑i=2
第4次比较： 3 9 1 5 8 10 6 7 2 4
                  ↑i=3
第5次比较： 3 9 1 5 8 10 6 7 2 4
                    ↑i=4
第6次比较： 3 9 1 5 8 10 6 7 2 4
                       ↑i=5
第7次比较： 3 9 1 5 8 10 6 7 2 4
                         ↑i=6
            查找成功,返回序号6
```

图 9.1 顺序查找过程

2. 顺序查找算法分析

以 SeqSearch1 算法为例,对于线性表$(a_0,a_1,\cdots,a_i,\cdots,a_{n-1})$,$k$ 为要查找的关键字,c_i 为查找元素 a_i 所需要的关键字比较次数,p_i 为查找元素 a_i 的概率。

1) 仅考虑查找成功的情况

从顺序查找过程可以看到,若查找到的元素是第 1 个元素(即 $R[0].key==k$),仅需一次关键字比较;若查找到的元素是第 2 个元素(即 $R[1].key==k$),需两次关键字比较;以此类推,若查找到的元素是第 n 个元素(即 $R[n-1].key==k$),则需 n 次关键字比较,即 $c_i=i+1$。共有 n 种查找成功的情况,在等概率时 $p_i=1/n$,所以成功查找时对应的平均查找长度为

$$ASL_{成功} = \sum_{i=0}^{n-1} p_i c_i = \frac{1}{n} \sum_{i=0}^{n-1}(i+1) = \frac{1}{n} \times \frac{n(n+1)}{2} = \frac{n+1}{2}$$

也就是说,成功查找的平均查找长度为 $(n+1)/2$,即找到 R 中存在的元素时平均需要的关键字比较次数约为表长的一半。

2) 仅考虑查找不成功的情况

若 k 值不在表中,总是需要 n 次比较之后才能确定查找失败,所以仅仅考虑查找不成功时对应的平均查找长度为

$$ASL_{不成功} = n$$

3) 既考虑查找成功又考虑查找不成功的情况

一个查找表中顺序查找的全部情况（查找成功和失败）可以用一棵**判定树**或**比较树**（这里是单支二叉树）来描述。例如，$n=5$ 的关键字序列（18,16,14,12,20）的顺序查找过程对应的判定树如图 9.2 所示，其中小方形结点称为判定树的**外部结点**（注意外部结点是虚设的，用于表示查找失败位置，当查找失败时总会遇到一个外部结点，这里外部结点只有一个），圆形结点称为**内部结点**。

图 9.2 顺序查找的判定树

其查找过程是首先 k 与根结点关键字比较，若 $k==18$，成功返回（比较一次）；否则 k 与关键字 16 的结点比较，若 $k==16$，成功返回（比较两次）；以此类推，若 $k==20$，成功返回（比较 5 次），否则查找失败（比较 5 次，即 k 不等于查找表中的 5 个元素关键字）。

在图 9.2 中，$p_i(0 \leqslant i \leqslant 4)$ 表示成功查找该关键字的概率，设 $p=\sum_{i=0}^{4} p_i$ 为所有成功查找的概率，q 表示不成功查找的概率，当既考虑查找成功又考虑查找不成功的情况时有 $p+q=1$。不妨假设 $p=q=0.5$，并且所有关键字成功查找的概率相同，即 $p_i=0.5/n$，则成功情况下的平均查找长度为

$$\text{ASL}_{\text{成功}} = \sum_{i=0}^{n-1} p_i c_i = \sum_{i=0}^{n-1} \left(\frac{0.5}{n} \times (i+1) \right) = 0.5 \times \frac{n+1}{2}$$

假设所有不成功查找的情况为 m 种，它们的查找概率相同，即 $q_i=0.5/m$，则不成功情况下的平均查找长度为

$$\text{ASL}_{\text{不成功}} = \sum_{i=1}^{m} q_i \times n = \sum_{i=1}^{m} \left(\frac{0.5}{m} \times n \right) = 0.5n$$

则 $\text{ASL} = \text{ASL}_{\text{成功}} + \text{ASL}_{\text{不成功}} = 0.5 \times \frac{n+1}{2} + 0.5 \times n = \frac{3n+1}{4} = 4(n=5)$。

归纳起来，顺序查找的优点是算法简单，且对查找表的存储结构无特殊要求，无论是用顺序表还是用链表来存放元素，也无论是元素之间是否按关键字有序，它都同样适用。顺序查找的缺点是查找效率低，因此当 n 较大时不宜采用顺序查找。

9.2.2 折半查找

1. 折半查找算法

折半查找又称二分查找，它是一种效率较高的查找方法。但是折半查找要求线性表是有序表，即表中的元素按关键字有序。在下面的讨论中均默认表中元素是递增有序的。

折半查找的基本思路是设 $R[\text{low..high}]$ 是当前的非空查找区间（下界为 low，上界为 high），首先确定该区间的中间位置 $\text{mid}=(\text{low}+\text{high})/2$[或者 $\text{mid}=(\text{low}+\text{high})>>1$]，然后将待查的 k 值与 $R[\text{mid}].\text{key}$ 比较。

(1) 若 $k==R[\text{mid}].\text{key}$，则查找成功并返回该元素的序号 mid。

(2) 若 $k<R[\text{mid}].\text{key}$，则由表的有序性可知 $R[\text{mid..high}].\text{key}$ 均大于 k，因此若表中存在关键字等于 k 的元素，则该元素必定在左子表中，故新查找区间为 $R[\text{low..mid}-1]$，

即下界不变,上界改为 mid-1。

(3) 若 $k>R[mid].key$,则要查找的 k 必在右子表 $R[mid+1..high]$ 中,故新查找区间为 $R[mid+1..high]$,即下界改为 $mid+1$,上界不变。

下一次查找是针对非空新查找区间进行的,其过程与上述过程类似。若新查找区间为空,表示查找失败,返回-1。

因此可以从初始的查找区间 $R[0..n-1]$ 开始,每经过一次与当前查找区间的中间位置上的关键字的比较,就可确定查找是否成功,不成功则新查找区间缩小一半。重复这一过程,直到找到关键字为 k 的元素(查找成功)或者新查找区间为空(查找失败)时为止。对应的折半查找算法如下:

```
public int BinSearch1(int k) {          //折半查找非递归算法
    int low=0,high=n-1,mid;
    while(low<=high) {                   //当前区间非空时
        mid=(low+high)/2;                //求查找区间的中间位置
        if(k==R[mid].key)                //查找成功返回其序号 mid
            return mid;
        if(k<R[mid].key)                 //继续在 R[low..mid-1]中查找
            high=mid-1;
        else                             //k>R[mid].key
            low=mid+1;                   //继续在 R[mid+1..high]中查找
    }
    return -1;                           //当前查找区间空时返回-1
}
```

说明: 将 $mid=(low+high)/2$ 改为 $mid=low+(high-low)/2$ 效果会更好,因为当 $low+high$ 的结果大于 int 型所能表示的最大值时会产生溢出,再除以 2 不会得到正确的结果,而 $low+(high-low)/2$ 不存在这个问题。

【例 9.2】 在关键字有序序列 (2,4,7,9,10,14,18,26,32,40) 中采用折半查找方法查找关键字为 7 的元素。

解 折半查找过程如图 9.3 所示。

图 9.3 折半查找过程

上述 BinSearch1 算法是采用迭代方式(循环语句)实现的,实际上折半查找过程是一个递归过程,也可以采用以下递归算法来实现:

```java
public int BinSearch2(int k) {                    //折半查找递归算法
    return BinSearch21(0,n-1,k);
}
private int BinSearch21(int low,int high,int k) { //被 BinSearch2 方法调用
    if(low<=high) {                               //当前查找区间非空时
        int mid=(low+high)/2;                     //求查找区间的中间位置
        if(k==R[mid].key)
            return mid;                           //查找成功返回其序号 mid
        if(k<R[mid].key)
            return BinSearch21(low,mid-1,k);      //递归在左区间中查找
        else
            return BinSearch21(mid+1,high,k);     //k>R[mid].key,递归在右区间中查找
    }
    else return -1;                               //当前查找区间空时返回-1
}
```

说明:折半查找算法需要快速地确定查找区间的中间位置,所以不适合链式存储结构的数据查找,而适合顺序存储结构(具有随机存取特性)的数据查找。

【**例 9.3**】 有以下两个折半查找算法,其中参数 R 是非空递增有序顺序表,指出它们的正确性。

```java
public int BSearch1(int k) {
    int low=0,high=n-1,mid;
    while(low<=high) {
        mid=(low+high)/2;
        if(k==R[mid].key) return mid;
        if(k<R[mid].key) high=mid-1;
        else low=mid;
    }
    return -1;
}
public int BSearch2(int k) {
    int low=0,high=n-1,mid;
    while(low<high) {
        mid=(low+high)/2;
        if(k==R[mid].key) return mid;
        if(k<R[mid].key) high=mid-1;
        else low=mid+1;
    }
    if(R[low].key==k) return low;
    else return -1;
}
```

解 BSearch1 是错误的,对于查找区间 [low,high],mid=(low+high)/2,若 $k>R[mid].key$,执行 low=mid,新查找区间为 [mid,high],若 mid 与查找区间的 low 相同(例如 low=high 时),则新查找区间没有变化,从而陷入死循环。这里以 $R=(1,3,5)$、$k=2$ 为例进行说明,其执行过程如下。

(1) low=0,high=2 ⇨ mid=(low+high)/2=1,$k<R[mid].key$ ⇨ high=mid-1=0。

(2) low=0,high=0 ⇨ mid=(low+high)/2=0,$k>R[mid].key$ ⇨ low=mid=0,

新查找区间没有改变,陷入死循环。

BSearch2 是正确的,一般的折半查找算法中 while 语句循环到空为止,这里 R 是非空表,将 while 语句改为循环到仅包含一个元素 R[low]为止,再判断该元素的关键字是否为 k,若不成立返回 −1。

2. 折半查找算法分析

一个有序顺序表 R 中所有元素的折半查找过程可用一棵判定树或比较树(这里是二叉树)来描述。查找区间为 R[low..high]的判定树 T(low,high)定义为,当 low>high 时,T(low,high)为空树;当 low≤high 时,根结点为中间序号 mid=(low+high)/2 的元素,其左子树是 R[low..mid−1]对应的判定树 T(low,mid−1),其右子树是 R[mid+1,high]对应的判定树 T(mid+1,high)。

在折半查找的判定树中所有结点的空指针都指向一个外部结点(用方形表示),其他称为内部结点(用圆形表示)。在后面介绍的二叉排序树、B 树等查找树中都采用类似的表示。

例如,具有 11 个元素(R[0..10])的有序表可用如图 9.4 所示的判定树来表示,内部结点中的数字表示该元素在有序表中的下标,外部结点中的两个值表示查找不成功时关键字对应的元素序号范围,即外部结点中"i~j"表示被查找值 k 是介于 R[i].key 和 R[j].key 之间的,即 R[i].key<k<R[j].key,用 u_i 表示。

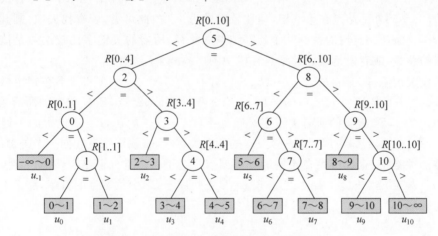

图 9.4 R[0..10]的折半查找的判定树(n=11)

说明:对于含 n 个元素的有序表 R,对应的判定树中恰好有 n 个内部结点和 n+1 个外部结点。

在图 9.4 所示的判定树中,若查找的元素是 R[5],则只需一次比较;若查找的元素是 R[2]或 R[8],则分别需要两次比较(例如,查找 R[8]对应的比较序列是 R[5],R[8]);若查找的元素是 R[0]、R[3]、R[6]或者 R[9],则分别需要 3 次比较(例如,查找 R[6]对应的比较序列是 R[5],R[8],R[6]);若查找的元素是 R[1]、R[4]、R[7]或者 R[10],则分别需要 4 次比较(例如,查找 R[4]对应的比较序列是 R[5],R[2],R[3],R[4])。由此可见,成功的折半查找过程恰好是走了一条从判定树的根到被查结点(某个内部结点)的路径,经历比较的关键字次数恰好为该结点在树中的层数。

说明:在折半查找中,当 k==R[mid].key 成立时,需要一次关键字比较,否则还要判定$k<R[\text{mid}].\text{key}$是否成立,这样有两次关键字比较。但在求关键字比较次数时,均认为是一次关键字比较,这样做一方面是为了简单,另一方面不会改变算法的时间复杂度。

不妨设关键字序列为$(k_0,k_1,\cdots,k_{n-1})$,并有$k_0<k_1<\cdots<k_{n-1}$,查找关键字k_i的概率为p_i,则成功情况下的平均查找长度为

$$\text{ASL}_{\text{成功}} = \sum_{i=0}^{n-1} p_i \times \text{level}(k_i)$$

其中,$\text{level}(k_i)$表示k_i的层次。若成功查找每个元素的概率相同,即$p_i=1/n$,则$\text{ASL}_{\text{成功}}$等同于

$$\text{ASL}_{\text{成功}} = \frac{\text{所有内部结点的关键字比较次数和}}{n}$$

对于图9.4所示的判定树考虑查找成功的情况,设所有元素查找成功的概率相等(仅针对判定树中的内部结点),即$p_i=1/11$,因此有

$$\text{ASL}_{\text{成功}} = \frac{1\times1+2\times2+4\times3+4\times4}{11} = 3$$

在图9.4所示的判定树中,若查找关键字k不在查找表中,则查找失败。例如,若查找的关键字k满足$R[4].\text{key}<k<R[5].\text{key}$,则依次与$R[5]$、$R[2]$、$R[3]$、$R[4]$的关键字比较,由于$k>R[4].\text{key}$,查找结束在"4~5"的外部结点中(落在$R[4]$结点的右孩子结点中)。尽管"4~5"外部结点在第5层,但比较次数为4。由此可见,若查找失败,则其比较过程是经历了一条从判定树的根到某个外部结点的路径,所需的关键字比较次数是该路径上内部结点的总数,或者说是该外部结点在树中的层数减1。

不妨设关键字序列为$(k_0,k_1,\cdots,k_{n-1})$,并有$k_0<k_1<\cdots<k_{n-1}$,不在判定树中的关键字可分为$n+1$类E_i($-1\leqslant i\leqslant n-1$),对应$n+1$个外部结点,$E_{-1}$包含的所有关键字$k$满足条件$k<k_0$,$E_i$包含的所有关键字$k$满足条件$k_i<k<k_{i+1}$,$E_{n-1}$包含的关键字$k$满足条件$k>k_{n-1}$。显然,对属于同一类$E_i$的所有关键字,查找都结束在同一个外部结点,而对不同类的关键字,查找结束在不同的外部结点。这里可以把外部结点用u_{-1}到u_{n-1}来标记,即u_i对应E_i($-1\leqslant i\leqslant n-1$)。设$q_i$是查找属于$E_i$中关键字的概率,那么不成功的平均查找长度为

$$\text{ASL}_{\text{不成功}} = \sum_{i=-1}^{n-1} q_i \times (\text{level}(u_i)-1)$$

其中,$\text{level}(u_i)$表示外部结点u_i的层次。若不成功的查找结束于每个外部结点的概率相同,共$n+1$个外部结点,则$q_i=1/(n+1)$,则$\text{ASL}_{\text{不成功}}$等同于

$$\text{ASL}_{\text{不成功}} = \frac{\text{所有外部结点的关键字比较次数和}}{n+1}$$

对于图9.4所示的判定树考虑不成功查找的情况,设所有不成功查找的概率相等(仅针对判定树中的外部结点),即$q_i=1/12$,因此有

$$\text{ASL}_{\text{不成功}} = \frac{4\times3+8\times4}{12} = 3.67$$

从前面的示例看到,借助一棵二叉判定树很容易求得折半查找的平均查找长度。为了讨论方便,不妨设内部结点的总数为$n=2^h-1$,这样的判定树是高度为$h=\log_2(n+1)$的满二叉树(高度h不计外部结点),如图9.5所示。该满二叉树中第j($1\leqslant j\leqslant h$)层上的结点

个数为 2^{j-1}，查找该层上的每个结点需要进行 j 次比较。因此，在等概率时折半查找成功情况下的平均查找长度为

$$\text{ASL}_{\text{成功}} = \sum_{i=0}^{n-1} p_i c_i = \frac{1}{n} \sum_{j=1}^{h} (2^{j-1} \times j) = \frac{n+1}{n} \log_2(n+1) \approx \log_2(n+1) - 1$$

在图 9.5 所示的判定树中所有外部结点在同一层，它们的高度为 $h+1$，不成功的查找结束于每个外部结点时，对应的关键字比较次数均为 h，所以在等概率时不成功情况下的平均查找长度=h。

从成功和不成功情况下的平均查找长度看出，折半查找的时间复杂度为 $O(\log_2 n)$，它是一种高效的查找算法。

图 9.5　判定树为高度为 h 的满二叉树

说明：当 n 不等于 $2^h - 1$ 时，其折半查找判定树不一定为满二叉树，但可以证明 n 个结点的判定树的高度与 n 个结点的完全二叉树的高度相等，即 h 为 $\lceil \log_2(n+1) \rceil$ 或者 $\lfloor \log_2 n \rfloor + 1$。同样，查找成功时关键字比较次数最多为判定树的高度 h，查找不成功时关键字比较次数最多也为判定树的高度 h。

【**例 9.4**】　给定 11 个元素的有序表(2,3,10,15,20,25,28,29,30,35,40)，采用折半查找，试问(1)若查找给定值为 20 的元素，将依次与表中的哪些元素比较？(2)若查找给定值为 26 的元素，将依次与哪些元素比较？(3)假设查找表中每个元素的概率相同，求查找成功时的平均查找长度和查找不成功时的平均查找长度。

解　对应的折半查找判定树如图 9.6 所示。

图 9.6　折半查找判定树

(1) 若查找给定值为 20 的元素，依次与表中的 25、10、15、20 元素比较，共比较 4 次。这是一种成功查找的情况，成功的查找一定落在某个内部结点中。

(2) 若查找给定值为 26 的元素，依次与 25、30、28 元素比较，共比较 3 次。这是一种不成功查找的情况，不成功的查找一定落在某个外部结点中。

(3) 在等概率时，成功查找情况下的平均查找长度为

$$\text{ASL}_{\text{成功}} = \frac{1 \times 1 + 2 \times 2 + 4 \times 3 + 4 \times 4}{11} = 3$$

在等概率时，不成功查找情况下的平均查找长度为

$$\text{ASL}_{\text{不成功}} = \frac{4 \times 3 + 8 \times 4}{12} = 3.67$$

注意：从前面的示例看到，折半查找的判定树的形态只与查找表的元素个数 n 相关，而

与输入实例中 $R[0..n-1].key$ 的取值无关。

【例 9.5】 有 n(n 为较大的整数)个元素的有序顺序表通过折半查找产生的判定树的高度(不计外部结点)是多少?设有 100 个元素的有序顺序表,在用折半查找时,成功查找情况下最大的比较次数和不成功查找情况下最大的比较次数各是多少?

解 当 n 较大时,对应的折半查找判定树与 n 个结点的完全二叉树的高度相等,所以其高度为 $h = \lceil \log_2(n+1) \rceil$。

在折半查找判定树中,成功查找情况下最大的比较次数是最大层次的内部结点的层次,它恰好等于该树的高度 h。层次最大的外部结点就是不成功查找所需关键字比较次数最多的结点,它一定是层次最大的内部结点的孩子结点,其关键字比较次数恰好是 $h+1-1=h$。

所以若 $n=100$,采用折半查找,成功时最大的比较次数和不成功时最大的比较次数均为 $h = \lceil \log_2(n+1) \rceil = 7$。

*3. 折半查找算法的扩展

这里讨论折半查找算法的几个扩展,并假设有序表 R 中可能出现相同关键字的元素。

1) 在有序表 R 中查找插入点

对于有序查找表 R,关键字 k 的插入点定义为将 k 插入 R 中使其有序的那一点。假设 R 是递增有序的,插入点就是第一个大于或等于 k 的元素序号。例如,$R=(1,1,1),k=2$ 的插入点为 3,$k=-1$ 的插入点为 0。若 $R=(1,3,5),k=1$ 的插入点为 0,$k=2$ 的插入点为 1,$k=5$ 的插入点为 2。

扫一扫

视频讲解

在非空查找区间 $R[low..high]$(满足 $low \leq high$)中查找 k 插入点的设计思路是置 $mid=(low+high)/2$:

(1) 若 $k \leq R[mid].key$,新查找区间为左区间,即置 $high=mid-1$(跳过大于或等于 k 的元素),或者说 $k \leq R[mid].key$ 时新查找区间左移。

(2) 若 $k > R[mid].key$,新查找区间为右区间,即置 $low=mid+1$(与普通折半查找相同),或者说 $k > R[mid].key$ 时新查找区间右移。

重复上述过程,直到查找区间 $R[low..high]$ 变空(满足 $low > high$)为止,并且满足 $R[0..high].key < k, R[high+1..n-1].key \geq k$。这样,若 $high+1$ 就是第一个大于或等于 k 的元素序号,例如 $R=(1,3,5),k=2$,查找结束的空区间为 $[1,0]$,返回插入点为 1。对应的算法如下:

```java
public int GOEk(int k) {                //查找第一个大于或等于 k 的序号即 k 的插入点
    int low=0,high=n-1,mid;
    while(low<=high) {                  //当前区间非空时
        mid=(low+high)/2;               //求查找区间的中间位置
        if(k<=R[mid].key)               //继续在 R[low..mid-1]中查找
            high=mid-1;
        else                            //k > R[mid].key
            low=mid+1;                  //继续在 R[mid+1..high]中查找
    }
    return high+1;                      //返回 high+1
}
```

【例 9.6】 有一个按整数关键字 key 递增有序的顺序表 R,其中关键字可能重复出现。设计一个算法返回与 k 最接近的元素关键字,若有多个最接近的元素关键字,返回较大的那一个。例如,$R=(1,3,8,8,12)$,$k=6$ 时最接近的元素是 8,$k=10$ 时最接近的元素是 12。

解 用 SqListSearchClass 对象 s 存放递增有序的顺序表 R,注意这里的 k 不一定包含在 R 中,所以不能直接采用基本折半查找求解,而需要进行改进。求与 k 最接近的元素关键字的算法的设计思路如下。

(1) 若 $k \leqslant s.R[0].key$,则返回 $s.R[0].key$。

(2) 若 $k \geqslant s.R[s.n-1].key$,则返回 $s.R[s.n-1].key$。

(3) 否则先调用前面的算法 GOEk(int k) 求 R 中第一个大于或等于 k 的元素序号 j,再取其前一个元素序号 i,最接近元素的区间为 $[i,j]$,通过比较返回 $R[i].key$ 或者 $R[j].key$。

对应的算法如下:

```
static int Closest(SqListSearchClass s,int k) {
    if(k<=s.R[0].key) return s.R[0].key;
    if(k>=s.R[s.n-1].key) return s.R[s.n-1].key;
    int j=s.GOEk(k);                              //查找第一个大于或等于k的序号
    int i=j-1;                                    //前一个元素的序号
    if(Math.abs(s.R[i].key-k)< Math.abs(s.R[j].key-k))
        return s.R[i].key;
    else
        return s.R[j].key;
}
```

说明:

(1) Java 中类的 Arrays 提供了静态方法 binarySearch(E[] a[,int fromIndex, int toIndex], E key),使用折半查找在一维有序数组 a 的 [fromIndex,toIndex) 范围内查找为 k 的元素序号,若省略范围,则在整个有序数组中查找。如果数组 a 中包含多个为 k 的元素,则无法保证找到的是哪一个。如果查找成功,则返回找到的一个元素的序号;否则返回(一插入点-1),例如,$a=\{1,3,5\}$,$k=4$,查找不成功,k 的插入点为 2,返回值为 $-2-1=-3$。注意,这保证了当且仅当 k 被找到时返回的值 $\geqslant 0$。

(2) 由于折半查找时要求一维数组 a 是有序的,可以先使用 Arrays 类的静态方法 sort() 进行排序,再实施折半查找。

扫一扫

视频讲解

2) 在有序表 R 中查找关键字 k 的元素区间

若 R 中存在多个关键字为 k 的元素,它们一定是相邻的。查找关键字 k 的元素区间就是查找其中关键字为 k 的第一个和最后一个元素序号。

对于查找区间 $R[low..high]$,其长度为 $m=(high-low+1)$。当 m 为奇数时,中间位置 $mid=(low+high)/2$ 是唯一的,例如 $R[0..2]=(1,2,3)$,对应的中位数(中间位置的元素)是 $R[1]=2$。当 m 为偶数时,中间位置有两个,其中 $mid1=(low+high)/2$ 是低中间位,$mid2=(low+high+1)/2$[或者 $mid=low+(high-low+1)/2$]是高中间位,例如 $R[0..3]=(1,2,3,4)$,对应的低中位数是 $R[1]=2(mid1=1)$,高中位数是 $R[2]=3(mid2=2)$。在前面基本的折半查找中总是取低中间位。

先设计 Firstequalsk(k) 算法用于返回 R 中第一个等于 k 的元素序号,若 R 中没有等于 k 的元素,则返回 -1。其设计思路是对于长度大于 1 的查找区间 $R[low..high]$(满足 low<high),置 $mid=(low+high)/2$(其长度为偶数时取低中间位):

(1) 若 $k \leqslant R[mid].key$,新查找区间为左区间,即置 high=mid(由于可能有 $R[mid]$

.key=k,新查找区间应包含 mid),或者说 k≤R[mid].key 时新查找区间左移。

(2) 若 k>R[mid].key,新查找区间为右区间,即置 low=mid+1(由于 R[mid].key<k,新查找区间不包含 mid),或者说 k>R[mid].key 时新查找区间右移。

重复上述过程,直到找到长度为 1 的查找区间 R[low..low](即 high=low)为止,此时该区间最多有一个为 k 的元素,而 R[low+1..n-1].key≥k。这样,若 R[low].key==k,则 R[low]一定是第一个等于 k 的元素,否则说明 R 中不存在关键字为 k 的元素。对应的算法如下:

```
public int Firstequalsk(int k) {            //查找第一个等于 k 的元素序号
    int mid,low=0,high=n-1;
    while(low<high) {
        mid=(low+high)/2;
        if(k<=R[mid].key) high=mid;
        else low=mid+1;
    }
    if(k==R[low].key) return low;
    else return -1;
}
```

再设计 Lastequalsk(k)算法用于返回 R 中最后一个等于 k 的元素序号,若 R 中没有等于 k 的元素,则返回-1。其设计思路是对于长度大于 1 的当前查找区间 R[low..high](满足 low<high),置 mid=(low+high+1)/2(其长度为偶数时取高中间位):

(1) 若 k≥R[mid].key,新查找区间为右区间,即置 low=mid(由于可能有 R[mid].key=k,新查找区间应包含 mid),或者说 k≥R[mid].key 时新查找区间右移。

(2) 若 k<R[mid].key,新查找区间为左区间,即置 high=mid-1(由于 R[mid].key>k,新查找区间不包含 mid),或者说 k<R[mid].key 时新查找区间左移。

重复上述过程,直到找到长度为 1 的查找区间 R[low..low](即 high=low)为止,此时该区间最多有一个为 k 的元素,而 R[0..low-1].key≤k。这样,若 R[low].key=k,则 R[low]一定是最后一个等于 k 的元素,否则说明 R 中不存在关键字为 k 的元素。对应的算法如下:

```
public int Lastequalsk(int k) {            //查找最后一个等于 k 的元素序号
    int mid,low=0,high=n-1;
    while(low<high) {
        mid=(low+high+1)/2;
        if(k>=R[mid].key) low=mid;
        else high=mid-1;
    }
    if(k==R[low].key) return low;
    else return -1;
}
```

这样,在可能有相同关键字元素的有序表 R 中查找关键字 k 的元素区间(查找失败时返回[-1,-1])的算法如下:

```
public int[] Intervalk(int k) {            //查找为 k 的元素区间[v[0],v[1]]
    int[] v=new int[2];
    v[0]=Firstequalsk(k);
```

```
            v[1]=Lastequalsk(k);
            return v;
}
```

9.2.3 索引存储结构和分块查找

1. 索引存储结构

索引存储结构是在采用数据表存储数据的同时还建立附加的索引表。索引表中的每一项称为索引项。索引项的一般形式为(关键字,地址),其中关键字唯一标识一个元素,地址为该关键字元素在数据表中的存储地址,整个索引表按关键字有序排列。例如,对于表 1.1 所示的高等数学成绩表,以学号为关键字时的索引存储结构如图 9.7 所示。其中,数据表采用顺序表结构存放所有学生的成绩元素,每个元素有一个地址(这里采用相对地址);索引表由学号和地址组成,并且按学号递增排列。在这样的索引存储结构中,数据表的每个元素都对应索引表的一个索引项,也就是说数据表和索引表的长度相同,称为稠密索引。

地址	学号	姓名	分数
0	2018001	王华	90
1	2018010	刘丽	62
2	2018006	陈明	54
3	2018009	张强	95
4	2018007	许兵	76
5	2018012	李萍	88
6	2018005	李英	82

(a) 数据表

学号	地址
2018001	0
2018005	6
2018006	2
2018007	4
2018009	3
2018010	1
2018012	5

(b) 索引表

图 9.7 高等数学成绩表的索引存储结构

含 n 个元素的线性表采用索引存储结构后,按关键字 k 的查找过程是先在索引表中按折半查找方法找到关键字为 k 的索引项,得到其地址,所花时间为 $O(\log_2 n)$;再通过地址在数据表中找到对应的元素,所花时间为 $O(1)$;合起来的查找时间为 $O(\log_2 n)$,与折半查找的性能相同,属于高效的查找方法。索引存储结构的缺点是为了建立索引表而增加了时间和空间的开销。

2. 分块查找

分块查找又称索引顺序查找,它是一种性能介于顺序查找和折半查找之间的查找方法。它要求按如下的索引方式来存储查找表:将表 $R[0..n-1]$ 均分为 b 块,前 $b-1$ 块中的元素个数为 $s=\lceil n/b \rceil$,最后一块(即第 b 块)的元素数小于或等于 s;每一块中的关键字不一定有序,但前一块中的最大关键字必须小于后一块中的最小关键字,即要求表是"分块有序"的。

抽取各块中的最大关键字及其起始位置构成一个索引表 $I[0..b-1]$,即 $I[i]$($0 \leqslant i \leqslant b-1$)中存放着第 i 块的最大关键字及该块在表 R 中的起始位置。由于表 R 是分块有序的,所以索引表是一个递增有序表。

也就是说,在这种结构中除了数据表外,另外增加了一个分块索引表,所以它也是一种索引存储结构。由于索引表中每个索引项对应数据表中的一个块而不是一个元素,即索引表的长度远远小于数据表的长度,称为稀疏索引。

假设数据表长度为 n,分为 b 个块,块长度为 s,如果 $n\%b=0$,则 $s=n/b$,这样 b 个块的长度均为 s,是一种理想的状态。若 $n\%b \neq 0$,取 $s=\lceil n/b \rceil=\lfloor (n+b-1)/b \rfloor$,这样,前 $b-1$ 个块的长度为 s,最后一个块的长度 $=n-(b-1) \times s$。

说明:分块查找并非适合任何无序数据的查找,也不是随意地分块,一定满足在分块后块间数据有序、块内数据无序的特点。

索引表的元素类型定义如下:

```
class IdxType {                   //索引表元素类型
    int key;                      //关键字(这里是对应块中的最大关键字)
    int link;                     //该索引块在数据表中的起始下标
}
```

例如,设有一个查找线性表采用顺序表 R 存储,其中包含 25 个元素,其关键字序列为 (8,14,6,9,10,22,34,18,19,31,40,38,54,66,46,71,78,68,80,85,100,94,88,96,87)。假设将 R 中的 25 个元素分为 5 块 ($b=5$),每块中有 5 个元素 ($s=5$),并且这样分块后满足分块有序性。对应的索引存储结构如图 9.8 所示,第 1 块中的最大关键字 14 小于第 2 块中的最小关键字 18,第 2 块中的最大关键字 34 小于第 3 块中的最小关键字 38,以此类推。也就是说,这里的索引项中关键字为对应块中的最大关键字,整个索引表按关键字递增排列。

图 9.8 分块查找的索引存储结构

对于数据表 R,若分为 b 个块,构造上述索引表 I 的算法如下:

```
public void CreateI(IdxType[] I, int b) {          //构造索引表
    int s=(n+b-1)/b;                               //每块的元素个数,s=⌈n/b⌉
    int j=0,jmax=R[j].key;
    for(int i=0;i<b;i++) {                         //构造 b 块
        I[i]=new IdxType();
        I[i].link=j;
        while(j<=(i+1)*s-1 && j<=n-1) {            //j 遍历一个块,查找其中的最大关键字 jmax
            if(R[j].key>jmax) jmax=R[j].key;
            j++;
        }
        I[i].key=jmax;
        if(j<=n-1) jmax=R[j].key;                  //j 没有遍历完,jmax 置为下一个块的首元素关键字
    }
}
```

分块查找的基本思路是首先查找索引表,因为索引表是有序表,可以采用折半查找(当索引项较少时可以采用顺序查找),以确定待查的元素在哪一块中;然后在已确定的块中进行顺序查找(因块内元素有序,只能用顺序查找)。

例如,在图 9.8 所示的存储结构中,查找关键字等于给定值 $k=80$ 的元素,因为索引表较小,不妨用顺序查找方法查找索引表。即首先将 k 依次和索引表中的各关键字比较,直到找到第一个关键字大于或等于 k 的元素,由于 $k \leqslant 85$,所以关键字为 80 的元素若存在,则必定在第 4 块中;然后由 $I[3]$.link 找到第 4 块的起始地址 15,从该地址开始在 $R[15..19]$ 中进行顺序查找,直到 $R[18]$.key$==k$ 为止。若给定值 $k=30$,同理,先确定第 2 块,然后在该块中查找。因该块中查找不成功,故说明表中不存在关键字为 30 的元素。

采用折半查找索引表(索引表 I 的长度为 b)的分块查找算法如下(查找索引表的思路与前面的 GOEk 算法类似):

```
public int IdxSearch(IdxType[] I,int b,int k) {    //在顺序表 R[0..n-1]和索引表 I[0..b-1]中查找 k
    int low=0,high=b-1,mid;
    while(low<=high) {                              //在索引表中折半查找,找到块号为 high+1
        mid=(low+high)/2;
        if(k<=I[mid].key) high=mid-1;
        else low=mid+1;
    }
    if(high+1>=b) return -1;                        //块号超界,查找失败,返回-1
    int i=I[high+1].link;                           //所在块的起始位置
    int s=(n+b-1)/b;                                //求每块的元素个数 s
    if(i==b-1) s=n-s*(b-1);                         //第 i 块是最后块,元素个数可能少于 s
    while(i<=I[high+1].link+s-1 && R[i].key!=k)
        i++;
    if(i<=I[high+1].link+s-1) return i;             //查找成功,返回该元素的序号
    else return -1;                                 //查找失败,返回-1
}
```

由于分块查找实际上是两次查找过程,故整个查找过程的平均查找长度是两次查找的平均查找长度之和。

若有 n 个元素,每块中有 s 个元素(每块的大小 $b=\lceil n/s \rceil$),分析分块查找在成功情况下的平均查找长度如下。

若以折半查找来确定元素所在的块,则分块查找成功时的平均查找长度为

$$\text{ASL}_{blk} = \text{ASL}_{bn} + \text{ASL}_{sq} = \log_2(b+1) - 1 + \frac{s+1}{2}$$

$$\approx \log_2(n/s+1) + \frac{s}{2} \quad \left(\text{或} \log_2(b+1) + \frac{s}{2}\right)$$

显然,当 s 越小时 ASL_{blk} 的值越小,即当采用折半查找确定块时每块的长度越小越好。若以顺序查找来确定元素所在的块,则分块查找成功时的平均查找长度为

$$\text{ASL}'_{blk} = \text{ASL}_{bn} + \text{ASL}_{sq} = \frac{b+1}{2} + \frac{s+1}{2} = \frac{1}{2}\left(\frac{n}{s}+s\right) + 1 \quad \left(\text{或} \frac{1}{2}(b+s)+1\right)$$

显然,当 $s=\sqrt{n}$ 时 ASL'_{blk} 取极小值 $\sqrt{n}+1$,即当采用顺序查找确定块时各块中的元素个数选定为 $\sqrt{n}$ 时效果最佳。

分块查找的主要代价是增加一个索引表的存储空间和增加建立索引表的时间。

【例9.7】 对于具有10 000个元素的顺序表,假设数据分布满足相应的要求,回答以下问题。

(1) 若采用分块查找方法,并用顺序查找来确定元素所在的块,则分成几块最好?每块的最佳长度为多少?此时成功情况下的平均查找长度为多少?在这种情况下,若改为用折半查找确定块,成功情况下的平均查找长度为多少?

(2) 若采用分块查找方法,仍用顺序查找来确定元素所在的块,假定每块长度为$s=20$,此时成功情况下的平均查找长度是多少?在这种情况下,若改为用折半查找确定块,成功情况下的平均查找长度为多少?

(3) 若直接采用顺序查找和折半查找方法,其成功情况下的平均查找长度各是多少?

解 (1) 对于具有10 000个元素的文件,若采用分块查找方法,并用顺序查找来确定元素所在的块,每块中最佳元素个数$s=\sqrt{10\,000}=100$,总的块数$b=\lceil n/s \rceil=100$。此时成功情况下的平均查找长度为

$$\text{ASL} = \frac{1}{2}(b+s)+1 = 100+1 = 101$$

在这种情况下,若改为用折半查找确定块,此时成功情况下的平均查找长度为

$$\text{ASL} = \log_2(b+1) + \frac{s}{2} = \log_2 101 + 50 \approx 57$$

(2) $s=20$,则$b=\lceil n/s \rceil = 10\,000/20 = 500$。

在进行分块查找时,若仍用顺序查找确定块,此时成功情况下的平均查找长度为

$$\text{ASL} = \frac{1}{2}(b+s)+1 = 260+1 = 261$$

在这种情况下,若改为用折半查找确定块,此时成功情况下的平均查找长度为

$$\text{ASL} = \log_2(b+1) + \frac{s}{2} = \log_2 501 + 10 \approx 19$$

(3) 若直接采用顺序查找,此时成功情况下的平均查找长度为

$$\text{ASL} = (10\,000+1)/2 = 5000.5$$

若直接采用折半查找,此时成功情况下的平均查找长度为

$$\text{ASL} = \log_2 10\,001 - 1 \approx 13$$

由此可见,分块查找算法的效率介于顺序查找和折半查找之间。

9.3 树表的查找

9.2节讨论了查找表为线性表的情况,实际上查找表也可以为树形结构,本节介绍几种特殊树形结构的查找,统称为**树表**。这里的树表采用链式存储结构,由于链式存储结构既适合查找,也适合数据修改,属于动态查找表。对于动态查找表,不仅要讨论查找方法,还要讨论修改方法。本节主要讨论二叉排序树、平衡二叉树、B树和B+树,以及Java中的TreeMap和TreeSet集合。

9.3.1 二叉排序树

1. 二叉排序树的定义

二叉排序树(简称 BST)又称二叉查找(搜索)树,其定义为二叉排序树或者是空树,或者是满足如下性质的二叉树。

(1) 若它的左子树非空,则左子树上所有结点的值(默认为结点关键字)均小于根结点值。

(2) 若它的右子树非空,则右子树上所有结点的值均大于根结点值。

(3) 左、右子树本身又各是一棵二叉排序树。

上述性质称为二叉排序树性质(简称 BST 性质),故二叉排序树实际上是满足 BST 性质的二叉树,并且假设所有结点值唯一。

说明:上述是基本二叉排序树的定义(除特别指定外,本章默认为基本二叉排序树),在实际应用中它有两种变形。变形一是结点的关键字不唯一,可将二叉排序树定义中 BST 性质(1)的"小于"改为"小于或等于",BST 性质(2)的"大于"改为"大于或等于";变形二是左子树结点关键字大,右子树结点关键字小。

从 BST 性质可推出二叉排序树的一些重要性质:按中序遍历该树所得到的中序序列是一个递增有序序列。整棵二叉排序树中关键字最小的结点是根结点的最左下结点(中序序列的开始结点),关键字最大的结点是根结点的最右下结点(中序序列的尾结点)。

正是因为二叉排序树的中序序列是一个有序序列,所以对于一个任意的关键字序列构造一棵二叉排序树,其实质是对此关键字序列进行排序,使其变为有序序列。"排序树"的名称也由此而来。

定义二叉排序树的结点类型如下(这里每个结点值仅有关键字 key,若有其他数据项可相应地增加成员):

```
class BSTNode {                              //二叉排序树结点类
    public int key;                          //存放关键字,假设关键字为 int 型
    public BSTNode lchild;                   //存放左孩子指针
    public BSTNode rchild;                   //存放右孩子指针
    BSTNode() {                              //构造方法
        lchild=rchild=null;
    }
}
```

设计二叉排序树类模板 BSTClass 如下:

```
public class BSTClass {                      //二叉排序树类
    public BSTNode r;                        //二叉排序树的根结点
    private BSTNode f;                       //用于存放待删除结点的双亲结点
    public BSTClass() {                      //构造方法
        r=null;
    }
    //二叉排序树的基本运算算法
}
```

2. 二叉排序树的插入和生成

在二叉排序树中插入一个新结点要保证插入后仍满足 BST 性质。在根结点 p 的二叉

排序树中插入关键字为 k 的结点的过程如下。

(1) 若 p 为空,创建一个 key 为 k 的结点,返回时将它作为根结点。

(2) 若 $k<p.\text{key}$,将 k 插入 p 结点的左子树中并且修改 p 的左子树。

(3) 若 $k>p.\text{key}$,将 k 插入 p 结点的右子树中并且修改 p 的右子树。

(4) 其他情况是 $k==p.\text{key}$,说明树中已有关键字 k,无须插入,直接返回 p。

对应的递归算法 InsertBST()如下:

```java
public void InsertBST(int k) {              //插入一个关键字为 k 的结点
    InsertBST1(r,k);
}
private BSTNode InsertBST1(BSTNode p,int k) {   //在以 p 为根的 BST 中插入关键字为 k 的结点
    if(p==null) {                           //原树为空,新插入的元素为根结点
        p=new BSTNode();
        p.key=k;
    }
    else if(k<p.key)
        p.lchild=InsertBST1(p.lchild,k);    //插入 p 的左子树中
    else if(k>p.key)
        p.rchild=InsertBST1(p.rchild,k);    //插入 p 的右子树中
    return p;
}
```

创建二叉排序树是从一个空树开始的,先创建根结点,以后每插入一个关键字 k,就调用一次 InsertBST(k)算法将 k 插入当前已生成的二叉排序树中。对应的 CreateBST()算法如下:

```java
public void CreateBST(int[] a) {            //由关键字序列 a 创建一棵二叉排序树
    r=new BSTNode();                        //创建根结点
    r.key=a[0];
    for(int i=1;i<a.length;i++)             //创建其他结点
        InsertBST1(r,a[i]);                 //插入关键字 a[i]
}
```

3. 二叉排序树的查找

由于二叉排序树可看作一个有序表,所以在二叉排序树上进行查找和折半查找类似,也是一个逐步缩小查找范围的过程。递归查找算法 SearchBST()如下(在二叉排序树上查找关键字为 k 的元素,成功时返回查找到的结点,否则返回 null):

```java
public BSTNode SearchBST(int k) {           //在二叉排序树中查找关键字为 k 的结点
    return SearchBST1(r,k);                 //r 为二叉排序树的根结点
}
private BSTNode SearchBST1(BSTNode p,int k) {   //被 SearchBST()方法调用
    if(p==null) return null;                //空树返回 null
    if(p.key==k) return p;                  //找到后返回 p
    if(k<p.key)
        return SearchBST1(p.lchild,k);      //在左子树中递归查找
    else
        return SearchBST1(p.rchild,k);      //在右子树中递归查找
}
```

与折半查找的判定树类似,在二叉排序树中的每个空指针处添加一个外部结点。在二

叉排序树中查找时,若查找成功,则是从根结点出发走了一条从根结点到查找到的结点的路径;若查找不成功,则是从根结点出发走了一条从根结点到某个外部结点的路径。因此二叉排序树的查找与折半查找类似,在查找中关键字比较的次数不超过树的高度。

一个关键字集合可以有多个不同顺序的关键字序列,对于不同的关键字序列,CreateBST()算法创建的二叉排序树可能不同。例如,关键字序列为(5,2,1,6,7,4,3),创建的二叉排序树如图9.9(a)所示;若关键字序列为(1,2,3,4,5,6,7),创建的二叉排序树如图9.9(b)所示。

(a) 二叉排序树1　　　　　　　(b) 二叉排序树2

图 9.9　两棵二叉排序树

这两棵二叉排序树的高度分别是 4 和 7,因此在查找失败的情况下最多关键字比较次数分别为 4 和 7。在查找成功的情况下,它们的平均查找长度是不相同的。对于图 9.9(a)所示的二叉排序树,在等概率假设下,查找成功的平均查找长度为

$$\text{ASL}_a = \frac{1 \times 1 + 2 \times 2 + 3 \times 3 + 1 \times 4}{7} = 2.57$$

同样,在等概率假设下,图 9.9(b)所示的二叉排序树在查找成功时的平均查找长度为

$$\text{ASL}_b = \frac{1 \times 1 + 1 \times 2 + 1 \times 3 + 1 \times 4 + 1 \times 5 + 1 \times 6 + 1 \times 7}{7} = 4$$

由此可见,二叉排序树查找的平均查找长度和二叉排序树的形态有关,显然图 9.9(a)的二叉排序树的查找效率比图 9.9(b)的好,因此构造一棵高度越小的二叉排序树查找效率越高。

那么如何分析二叉排序树的查找性能呢?有如下两种分析方法。

(1) 对于含 n 个关键字的集合,假设所有关键字不相同,对应有 $n!$ 个关键字序列,每个关键字序列构造一棵二叉排序树,其中有些二叉排序树是相同的。例如,3 个关键字的集合 $\{1,2,3\}$,由 $(2,1,3)$ 和 $(2,3,1)$ 两个关键字序列构造的二叉排序树是相同的。可以证明所有这些二叉排序树中查找每个关键字的平均时间为 $O(\log_2 n)$。

(2) 给定含 n 个关键字的特定关键字序列构造一棵二叉排序树(是 $n!$ 个关键字序列中的一个),其中查找性能最好的是高度最小的二叉排序树,最好查找性能为 $O(\log_2 n)$;查找性能最坏的是高度为 n 的二叉排序树[类似图 9.9(b)所示的单支树],最坏查找性能为 $O(n)$。平均情况由具体的关键字序列来确定。所以常说二叉排序树的时间复杂度在 $O(\log_2 n)$ 和 $O(n)$ 之间,就是指这种分析方法。

【例 9.8】 已知一组关键字为 (25,18,46,2,53,39,32,4,74,67,60,11),按该顺序依次插入一棵初始为空的二叉排序树中,画出最终的二叉排序树,并求在等概率情况下查找成功

的平均查找长度和查找不成功的平均查找长度。

解 最终构造的二叉排序树如图9.10所示,图中的圆形结点为内部结点,小方形结点为外部结点。

图9.10 一棵二叉排序树

在等概率的情况下,查找成功的平均查找长度为

$$ASL_{成功} = \frac{1×1+2×2+3×3+3×4+2×5+1×6}{12} = 3.5$$

在等概率的情况下,查找不成功的平均查找长度为

$$ASL_{不成功} = \frac{1×2+3×3+4×4+3×5+2×6}{13} = 4.15$$

【例9.9】 在含有27个结点的二叉排序树上查找关键字为35的结点,以下4个选项中,( )是可能的关键字比较序列。

A. 28,36,18,46,35   B. 18,36,28,46,35
C. 46,28,18,36,35   D. 46,36,18,28,35

解 各查找序列对应的查找树如图9.11所示。查找序列$(k_1,k_2,\cdots,k_n)$的查找树画法是每一层只有一个结点,首先k_1为根结点,再依次画出其他结点,若$k_{i+1}<k_i$,则k_{i+1}的结点作为k_i结点的左孩子,否则作为右孩子。

   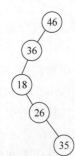

(a) 选项A序列的查找过程   (b) 选项B序列的查找过程   (c) 选项C序列的查找过程   (d) 选项D序列的查找过程

图9.11 各序列对应的查找过程

查找树是原来二叉排序树的一部分,也一定构成一棵二叉排序树。图中虚线圆圈部分表示违背了二叉排序树的定义,从中可以看到,只有选项D序列对应的查找树是一棵二叉排序树,所以只有选项D序列可能是查找关键字35的关键字比较序列。

4. 二叉排序树的删除

二叉排序树的删除是指从二叉排序树中删除一个指定关键字 k 的结点(由于二叉排序树中结点的关键字是唯一的,每个结点只有一个关键字,所以删除关键字与删除结点是一回事),在删除一个结点时不能简单地把以该结点为根的子树都删去,只能删除该结点本身,并且还要保证删除后的二叉树仍然满足 BST 性质。也就是说,在二叉排序树中删除一个结点就相当于删除有序序列(即该树的中序序列)中的一个结点。

删除操作必须首先找到待删除的结点,当找到关键字为 k 的结点 p 时,删除结点 p 分为以下几种情况。

(1) 若结点 p 是叶子结点(结点 p 的度为 0),删除该结点等同于删除该结点的子树,所以可以直接删除该结点。图 9.12(a)所示为删除叶子结点 9 的过程。这是一种最简单的删除结点的情况。

(2) 若结点 p 只有左孩子没有右孩子(结点 p 的度为 1),根据二叉排序树的特点,可以用结点 p 的左子树替代结点 p 的子树,也就是直接用其左孩子替代它(结点替代),图 9.12(b)所示为删除只有左孩子的结点 4 的过程。

(3) 若结点 p 只有右孩子没有左孩子(结点 p 的度为 1),根据二叉排序树的特点,可以用结点 p 的右子树替代结点 p 的子树,也就是直接用其右孩子替代它(结点替代),图 9.12(c)所示为删除只有右孩子的结点 7 的过程。

(4) 若结点 p 既有左孩子又有右孩子(结点 p 的度为 2),根据二叉排序树的特点,可以从其左子树中选择关键字最大的结点(中序前驱)或从其右子树中选择关键字最小的结点(中序后继)q 替代结点 p,再将结点 q 从相应子树中删除。操作步骤是先用结点 q 的值替代结点 p 的值(值替代),再删除结点 q。

删除方法 1:选择的结点 q 是结点 p 的左子树中的最大关键字结点,它一定是结点 p 的左孩子的最右下结点,这样的结点 q 一定没有右孩子,最多只有左孩子,可以采用(2)删除结点 q。图 9.12(d)所示为删除有左、右孩子的结点 5 的过程,先找到结点 5 的左孩子的最右下结点 4,用结点值 4 替代结点 5,再删除原结点 4。

删除方法 2:选择的结点 q 是结点 p 的右子树中的最小关键字结点,它一定是结点 p 的右孩子的最左下结点,这样的结点 q 一定没有左孩子,最多只有右孩子,可以采用(3)删除结点 q。所以要删除图 9.12(d)中左边二叉排序树的结点 5,也可以找到结点 5 的右孩子的最左下结点 6,用结点值 6 替代结点 5,再删除原结点 6。

上述两种删除方法都是正确的,即删除后的二叉树仍然是二叉排序树,在后面的算法中采用的是前一种删除方法。

说明:由二叉排序树结点的删除过程看出,若一棵非空二叉排序树为 T,删除关键字为 k 的结点 p 后得到二叉排序树 $T1$,然后在 $T1$ 中插入关键字 k 得到二叉排序树 $T2$。如果结点 p 是叶子结点,则 $T2$ 与 T 是相同的;如果结点 p 不是叶子结点,则 $T2$ 与 T 是不相同的。

在删除算法设计中,先查找关键字为 k 的结点 p,再删除结点 p。从二叉排序树中删除结点 p 是通过修改其双亲的相关指针实现的,为此需要标识结点 p 的双亲结点 f,并且用 flag 标识结点 p 是结点 f 的何种孩子,flag=-1 表示结点 p 是根结点(没有双亲);flag=0 表示结点 p 是结点 f 的左孩子;flag=1 表示结点 p 是结点 f 的右孩子。所以删除中的查

(a) 结点p为叶子结点：直接删除

(b) 结点p只有左孩子：用左孩子结点q替代结点p

(c) 结点p只有右孩子：用右孩子结点q替代结点p

(d) 结点p有左、右孩子：找到其左孩子的最右下结点q，置p结点值为q结点值（值替代），再删除q结点[q结点没有右孩子，最多只有左孩子，采用(b)删除]

图9.12　二叉排序树的结点删除

找不能简单地采用前面的基本查找算法，而需要在查找中确定结点 p 对应的双亲结点 f 和左、右孩子标记 flag。

这里以删除仅有左孩子的结点 p（含结点 p 为叶子结点的情况）为例进行说明，分为以下 3 种情况。

(1) flag==-1，说明结点 p 是根结点，由于它没有右孩子，删除操作是用它的左孩子作为二叉排序树的根结点，即执行 $r=p.$lchild，如图 9.13(a)所示。

(2) flag==0，说明结点 p 是其双亲结点 f 的左孩子，删除操作是用它的左孩子替代它，即执行 $f.$lchild$=p.$lchild，如图 9.13(b)所示。

(3) flag==1，说明结点 p 是其双亲结点 f 的右孩子，删除操作是用它的左孩子替代它，即执行 $f.$rchild$=p.$lchild，如图 9.13(c)所示。

(a) flag=-1　　　　(b) flag=0　　　　(c) flag=1

图 9.13　删除仅有左孩子的结点 p 的 3 种情况

删除仅有右孩子的结点 p 的过程与上述类似。

当被删结点 p 有左、右孩子时,采用前面的删除方法 1,先让 q 指向其左孩子结点,分为以下两种情况。

(1) 若结点 q 没有右孩子,说明结点 q 就是结点 p 的左子树中关键字最大的结点,操作是将被删结点 p 的值用结点 q 的值替代(值替代),再删除结点 q,即执行 $p.key=q.key$, $p.lchild=q.lchild$,如图 9.14(a)所示。

(a) 结点 q 没有右孩子　　　　(b) 结点 q 有右孩子

图 9.14　删除有左、右孩子的结点 p 的两种情况

(2) 若结点 q 有右孩子,说明结点 p 的左子树中关键字最大的结点是结点 q 的最右下结点,则从结点 q 出发向右找到最右下结点(仍用 q 表示),$f1$ 指向结点 q 的双亲结点,找到最右下结点 q 后,将被删结点 p 的值用 q 的值替代,再通过 $f1$ 删除结点 q,即执行 $p.key=q.key$, $p.rchild=q.lchild$,如图 9.14(b)所示。

对应的删除算法 DeleteBST 如下:

```
public boolean DeleteBST(int k) {           //删除关键字为 k 的结点
    f=null;
    return DeleteBST1(r,k,-1);              //r 为二叉排序树的根结点
}
private boolean DeleteBST1(BSTNode p,int k,int flag) {  //被 DeleteBST()方法调用
    if(p==null)
        return false;                       //空树返回 false
    if(p.key==k)
        return DeleteNode(p,f,flag);        //找到后删除 p 结点
    if(k<p.key) {
        f=p;
        return DeleteBST1(p.lchild,k,0);    //在左子树中递归查找
```

```java
        else {
            f=p;
            return DeleteBST1(p.rchild,k,1);        //在右子树中递归查找
        }
    }
    private boolean DeleteNode(BSTNode p,BSTNode f,int flag) {    //删除结点p(其双亲为f)
        if(p.rchild==null) {                        //结点p只有左孩子(含p为叶子的情况)
            if(flag==-1)                            //结点p的双亲为空(p为根结点)
                r=p.lchild;                         //修改根结点r为p的左孩子
            else if(flag==0)                        //p为双亲f的左孩子
                f.lchild=p.lchild;                  //将f的左孩子置为p的左孩子
            else                                    //p为双亲f的右孩子
                f.rchild=p.lchild;                  //将f的右孩子置为p的左孩子
        }
        else if(p.lchild==null) {                   //结点p只有右孩子
            if(flag==-1)                            //结点p的双亲为空(p为根结点)
                r=p.rchild;                         //修改根结点r为p的右孩子
            else if(flag==0)                        //p为双亲f的左孩子
                f.lchild=p.rchild;                  //将f的左孩子置为p的右孩子
            else                                    //p为双亲f的右孩子
                f.rchild=p.rchild;                  //将f的右孩子置为p的左孩子
        }
        else {                                      //结点p有左、右孩子
            BSTNode f1=p;                           //f1为结点q的双亲结点
            BSTNode q=p.lchild;                     //q转向结点p的左孩子
            if(q.rchild==null) {                    //若结点q没有右孩子
                p.key=q.key;                        //将被删结点p的值用q的值替代
                p.lchild=q.lchild;                  //删除结点q
            }
            else {                                  //若结点q有右孩子
                while(q.rchild!=null) {             //找到最右下结点q,其双亲结点为f1
                    f1=q;
                    q=q.rchild;
                }
                p.key=q.key;                        //将被删结点p的值用q的值替代
                f1.rchild=q.lchild;                 //删除结点q
            }
        }
        return true;
    }
```

上述删除算法的主要时间花费在查找上,所以删除算法与查找算法的时间复杂度相同。

9.3.2 平衡二叉树

二叉排序树的查找性能与树的高度相关,在最坏情况下长度为 n 的关键字序列创建的二叉排序树的高度为 n,此时查找的时间复杂度为 $O(n)$。为了避免这种情况发生,人们研究了许多种动态平衡的方法,使得往树中插入或删除元素时通过调整树形来保持树的"平衡",使之既保持 BST 性质又保证树的高度较小,通过这样的平衡规则和操作来维护 $O(\log_2 n)$ 高度的二叉排序树称为平衡二叉树。平衡二叉树有多种,较为著名的是 AVL 树,本节主要讨论 AVL 树。

AVL 树的高度平衡性质是树中每个结点的左、右子树的高度至多相差 1。也就是说,如果树 T 中的结点 v 有孩子结点 x 和 y,则 $|h(x)-h(y)|\leqslant 1$,$h(x)$ 表示以结点 x 为根的

子树的高度。需要说明的是,AVL 树首先是一棵二叉排序树,因为脱离二叉排序树讨论平衡二叉树是没有意义的。

说明:有多种平衡二叉树,例如 AVL 树、红黑树、伸展树和 Treap 等,不同的平衡二叉树采用的平衡性质不同,AVL 树采用的是高度平衡性质。由于 AVL 树最为著名,所以在数据结构中除了特别指出外平衡二叉树默认均指 AVL 树。

在算法中通过平衡因子(balance factor,bf)来实现,每个结点的平衡因子是该结点左子树的高度减去右子树的高度。从平衡因子的角度可以说,若一棵二叉排序树中所有结点的平衡因子的绝对值小于或等于 1,则该二叉树为 AVL 树。

图 9.15 是两棵二叉排序树,结点旁标注的数字为该结点的平衡因子。图 9.15(a)是一棵 AVL 树,其中所有结点平衡因子的绝对值都小于或等于 1;图 9.15(b)是一棵非 AVL 树,其中结点 3、4、5(带阴影结点)的平衡因子值分别为 -2、-3 和 -2,它们是失衡的结点。

(a) 一棵AVL树　　　　　　(b) 一棵非AVL树

图 9.15　一棵 AVL 树和一棵非 AVL 树

如何使构造的二叉排序树是一棵 AVL 树呢?关键是每次向树中插入新结点时使所有结点的平衡因子满足高度平衡性质,这就要求插入后一旦哪些结点失衡就要进行调整。

这里不讨论 AVL 树的基本运算算法设计,仅介绍这些运算的操作过程。

1. AVL 树插入结点的调整方法

先向 AVL 树中插入一个新结点(插入过程与二叉排序树的插入过程相同),再从该新插入结点到根结点方向(称为向上查找)找第一个失衡结点 p,如果找不到这样的结点,说明插入后仍然是一棵 AVL 树,不需要调整。如果找到这样的结点 p,说明插入后破坏了平衡性,需要调整。调整过程是以结点 p 和两个相邻的刚查找过的结点构成最小失衡子树,采用某种调整方法使其成为平衡子树。当最小失衡子树调整为平衡子树后,从该子树的根结点继续向上查找,一旦遇到失衡结点便做类似的调整,直到根结点为止,这样就会得到一棵插入结点后的 AVL 树。

从中看出,最小失衡子树是指以离插入结点最近且平衡因子的绝对值大于 1 的结点作为根的子树,其高度至少为 3。假设用 A 表示最小失衡子树的根结点,根据各种情况有以下 4 种调整方法。

1) LL 型调整

这是在 A 结点的左孩子(设为 B 结点)的左子树上插入结点,使得 A 结点的平衡因子由 1 变为 2 而引起的不平衡。

LL 型调整的过程如图 9.16 所示。在图中用长方框表示子树,长方框旁标有高度值 h 或 $h+1$,用带阴影的小方框表示新插入结点。LL 型调整的方法是单向右旋平衡,即将 A 的左孩子 B 向右上旋转代替 A 成为根结点,将 A 结点向右下旋转成为 B 的右子树的根结点,而 B 的原右子树则作为 A 结点的左子树。

图 9.16　LL 型调整过程

这样调整后使所有结点平衡了,又由于调整前后对应的中序序列相同,即调整后仍保持了二叉排序树的性质不变,所以 LL 型调整后变为一棵 AVL 树,其他 3 种调整亦如此。

2) RR 型调整

这是在 A 结点的右孩子(设为 B 结点)的右子树上插入结点,使得 A 结点的平衡因子由 -1 变为 -2 而引起的不平衡。

RR 型调整的过程如图 9.17 所示,调整的方法是单向左旋平衡,即将 A 的右孩子 B 向左上旋转代替 A 成为根结点,将 A 结点向左下旋转成为 B 的左子树的根结点,而 B 的原左子树则作为 A 结点的右子树。

图 9.17　RR 型调整过程

3) LR 型调整

这是在 A 结点的左孩子(设为 B 结点)的右子树上插入结点,使得 A 结点的平衡因子由 1 变为 2 而引起的不平衡。

LR 型调整的过程如图 9.18 所示,调整的方法是先左旋转后右旋转平衡,即先将 A 结

图 9.18　LR 型调整过程

点的左孩子(即 B 结点)的右子树的根结点(设为 C 结点)向左上旋转提升到 B 结点的位置,然后再把该 C 结点向右上旋转提升到 A 结点的位置。

4) RL 型调整

这是在 A 结点的右孩子(设为 B 结点)的左子树上插入结点,使得 A 结点的平衡因子由 -1 变为 -2 而引起的不平衡。

RL 型调整的过程如图 9.19 所示,调整的方法是先右旋转后左旋转平衡,即先将 A 结点的右孩子(即 B 结点)的左子树的根结点(设为 C 结点)向右上旋转提升到 B 结点的位置,然后再把该 C 结点向左上旋转提升到 A 结点的位置。

图 9.19　RL 型调整过程

归纳起来,LL 型和 RR 型调整是对称的,LR 型和 RL 型调整是对称的。

【例 9.10】 输入关键字序列(16,3,7,11,9,26,18,14,15),给出构造一棵 AVL 树的过程。

解 通过给定的关键字序列建立 AVL 树的过程如图 9.20 所示,其中需要 5 次调整,涉及前面介绍的 4 种调整方法。

图 9.20　建立 AVL 树的过程

图 9.20 （续）

2. AVL 树删除结点的调整方法

AVL 树中删除关键字为 k 的结点的操作与插入操作有许多相似之处，也是在失衡时采用上述 4 种调整方法。

首先在 AVL 树中查找关键字为 k 的结点 x（假定存在这样的结点并且唯一），删除结点 x 的过程如下。

(1) 如果结点 x 左子树为空，用其右孩子结点替换它，即直接删除结点 x。

(2) 如果结点 x 右子树为空，用其左孩子结点替换它，即直接删除结点 x。

(3) 如果结点 x 同时有左右子树（这种情况下，结点 x 是通过值替换间接删除的，称为间接删除结点），分为两种情况：

① 若结点 x 的左子树较高，在其左子树中找到最大结点 q，直接删除结点 q，用结点 q 的值替换结点 x 的值。

② 若结点 x 的右子树较高，在其右子树中找到最小结点 q，直接删除结点 q，用结点 q 的值替换结点 x 的值。

(4) 当直接删除结点 x 时，沿着其双亲到根结点方向逐层向上求结点的平衡因子，若一直找到根结点时路径上的所有结点均平衡，说明删除后的树仍然是一棵平衡二叉树，不需要调整，删除结束。若找到路径上的第一个失衡结点 p，就要进行调整。

① 若直接删除的结点在结点 p 的左子树中（由于是在结点 p 的左子树中删除结点，结点 p 失衡时其平衡因子应该为 -2），在结点 p 失衡后要做何种调整，需要看结点 p 的右孩子 p_R：若 p_R 的左子树较高，需做 RL 型调整，如图 9.21(a) 所示；若 p_R 的右子树较高，需做 RR 型调整，如图 9.21(b) 所示；若 p_R 的左右子树高度相同，则做 RL 型或 RR 型调整均可。

② 若直接删除的结点在结点 p 的右子树中，调整过程类似。

当这样调整后的树变为一棵平衡二叉树，删除结束。

(a) p_R 的左子树较高：RL　　　　　(b) p_R 的右子树较高：RR

图 9.21　在结点 p 的左子树删除结点导致不平衡的两种情况

【例 9.11】 对例 9.10 生成的 AVL 树，给出删除结点 11、9 和 3 的过程。

解　图 9.22(a) 为初始 AVL 树，各结点的删除操作如下。

图 9.22　删除 AVL 中结点的过程

① 删除结点 11（为根结点）的过程是：找到结点 11，其右子树较高，在右子树中找到最小结点 14，删除结点 14，沿着原结点 14 的双亲到根结点方向求平衡因子，均平衡，不做调整，将结点 11 的值用 14 替换，删除结果如图 9.22(b) 所示。

② 删除结点 9 的过程是：找到结点 9，它是叶子结点，直接删除，沿着原结点 9 的双亲到根结点方向求平衡因子，均平衡，不做调整，删除结果如图 9.22(c) 所示。

③ 删除结点 3 的过程是：找到结点 3，它是叶子结点，直接删除，如图 9.22(d) 所示。沿着原结点 3 的双亲到根结点方向求平衡因子，找到第一个失衡结点 14（根结点），结点 14 的右孩子的左子树较高，做 RL 型调整，删除结果如图 9.22(e) 所示。

3. AVL 树的查找

AVL 树的查找过程和二叉排序树的查找过程完全相同，因此 AVL 树的查找中关键字的比较次数不会超过树的高度。

在最坏的情况下二叉排序树的高度为 n，那么 AVL 树的情况又是怎样的呢？下面分析平衡二叉树的高度 h 和结点个数 n 之间的关系。

首先构造一系列的 AVL 树 $T_1,T_2,T_3,\cdots$,其中 $T_h(h=1,2,3,\cdots)$ 是高度为 h 且结点数尽可能少的 AVL 树,如图 9.23 中所示的 T_1、T_2、T_3 和 T_4(总是让左子树较高)。为了构造 T_h,先分别构造 T_{h-1} 和 T_{h-2},再增加一个根结点,让 T_{h-1} 和 T_{h-2} 分别作为其左、右子树。对于每一个 T_h,只要从中删除一个结点,就会失衡或高度不再是 h(显然,这样构造的 AVL 树是结点个数相同的 AVL 树中高度最大的)。

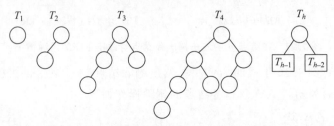

图 9.23　高度固定、结点个数 n 最少的 AVL 树

然后通过计算上述 AVL 树中的结点个数来建立高度与结点个数之间的关系。设 $N(h)$(高度 h 是正整数)为 T_h 的结点数,从图 9.23 中可以看出有下列关系成立:

$$N(1)=1,\quad N(2)=2,\quad N(h)=N(h-1)+N(h-2)+1$$

当 $h>1$ 时,此关系类似于定义 Fibonacci 数的关系:

$$F(1)=1,\quad F(2)=1,\quad F(h)=F(h-1)+F(h-2)$$

通过观察两个序列的前几项就可发现两者之间的对应关系:

$$N(h)=F(h+2)-1$$

Fibonacci 数满足渐近公式 $F(h)=\dfrac{1}{\sqrt{5}}\varphi^h$,其中 $\varphi=(1+\sqrt{5})/2$。

由此可得,近似公式 $N(h)=\dfrac{1}{\sqrt{5}}\varphi^{h+2}-1$。如果树中有 n 个结点,那么树的最大高度为 $\log_\varphi(\sqrt{5}(n+1))-2\approx 1.44\log_2(n+2)=O(\log_2 n)$。

所以,含有 n 个结点的 AVL 树对应的查找时间复杂度为 $O(\log_2 n)$。

另外,设 $M(h)$(高度 h 是正整数)为 T_h 中最小叶子结点的层次,从图 9.23 中可以看出有下列关系成立:

$$M(1)=1,\quad M(2)=2,\quad M(h)=\min(M(h-1),M(h-2))+1$$

例如,$M(3)=2,M(4)=3$,以此类推。

【例 9.12】　在含有 15 个结点的 AVL 树中查找关键字为 28 的结点,下列选项中,(　　)是可能的关键字比较序列。

A. 30,36　　　B. 38,48,28　　　C. 48,18,38,28　　　D. 60,30,50,40,38,36

解　画出 4 个查找序列对应的查找树,选项 B 序列对应的查找树不是一棵二叉排序树,故排除选项 B。

设 N_h 表示高度为 h 的 AVL 树中含有的最少结点数,按照前面 $N(h)$ 的公式求得 $N(3)=4,N(4)=7,N(5)=12,N(6)=20>15$,也就是说高度为 6 的 AVL 树最少有 20 个结点,因此 15 个结点的 AVL 树的最大高度为 5,而选项 D 序列比较了 6 次还查找失败,显然是错误的,排除选项 D。

$n=15$ 的 AVL 树的最小高度为 4，即 $\log_2(n+1)=4$，此时为一棵满二叉树，所有叶子结点的层次为 4，此时查找失败至少需要 4 次比较。该 AVL 树的最大高度为 5，当 $h=5$ 时，加上外部结点后树高为 6，设 $M(h)$ 表示高度为 h 的 AVL 树中最小外部结点的层次（这里的外部结点相当于添加外部结点后的 AVL 树的叶子结点），按照前面 $M(h)$ 的公式求得 $M(3)=2,M(4)=3,M(5)=3,M(6)=4$，这样说明 15 个结点的 AVL 树中最小外部结点层次为 4，查找失败至少需要 3 次比较。而选项 A 序列表示查找失败，仅仅经过了 2 次比较，显然是错误的，排除选项 A。

这样，只有选项 C 是可能的关键字比较序列，表示经过 4 次比较成功找到 28。答案为 C。

*9.3.3　Java 中的 TreeMap 和 TreeSet 集合

1. 红黑树

红黑树是另外一种平衡二叉树，因为 AVL 调整复杂且代价较高，所以稍微放松一点限制条件，通过结点变色和左右旋转维护平衡性，同样可以在 $O(\log_2 n)$ 的时间内完成查找。红黑树是满足如下条件的二叉排序树。

（1）每个结点要么是红色，要么是黑色。

（2）根结点和外部结点必须是黑色。

（3）红色结点不能连续（也就是说，红色结点的孩子和双亲结点都不能是红色）。

（4）从任意结点到外部结点的任何路径上都含有相同个数的黑色结点。

（5）在树的结构发生改变时（插入或者删除操作）往往会破坏上述条件（3）或条件（4），需要通过调整使得查找树重新满足红黑树的条件。

如图 9.24 所示的二叉排序树就是一棵红黑树（带阴影的结点表示黑色结点），其中根结点和所有外部结点是黑色，没有相邻的红色结点，从任意结点到外部结点的任何路径上都含有相同个数的黑色结点。

图 9.24　一棵红黑树

可以证明，在红黑树中从根结点到叶子结点的所有路径，没有一条路径会比其他路径长 2 倍。从 AVL 树的高度平衡角度看，红黑树是接近平衡的，有时将 AVL 树称为强平衡二叉树，将红黑树称为弱平衡二叉树。红黑树比 AVL 树的实现简单，所以像 Java 和 C++ 等计算机语言中用到的平衡二叉树都是采用红黑树实现的。

2. TreeMap

TreeMap（Set＜E＞接口的实现类之一）集合包含一组键（key）和值（value）映射关系的元素，元素类型为 Map.Entry＜K,V＞。其底层是采用红黑树来实现的，不允许出现重复的关键字。它的两种创建方法如下。

（1）TreeMap()：使用键的自然顺序构造一个新的空映射树，例如，键为 Integer 类型时自然顺序为递增顺序。

(2) TreeMap(Comparator<? super K> comparator)：构造一个新的空映射树，该映射根据给定比较器进行排序。对于映射中的任意两个键 k1 和 k2，执行 comparator.compare(k1, k2) 不得抛出比较异常 ClassCastException。如果比较器的比较结果为 0，即比较的两个键值相等，将会发生值覆盖，但键值不变。

TreeMap 提供的一些方法如下。

(1) int size()：返回 TreeMap 中的键值映射关系数。

(2) V put(K key, V value)：将指定值与 TreeMap 中的指定键进行关联。

(3) V remove(Object key)：如果 TreeMap 中存在该键的映射关系，则将其删除。

(4) void clear()：从 TreeMap 中移除所有映射关系。

(5) V get(Object key)：返回指定键所映射的值，如果 TreeMap 中不包含该键的任何映射关系，则返回 null。

(6) boolean containsKey(Object key)：如果 TreeMap 中包含指定键的映射关系，则返回 true。

(7) boolean containsValue(Object value)：如果 TreeMap 中为指定值映射一个或多个键，则返回 true。

(8) Set<Map.Entry<K,V>> entrySet()：返回 TreeMap 中包含的映射关系的 Set 视图。

(9) Map.Entry<K,V> firstEntry()：返回一个与 TreeMap 中的最小键关联的键值映射关系，如果 TreeMap 为空，则返回 null。

(10) Map.Entry<K,V> floorEntry(K key)：返回 TreeMap 中的一个键值映射关系，它与小于或等于给定键的最大键关联。如果不存在这样的键，则返回 null。

(11) Map.Entry<K,V> lastEntry()：返回与 TreeMap 中的最大键关联的键值映射关系。如果 TreeMap 为空，则返回 null。

(12) Map.Entry<K,V> lowerEntry(K key)：返回 TreeMap 中的一个键值映射关系，它与严格小于给定键的最大键关联。如果不存在这样的键，则返回 null。

(13) Set<K> keySet()：返回 TreeMap 中包含的键的 Set 视图。

(14) K firstKey()：返回 TreeMap 中的当前第一个（最低）键。

(15) K floorKey(K key)：返回 TreeMap 中小于或等于给定键的最大键。如果不存在这样的键，则返回 null。

(16) K lastKey()：返回 TreeMap 中的当前最后一个（最高）键。

(17) K lowerKey(K key)：返回 TreeMap 中严格小于给定键的最大键。如果不存在这样的键，则返回 null。

(18) Collection<V> values()：返回 TreeMap 中包含的值的 Collection 视图。

其中最常用的方法是 containsKey()、get()、put() 和 remove()，它们的时间复杂度是 $O(\log_2 n)$。

TreeMap 的有些成员方法返回 Map.Entry<K,V> 接口，它表示键值映射关系。例如，entrySet() 方法返回映射的 Set 视图，其中的元素属于此类，获得映射项引用的唯一方法是通过此 Set 视图的迭代器来实现的。这些 Map.Entry 对象仅在迭代期间有效，更确切地讲，如果在迭代器返回项之后修改了底层映射，则某些映射项的行为是不确定的。

Map.Entry<K,V> 接口的主要方法如下。

(1) K getKey()：返回与此项对应的键。

(2) V getValue()：返回与此项对应的值。

(3) V setValue(V value)：用指定的值替换与此项对应的值。

【例9.13】 编写一个程序,创建一个 TreeMap 对象 map,键值元素的类型为<Integer,String>,并且按键的值递减排序。由于 TreeMap 不能直接迭代,请分别利用 entrySet()和keySet()成员方法得到相应集合再输出 map 中的所有元素。

解 对应的程序如下：

```java
import java.util.*;
class mycompare implements Comparator {
    public int compare(Object o1,Object o2) {        //比较器,按键值递减顺序
        int i1=(int)o1;
        int i2=(int)o2;
        return i2-i1;
    }
}
public class Exam9_13 {
    static void disp1(TreeMap<Integer,String> map) {     //使用 entrySet()方法
        Iterator it=map.entrySet().iterator();
        while(it.hasNext()) {
            Map.Entry entry=(Map.Entry)it.next();
            int key=(int)entry.getKey();                //获取 key
            String value=(String)entry.getValue();      //获取 value
            System.out.print("  ["+key+","+value+"]");
        }
        System.out.println();
    }
    static void disp2(TreeMap<Integer,String> map) {     //使用 keySet()方法
        Iterator it=map.keySet().iterator();
        while(it.hasNext()) {
            int key=(int)it.next();                     //获取 key
            String value=(String)map.get(key);          //根据 key 获取 value
            System.out.print("  ["+key+","+value+"]");
        }
        System.out.println();
    }
    public static void main(String[] args) {
        TreeMap<Integer,String> map=new TreeMap<Integer,String>(new mycompare());
        map.put(1,"李君");
        map.put(3,"陈斌");
        map.put(2,"王林");
        System.out.println("使用 entrySet 方法遍历"); disp1(map);
        System.out.println("使用 keySet 方法遍历"); disp2(map);
    }
}
```

上述两种方法输出的结果都是[3,陈斌]　[2,王林]　[1,李君]。

在 TreeMap 中所有元素的键是唯一的,如果在插入时出现相同的键,用后者的值替代前者的值,用户可以利用这个特点设计相关算法。

【例9.14】 编写一个程序,统计一个整数序列中每个整数出现的次数。

解 对应的程序如下：

```java
import java.util.*;
public class Exam9_14 {
    static void Count(int[] a, TreeMap<Integer,Integer> map) {    //求各整数出现的次数
        for(int i=0;i<a.length;i++) {
            if(map.containsKey(a[i]))                              //若 a[i]出现过
                map.put(a[i],map.get(a[i])+1);                     //对应值增加 1
            else                                                    //若 a[i]没有出现过
                map.put(a[i],1);                                   //对应值设置为 1
        }
    }
    static void disp(TreeMap<Integer,Integer> map) {               //输出结果
        Iterator it=map.keySet().iterator();
        while(it.hasNext()) {
            int key=(int)it.next();                                //获取 key
            int value=(int)map.get(key);                           //根据 key 获取 value
            System.out.println("    整数"+key+"出现"+value+"次");
        }
    }
    public static void main(String[] args) {
        int a[]={5,1,6,3,2,6,3,1,2,4,1};
        TreeMap<Integer,Integer> map=new TreeMap<Integer,Integer>();
        Count(a,map);
        System.out.println("求解结果");
        disp(map);
    }
}
```

上述程序求出整数 1 出现 3 次、整数 2 出现两次、整数 3 出现两次、整数 4 出现一次、整数 5 出现一次、整数 6 出现两次。

3. TreeSet

TreeSet 集合是用来对元素(而不是 TreeMap 中的键值映射关系)进行排序的,同样它要求元素值唯一,对应的泛型类为 TreeSet<E>,E 为该集合的元素类型。实际上,TreeSet 的底层是采用 TreeMap 存放元素的,即 TreeSet 也是采用红黑树形结构。

与 TreeMap 的构造方法相似,TreeSet 既可以使用元素的自然顺序对元素进行排序,也可以根据创建 TreeSet 时提供的 Comparator(比较器)进行排序。但不同于 TreeMap,TreeSet 可以使用 Iterator()和 descendingIterator()返回的迭代器分别实现正向和反向迭代。

TreeSet 提供的一些方法如下。

(1) int size():返回 TreeSet 中的元素数(容量)。

(2) boolean add(E e):将指定的元素添加到 TreeSet 中(如果该元素之前不存在)。

(3) E ceiling(E e):返回 TreeSet 中大于或等于给定元素的最小元素。如果不存在这样的元素,则返回 null。

(4) void clear():移除 TreeSet 中的所有元素。

(5) boolean contains(Object o):如果 TreeSet 中包含指定的元素,则返回 true。

(6) Iterator<E> descendingIterator():返回在 TreeSet 元素上按降序进行迭代的迭代器。

(7) E first():返回 TreeSet 中的当前第一个(最低)元素。

(8) E floor(E e):返回 TreeSet 中小于或等于给定元素的最大元素。如果不存在这样的元素,则返回 null。

(9) E higher(E e)：返回 TreeSet 中严格大于给定元素的最小元素。如果不存在这样的元素，则返回 null。

(10) boolean isEmpty()：如果 TreeSet 中不包含任何元素，则返回 true。

(11) Iterator<E> iterator()：返回在 TreeSet 中的元素上按升序进行迭代的迭代器。

(12) E last()：返回 TreeSet 中的当前最后一个（最高）元素。

(13) E lower(E e)：返回 TreeSet 中严格小于给定元素的最大元素。如果不存在这样的元素，则返回 null。

(14) E pollFirst()：获取并移除第一个（最低）元素。如果 TreeSet 为空，则返回 null。

(15) E pollLast()：获取并移除最后一个（最高）元素。如果 TreeSet 为空，则返回 null。

(16) boolean remove(Object o)：将指定的元素从 TreeSet 中移除（如果该元素存在于 TreeSet 中）。

TreeSet 中成员方法 add()、remove()和 contains()等的时间复杂度均为 $O(\log_2 n)$。

【例 9.15】 编写一个程序，利用 TreeSet 存放若干学生元素，每个学生元素包含学号（主关键字）和姓名，并按学号递增顺序输出所有学生的信息。

解 对应的程序如下：

```java
import java.util.*;
class Student implements Comparable<Student> {
    int id;                                          //学号
    String name;                                     //姓名
    public Student(int id,String name) {             //构造方法
        this.id=id;
        this.name=name;
    }
    public String toString()
    {
        return "["+id+","+name+"]";
    }
    public int compareTo(Student o) {                //实现比较器
        return(this.id-o.id);                        //按学号递增排列
    }
}
public class Exam9_15 {
    public static void main(String[] args) {
        TreeSet<Student> set=new TreeSet<Student>();
        Student s1=new Student(1,"李君");
        Student s2=new Student(3,"陈斌");
        Student s3=new Student(2,"王林");
        set.add(s1);
        set.add(s2);
        set.add(s3);
        for(Student s:set) System.out.print(" "+s);
        System.out.println();
    }
}
```

上述程序的输出结果是[1,李君] [2,王林] [3,陈斌]。

9.3.4 B树

与二叉排序树和平衡二叉树一样,B树也是一种查找树,通常将前两种称为二路查找树,而B树是一种多路查找平衡树。B树和后面介绍的B+树主要用于外存数据的组织和查找。

和二叉排序树类似,B树中的结点分为内部结点和外部结点,外部结点是查找失败对应的结点,并且所有的外部结点在同一层,不带任何信息。在下面的讨论中除了特别指出外,默认的结点均指内部结点。B树中所有结点的最大子树个数称为B树的阶,通常用m表示,从查找效率考虑,要求$m \geq 3$。一棵m阶B树或者是一棵空树,或者是满足下列要求的m叉树。

(1) 树中的每个内部结点最多有m棵子树(即最多含有$m-1$个关键字,设Max$=m-1$)。

(2) 若根结点不是叶子结点,则根结点至少有两棵子树。

(3) 除根结点外,所有内部结点至少有$\lceil m/2 \rceil$棵子树(即至少含有$\lceil m/2 \rceil-1$个关键字,设Min$=\lceil m/2 \rceil-1$)。

(4) 每个结点的结构如图9.25所示。

图 9.25　结点的结构

其中,n为该结点中的关键字个数,除根结点外,其他所有结点的关键字个数n满足$\lceil m/2 \rceil-1 \leq n \leq m-1$;key$_i$($1 \leq i \leq n$)为该结点的关键字且满足key$_i <$ key$_{i+1}$;p_i($0 \leq i \leq n$)指向该结点对应的子树,该子树中所有结点上的关键字大于key$_i$且小于key$_{i+1}$。p_0所指子树的结点关键字小于key$_1$,p_n所指子树的结点关键字大于key$_n$。

(5) 所有的外部结点在同一层,且不含任何信息。

例如,图9.26所示为一棵3阶B树,$m=3$。它的特点如下:

(1) 根结点有两个孩子结点。

(2) 除根结点外,所有的内部结点至少有$\lceil m/2 \rceil=2$个孩子,最多有$m=3$个孩子(这类结点的关键字个数为1~2个即Min$=1$,Max$=2$)。

图 9.26　一棵3阶B树

(3) 所有外部结点都在同一层上。

(4) 树的高度为$h=3$(h中不计外部结点层)。

这里不讨论B树的基本运算算法设计,仅介绍这些运算的操作过程。

1. B 树的查找

在 B 树中查找给定关键字的方法类似于二叉排序树上的查找,不同的是在每个结点上确定向下查找的路径不一定是二路的,而是 $n+1$ 路的(n 为该结点的关键字个数)。因为内部结点中的关键字序列 key[1..n] 是有序的,故在这样的结点内既可以用顺序查找,也可以用折半查找。

在一棵 B 树上查找关键字 k 的结点的方法是在根结点的 key[i]($1 \leqslant i \leqslant n$)中查找 k,分为以下几种情况。

(1) 若 $k == \text{key}[i]$,则查找成功。

(2) 若 $k < \text{key}[1]$,则沿着指针 $p[0]$ 所指的子树继续查找。

(3) 若 $\text{key}[i] < k < \text{key}[i+1]$,则沿着指针 $p[i]$ 所指的子树继续查找。

(4) 若 $k > \text{key}[n]$,则沿着指针 $p[n]$ 所指的子树继续查找。

现在分析查找性能,与二叉排序树类似,B 树的每一次查找,在每一层中最多访问一个结点。假设 m 阶 B 树的高度为 h(h 中不含外部结点层,外部结点层看成第 $h+1$ 层),访问的结点个数不超过 $O(h)$,那么含有 N 个关键字的 m 阶 B 树可能达到的最大高度是多少呢?显然,在关键字个数固定时,每一层关键字个数越少的树的高度越高。

第 1 层最少结点数为 1。

第 2 层最少结点数为 2。

第 3 层最少结点数为 $2\lceil m/2 \rceil$。

第 4 层最少结点数为 $2\lceil m/2 \rceil^2$。

……

第 h 层最少结点数为 $2\lceil m/2 \rceil^{h-2}$。

第 $h+1$ 层(外部结点层)最少结点数为 $2\lceil m/2 \rceil^{h-1}$。

在 m 阶 B 树中共含有 N 个关键字,则外部结点必为 $N+1$ 个,即 $N+1 \geqslant 2\lceil m/2 \rceil^{h-1}$,有 $h-1 \leqslant \log_{\lceil m/2 \rceil}(N+1)/2$,则 $h \leqslant \log_{\lceil m/2 \rceil}(N+1)/2 + 1 = O(\log_m N)$。

另外,含有 N 个关键字的 m 阶 B 树可能达到的最小高度是多少呢?显然,在关键字个数固定时,每一层关键字个数越多的树的高度越小。

第 1 层最多结点数为 1。

第 2 层最多结点数为 m。

第 3 层最多结点数为 m^2。

……

第 h 层最多结点数为 m^{h-1}。

第 $h+1$ 层(外部结点层)最多结点数为 m^h。

在 m 阶 B 树中共含有 N 个关键字,则外部结点必为 $N+1$ 个,即 $N+1 \leqslant m^h$,则 $h \geqslant \log_m(N+1) = O(\log_m N)$。

因此,含 N 个关键字的 m 阶 B 树的高度 $h = O(\log_m N)$,查找时的时间复杂度为 $O(\log_m N)$。当 m 越大时查找性能越好。

2. B 树的插入

将关键字 k 插入 m 阶 B 树的过程分两步完成。

(1) 利用前述的查找过程找到关键字 k 的插入结点 p(注意,m 阶 B 树的插入结点一定是某个叶子结点)。

(2) 判断结点 p 是否还有空位置,即其关键字个数 n 是否满足 $n<\text{Max}(\text{Max}=m-1)$。

① 若 $n<\text{Max}$ 成立,说明结点 p 有空位置,直接把关键字 k 有序插入结点 p 中(插入关键字 k 后结点 p 的所有关键字仍有序)。

② 若 $n=\text{Max}$,说明结点 p 没有空位置,需要把结点 p 分裂成两个。分裂的做法是新建一个结点,把原结点 p 的关键字加上 k 按升序排列,如图 9.27 所示,从中间位置把关键字(不包括中间位置的关键字 k_s)分成两部分,左部分所含的关键字放在原结点中,右部分所含的关键字放在新结点中,中间位置的关键字 k_s 连同新结点的存储位置插入双亲结点中。

图 9.27　结点 p 的分裂过程

如果此时双亲结点的关键字个数也超过 Max,则要再分裂,再往上插,直到这个过程传递到根结点为止。如果根结点也需要分裂,则整个 m 阶 B 树增高一层。

【例 9.16】 关键字序列为 (1,2,6,7,11,4,8,13,10,5,17,9,16,20,3,12,14,18,19,15),创建一棵 5 阶 B 树。

解　建立 5 阶 B 树的过程如图 9.28 所示。这里 $m=5$,所以每个结点的关键字个数为 $2\sim4$ 即 $\text{Max}=4$。其中最复杂的一步是在图 9.28(g)中插入关键字 15,其过程如图 9.29 所示,先查找到插入结点为 [11,12,13,14] 叶子结点,向其中有序插入关键字 15,将该结点变成 [11,12,13,14,15],此时关键字个数不符合要求(关键字个数大于 Max),需进行分裂,将

图 9.28　创建一棵 5 阶 B 树的过程

该结点以中间关键字 13 为界变成两个结点,分别包含关键字[11,12]和[14,15],并将中间关键字 13 移至双亲结点中,双亲结点(根结点)变为[3,6,10,13,16]。此时双亲结点的关键字个数不符合要求,需继续分裂根结点,将该结点以中间关键字 10 为界变成两个结点,分别包含关键字[3,6]和[13,16],新建一个根结点并插入关键字 10,这样树高增加一层。最终创建的 5 阶 B 树如图 9.28(h)所示。

图 9.29 插入关键字 15 的过程

说明:由一个关键字序列创建 m 阶 B 树的过程是从一棵空树开始,逐个插入关键字而得到的,首先根据 m 确定结点的关键字个数的上界(Max)。与二叉排序树插入类似,每个关键字都是插入某个叶子结点中,但又不同于二叉排序树插入,在 m 阶 B 树中插入一个关键字 k 不一定总是新建一个结点。当插入结点的关键字个数等于 Max 时需要分裂。另外,并非任何结点分裂都会导致树高增加,只有在根结点分裂时树高才增加一层。

3. B 树的删除

同样,在 m 阶 B 树中删除关键字 k 的过程也分两步完成。
(1) 利用前述的查找算法找出关键字 k 所在的结点 p。
(2) 实施关键字 k 的删除操作。

但不同于插入,这里不一定能够直接从结点 p 中删除关键字 k,因为直接删除 k 可能导致不再是 m 阶 B 树。结点 p 分为两种情况,情况一是结点 p 是叶子结点,情况二是结点 p 不是叶子结点。

需要将情况二转换为情况一,转换过程是当结点 p 不是叶子结点时,假设结点 p 中的关键字 $key[i]=k(1 \leqslant i \leqslant n)$,以 $p[i]$(或 $p[i-1]$)所指右子树(或左子树)中的最小关键字 min(或最大关键字 max)来替代被删关键字 $key[i]$(值替代),再删除关键字 min(或 max)。根据 m 阶 B 树的特性,min(或 max)所在的结点一定是某个叶子结点,这样就把在非叶子结点中删除关键字 k 的问题转换成在叶子结点中删除关键字 min(或 max)的问题。

现在考虑情况一,即在 m 阶 B 树的某个叶子结点 q 中删除关键字 $k'=\min$(或者 $k'=\max$),根据结点 q 中的关键字个数 n 又分为以下 3 种子情况。

① 若 $n > \text{Min}(=\lceil m/2 \rceil - 1)$,说明删除关键字 k' 后该结点仍满足 B 树的定义,则可直接从结点 q 中删除关键字 k'。

② 若 $n=\text{Min}$,说明删除关键字 k' 后该结点不满足 B 树的定义,此时若结点 q 的左(或右)兄弟结点中的关键字个数大于 Min,如图 9.30 所示,则把双亲结点中分隔它们的关键字

k_t 下移到结点 q 中覆盖 k'，同时把左(或右)兄弟结点中最大(或最小)的关键字 k'' 上移到双亲结点中覆盖 k_t。这样，结点 q 中仍然有 Min 个关键字，但左(或右)兄弟中减少了一个关键字。

图 9.30　$n=$ Min 时从左兄弟借关键字的删除过程

③ 假如结点 q 的关键字个数等于 Min，并且该结点的左、右兄弟结点(如果存在)中的关键字个数均等于 Min，这时不能从左、右兄弟借关键字，如图 9.31 所示，需把结点 q 与其左(或右)兄弟结点以及双亲结点中分割两者的关键字合并成一个结点。如果因此使双亲结点中的关键字个数小于 Min，则对此双亲结点做同样的合并，以致可能直到对根结点做这样的合并而使整个树减少一层。

图 9.31　$n=$ Min 时不能从左、右兄弟借关键字的删除过程

【例 9.17】　对于例 9.16 创建的 5 阶 B 树，给出删除 8、16、15 和 4 关键字的过程。

解　这里 $m=5$，每个结点的关键字个数为 2～4 即 Min$=2$。图 9.32(a)所示为初始 5 阶 B 树，依次删除各关键字的过程如下：

(1) 删除关键字 8 的过程是先找到关键字 8 所在的结点，它为叶子结点，并且关键字个数>2，直接从该结点中删除关键字 8，删除结果如图 9.32(b)所示。

(2) 删除关键字 16 的过程如图 9.33 所示，先在图 9.32(b)中找到删除结点[13,16]，该结点不是叶子结点，在其右子树中查找关键字最小的结点[17,18,19,20]，将 16 替换成 17，再在叶子结点[17,18,19,20]中删除 17 变为[18,19,20]，删除结果如图 9.32(c)所示。

(3) 删除关键字 15 的过程是先在图 9.32(c)中找到删除结点[14,15]，它为叶子结点，但关键字个数等于 Min，从右兄弟借一个关键字，删除结果如图 9.32(d)所示。

(4) 删除关键字 4 的过程如图 9.34 所示，先在图 9.32(d)中找到删除结点[4,5]，它为叶子结点，但关键字个数等于 Min，并且左、右兄弟都只有两个关键字(不能借)，将其左兄弟[1,2]、双亲中的关键字 3 和[5](原结点[4,5]删除关键字 4 后的结果)合并成一个结点[1,2,3,5]，这样双亲变为[6]。结点[6]也不满足要求，将其右兄弟[13,18]、双亲中的关键字 10 和[6]合并成一个结点[6,10,13,18]，这样双亲变为[6,10,13,18]。由于根结点参与了合并，所以 B 树减少一层，删除结果如图 9.32(e)所示。

说明：在 m 阶 B 树中删除关键字 k 时，首先根据 m 确定结点的关键字个数的下界

图 9.32 从一棵 5 阶 B 树上删除 8、16、15 和 4 关键字的过程

图 9.33 删除关键字 16 的过程

Min。不同于二叉排序树删除，在 m 阶 B 树中删除一个关键字 k 不一定删除一个结点。在非叶子结点中删除一个关键字 k 需要转换为在叶子结点中删除关键字 k'。当在一个叶子结点中删除关键字并且左、右兄弟不能借时需要合并。并非任何结点合并都会导致树高减少，只有在根结点参加合并时树高才减少一层。

图 9.34 删除关键字 4 的过程

视频讲解

9.3.5 B+树

在索引文件组织中,经常使用 B 树的一些变形,其中 B+树是一种应用广泛的变形,像数据库管理系统中数据库文件的索引大多采用 B+树组织。一棵 m 阶 B+树满足下列条件。

(1) 每个分支结点最多有 m 棵子树。

(2) 根结点或者没有子树,或者至少有两棵子树。

(3) 除根结点外,其他每个分支结点至少有 $\lceil m/2 \rceil$ 棵子树。

(4) 有 n 棵子树的结点有 n 个关键字。

(5) 所有叶子结点包含全部关键字及指向相应数据记录的指针,而且叶子结点按关键字大小顺序链接(每个叶子结点的指针指向数据文件中的记录)。

(6) 所有分支结点(可看成索引)中仅包含各子树中的最大关键字。

例如,图 9.35 所示为一棵 4 阶的 B+树。通常在 B+树上有两个标识指针,一个指向根结点,这里为 root,另一个指向关键字最小的叶子结点,这里为 sqt。

图 9.35 一棵 4 阶的 B+树

1. B+ 树的查找

在 B+树中可以采用两种查找方式,一种是通过 sqt 从最小关键字开始顺序查找,另一种是从 B+树的根结点开始随机查找。后者与 B 树的查找方法类似,只是在分支结点上的关键字与查找值相等时查找并不结束,要查到叶子结点为止,此时若查找成功,则按所给指针取出对应记录即可。因此,在B+树中不管查找成功与否,每次查找都是经历一条从树根结点到叶子结点的路径。

2. B+ 树的插入

与B树的插入操作类似,B+树的插入也是将关键字k的记录插入某个叶子结点中,当插入后结点中的关键字个数大于m时要分裂成两个结点,它们所含的关键字个数分别为$\lceil(m+1)/2\rceil$和$\lfloor(m+1)/2\rfloor$,同时要使它们的双亲结点中包含有这两个结点的最大关键字和指向它们的指针。若双亲结点的关键字个数大于m,应继续分裂,以此类推。

3. B+ 树的删除

B+树的删除也是从叶子结点开始,当叶子结点中的最大关键字被删除时,分支结点中的值可以作为"分界关键字"存在。若因删除操作而使结点中的关键字个数少于$\lceil m/2 \rceil$,则从兄弟结点中调剂关键字或者和兄弟结点合并,其过程和B树类似。

说明:m阶B+树和m阶B树的主要差异如下。

(1) 在B+树中,具有n个关键字的结点对应n棵子树,即每个关键字对应一棵子树;而在B树中,具有n个关键字的结点对应$n+1$棵子树。

(2) 在B+树中,每个结点(除根结点外)中的关键字个数n的取值范围是$\lceil m/2 \rceil \leqslant n \leqslant m$,根结点$n$的取值范围是$2 \leqslant n \leqslant m$;而在B树中,除根结点外,其他结点的关键字个数$n$的取值范围是$\lceil m/2 \rceil - 1 \leqslant n \leqslant m-1$,根结点$n$的取值范围是$1 \leqslant n \leqslant m-1$。

(3) B+树中的叶子结点层包含全部关键字,即其他非叶子结点中的关键字包含在叶子结点中;而在B树中,所有关键字是不重复的。

(4) B+树中的所有非叶子结点仅起到索引的作用,即这些结点中的每个索引项只含有对应子树的最大关键字和指向该子树的指针,不含有该关键字对应的记录;而在B树中,每个结点的关键字都含有对应的记录。

(5) 在B+树上有两个标识指针,一个是指向根结点的root,另一个是指向关键字最小叶子结点的sqt,所有叶子结点链接成一个不定长的线性链表,所以B+树既可以通过root随机查找,也可以通过sqt顺序查找,而在B树中只能随机查找。

9.4 哈希表的查找

哈希表(Hash Table)又称散列表,是除顺序存储结构、链式存储结构和索引存储结构之外的又一种存储结构。本节介绍哈希表的概念、建立哈希表和查找的相关算法,以及Java中的HashMap和HashSet集合。

9.4.1 哈希表的基本概念

哈希表存储的基本思路是设要存储的元素个数为n,设置一个长度为m($m \geqslant n$)的连续内存单元,以每个元素的关键字k_i($0 \leqslant i \leqslant n-1$)为自变量,通过一个哈希函数$h$把$k_i$映射为内存单元的地址(或相对地址)$h(k_i)$,并把该元素存储在这个内存单元中。通常把这样

视频讲解

哈希地址	学号	姓名	分数
0	2018001	王华	90
1			
2			
3			
4	2018005	李英	82
5	2018006	陈明	54
6	2018007	许兵	76
7			
8	2018009	张强	95
9	2018010	刘丽	62
10			
11	2018012	李萍	88

图 9.36 高等数学成绩表的哈希表 ha[0..11]

构造的存储结构称为**哈希表**。

例如,对于表 1.1 所示的高等数学成绩表($n=7$),学号为关键字,采用长度 $m=12$ 的哈希表 ha[0..11]存储,哈希函数为 $h(学号)=学号-2018001$,对应的哈希表如图 9.36 所示(其中的空结点不存放元素,可以用特殊关键字 NULLKEY 值表示)。

在该哈希表中查找学号为 2018010 的学生的分数的过程是首先计算 $h(2018010)=2018010-2018001=9$,再取 ha[9]元素的分数 62。其对应的查找时间为 $O(1)$。

上述哈希表是一种最理想的状态,实际中哈希表可能存在这样的问题,对于两个不同的关键字 k_i 和 $k_j(i≠j)$ 出现 $h(k_i)=h(k_j)$,这种现象称为**哈希冲突**,将具有不同关键字而具有相同哈希地址的元素称为"同义词",这种冲突也称为同义词冲突。

在一般的哈希表中哈希冲突是很难避免的,像图 9.36 所示的哈希表中没有哈希冲突,但由于关键字取值不连续导致存储空间浪费。

归纳起来,当一组元素的关键字与存储地址存在某种映射关系时(如图 9.37 所示),这组元素适合于采用哈希表存储。

图 9.37 数据适合哈希表存储的示意图

扫一扫

视频讲解

9.4.2 哈希函数的构造方法

构造哈希函数的目标是使 n 个元素的哈希地址尽可能均匀地分布在 m 个连续内存单元地址上,同时使计算过程尽可能简单,以达到尽可能高的时间效率。根据关键字的结构和分布的不同,可构造出许多不同的哈希函数。这里主要讨论几种常用的整数类型关键字的哈希函数的构造方法。

1. 直接定址法

直接定址法是以关键字 k 本身或关键字加上某个常量 c 作为哈希地址的方法。直接定址法的哈希函数 $h(k)$ 为

$$h(k)=k+c$$

图 9.36 所示哈希表的哈希函数就是采用直接定址法,这种哈希函数计算简单,并且不

可能有冲突发生。当关键字的分布基本连续时,可用直接定址法的哈希函数;否则,若关键字分布不连续将造成内存单元的大量浪费。

2. 除留余数法

除留余数法是用关键字 k 除以某个不大于哈希表长度 m 的整数 p 所得的余数作为哈希地址的方法。除留余数法的哈希函数 $h(k)$ 为

$$h(k) = k \bmod p \quad (\bmod \text{为求余运算}, p \leqslant m)$$

除留余数法的计算比较简单,适用范围广,是最经常使用的一种哈希函数的构造方法。这种方法的关键是选好 p,使得元素集合中的每一个关键字通过该函数映射到哈希表范围内的任意地址上的概率相等,从而尽可能减少发生冲突的可能性。例如,p 取奇数就比取偶数好。理论研究表明,p 在取不大于 m 的素数时效果最好。

3. 数字分析法

该方法是提取关键字中取值较均匀的数字位作为哈希地址的方法。它适合于所有关键字值都已知的情况,并需要对关键字中每一位的取值分布情况进行分析。例如,有一组关键字为{92317602,92326875,92739628,92343634,92706816,92774638,92381262,92394220},通过分析可知,每个关键字从左到右的第 1、2、3 位和第 6 位取值较集中,不宜作为哈希函数,剩余的第 4、5、7 和 8 位取值较分散,可根据实际需要取其中的若干位作为哈希地址。若取最后两位作为哈希地址,则哈希地址的集合为{2,75,28,34,16,38,62,20}。

其他构造整数关键字的哈希函数的方法还有平方取中法、折叠法等。平方取中法是取关键字平方后分布均匀的几位作为哈希地址的方法。折叠法是先把关键字中若干段作为一小组,然后把各小组折叠相加后分布均匀的几位作为哈希地址的方法。

9.4.3 哈希冲突的解决方法

设计哈希表必须解决冲突,否则后面插入的元素会覆盖前面已经插入的元素。在哈希表中虽然冲突很难避免,但发生冲突的可能性却有大有小,这主要与 3 个因素有关。

(1) 与装填因子 α 有关:所谓装填因子,是指哈希表中元素个数 n 与哈希地址空间大小 m 的比值,即 $\alpha = n/m$。显然,α 越小,哈希表中空闲单元的比例就越大,冲突的可能性就越小;反之 α 越大(最大为 1),哈希表中空闲单元的比例就越小,冲突的可能性就越大。另一方面,α 越小,存储空间的利用率就越低;反之,存储空间的利用率也就越高。为了兼顾两者,通常控制 α 在 0.6~0.9 的范围内。

(2) 与所采用的哈希函数有关:若哈希函数选择得当,就可使哈希地址尽可能均匀地分布在哈希地址空间上,从而减少冲突的发生;否则,若哈希函数选择不当,就可能使哈希地址集中于某些区域,从而加大冲突的发生。

(3) 与解决冲突的哈希冲突函数有关:哈希冲突函数选择的好坏也将减少或增加发生冲突的可能性。

解决哈希冲突方法有许多,可分为开放定址法和拉链法两大类。

1. 开放定址法

开放定址法就是在插入一个关键字为 k 的元素时,若发生哈希冲突,通过某种哈希冲突解决函数(也称为再哈希)得到一个新空闲地址再插入该元素的方法。这样的哈希冲突解

决函数设计有很多种,下面介绍常用的几种。

1) 线性探测法

线性探测法是从发生冲突的地址(设为 d_0)开始,依次探测 d_0 的下一个地址(当到达下标为 $m-1$ 的哈希表的表尾时,下一个探测的地址是表首地址 0),直到找到一个空闲单元为止(当 $m \geq n$ 时一定能找到一个空闲单元)。线性探测法的迭代公式为

$$d_0 = h(k)$$
$$d_i = (d_{i-1} + 1) \bmod m \quad (1 \leq i \leq m-1)$$

其中,模 m 是为了保证找到的地址在 $0 \sim m-1$ 的有效空间中。这里以看电影为例,假设电影院的座位只有一排(共 20 个座位,编号为 $1 \sim 20$),某个人买了一张电影票,但他晚到了电影院,于是他的位置 8 被其他人占了。线性探测法就是依次查看 9、10、……、20 的座位是否为空的,有空就坐下,否则再查看 1、2、……、7 的座位是否为空的,如此这样,他总可以找到一个空座位坐下。

线性探测法的优点是解决冲突简单,但一个重大的缺点是容易产生堆积问题。这是由于当连续出现若干同义词时(设第一个同义词占用单元 d_0,这连续的若干同义词将占用哈希表的 d_0、d_0+1、d_0+2 等单元),随后任何 d_0+1、d_0+2 等单元上的哈希映射都会由于前面的同义词堆积而产生冲突,尽管随后的这些关键字并没有同义词。这称为非同义词冲突,就是哈希函数值不相同的两个元素争夺同一个后继哈希地址导致出现堆积(或聚集)现象。

2) 平方探测法

设发生冲突的地址为 d_0,则平方探测法的探测序列为 d_0+1^2、d_0-1^2、d_0+2^2、d_0-2^2……平方探测法的数学描述公式为

$$d_0 = h(k)$$
$$d_i = (d_0 \pm i^2) \bmod m \quad (1 \leq i \leq m-1)$$

仍以前面的看电影为例,平方探测法就是在该人被占用的座位前后来回找空座位。

平方探测法是一种较好处理冲突的方法,可以避免出现堆积问题。其缺点是不一定能探测到哈希表上的所有单元,但至少能探测到一半单元。

此外,开放定址法的探测方法还有伪随机序列法、双哈希函数法等。

从中看出,在开放定址法中哈希表空闲单元既向同义词关键字开放,也向发生冲突的非同义词关键字开放,这就是它的名称的由来。至于哈希表的一个地址中存放的是同义词关键字还是非同义词关键字,要看谁先占用它,这和构造哈希表的元素的排列次序有关。

【例 9.18】 假设哈希表 ha 的长度 $m=13$,采用除留余数法和线性探测法解决冲突建立关键字集合 $\{16,74,60,43,54,90,46,31,29,88,77\}$ 的哈希表。

解 $n=11, m=13$,除留余数法的哈希函数为 $h(k) = k \bmod p$,p 应为小于或等于 m 的素数。假设 p 取值 13,当出现同义词问题时采用线性探测法解决冲突,则有

$h(16)=3$ 没有冲突,将 16 放在 ha[3] 处
$h(74)=9$ 没有冲突,将 74 放在 ha[9] 处
$h(60)=8$ 没有冲突,将 60 放在 ha[8] 处
$h(43)=4$ 没有冲突,将 43 放在 ha[4] 处
$h(54)=2$ 没有冲突,将 54 放在 ha[2] 处
$h(90)=12$ 没有冲突,将 90 放在 ha[12] 处

		没有冲突,将 46 放在 ha[7]处
$h(46)=7$		没有冲突,将 46 放在 ha[7]处
$h(31)=5$		没有冲突,将 31 放在 ha[5]处
$h(29)=3$		有冲突
$d_0=3, d_1=(3+1) \bmod 13=4$		仍有冲突
$d_2=(4+1) \bmod 13=5$		仍有冲突
$d_3=(5+1) \bmod 13=6$		冲突已解决,将 29 放在 ha[6]处
$h(88)=10$		没有冲突,将 88 放在 ha[10]处
$h(77)=12$		有冲突
$d_0=12, d_1=(12+1) \bmod 13=0$		冲突已解决,将 77 放在 ha[0]处

建立的哈希表 ha[0..12]如表 9.1 所示。

表 9.1 哈希表 ha[0..12]

下标	0	1	2	3	4	5	6	7	8	9	10	11	12
k	77		54	16	43	31	29	46	60	74	88		90
探测次数	2		1	1	1	1	4	1	1	1	1		1

2. 拉链法

拉链法(chaining)是把所有的同义词用单链表链接起来的方法。如图 9.38 所示,哈希函数为 $h(k)=k\%m$,所有哈希地址为 i 的元素对应的结点构成一个单链表,哈希表地址空间为 $0\sim m-1$,地址为 i 的单元是一个指向对应单链表的首结点。

图 9.38 拉链法的示意图

在这种方法中,哈希表每个单元中存放的不再是元素本身,而是相应同义词单链表的首结点指针。由于单链表中可插入任意多个结点,所以此时装填因子 α 根据同义词的多少既可以设定为大于 1,也可以设定为小于或等于 1,通常取 $\alpha=1$。

与开放定址法相比,拉链法有如下几个优点。

(1) 拉链法处理冲突简单,且无堆积现象,即非同义词绝不会发生冲突,因此平均查找长度较短。

(2) 由于拉链法中各单链表上的结点空间是动态申请的,故它更适合于建表前无法确定表长的情况。

(3) 开放定址法为减少冲突要求装填因子 α 较小,故当数据规模较大时会浪费很多空间,而拉链法中可取 $\alpha\geqslant 1$,且元素较大时拉链法中增加的指针域可忽略不计,因此节省空间。

图 9.39 采用拉链法建立的哈希表

(4) 在用拉链法构造的哈希表中,删除结点的操作更加易于实现。

拉链法也有缺点,即指针需要额外的空间,故当元素规模较小时开放定址法较为节省空间。若将节省的指针空间用来扩大哈希表的规模,可使装填因子变小,这又减少了开放定址法中的冲突,从而提高了平均查找速度。

【例 9.19】 假设哈希表的长度 $m=13$,采用除留余数法和拉链法解决冲突建立关键字集合$\{16,74,60,43,54,90,46,31,29,88,77\}$的哈希表。

解 $n=11$,$m=13$,除留余数法的哈希函数为 $h(k)=k \bmod m$,当出现哈希冲突时采用拉链法解决冲突,则有 $h(16)=3$,$h(74)=9$,$h(60)=8$,$h(43)=4$,$h(54)=2$,$h(90)=12$,$h(46)=7$,$h(31)=5$,$h(29)=3$,$h(88)=10$,$h(77)=12$。

建立的拉链法哈希表如图 9.39 所示。

9.4.4 哈希表的查找及性能分析

在建立哈希表后,在哈希表中查找关键字为 k 的元素的过程与解决冲突方法相关。哈希表查找长度也分为成功情况下的平均查找长度和不成功情况下的平均查找长度。成功情况下的平均查找长度是指找到哈希表中已有元素的平均探测次数,不成功情况下的平均查找长度是指在表中查找不到关键字为 k 的元素,但找到插入位置的平均探测次数。

视频讲解

1. 采用开放定址法建立的哈希表的查找

这种哈希表查找关键字为 k 的元素的过程是先以建立哈希表的哈希函数 $h(k)$ 求出哈希地址 d_0,若 $ha[d_0].key==k$,则查找成功,否则说明存在哈希冲突,以建立哈希表时的哈希冲突解决函数求出新地址 d_i。若 $ha[d_i].key==k$,则查找成功;否则以同样的方式继续查找,直到查找成功或查找到某个空地址(即查找失败)为止。

假设有元素类型为 HashNode 的哈希表 $ha[0..m-1]$,哈希函数为 $h(k)=k \% p$,采用开放定址法中的线性探测法解决冲突,哈希表中空元素的关键字为常量 NULLKEY,对应的查找算法如下:

```
int SearchHT(HashNode[] ha,int p,int m,int k) {     //在哈希表 ha 中查找关键字 k
    int d;
    d=k % p;                                         //求哈希函数值
    while(ha[d].key!=NULLKEY && ha[d].key!=k)
        d=(d+1) % m;                                 //找到的位置不空闲
    if(ha[d].key==k)
        return d;                                    //查找成功返回 ha 的序号
    else
        return −1;                                   //查找失败返回 −1
}
```

例 9.18 的哈希表为表 9.1,其中 $n=11$。考虑查找成功的情况,假设每个关键字的查找概率相等,其中 9 个关键字查找成功均需要比较一次,一个关键字查找成功均需要比较两

次,另一个关键字查找成功均需要比较 4 次,所以成功情况下的平均查找长度如下:

$$\text{ASL}_{成功} = \frac{9 \times 1 + 1 \times 2 + 4 \times 1}{11} = 1.364$$

考虑查找不成功的情况,这里采用线性探测法解决冲突。假设待查关键字 k 不在该表中,先求出 $h(k)$:

(1) 若 $h(k)=0$,将 k 和 ha[0].key 进行比较,再与 ha[1] 进行比较才发现 ha[1] 为空,即比较次数为 2。

(2) 若 $h(k)=1$,发现 ha[1] 为空,即比较次数为 1。

(3) 若 $h(k)=2$,将 k 和 ha[2..10] 中的关键字进行比较,再与 ha[11] 进行比较才发现 ha[11] 为空,即比较次数为 10。

(4) 若 $h(k)=3$,将 k 和 ha[3..10] 中的关键字进行比较,再与 ha[11] 进行比较才发现 ha[11] 为空,即比较次数为 9。

(5) $h(k)=4$ 到 10 的情况与上类似,分别求出需要的比较次数为 8~2。

(6) 若 $h(k)=11$,发现 ha[11] 为空,即比较次数为 1。

(7) 若 $h(k)=12$,将 k 和 ha[12]、ha[0] 中的关键字进行比较,再与 ha[1] 进行比较才发现 ha[1] 为空,即比较次数为 3。

共有 13 种不成功的查找类别,所以哈希表中不成功查找的探测次数如表 9.2 所示。

表 9.2 哈希表 ha 中不成功查找的探测次数

下标	0	1	2	3	4	5	6	7	8	9	10	11	12
k	77		54	16	43	31	29	46	60	74	88		90
探测次数	2	1	10	9	8	7	6	5	4	3	2	1	3

这样,对应的不成功查找的平均查找长度为

$$\text{ASL}_{不成功} = \frac{2+1+10+\cdots+1+3}{13} = 4.692$$

【例 9.20】 将关键字序列 $\{7,8,30,11,18,9,14\}$ 依次存储到哈希表中,哈希表的存储空间是一个下标从 0 开始的一维数组,哈希函数为 $h(\text{key}) = (\text{key} \times 3) \bmod 7$,处理冲突采用线性探测法,要求装填因子为 0.7。

(1) 画出所构造的哈希表。

(2) 分别计算等概率情况下查找成功和查找不成功的平均查找长度。

解 (1) 这里 $n=7$,装填因子 $\alpha=0.7=n/m$,则 $m=n/0.7=10$。计算各关键字存储地址的过程如下:

$h(7) = 7 \times 3 \bmod 7 = 0$

$h(8) = 8 \times 3 \bmod 7 = 3$

$h(30) = 30 \times 3 \bmod 7 = 6$

$h(11) = 11 \times 3 \bmod 7 = 5$

$h(18) = 18 \times 3 \bmod 7 = 5$ 冲突

$d_1 = (5+1) \bmod 10 = 6$ 仍冲突

$d_2 = (6+1) \bmod 10 = 7$

$h(9) = 9 \times 3 \bmod 7 = 6$ 冲突

$d_1=(6+1)\bmod 10=7$ 仍冲突

$d_2=(7+1)\bmod 10=8$

$h(14)=14\times 3\bmod 7=0$ 冲突

$d_1=(0+1)\bmod 10=1$

构造的哈希表如表9.3所示。

表9.3 一个哈希表

下标	0	1	2	3	4	5	6	7	8	9
关键字	7	14		8		11	30	18	9	
探测次数	1	2		1		1	1	3	3	

（2）在等概率情况下：

$$\text{ASL}_{\text{成功}}=\frac{1+2+1+1+1+3+3}{7}=1.71$$

由于任一关键字 k, $h(k)$ 的值只能是 0~6，在不成功的情况下，$h(k)$ 为 0 需比较 3 次，$h(k)$ 为 1 需比较两次，$h(k)$ 为 2 需比较一次，$h(k)$ 为 3 需比较两次，$h(k)$ 为 4 需比较一次，$h(k)$ 为 5 需比较 5 次，$h(k)$ 为 6 需比较 4 次，共 7 种情况，如表 9.4 所示。所以，有

$$\text{ASL}_{\text{不成功}}=\frac{3+2+1+2+1+5+4}{7}=2.57$$

表9.4 不成功查找的探测次数

下标	0	1	2	3	4	5	6	7	8	9
关键字	7	14		8		11	30	18	9	
探测次数	3	2	1	2	1	5	4	—	—	—

2. 采用拉链法建立的哈希表的查找

视频讲解

这种哈希表查找关键字为 k 的元素的过程是先以建立哈希表的哈希函数 $h(k)$ 求出哈希地址 d_0，若 $ha[d_0]$ 的地址为空，表示查找失败；否则通过 $ha[d_0]$ 的地址找到对应单链表的首结点 p，若 $p.\text{key}==k$，则查找成功（关键字比较一次），否则 p 后移一个结点，若 $p.\text{key}==k$，则查找成功（关键字比较两次），以此类推，若 p 为空，表示查找失败。

假设有元素类型为 HNode 的哈希表，单链表结点类型为 SNode，哈希函数为 $h(k)=k\ \%\ m$，采用拉链法解决冲突，对应的查找算法如下：

```
SNode SearchHT(HNode[] ha,int m,int k) {        //在哈希表中查找关键字 k
    int d;
    SNode p;
    d=k % m;
    p=ha[d].next;                                //p指向ha[d]单链表的首结点
    while(p!=null && p.key!=k)                   //在ha[d]的单链表中查找
        p=p.next;
    if(p==null)                                  //查找失败返回null
        return null;
    else                                         //查找成功返回对应的结点
        return p;
}
```

例 9.19 的哈希表为图 9.39，其中 $n=11$。考虑查找成功的情况，假设每个关键字的查

找概率相等,其中 9 个关键字查找成功均需要比较一次,两个关键字查找成功均需要比较两次,所以成功情况下的平均查找长度如下:

$$\text{ASL}_{成功} = \frac{9 \times 1 + 2 \times 2}{11} = 1.182$$

考虑查找不成功的情况,这里采用拉链法解决冲突。假设待查关键字 k 不在该表中,先求出 $d = h(k)$,且第 d 个单链表中具有 i 个结点,则需做 i 次关键字的比较(不包括空指针判定)才确定查找失败,因此查找不成功的平均查找长度为

$$\text{ASL}_{不成功} = \frac{0+0+1+2+1+1+0+1+1+1+1+0+2}{13} = 0.846$$

一般地,由同一个哈希函数、不同的解决冲突方法构造的哈希表,其平均查找长度是不相同的。假设哈希函数是均匀的,可以证明不同的解决冲突方法得到的哈希表的平均查找长度不同,表 9.5 列出了用几种不同的方法解决冲突时哈希表的平均查找长度。从中看到,哈希表的平均查找长度不是元素个数 n 的函数,而是装填因子 α 的函数。因此,在设计哈希表时可选择 α 控制哈希表的平均查找长度。

表 9.5 用几种不同的方法解决冲突时哈希表的平均查找长度

解决冲突的方法	平均查找长度	
	成功的查找	不成功的查找
线性探测法	$\frac{1}{2}\left(1+\frac{1}{1-\alpha}\right)$	$\frac{1}{2}\left(1+\frac{1}{(1-\alpha)^2}\right)$
平方探测法	$-\frac{1}{\alpha}\log_e(1-\alpha)$	$\frac{1}{1-\alpha}$
拉链法	$1+\frac{\alpha}{2}$	$\alpha + e^{-\alpha} \approx \alpha$

*9.4.5 Java 中的 HashMap 和 HashSet 集合

HashMap/HashSet 集合与 TreeMap/TreeSet 集合相对应,不同点如下。

(1) TreeMap/TreeSet 底层采用红黑树实现,而 HashMap/HashSet 主要采用哈希表实现。

(2) TreeMap/TreeSet 是有序的,而 HashMap/HashSet 是无序的。

(3) TreeMap/TreeSet 适用于按自然顺序或自定义顺序遍历键,而 HashMap/HashSet 适用于插入、删除和查找元素。通常 HashMap/HashSet 的查找速度比 TreeMap/TreeSet 更快。

HashMap 集合中的元素是 <key, value> 键值映射关系,HashSet 集合中的元素是关键字,两者中的关键字不重复。下面主要讨论 HashMap 集合。

HashMap 采用数组+链表+红黑树的数据结构,其示意图如图 9.40 所示。

每个元素(Entry 类型结点)都是链表中的一个结点,当添加一个元素 <key, value> 时,先计算元素 key 的 $h(key)$ 值以确定插入数组中的位置,再插入对应的链表中,同一个链表上的元素哈希值相同(用链表存放同义词),当链表结点个数较多(如超过 8 个)时就转换为红黑树,这样大大提高了查找的效率。当数组的大小超过一定大小(如初始大小×装填因

图9.40　HashMap采用数组＋链表＋红黑树的数据结构示意图

子)时,将数组大小扩大2倍,把原数组搬移到新的数组中。其查找过程与前面介绍的拉链法哈希表查找过程类似。

HashMap的主要构造方法如下。

(1) HashMap(int initialCapacity,float loadFactor):用指定的初始大小和装填因子构造一个空的HashMap。

(2) HashMap(int initialCapacity):用指定的初始大小和默认装填因子(0.75)构造一个空的HashMap。

(3) HashMap():用指定的默认初始大小(16)和默认装填因子(0.75)构造一个空的HashMap。

HashMap的主要方法如下。

(1) int size():返回HashMap中键值映射的个数。

(2) boolean isEmpty():HashMap中没有任何键值映射时返回true。

(3) V get(Object key):返回HashMap中指定键key对应的值,不存在key的键值映射时返回null。

(4) boolean containsKey(Object key):HashMap中包含指定键key的键值映射时返回true。

(5) V put(K key,V value):将键值映射<key,value>插入HashMap中,如果之前存在该键,用新value替换原来的值。

(6) V putIfAbsent(K key,V value):如果当前HashMap中指定键key尚未与值关联(或映射为null),则将key与给定值value关联并返回null(与执行put相同),否则返回当前值(不执行put)。例如,以下代码说明了put()和putIfAbsent()的差别:

```
HashMap<String,String> map=new HashMap<>();
map.put("a","A");
map.put("b","B");
String v=map.putIfAbsent("b","v");      //注意已存在关键字"b"的映射
System.out.println(v);                   //输出 B
String v1=map.putIfAbsent("c","v");     //注意不存在关键字"c"的映射
System.out.println(v1);                  //输出 null
```

(7) V remove(Object key)：在 HashMap 中删除指定键 key 的键值映射(若存在)。

(8) void clear()：删除 HashMap 中的所有键值映射，变为空集。

(9) boolean containsValue(Object value)：若 HashMap 中存在指定值 value 的一个或者多个键，返回 true。

(10) Set < K > keySet()：返回 HashMap 中所有键的 Set 视图。该视图由 HashMap 支持，因此对视图的更改会反映到 HashMap 中，反之亦然。

(11) Collection < V > values()：返回 HashMap 中所有值的 Collection 视图。

(12) Set < Map. Entry < K, V >> entrySet()：返回 HashMap 中包含的映射关系的 Set 视图。

(13) V getOrDefault(Object key, V defaultValue)：返回 HashMap 中指定键 key 关联的值，如果不存在 key 的映射，则返回 defaultValue。

(14) boolean remove(Object key, Object value)：仅当 HashMap 中存在<key,value>键值映射时才删除它。

HashMap 元素遍历的方法与 TreeMap 类似，例如，用 HashMap < Integer, Integer > map 语句定义一个 map 后，可以以下 for 语句输出所有元素(映射)：

```
for(Map.Entry < Integer, Integer > entry1: map.entrySet())
    System.out.println("<"+entry1.getKey()+","+entry1.getValue()+">");
```

若用 HashMap < Integer, Stack < Integer >> map 语句定义一个 map，可以以下 for 语句输出所有元素(映射)：

```
for(Map.Entry < Integer, Stack < Integer >> entry2: map.entrySet()) {
    System.out.print(entry2.getKey()+":");            //输出关键字
    Stack < Integer > s=entry2.getValue();
    while(!s.empty())
        System.out.print(s.pop()+" ");                //输出关键字对应的所有栈元素
    System.out.println();
}
```

【例 9.21】 给定一个仅由小写字母组成的字符串 s，设计一个算法判断是否其中的所有字母都唯一出现。

解 采用 HashMap < Character, Integer > 集合 map 存放 s 中字母出现的次数，当重复出现时返回 false，最后返回 true。对应的算法如下：

```
static boolean unique(String s) {                     //判断 s 中的所有字母是否都唯一
    HashMap < Character, Integer > map=new HashMap < Character, Integer >();
    for(int i=0;i < s.length();i++) {
        char c=s.charAt(i);
        if(map.containsKey(c))                        //字母 c 不唯一,返回 false
            return false;
        else                                          //字母 c 第一次出现,插入<c,1>
            map.put(c,1);
    }
    return true;                                      //所有字母唯一,返回 true
}
```

【例 9.22】 给定一个 abc.in 文本文件,由若干行组成,每行为一个学生姓名和分数(用空格分隔),假设同一个学生的多个分数均不同,例如,abc.in 文件如下:

```
Mary 90
Smith 86
Mary 85
John 78
Mary 92
Smith 88
```

编写一个程序,读取该文件数据,按姓名输出所有学生分数,姓名顺序不做要求,但每个学生的分数按递增顺序,并且将结果存放在 abc.out 文件中。例如,abc.in 对应的 abc.out 文件如下:

```
Smith: 86 88
John: 78
Mary: 85 90 92
```

解 采用 HashMap<String,TreeSet<Integer>>集合 map 存放所有学生的分数,关键字为姓名,对应的值为 TreeSet 集合,用于存放一学生的所有分数(分数不重复并且有序)。对应的程序如下:

```java
import java.util.*;
import java.io.FileInputStream;
import java.io.FileNotFoundException;
import java.io.PrintStream;
public class Exam9_22 {
    static HashMap<String,TreeSet<Integer>> map=new HashMap();
    static void insertmap(String s,int d) {            //将<s,d>插入 map 中
        map.computeIfAbsent(s,z-> new TreeSet()).add(d);
    }
    static void dispmap() {                            //输出分数 map
        Iterator it=map.keySet().iterator();
        while(it.hasNext()) {
            String key=(String)it.next();              //获取 key(姓名)
            System.out.print(key+":");
            TreeSet value=(TreeSet)map.get(key);       //根据 key 获取 value
            for(Object e:value)
                System.out.print(" "+e);
            System.out.println();
        }
    }
    public static void main(String[] args) throws FileNotFoundException {
        System.setIn(new FileInputStream("abc.in"));   //将标准输入流重定向至 abc.in
        Scanner fin=new Scanner(System.in);
        System.setOut(new PrintStream("abc.out"));     //将标准输出流重定向至 abc.out
        String s;
        int d;
        while(fin.hasNext()) {                         //读文件
            s=fin.next();
            d=fin.nextInt();
            System.out.println(s+","+d);
```

```
            insertmap(s,d);              //向 map 中插入
        }
        dispmap();                       //由 abc.out 文件输出结果
    }
}
```

其中,语句 map.computeIfAbsent(s,z-> new TreeSet()).add(d)的功能是若 map 中存在键 s 姓名的映射,返回对应的值(即已存在的 TreeSet 集合),通过 add()方法向其中插入分数 d;若 map 中不存在键 s 姓名的映射,则在 map 中新建一个键 s 姓名的映射,值为空的 TreeSet,再通过 add()方法向其中插入分数 d。z-> new TreeSet()是一个用 Lambda 表达式表示的匿名函数,"->"左边的 z 为函数参数,右边的 new TreeSet()为函数体,即新创建一个 TreeSet()对象。

HashSet 集合与 HashMap 集合在用法上类似,这里不再详述。

9.5 练习题

9.6 实验题

9.6.1 上机实验题

9.6.2 在线编程题

1. HDU2025——查找最大元素。
2. POJ2785——总和为 0 的四元组数。
3. HDU3791——二叉排序树问题。
4. POJ2418——硬木种类。
5. HDU1263——水果问题。
6. POJ2503——Babelfish 问题。
7. POJ2092——爷爷很出名问题。

第 10 章 排 序

在第 9 章介绍过,一般情况下折半查找比顺序查找效率高,但折半查找要求被查找的数据有序,因此为了提高查找速度需要对数据进行排序,排序算法是许多高效算法的基础。本章主要学习要点如下:

(1) 排序的基本概念,包括排序的稳定性以及内排序和外排序之间的差异。

(2) 插入排序算法,包括直接插入排序、折半插入排序和希尔排序的过程和算法实现。

(3) 交换排序算法,包括冒泡排序和快速排序的过程和算法实现。

(4) 选择排序算法,包括简单选择排序和堆排序的过程和算法实现。

(5) 二路归并排序的过程和算法实现。

(6) 基数排序的过程和算法实现。

(7) 各种内排序方法的比较和选择。

(8) 外排序的基本步骤。

(9) 磁盘排序中的多路平衡归并和最佳归并树等。

(10) 灵活运用各种排序算法解决一些综合应用问题。

10.1 排序的基本概念

和第 9 章类似,假定被排序的是由一组元素组成的表,而元素由若干数据项组成,其中用来标识元素的数据项称为**关键字项**,该数据项的值称为关键字。关键字可用作排序的依据。在本章中假设要排序元素的关键字可以重复,两个元素的比较默认为它们之间的关键字比较。

扫一扫

视频讲解

1. 什么是排序

所谓排序,就是要整理表中的元素,使之按关键字递增或递减有序排列。本章仅讨论递增排序的情况,在默认情况下所有的排序均指递增排序。排序的输入与输出如下。

输入:n 个元素序列为 $R_0,R_1,\cdots,R_{n-1}$,其相应的关键字分别为 $k_0,k_1,\cdots,k_{n-1}$。

输出:$R_{i_0},R_{i_1},\cdots,R_{i_{n-1}}$,使得 $k_{i_0} \leqslant k_{i_1} \leqslant \cdots \leqslant k_{i_{n-1}}$。

因此排序算法就是要确定 $0 \sim n-1$ 的一种排列 $i_0,i_1,\cdots,i_{n-1}$,使表中的元素依此顺序按关键字排序。

2. 内排序和外排序

在排序过程中,若整个表都是放在内存中处理,排序时不涉及数据的内、外存交换,则称为**内排序**;反之,若排序过程中要进行数据的内、外存交换,则称为**外排序**。内排序受到内存限制,适用于能够一次将全部元素放入内存的小表;外排序不受内存限制,适用于不能一次将全部元素放入内存的大表。内排序方法是外排序的基础。

3. 内排序的分类

根据内排序算法是否基于关键字的比较,将内排序算法分为基于比较的排序算法和不基于比较的排序算法。像插入排序、交换排序、选择排序和归并排序都是基于比较的排序算法;而基数排序是不基于比较的排序算法。

4. 基于比较的排序算法的性能

在基于比较的排序算法中主要进行以下两种基本操作。

(1) 比较:元素关键字之间的比较。

(2) 移动:元素从一个位置移动到另一个位置。

排序算法的性能是由算法的时间和空间确定的,而时间又是由比较和移动的次数确定的。

若待排序元素的关键字顺序正好和排序顺序相同,称此表中元素为**正序**;反之,若待排序元素的关键字顺序正好和排序顺序相反,称此表中元素为**反序**。

下面分析基于比较的排序算法的下界。假设有 3 个元素(R_1、R_2、R_3),对应的关键字为 k_1、k_2、k_3,基于比较的排序方法是若 $k_1 \leqslant k_2$,序列不变;否则交换 R_1 和 R_2,变为序列 (R_2,R_1,R_3)。以此类推,排序过程构成一棵决策树,如图 10.1 所示,这里的排序结果有 6 种情况。

推广为 n 个元素(假设关键字均不同)的决策树,排序算法所用的比较次数等于决策树

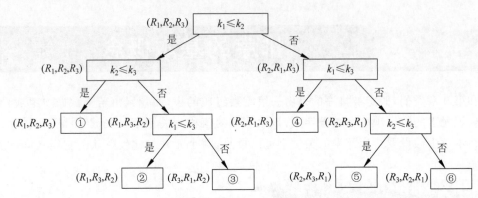

图 10.1 排序的决策树

中最深的叶子结点的深度,所用的平均比较次数等于决策树中叶子结点的平均深度即树的高度。n 个元素的排序结果有 $n!$ 种情况,对应的决策树有 $n!$ 个叶子结点,设其高度为 h,其中没有单分支结点(因为总是两两比较的),总结点个数 $=2n!-1$,其高度等同于含 $2n!-1$ 个结点的完全二叉树的高度,则 $h=\log_2(2n!)=\log_2 n!+1$,而 $\log_2 n! \geqslant n\log_2 n - 1.45n$,即 h 的下界为 $n\log_2 n$(忽略了某些低阶项以得到更简单的下界)。排序中移动次数与比较次数属于同数量级,由此推出 n 个元素采用基于比较的排序方法时最坏情况下的平均时间下界为 $n\log_2 n$。

上述结论说明,如果采用基于比较的排序方法,算法的平均时间复杂度不可能优于 $O(n\log_2 n)$,如快速排序、堆排序和二路归并排序算法的平均时间复杂度均为 $O(n\log_2 n)$,它们都是高效的排序算法。

5. 排序的稳定性

当待排序元素的关键字均不相同时,排序的结果是唯一的,否则排序的结果不一定唯一。如果待排序的表中存在有多个关键字相同的元素,经过排序后这些具有相同关键字的元素之间的相对次序保持不变,则称这种排序方法是**稳定的**;反之,若具有相同关键字的元素之间的相对次序发生变化,则称这种排序方法是**不稳定的**。注意,排序算法的稳定性是针对所有输入实例而言的。也就是说,在所有可能的输入实例中,只要有一个实例使得算法不满足稳定性要求,则该排序算法就是不稳定的。

6. 排序数据的组织

在讨论内排序算法时,以顺序表作为排序数据的存储结构(除基数排序采用单链表外)。假设关键字为 int 型,待排序的顺序表中元素的类型如下:

```
class RecType {                    //顺序表元素类型
    int key;                       //存放关键字,假设关键字为 int 型
    String data;                   //存放其他数据,假设为 String 型
    public RecType(int d) {        //构造方法
        key=d;
    }
}
```

设计用于内排序的 SqListSortClass 类(除基数排序外)如下:

```
public class SqListSortClass {              //顺序表排序类
    final int MAXN=100;                     //表示最多元素个数
    RecType[] R;                            //存放排序的元素
    int n;                                  //实际元素个数
    public void swap(int i,int j) {         //交换 R[i]和 R[j]
        RecType tmp=R[i];
        R[i]=R[j]; R[j]=tmp;
    }
    public void CreateR(int[] a) {          //由关键字序列 a 构造顺序表 R[0..n-1]
        R=new RecType[MAXN];
        for(int i=0;i<a.length;i++)
            R[i]=new RecType(a[i]);
        n=a.length;
    }
    public void Disp() {                    //输出顺序表 R[0..n-1]
        for(int i=0;i<n;i++)
            System.out.print(R[i].key+" ");
        System.out.println();
    }
    public void CreateR1(int[] a) {         //由关键字序列 a 构造 R[1..n],用于堆排序
        R=new RecType[MAXN];
        for(int i=0;i<a.length;i++)
            R[i+1]=new RecType(a[i]);
        n=a.length;
    }
    public void Disp1() {                   //输出顺序表 R[1..n],用于堆排序
        for(int i=1;i<=n;i++)
            System.out.print(R[i].key+" ");
        System.out.println();
    }
    //各种基于比较的排序方法,将在后面讨论
}
```

10.2 插入排序

插入排序的基本思想是每次将一个待排序的元素按其关键字大小插入前面已经排好序的子表中的适当位置,直到全部元素插入完成为止。本节介绍 3 种插入排序方法,即直接插入排序、折半插入排序和希尔排序。

10.2.1 直接插入排序

1. 排序思路

假设待排序序列存放在数组 $R[0..n-1]$ 中,排序过程的某一中间时刻 R 被划分成两个子区间 $R[0..i-1]$ 和 $R[i..n-1]$($1 \leqslant i < n$),其中前面的子区间是已排好序的**有序区**,后面的子区间是当前未排序的部分,称其为**无序区**。直接插入排序的每趟操作是将当前无序区的开头元素 $R[i]$($1 \leqslant i \leqslant n-1$)插入有序区 $R[0..i-1]$ 中适当的位置上,使 $R[0..i]$ 变为新的有序区,从而扩大有序区、减小无序区,如图 10.2 所示。这种方法通常称为增量法,因为它每次使有序区增加一个元素。经过 $n-1$ 趟后无序区变为空,有序区含有全部的元素,从

视频讲解

而全部数据有序。

对于某一趟排序,如何将无序区的第一个元素 $R[i]$ 插入有序区呢?其过程如图 10.3 所示,先将 $R[i]$ 暂时放到 tmp 中,j 在有序区中从后向前找(初值为 $i-1$),凡是大于 tmp 的元素均后移一个位置,直到找到某个小于或等于 tmp 的 $R[j]$ 为止,再将 tmp 放在它的后面。

图 10.2 直接插入排序的过程   图 10.3 直接插入排序的一趟排序过程

说明:直接插入排序每趟产生的有序区是局部有序区(初始时将 $R[0..0]$ 看成局部有序区,所以 i 从 1 开始排序),局部有序区中的元素并不一定放在最终位置上,在后面的排序中可能发生元素的改变,若某个元素在后面的排序中不再发生位置的改变,称之为归位。相应地,全局有序区中的所有元素均已归位。

2. 排序算法

直接插入排序的算法如下:

```java
public void InsertSort() {                  //对 R[0..n-1] 按递增有序进行直接插入排序
    RecType tmp;
    int j;
    for(int i=1;i<n;i++) {                  //从第 2 个元素(即 R[1])开始
        if(R[i].key<R[i-1].key) {           //反序时
            tmp=R[i];                        //取出无序区的第一个元素
            j=i-1;                           //在有序区 R[0..i-1]中从右向左找 R[i]的插入位置
            do {
                R[j+1]=R[j];                 //将关键字大于 tmp.key 的元素后移
                j--;                         //继续向前比较
            } while(j>=0 && R[j].key>tmp.key);
            R[j+1]=tmp;                      //在 j+1 处插入 R[i]
        }
    }
}
```

3. 算法分析

直接插入排序由两重循环构成,对于具有 n 个元素的顺序表 R,外循环表示要进行 $n-1$(i 的取值范围为 $1\sim n-1$)趟排序。在每一趟排序中,仅当待插入元素 $R[i]$ 的关键字小于无序区的尾元素关键字时(反序)才进入内循环,所以直接插入排序的时间性能与初始数据序列相关。

1) 最好情况分析

若初始数据序列为正序,则在每趟 $R[i]$($1 \leq i \leq n-1$)的排序中仅需进行一次关键字比较,由于比较结果正序,这样每趟排序均不进入内循环,故元素的移动次数为 0。由此可知,正序时直接插入排序中的关键字比较次数和元素移动次数均达到最小值 $C_{\min}$ 和 $M_{\min}$。

$$C_{\min} = \sum_{i=1}^{n-1} 1 = n-1 = O(n), \quad M_{\min} = 0$$

两者合起来为 $O(n)$,因此直接插入排序在最好情况下的时间复杂度为 $O(n)$。

2) 最坏情况分析

若初始数据序列为反序,则在每趟 $R[i]$($1 \leq i \leq n-1$)的排序中由于 tmp 均小于有序区 $R[0..i-1]$ 中的所有元素,需要 i 次比较(不计最后 $j \geq 0$ 的一次判断,这里仅考虑元素之间的关键字比较),同时有序区 $R[0..i-1]$ 中的每个元素后移一次,再加上前面 tmp=$R[i]$ 和 $R[j+1]$=tmp 的两次移动,需要 $i+2$ 次移动。由此可知,反序时直接插入排序的关键字比较次数和元素移动次数均达到最大值 $C_{\max}$ 和 $M_{\max}$。

$$C_{\max} = \sum_{i=1}^{n-1} i = \frac{n(n-1)}{2} = O(n^2), \quad M_{\max} = \sum_{i=1}^{n-1}(i+2) = \frac{(n-1)(n+4)}{2} = O(n^2)$$

两者合起来为 $O(n^2)$,因此直接插入排序在最坏情况下的时间复杂度为 $O(n^2)$。

3) 平均情况分析

在每趟 $R[i]$($1 \leq i \leq n-1$)的排序中,平均情况是将 $R[i]$($1 \leq i \leq n-1$)插入有序区 $R[0..i-1]$ 的中间位置,这样平均比较次数为 $i/2$,平均移动次数为 $i/2+2$,对应的 C_{avg} 和 M_{avg} 如下:

$$C_{\text{avg}} = \sum_{i=1}^{n-1}\left(\frac{i}{2}\right) = \frac{n(n-1)}{4} = O(n^2), \quad M_{\text{avg}} = \sum_{i=1}^{n-1}\left(\frac{i}{2}+2\right) = O(n^2)$$

两者合起来为 $O(n^2)$,因此直接插入排序在平均情况下的时间复杂度为 $O(n^2)$。由于其平均时间性能接近最坏性能,所以它是一种低效的排序方法。

在直接插入排序算法中只使用 i、j 和 tmp 共 3 个辅助变量,与问题规模 n 无关,故算法的空间复杂度为 $O(1)$,也就是说它是一个就地排序算法。另外,对于任意两个满足 $j > i$ 且 $R[j].\text{key} = R[i].\text{key}$ 的元素,本算法都是将 $R[j]$ 插入 $R[i]$ 的后面,也就是说 $R[i]$ 和 $R[j]$ 的相对位置保持不变,所以直接插入排序是一种稳定的排序方法。

【例 10.1】 设待排序表中有 10 个元素,其关键字序列为(9,8,7,6,5,4,3,2,1,0),说明采用直接插入排序方法进行排序的过程。

解 其排序过程如图 10.4 所示。图中用方括号表示当前的有序区,每趟向有序区中插入一个元素(用粗体表示),并保持有序区中的元素仍有序。

```
初始关键字   [9] 8  7  6  5  4  3  2  1  0
i=1的结果:  [8  9] 7  6  5  4  3  2  1  0
i=2的结果:  [7  8  9] 6  5  4  3  2  1  0
i=3的结果:  [6  7  8  9] 5  4  3  2  1  0
i=4的结果:  [5  6  7  8  9] 4  3  2  1  0
i=5的结果:  [4  5  6  7  8  9] 3  2  1  0
i=6的结果:  [3  4  5  6  7  8  9] 2  1  0
i=7的结果:  [2  3  4  5  6  7  8  9] 1  0
i=8的结果:  [1  2  3  4  5  6  7  8  9] 0
i=9的结果:  [0  1  2  3  4  5  6  7  8  9]
```

图 10.4 10 个元素进行直接插入排序的过程

10.2.2 折半插入排序

1. 排序思路

直接插入排序的每趟将元素 $R[i]$ ($1 \leq i \leq n-1$) 插入有序区 $R[0..i-1]$ 中,可以采用折半查找方法先在 $R[0..i-1]$ 中找到插入位置,再通过移动元素进行插入,这样的插入排序称为**折半插入排序**或**二分插入排序**。

在 $R[low..high]$(初始时 $low=0, high=i-1$)中采用折半查找方法找到插入 $R[i]$ 的位置(即插入点)为 $high+1$,再将 $R[high+1..i-1]$ 元素后移一个位置,并置 $R[high+1]=R[i]$,如图 10.5 所示。

图 10.5 折半插入排序的一趟排序过程

说明:和直接插入排序一样,折半插入排序每趟产生的有序区也是局部有序区。

2. 排序算法

折半插入排序的算法如下:

```java
public void BinInsertSort() {                //对 R[0..n-1]按递增有序进行折半插入排序
    int low,high,mid;
    RecType tmp;
    for(int i=1;i<n;i++) {
        if(R[i].key<R[i-1].key) {            //反序时
            tmp=R[i];                         //将 R[i]保存到 tmp 中
            low=0;high=i-1;                   //在 R[low..high]中折半查找插入位置 high+1
            while(low<=high) {
                mid=(low+high)/2;             //取中间位置
                if(tmp.key<R[mid].key)
                    high=mid-1;               //插入点在左区间
                else
                    low=mid+1;                //插入点在右区间
            }
            for(int j=i-1;j>=high+1;j--)      //元素集中后移
                R[j+1]=R[j];
            R[high+1]=tmp;                    //插入原来的 R[i]
        }
    }
}
```

3. 算法分析

从上述算法中看到,在任何情况下排序中元素移动的次数与直接插入排序的相同,不同的仅是变分散移动为集中移动。这里仅分析平均情况,在 $R[0..i-1]$ 中查找插入 $R[i]$ 的位置,折半查找的平均关键字比较次数为 $\log_2(i+1)-1$,平均移动元素的次数为 $i/2+2$,所以算法的平均时间复杂度为 $\sum_{i=1}^{n-1}\left(\log_2(i+1)-1+\dfrac{i}{2}+2\right)=O(n^2)$。

从时间复杂度角度看,折半插入排序与直接插入排序相同,但由于采用折半查找,当元素个数较多时折半查找优于顺序查找,减少了关键字比较次数,所以折半插入排序也优于直接插入排序。同样,折半插入排序的空间复杂度为 $O(1)$,也是一种稳定的排序算法。

10.2.3 希尔排序

1. 排序思路

希尔排序是一种采用分组插入排序的方法。其基本思想是先取一个小于 n 的整数 d_1 作为第一个增量,将全部元素分成 d_1 个组,所有相距 d_1 的元素为一组,图10.6是分为 d 组的情况,再对各组元素进行直接插入排序。然后取第二个增量 d_2($d_2<d_1$),重复上述的分组和排序,直到增量 $d_t=1$($d_t<d_{t-1}<\cdots<d_2<d_1$),此时所有元素为一组再进行直接插入排序。

图 10.6 希尔排序时分为 d 组

每一趟进行直接插入排序的过程是从元素 $R[d]$ 开始直到元素 $R[n-1]$ 为止,每个元素都是和同组的元素比较,且插入该组的有序区中,如与元素 $R[i]$ 同组的前面的元素有 $\{R[j]\mid j=i-d\geqslant 0\}$。其中增量 d_i 的一系列取值称为增量序列。

说明:希尔排序每趟并不产生有序区,在最后一趟排序结束前所有元素并不一定归位了,但是希尔排序每趟完成后数据越来越接近有序。

2. 排序算法

取 $d_1=n/2$,$d_{i+1}=\lfloor d_i/2\rfloor$ 时的希尔排序算法如下:

```
public void ShellSort( ) {            //对 R[0..n-1]按递增有序进行希尔排序
    RecType tmp;
    int d=n/2;                        //增量置初值
    while(d>0) {
        for(int i=d;i<n;i++) {        //对所有相隔d位置的元素组采用直接插入排序
            tmp=R[i];
            int j=i-d;
            while(j>=0 && tmp.key<R[j].key) {
```

```
            R[j+d]=R[j];              //对相隔 d 位置的元素组排序
            j=j-d;
        }
        R[j+d]=tmp;
    }
    d=d/2;                             //递减增量
  }
}
```

3. 算法分析

希尔排序的性能分析比较复杂,因为它的执行时间是"增量"序列的函数,到目前为止增量的选取无一定论,但不管增量序列如何取,最后一个增量必须等于 1。如果按照上述算法的取法,即 $d_1=n/2, d_{i+1}=\lfloor d_i/2 \rfloor (i \geq 1)$,也就是说后一个增量是前一个增量的 1/2,则经过 $t=\lceil \log_2 n \rceil - 1$ 趟后 $d_t=1$,再经过最后一趟直接插入排序使整数序列变为有序的。希尔算法的时间复杂度难以分析,一般认为其平均时间复杂度为 $O(n^{1.5})$。希尔排序的速度通常要比直接插入排序快得多。

在希尔排序算法中只使用 i、j、d 和 tmp 共 4 个辅助变量,与问题规模 n 无关,故算法的空间复杂度为 $O(1)$,也就是说它是一个就地排序。

另外,希尔排序法是一种不稳定的排序算法,可以通过一个示例说明。假设 $n=10$,其中有两个为 8 的元素,第 1 趟 $d=5$ 排序后的结果是(3,5,10,8,7,2,8,1,20,6),第 2 趟取 $d=2$,排序过程如图 10.7 所示,从中看出两个为 8 的元素的相对位置发生了改变。

图 10.7 说明希尔排序不稳定的示例

【例 10.2】 设待排序的表中有 10 个元素,其关键字分别为 9、8、7、6、5、4、3、2、1、0,说明采用希尔排序方法进行排序的过程。

解 其排序过程如图 10.8 所示。第 1 趟排序时 $d=5$,整个表被分成 5 组,即(9,4)、(8,3)、(7,2)、(6,1)、(5,0),各组采用直接插入排序方法排序,即结果分别为(4,9)、(3,8)、(2,7)、(1,6)、(0,5),该趟的最终结果为(4,3,2,1,0,9,8,7,6,5)。

第 2 趟排序时 $d=2$,整个表分成两组,即(4,2,0,8,6)和(3,1,9,7,5),各组采用直接插入排序方法排序,即结果分别为(0,2,4,6,8)和(1,3,5,7,9),该趟的最终结果为(0,1,2,3,4,5,6,7,8,9)。

第 3 趟排序时 $d=1$,整个表为一组,采用直接插入方法排序,最终结果为(0,1,2,3,4,5,6,7,8,9)。

说明:本节的希尔排序算法采用的是希尔增量序列,即第一个增量为序列长度的一半,

图 10.8　10 个元素进行希尔排序的过程

随后的增量依次减半,直到增量为 1。除此之外,还有 Hibbard 增量序列(平均时间复杂度接近 $O(n^{3/2})$)和 Sedgewick 增量序列(平均时间复杂度通常认为是 $O(n^{1.3})\sim O(n^2)$)等,不同的增量序列对 Shell 排序的性能有重要影响。

10.3　交换排序

交换排序的基本思想是两两比较待排序元素的关键字,当发现这两个元素反序时进行交换,直到没有反序的元素为止。本节介绍两种交换排序,即冒泡排序和快速排序。

10.3.1　冒泡排序

1. 排序思路

冒泡排序也称为气泡排序,它是一种典型的交换排序方法,其基本思想是通过无序区中相邻元素之间的比较和位置交换使最小(或者最大)元素如气泡一般逐渐往上"漂浮"直至"水面"。这里从无序区最后面开始,对每两个相邻元素进行比较,使较小元素交换到较大元素之上,经过一趟冒泡排序后最小元素到达无序区最前端,如图 10.9 所示。接着在剩下的元素中找次小元素,并把它交换到第二个位置上。以此类推,直到所有元素都有序为止。

图 10.9　冒泡排序的过程

在冒泡排序算法中,若某一趟没有出现任何元素交换,说明所有元素已排好序了,就可以结束本算法。

说明:冒泡排序每趟产生的有序区一定是全局有序区,也就是说每趟产生的有序区中的所有元素都归位了。初始时将全局有序区看成空,所以 i 从 0 开始排序。

2. 排序算法

冒泡排序的算法如下：

```java
public void BubbleSort() {                    //对 R[0..n-1]按递增有序进行冒泡排序
    boolean exchange=false;
    RecType tmp;
    for(int i=0;i<n-1;i++) {
        exchange=false;                       //本趟前将 exchange 置为 false
        for(int j=n-1;j>i;j--) {              //在一趟中找出最小关键字的元素
            if(R[j].key<R[j-1].key) {         //反序时交换
                swap(j,j-1);                  //R[j]和 R[j-1]交换,将最小元素前移
                exchange=true;                //本趟发生交换置 exchange 为 true
            }
        }
        if(!exchange) return;                 //本趟没有发生交换,中途结束算法
    }
}
```

3. 算法分析

在冒泡排序中由 exchange 来控制算法是否提前结束,所以其时间性能与初始数据序列相关。

1) 最好情况分析

若初始数据序列是正序的,第 1 趟后排序结束,所需的关键字比较和元素移动的次数均分别达到最小值 $C_{\min}$ 和 $M_{\min}$。

$$C_{\min}=\sum_{i=0}^{n-2}1=n-1=O(n), \quad M_{\min}=0$$

两者合起来为 $O(n)$,因此冒泡排序在最好情况下的时间复杂度为 $O(n)$。

2) 最坏情况分析

若初始数据序列为反序,则需要进行 $n-1$ 趟排序,每趟排序要进行 $n-i-1(0 \leqslant i \leqslant n-2)$ 次关键字的比较,$3(n-i-1)$ 次元素移动(一次交换为 3 次移动)。由此可知,反序时冒泡排序的关键字比较次数和元素移动次数均达到最大值 $C_{\max}$ 和 $M_{\max}$。

$$C_{\max}=\sum_{i=0}^{n-2}(n-i-1)=\frac{n(n-1)}{2}=O(n^2)$$

$$M_{\max}=\sum_{i=0}^{n-2}3(n-i-1)=\frac{3n(n-1)}{2}=O(n^2)$$

两者合起来为 $O(n^2)$,因此冒泡排序在最坏情况下的时间复杂度为 $O(n^2)$。

3) 平均情况分析

平均情况分析稍微复杂一些,因为算法可能在中间的某一趟排序完成后就结束,但平均的排序趟数仍是 $O(n)$,每一趟的关键字比较次数和元素移动次数为 $O(n)$,所以平均时间复杂度为 $O(n^2)$。由于其平均时间性能接近最坏性能,所以它是一种低效的排序方法。另外,虽然冒泡排序不一定要做 $n-1$ 趟,但由于元素移动的次数较多,所以平均时间性能比直接插入排序要差。

在冒泡排序算法中只使用固定的几个辅助变量,与问题规模 n 无关,故算法的空间复

杂度为 $O(1)$，也就是说它是一个就地排序。

另外，对于任意两个满足 $i<j$ 且 $R[i].key=R[j].key$ 的元素，两者没有逆序，不会发生交换，也就是说 $R[i]$ 和 $R[j]$ 的相对位置保持不变，所以冒泡排序是一种稳定的排序方法。

【例10.3】 设待排序的表中有 10 个元素，其关键字分别为 9、8、7、6、5、4、3、2、1、0，说明采用冒泡排序方法进行排序的过程。

解 其排序过程如图 10.10 所示。每次从无序区中冒出一个最小关键字的元素（用粗体表示）并将其归位。

```
初始关键字        []9 8 7 6 5 4 3 2 1 0
i=0的结果：      [0]  9 8 7 6 5 4 3 2 1
i=1的结果：      [0 1]  9 8 7 6 5 4 3 2
i=2的结果：      [0 1 2]  9 8 7 6 5 4 3
i=3的结果：      [0 1 2 3]  9 8 7 6 5 4
i=4的结果：      [0 1 2 3 4]  9 8 7 6 5
i=5的结果：      [0 1 2 3 4 5]  9 8 7 6
i=6的结果：      [0 1 2 3 4 5 6]  9 8 7
i=7的结果：      [0 1 2 3 4 5 6 7]  9 8
i=8的结果：      [0 1 2 3 4 5 6 7 8]  9
```

图 10.10 10 个元素进行冒泡排序的过程

10.3.2 快速排序

1. 排序思路

快速排序是由冒泡排序改进而得的，它的基本思想是在长度大于 1 的待排序表中取第一个元素作为基准，将基准归位（把基准放到最终位置上），同时将所有小于基准的元素放到基准的前面（构成左子表），所有大于基准的元素放到基准的后面（构成右子表），这个过程称为划分，如图 10.11 所示。然后对左、右子表分别重复上述过程，直到每个子表中只有一个元素或为空时为止。简而言之，一次划分使表中的基准归位，将表一分为二，对两个子表按递归方式继续这种划分，直到划分的子表的长为 1 或 0。

视频讲解

图 10.11 快速排序的一次划分

对无序区 $R[s..t]$ 快速排序的递归模型如下：

$f(R,s,t) \equiv$ 不做任何事情 $R[s..t]$ 为空或者仅有一个元素
$f(R,s,t) \equiv$ 划分后基准位置为 i；   其他
      $f(R,s,i-1); f(R,i+1,t);$

说明：快速排序的每趟仅将一个元素归位，在最后一趟排序结束前并不产生明确的有序区。

2. 排序算法

1）划分算法

这里是对长度大于 1 的无序区 $R[s..t]$ 以首元素为基准进行划分，提供 3 种算法。

算法 1：用 base 存放基准 $R[s]$，i（初值为 0）从前向后遍历 R，j（初值为 $n-1$）从后向前遍历 R。当 $i<j$ 时循环（即循环到 $i=j$ 为止），即 j 从后向前找一个小于 base 的元素 $R[j]$，i 从前向后找一个大于 base 的元素 $R[i]$，当 $i<j$ 时将 $R[i]$ 和 $R[j]$ 交换（小于 base 的元素前移，大于 base 的元素后移）。当循环结束后再将基准 $R[s]$ 和 $R[i]$ 交换（基准放在最终位置上）。对应的算法如下：

```
public int Partition1(int s, int t) {        //划分算法 1
    RecType base=R[s];                        //以表首元素为基准
    int i=s, j=t;
    while(i<j) {                              //从表两端交替向中间遍历
```

```
            while(i<j && R[j].key>=base.key) j--;    //从后向前遍历,找一个小于基准的R[j]
            while(i<j && R[j].key<=base.key) i++;    //从前向后遍历,找一个大于基准的R[i]
            if(i<j) swap(i,j);                        //将R[i]和R[j]进行交换
        }
        swap(s,i);                                    //将基准R[s]和R[i]进行交换
        return i;
    }
```

例如,R[0..4]=(3,5,1,2,4),Partition1算法的划分过程如图10.12所示。

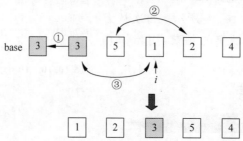

图10.12 (3,5,1,2,4)采用算法1的划分过程

上述算法中存在重复的关键字比较,例如,j 指向2同时 i 指向5时,二者交换后进入下一轮循环,又将 j 指向元素(5)与base(3)比较,执行 $j--$ 让 j 指向元素1,将 i 指向元素(2)与base(3)比较,执行 $i++$ 让 i 指向元素1。消除重复比较后的优化算法如下:

```
    public int Partition1_1(int s,int t) {            //划分算法1的优化算法
        int base=R[s].key;                            //以表首元素为基准,base存放基准关键字
        int i=s,j=t+1;
        while(true) {                                 //从表两端交替向中间遍历,直至i=j为止
            while(R[++i].key<base)                    //从前向后遍历,找一个大于或等于基准的R[i]
                if(i==t) break;
            while(R[--j].key>=base)                   //从后向前遍历,找一个小于基准的R[j]
                if(j==s) break;
            if(i>=j) break;
            swap(i,j);                                //将R[i]和R[j]进行交换
        }
        swap(s,j);                                    //将基准R[s]和R[j]进行交换
        return j;                                     //R[s..j-1]≤R[j]≤R[j+1..t]
    }
```

算法2:Partition1中对逆序元素进行交换使其放在适合的位置上,一次交换需要3次移动,由于元素的交换可能出现多次,可以改进以减少移动次数。同样,先用base存放基准 $R[s]$(此时 $R[s]$ 位置可以视为空),i、j 变量的功能和初值同Partition1中。当 $i<j$ 时循环,即 j 从后向前找一个小于base的元素 $R[j]$,将 $R[j]$ 前移覆盖 $R[i]$(此时 $R[j]$ 位置可以视为空),i 从前向后找一个大于base的元素 $R[i]$,将 $R[i]$ 后移覆盖 $R[j]$(此时 $R[i]$ 位置可以视为空)。循环结束后置 $R[i]$=base。对应的算法如下:

```
    private int Partition2(int s,int t) {             //划分算法2
        int i=s,j=t;
        RecType base=R[s];                            //以表首元素为基准
        while(i!=j) {                                 //从表两端交替向中间遍历,直到i=j为止
            while(j>i && R[j].key>=base.key) j--;    //从后向前遍历,找一个小于基准的R[j]
            if(j>i) {
```

```
            R[i]=R[j];                              //R[j]前移覆盖 R[i]
            i++;
        }
        while(i<j && R[i].key<=base.key) i++;       //从前向后遍历,找一个大于基准的 R[i]
        if(i<j) {
            R[j]=R[i];                              //R[i]后移覆盖 R[j]
            j--;
        }
    }
    R[i]=base;                                      //基准归位
    return i;                                       //返回归位的位置
}
```

例如,R[0..4]=(3,5,1,2,4),Partition2 算法的划分过程如图 10.13 所示。

算法 3:采用例 2.4 的解法 3 的区间划分法实现划分算法,先用 base 存放基准 R[s],将 R 划分为两个区间,前一个区间用 R[s..i]存放小于或等于基准 base 的元素,初始时该区间含 R[s],即 i=s。然后用 j 从 s+1 开始遍历所有元素(满足 j≤t),后一个区间 R[i+1..j−1]存放大于 base 的元素(初始时 j=s+1 表示该区间也为空):

图 10.13 (3,5,1,2,4)采用算法 2 的划分过程

(1) 若 R[j].key≤base.key,采用交换方法,先执行 i++扩大前一个区间,再将 R[j]交换到 R[i](即将小于或等于 base 的元素放在前一个区间),最后执行 j++继续遍历其余元素。

(2) 否则 R[j]就是要放到后一个区间的元素,不交换,执行 j++继续遍历其余元素。

当 j 遍历完所有元素时,R[s..i]便是原来 R 中所有小于或等于 base 的元素,再将基准 R[s]与 R[i]交换,这样基准 R[i]就归位了(即 R[s..i−1]的元素均小于或等于 R[i],而 R[i+1..t]的元素均大于 R[i])。对应的算法如下:

```
public int Partition3(int s, int t) {               //划分算法 3
    int i=s,j=s+1;
    RecType base=R[s];                              //以表首元素为基准
    while(j<=t) {                                   //j 从 s+1 开始遍历其他元素
        if(R[j].key<=base.key) {                    //找到小于或等于基准的元素 R[j]
            i++;                                    //扩大小于或等于 base 的元素区间
            if(i!=j) swap(i,j);                     //将 R[i]与 R[j]交换
        }
        j++;                                        //继续扫描
    }
    swap(s,i);                                      //将基准 R[s]和 R[i]进行交换
    return i;
}
```

在上述 3 个划分算法中,Partition2 是快速排序最常用的划分算法,默认情况下均指该算法。一般认为 n 个元素进行一趟划分时关键字比较次数为 n−1,元素移动次数同数量级,所以一趟划分的时间复杂度为 $O(n)$。

2）快速排序算法

快速排序算法如下：

```
public void QuickSort() {              //对 R[0..n−1]的元素按递增进行快速排序
    QuickSort1(0,n−1);
}
private void QuickSort1(int s,int t) { //对 R[s..t]的元素进行快速排序
    if(s<t) {                          //表中至少存在两个元素的情况
        int i=Partition*(s,t);         //可以使用前面3种划分算法中的任意一种
        QuickSort1(s,i−1);             //对左子表递归排序
        QuickSort1(i+1,t);             //对右子表递归排序
    }
}
```

说明：在快速排序中每次划分得到两个子表，由于这两个子表的排序相对基准是独立的，上述算法总是先对左子表排序（先序遍历过程），实际上也可以先对右子表排序。也就是说，可以将上述递归过程中的栈用队列替代。

【**例 10.4**】 设待排序的表中有 10 个元素，其关键字分别为 6、8、7、9、0、1、3、2、4、5，说明采用快速排序方法进行排序的过程。

解 采用划分算法 2 的排序过程如图 10.14 所示。第 1 次划分以 6 为关键字将整个区间分为(5,4,2,3,0,1)和(9,7,8)两个子表，并将元素 6 归位，两个子表以此类推。

快速排序过程构成一棵树形结构，称为快速排序递归树。每个叶子结点要么是归位元素，要么是长度为 0 或者 1 的子表。递归调用的次数为分支结点的个数，图 10.14(g)所示递归树的分支结点为 7 个，对应的递归调用次数为 7，其高度为 6。

不同于前面介绍的几种排序方法，在快速排序过程中没有十分清晰的排序趟。有一种观点是将递归树中的每一层看成一趟排序，图 10.15 所示为例 10.4 各趟的排序结果。

3. 算法分析

快速排序的时间主要耗费在划分上。在快速排序递归树中，每一层无论进行几次划分，参加划分的元素个数最多为 n，这样每一层的时间可以看成 $O(n)$。所以整个排序的时间取决于递归树的高度，不同的排序序列对应的递归树的高度可能不同，故快速排序的时间性能与初始数据序列相关。

1）最好情况分析

如果初始数据序列随机分布，使得每次划分恰好分为两个长度相同的子表，此时递归树的高度最小、性能最好。例如，$R=(4,7,5,6,3,1,2)$，快速排序过程如图 10.16 所示，树的高度为 2。一般地，最好情况下递归树的高度为 $\lceil \log_2(n+1) \rceil$，每一层的时间为 $O(n)$，此时排序的时间复杂度为 $O(n\log_2 n)$。

2）最坏情况分析

如果初始数据序列为正序或者反序，使得每次划分的两个子表中一个为空、一个长度为 $n-1$，此时递归树的高度最高、性能最差。例如，$R=(1,2,3,4,5,6,7)$或者 $R=(7,6,5,4,3,2,1)$，对应的递归树的高度为 7，每层一个结点。一般地，最坏情况下递归树的高度为 $O(n)$，每一层的时间为 $O(n)$，此时排序的时间复杂度为 $O(n^2)$。

图 10.14 10 个元素的快速排序过程

图 10.15 10 个元素的快速排序

3) 平均情况分析

考虑平均情况,在快速排序中一趟划分将无序区一分为二,所有可能性如图 10.17 所示,前、后子表元素个数的情况有 $(0, n-1)$、$(1, n-2)$、……、$(n-1, 0)$,共 n 种情况,则

$$T_{avg}(n) = O(n) + \frac{1}{n} \sum_{k=1}^{n} (T_{avg}(k-1) + T_{avg}(n-k))$$

$$= cn + \frac{1}{n} \sum_{k=1}^{n} (T_{avg}(k-1) + T_{avg}(n-k)) = \cdots = O(n \log_2 n)$$

图 10.16 一种最好的情况

图 10.17 一次划分的所有情况

因此快速排序的平均时间复杂度为 $O(n \log_2 n)$,这接近最好的情况,所以快速排序是一种高效的排序方法。

快速排序是递归算法,尽管每一次划分仅使用固定的几个辅助变量,但递归树的高度最好为 $O(\log_2 n)$,对应最好的空间复杂度为 $O(\log_2 n)$。在最坏情况下递归树的高度为 $O(n)$,对应最坏的空间复杂度为 $O(n)$。同样可以推出平均空间复杂度为 $O(\log_2 n)$。

另外,快速排序算法是一种不稳定的排序方法。例如,排序序列为 $(5,2,4,8,7,\boxed{4})$,基准为 5,在进行划分时后面的 $\boxed{4}$ 会放置到前面的 2 的位置上,从而使其放到 4 的前面,两个相同关键字(4)的相对位置发生改变。

【例 10.5】 设计一个以排序序列中间位置的元素为基准的快速排序算法。

解 对于排序序列 $R[s..t]$,当其中元素的个数大于 1 时,其中间位置 $mid = (s+t)/2$,将首元素 $R[s]$ 与 $R[mid]$ 交换,再采用以首元素为基准的一般快速排序方法。对应的算法如下:

```
private void QuickSort2(int s,int t) {
    if(s<t) {                           //表中至少存在两个元素的情况
        int mid=(s+t)/2;
        swap(s,mid);                    //R[s]与R[mid]交换
        int i=Partition*(s,t);          //可以使用前面3种划分算法中的任意一种
        QuickSort2(s,i−1);              //对左子表递归排序
        QuickSort2(i+1,t);              //对右子表递归排序
    }
}
```

当然,也可以以排序序列中的任意一个元素为基准(从排序序列中随机选择一个元素作为基准),相当于初始数据序列随机分布的情况,从而提高快速排序的效率。

10.4 选择排序

选择排序的基本思想是将排序序列分为有序区和无序区,每一趟排序从无序区中选出最小的元素放在有序区的最后,从而扩大有序区,直到全部元素有序为止。本节介绍两种选择排序方法,即简单选择排序(或称直接选择排序)和堆排序。

10.4.1 简单选择排序

1. 排序思路

从一个无序区中选出最小的元素,最简单的方法是逐个进行元素的比较,例如,从无序区 $R[i..n−1]$ 中选出最小元素 $R[minj]$,对应的代码如下:

```
int minj=i;                                //minj 先置为区间中的首元素序号
for(int j=i+1;j<n;j++) {                   //从 R[i..n−1]中选最小元素 R[minj]
    if(R[j].key<R[minj].key) minj=j;       //与区间中的其他元素比较
}
```

上述方法称为简单选择,若无序区中有 k 个元素,元素的比较次数固定为 $k−1$,对应的时间复杂度为 $O(k)$。

简单选择排序的基本思想是在第 i 趟排序开始前当前有序区和无序区分别为 $R[0..i−1]$ 和 $R[i..n−1]$($0 \leqslant i < n−1$),其中的有序区为全局有序的。采用简单选择方法在 $R[i..n−1]$ 中选出最小元素 $R[minj]$,将其与 $R[i]$(无序区的首位置)交换,这样有序区变为 $R[0..i]$,如图 10.18 所示。在进行 $n−1$ 趟排序之后有序区为 $R[0..n−2]$,无序区中只有一个元素,它一定是最大的,无须再排序。也就是说,经过 $n−1$ 趟排序之后整个表 $R[0..n−1]$ 递增有序。

图 10.18 简单选择排序的过程

说明:简单选择排序中每趟产生的有序区一定是全局有序区。初始时全局有序区为空,所以第 1 趟时 i 从 0 开始排序。

2. 排序算法

简单选择排序的算法如下:

```java
public void SelectSort() {                   //对 R[0..n-1]元素进行简单选择排序
    for(int i=0;i<n-1;i++) {                 //做第 i 趟排序
        int minj=i;
        for(int j=i+1;j<n;j++) {             //在无序区 R[i..n-1]中选最小元素 R[minj]
            if(R[j].key<R[minj].key) minj=j;
        if(minj!=i)                          //R[minj]不是无序区的首元素
            swap(i,minj);                    //交换 R[i]和 R[minj]
        }
    }
}
```

【例 10.6】 设待排序的表中有 10 个元素，其关键字分别为 6、8、7、9、0、1、3、2、4、5，说明采用简单选择排序方法进行排序的过程。

解 其排序过程如图 10.19 所示，每趟选择出一个元素（用粗体表示）。

```
初始关键字    [6 8 7 9 0 1 3 2 4 5
i=0 的结果:   [0] 8 7 9 6 1 3 2 4 5
i=1 的结果:   [0 1] 7 9 6 8 3 2 4 5
i=2 的结果:   [0 1 2] 9 6 8 3 7 4 5
i=3 的结果:   [0 1 2 3] 6 8 9 7 4 5
i=4 的结果:   [0 1 2 3 4] 8 9 7 6 5
i=5 的结果:   [0 1 2 3 4 5] 9 7 6 8
i=6 的结果:   [0 1 2 3 4 5 6] 7 9 8
i=7 的结果:   [0 1 2 3 4 5 6 7] 9 8
i=8 的结果:   [0 1 2 3 4 5 6 7 8] 9
```

图 10.19 10 个元素进行简单选择排序的过程

3. 算法分析

显然，无论初始数据序列的状态如何，在第 i 趟排序中选出最小元素，内 for 循环需做 $n-1-(i+1)+1=n-i-1$ 次比较，因此总的比较次数为

$$C(n)=\sum_{i=0}^{n-2}(n-i-1)=\frac{n(n-1)}{2}=O(n^2)$$

至于元素的移动次数，当初始数据序列为正序时移动次数为 0，为反序时每趟排序均要执行交换操作，此时总的移动次数为最大值 $3(n-1)$。然而，无论初始数据序列如何分布，所需的比较次数相同。因此，简单选择排序算法的最好、最坏和平均时间复杂度均为 $O(n^2)$。与直接插入排序和冒泡排序相比，简单选择排序中元素的移动次数是较少的。

在简单选择排序算法中只使用了固定几个辅助变量，与问题规模 n 无关，故算法的空间复杂度为 $O(1)$，也就是说它是一个就地排序。

另外，简单选择排序算法是一种不稳定的排序方法。例如，排序序列为 (5, 5̲ , 1)，第 1 趟排序时选择出最小关键字 1，将其与第一个位置上的元素 5 交换，得到 (1, 5̲ , 5)，从中看到两个 5 的相对位置发生了改变。

10.4.2 堆排序

1. 排序思路

堆排序是简单选择排序的改进,利用二叉树替代简单选择方法来找最大或者最小元素,属于一种树形选择排序方法。那么如何利用二叉树来找最大元素呢?假设排序序列为$R[1..n]$,将其看成一棵完全二叉树的顺序存储结构(为了与二叉树的顺序存储结构一致,堆排序的数据序列的下标从 1 开始),利用完全二叉树中双亲结点和孩子结点之间的内在关系,将其调整为堆,再在堆中选择关键字最大的元素。

扫一扫

视频讲解

堆的定义是 n 个关键字序列 k_1、k_2、……、k_n 称为堆,当且仅当该序列满足如下性质(简称堆性质)时:

(1) $k_i \leqslant k_{2i}$ 且 $k_i \leqslant k_{2i+1}$ 或 (2) $k_i \geqslant k_{2i}$ 且 $k_i \geqslant k_{2i+1}$ ($1 \leqslant i \leqslant \lfloor n/2 \rfloor$)

满足第(1)种情况的堆称为**小根堆**,满足第(2)种情况的堆称为**大根堆**。显然,小根堆中根结点是最小的,大根堆中根结点是最大的。下面讨论的堆默认为大根堆。

在堆排序中一趟排序的过程如图 10.20 所示。这里的有序区为全局有序区,由于有序区在后面,所以有序区中的所有元素均大于无序区中的所有元素,将无序区建立一个大根堆,其根结点是无序区中的最大元素,将其交换到无序区的末尾,从而扩大了有序区。

说明:堆排序中每趟产生的有序区一定是全局有序区,也就是说每趟产生的有序区中的所有元素都归位了。

2. 排序算法

1) 筛选算法

堆排序的核心是筛选过程,其用于将这样的完全二叉树调整为大根堆:该完全二叉树的左、右子树都是大根堆,但加上根结点后不再是大根堆(称为筛选条件)。

假设 $R[low..high]$ 为完全二叉树,其根结点为 $R[low]$,最后一个叶子结点为 $R[high]$,满足上述筛选条件,如图 10.21 所示。

图 10.20 堆排序的一趟排序过程

图 10.21 用筛选算法建堆的前提条件

筛选为大根堆的过程是先将 i 指向根结点 $R[low]$,取出根结点保存到 tmp(tmp=$R[i]$)中,j 指向它的左孩子($j=2i$),在 $j \leqslant$ high 时循环:

(1) 若 $R[i]$ 的右孩子($R[j+1]$)较大,让 j 指向其右孩子(j++),这样 j 指向 $R[i]$ 的最大孩子。

(2) 若最大孩子 $R[j]$ 比双亲 $R[i]$ 大,将较大的孩子 $R[j]$ 移到双亲 $R[i]$ 中(实际上是 $R[j]$ 和 $R[i]$ 交换,这里采用类似快速排序划分中的方法),这样可能破坏以 $R[j]$ 为子树的堆性质,于是继续筛选 $R[j]$ 的子树。

(3) 若最大孩子 $R[j]$ 比双亲 $R[i]$ 小,即 $R[i]$ 大于它的所有孩子,说明已经满足堆性质,退出循环。

最后置 $R[i]=\text{tmp}$,将原根结点放入最终位置。对应的筛选算法如下:

```java
private void sift(int low,int high) {         //对 R[low..high]进行筛选
    int i=low,j=2*i;                          //R[j]是 R[i]的左孩子
    RecType tmp=R[i];                         //tmp 临时保存根结点
    while(j<=high) {                          //只对 R[low..high]中的元素进行筛选
        if(j<high && R[j].key<R[j+1].key) j++; //若右孩子较大,把j指向右孩子
        if(tmp.key<R[j].key) {                //tmp 的孩子较大
            R[i]=R[j];                        //将 R[j]调整到双亲位置上
            i=j; j=2*i;                       //修改i和j值,以便继续向下筛选
        }
        else break;                           //若孩子较小,则筛选结束
    }
    R[i]=tmp;                                 //将原根结点放入最终位置
}
```

实际上上述自顶向下的筛选过程就是从根结点 $R[\text{low}]$ 开始向下依次查找较大的孩子结点,构成一个序列$(R[\text{low}],R[i_1],R[i_2],\cdots)$,其中除了 $R[\text{low}]$ 外其他元素的子序列恰好是递减的,采用类似直接插入排序中一趟排序的思路使其成为一个递减序列(因为大根堆中从根到每个叶子结点的路径均构成一个递减序列)。

2) 建立初始堆

对于一棵完全二叉树,在按层序编号后所有分支结点的编号为 $1\sim\lfloor n/2\rfloor$,其中编号为 $\lfloor n/2\rfloor$ 的结点是最后一个分支结点,按从 $i=\lfloor n/2\rfloor$ 到1的顺序调用上述筛选算法 $\text{sift}(i,n)$ 建堆,让大者"上浮",小者被"筛选"下去。即

```java
for(int i=n/2; i>=1;i--)                      //循环建立初始堆
    sift(i,n);                                //对 R[i..n]进行筛选
```

3) 堆排序算法

在初始堆构造好后,根结点一定是最大关键字结点,将其放到排序序列的最后,也就是将堆中的根结点与最后一个叶子结点交换。由于最大元素已归位,待排序的元素个数减少一个,但由于根结点的改变,前面 $n-1$ 个结点不一定为堆(看成无序区),而其左子树和右子树均为堆,调用一次 sift() 算法将无序区调整成堆,其根结点为次大的元素,通过交换将它放到排序序列的倒数第二个位置上,新的无序区的元素个数变为 $n-2$ 个,再调整,再将根结点归位,以此类推,直到完全二叉树中只剩一个结点为止,该结点一定是最小结点。对应的堆排序算法如下:

```java
public void HeapSort() {                      //对 R[1..n]按递增进行堆排序
    for(int i=n/2; i>=1;i--)                  //循环建立初始堆
        sift(i,n);                            //对 R[i..n]进行筛选
    for(int i=n;i>=2;i--) {                   //进行 n-1趟排序,每一趟排序中的元素个数减1
```

```
            swap(1,i);                //将区间中的最后一个元素与 R[1]交换
            sift(1,i−1);              //从 R[1]继续筛选,得到 i−1 个结点的堆
        }
    }
```

【例 10.7】 设待排序的表中有 10 个元素,其关键字序列为(6,8,7,9,0,1,3,2,4,5),说明采用堆排序方法进行排序的过程。

解 该排序序列对应的完全二叉树如图 10.22(a)所示,$n=10$,最后一个分支结点的编号 $i=5$,对应结点 0,以结点 0 为子树筛选的结果如图 10.22(b)所示(图中阴影部分为筛选路径),取 $i=4$,对应结点 9,以结点 9 为子树筛选的结果如图 10.22(c)所示,以此类推,建立的初始堆如图 10.22(f)所示,对应的序列 R 为(9,8,7,6,5,1,3,2,4,0)。

图 10.22 建立的初始堆

在初始堆中根结点 9 是最大结点,将其和堆中的最后一个结点 0 交换,输出 9,从而归位元素 9,得到第 1 趟的排序序列为(0,8,7,6,5,1,3,2,4,**9**),无序区中减少一个结点,再筛选(图中粗线部分为筛选路径),产生次大元素 8,再归位 8,以此类推,直到堆中只有一个结点,其过程如图 10.23 所示(图中序列的粗体部分是有序区),最后得到的排序序列为(0,1,2,3,4,5,6,7,8,9)。

3. 算法分析

堆排序的时间主要由建立初始堆和反复重建堆这两部分的时间构成,它们均是通过调用 sift() 实现的,首先分析在最坏情况下 sift() 的执行时间。若待调整区间是 $R[\text{low}..\text{high}]$,则该算法中的 while 循环每执行一次,low 的值至少增加一倍,即第一次循环之后 low 至少增至 2low,第 k 次循环之后它至少为 2^klow。不妨设第 k 次循环之后循环终止,即 $2^{k-1}\text{low} \leqslant \text{high} \leqslant 2^k \text{low}$,由此可解得 $k \approx \log_2\left(\dfrac{\text{high}}{\text{low}}\right)$。$k$ 实际上是以 $R[\text{low}]$ 为根的子树的

扫一扫

视频讲解

图 10.23 10 个元素进行堆排序的过程

高度，显然 for 循环最多执行 $\log_2\left(\dfrac{high}{low}\right)$ 次，这是因为从根开始的调整不一定沿着最长的路径直至树叶。每次循环有两次元素比较和一次元素的移动，故 sift() 所需的元素比较和移动的总次数最多是 $2\log_2\left(\dfrac{high}{low}\right)$ 和 $\log_2\left(\dfrac{high}{low}\right)$。

设 $m=\lfloor n/2 \rfloor$,建初始堆需调用 sift() 一共 m 次,被调整区间的上界 high=n,下界 low 的取值范围是从 m 到 1,故总的比较次数 $C_1(n)$ 约为

$$C_1(n) = 2\sum_{i=1}^{m} \log_2\left(\frac{n}{i}\right) = 2(m\log_2 n - \log_2 m!) \leqslant 4n$$

也就是说,建立初始堆总共进行的元素比较次数不超过 $4n$。类似地,可求出 HeapSort() 中对 sift() 的 $n-1$ 次调用所需的比较总次数 $C_2(n)$。因为被调整区间的下界 low=1,上界 high 的取值范围是从 n 到 2,所以有

$$C_2(n) = 2\sum_{i=2}^{n} \log_2 i = 2\log_2 n! \approx 2n\log_2 n - 3n$$

则 $C_1(n)+C_2(n) \leqslant 2n\log_2 n+n$ 是堆排序所需的元素比较的总次数,类似地,可求出堆排序所需的元素移动的总次数为 $n\log_2 n+O(n)$。

综上所述,堆排序的最坏情况下的时间复杂度为 $O(n\log_2 n)$。可以推出,其最好情况下的时间复杂度和平均时间复杂度也是 $O(n\log_2 n)$。由于建初始堆所需的比较次数较多,所以堆排序不适合于元素数较少的数据序列的排序。

堆排序只使用了固定几个辅助变量,其算法的空间复杂度为 $O(1)$。另外,在进行筛选时可能把后面相同关键字的元素调整到前面,所以堆排序算法是一种不稳定的排序方法。

10.4.3 堆数据结构

在堆排序中使用到堆,实际上堆本身就是一种数据结构,其逻辑结构属于线性结构,它提供的主要基本运算如下。

(1) void push(E e):向堆中插入元素 e。

(2) E pop():删除一个元素并且返回该元素。这里的删除运算仅删除非空堆的堆顶元素。

(3) boolean empty():判断堆是否为空。

现在实现上述定义的堆。为了简单,假设元素类型为 RecType,即用 $R[1..n]$ 存放堆中的 n 个元素(空堆时 $n=0$),并且为大根堆。

1. 插入运算算法的设计

若 $R[1..n]$ 是一个堆,插入元素 e 的过程是先将元素 e 添加到 R 的末尾,即执行 $n++$,$R[n]=e$,然后在从该结点向根结点方向的路径上调整,若与双亲逆序(即该结点大于双亲结点),两者交换,直到根结点为止。

例如,图 10.24(a)所示为一个大根堆,插入元素 10 的过程如图 10.24(b)~图 10.24(d)所示,恰好经过了从根结点到插入结点的一条路径,时间复杂度为 $O(\log_2 n)$。

(a) 一个大根堆　　(b) 末尾添加10　　(c) 10与双亲结点交换　　(d) 10与双亲结点交换

图 10.24　向堆中插入 10 的过程

对应的插入算法如下：

```
public void push(RecType e) {          //插入元素 e
    n++;                                //堆中元素个数增 1
    R[n]=e;                             //将 e 添加到末尾
    if(n==1) return;                    //e 作为根结点的情况
    int j=n,i=j/2;                      //i 指向 R[j]的双亲结点
    while(true) {
        if(R[j].key>R[i].key) swap(i,j); //若孩子结点较大，交换
        if(i==1) break;                  //到达根结点时结束
        j=i; i=j/2;                      //继续向上调整
    }
}
```

2. 删除运算算法的设计

在堆中只能删除非空堆的堆顶元素，即最大元素。删除运算的过程是先用 e 存放堆顶元素，用堆中的末尾元素覆盖堆顶元素，执行 n−− 减少元素个数，采用堆排序中的筛选算法调整为一个堆，最后返回 e。

例如，图 10.25(a)所示为一个大根堆，删除一个元素的过程如图 10.25(b)和图 10.25(c)所示，主要操作是筛选，时间复杂度为 $O(\log_2 n)$。

图 10.25　堆的一次删除过程

对应的删除算法如下：

```
public RecType pop() {                 //删除堆顶元素
    if(n==0) return null;
    RecType e=R[1];                     //取出堆顶元素
    R[1]=R[n];                          //用尾元素覆盖 R[1]
    n--;                                //元素个数减少 1
    sift(1,n);                          //筛选为一个堆
    return e;
}
```

3. 判断堆是否为空算法的设计

这里用 n 表示堆中元素的个数，n 为 0 时是空堆。对应的算法如下：

```
public boolean empty() {               //判断堆是否为空
    return n==0;
}
```

在第 3 章中介绍的优先队列集合 PriorityQueue<E>就是一个堆结构，上面介绍的是它的实现原理。由于 PriorityQueue<E>集合采用泛型设计，功能更加完整和通用，所以在实际应用中可以用它替代堆。例如，利用优先队列 qu 实现排序的过程是先将排序序列依次

进队到 qu,再依次出队得到一个有序序列,即排序结果。不同的排序方式可以通过指定建立优先队列的比较器来实现。

【例 10.8】 有一个整数序列,设计算法利用优先队列实现递增和递减排序。

解 整数序列用整数数组 a 存放,利用优先队列实现递增排序的算法 Sort1()和递减排序的算法 Sort2()如下：

```
static void Sort1(int[] a) {                              //将 a 递增排序
    PriorityQueue<Integer> qu=new PriorityQueue<>();
    for(int i=0;i<a.length;i++)
        qu.offer(a[i]);
    for(int i=0;i<a.length;i++)
        a[i]=qu.poll();
}
static void Sort2(int[] a) {                              //将 a 递减排序
    PriorityQueue<Integer> qu = new PriorityQueue<Integer>(new Comparator<Integer>() {
        public int compare(Integer o1,Integer o2) {
            return o2-o1;
        }
    });
    for(int i=0;i<a.length;i++)
        qu.offer(a[i]);
    for(int i=0;i<a.length;i++)
        a[i]=qu.poll();
}
```

10.5 归并排序

归并排序的原理是多次将两个或两个以上的相邻有序表合并成一个新的有序表。根据归并的路数,归并排序分为二路、三路和多路归并排序。本节主要讨论二路归并排序,二路归并排序又分为自底向上和自顶向下两种方法。

10.5.1 自底向上的二路归并排序

1. 排序思路

二路归并是将两个有序子表合并成一个有序表(与 2.2.3 节的有序顺序表二路归并算法的思路相同),二路归并排序是利用二路归并实现的,其基本思路是先将 $R[0..n-1]$ 看成 n 个长度为 1 的有序子表,然后进行两两相邻有序子表的归并,得到 $\lceil n/2 \rceil$ 个长度为 2(最后一个有序序列的长度可能为 1)的有序子表,再进行两两相邻有序子表的归并,得到 $\lceil n/4 \rceil$ 个长度为 4(最后一个有序子表的长度可能小于 4)的有序子表,以此类推,直到得到一个长度为 n 的有序表为止,如图 10.26 所示,其中{}内表示一个有序表或者子表。

说明:二路归并排序中每趟产生一个或者多个局部有序区。整个归并过程构成一棵树,称为归并树。

2. 排序算法

1) 二路归并算法

在第 2 章介绍过两个有序表的二路归并算法,这里采用相同的思路,只是两个有序子表

图 10.26 二路归并排序的过程

存放在同一数组中相邻的位置上,即 $R[low..mid]$ 和 $R[mid+1..high]$,归并后得到 $R[low..high]$ 的有序表,称 $R[low..mid]$ 为第 1 段,$R[mid+1..high]$ 为第 2 段。二路归并的过程是先将它们有序合并到一个局部数组 $R1$ 中,待合并完成后再将 $R1$ 复制回 R 中。对应的算法如下:

```java
private void Merge(int low,int mid,int high) {    //R[low..mid]和 R[mid+1..high]归并为 R[low..high]
    RecType[] R1=new RecType[high-low+1];
    int i=low,j=mid+1,k=0;                         //k 是 R1 的下标,i、j 分别为第 1、2 段的下标
    while(i<=mid && j<=high) {                     //在第 1 段和第 2 段均未扫描完时循环
        if(R[i].key<=R[j].key) {                   //将第 1 段中的元素放入 R1 中
            R1[k]=R[i];
            i++; k++;
        }
        else {                                     //将第 2 段中的元素放入 R1 中
            R1[k]=R[j];
            j++; k++;
        }
    }
    while(i<=mid) {                                //将第 1 段余下的部分复制到 R1
        R1[k]=R[i];
        i++; k++;
    }
    while(j<=high) {                               //将第 2 段余下的部分复制到 R1
        R1[k]=R[j];
        j++; k++;
    }
    for(k=0,i=low;i<=high;k++,i++)                 //将 R1 复制回 R 中
        R[i]=R1[k];
}
```

上述算法的时间复杂度和空间复杂度均为 $O(high-low+1)$,即和参与归并的元素个数呈线性关系。

2) 一趟二路归并排序

在某趟归并中,设有序子表的长度为 len(最后一个子表的长度可能小于 len),则归并前 $R[0..n-1]$ 中共分为 $\lceil n/len \rceil$ 个有序的子表,即 $R[0..len-1]$、$R[len..2len-1]$、……、$R[(\lceil n/len \rceil)\times len..n-1]$。用 i 表示归并的一对有序子表的首元素的序号(其中第 1 段为

$R[i..i+\text{len}-1]$,第 2 段为 $R[i+\text{len}..i+2\text{len}-1]$),$i$ 依次取值为 0、2len、4len、……即 $i=i+2\text{len}$。

一对要归并的相邻有序子表是不是满的(满的是指这两个有序子表的长度均为 len),可以通过第 2 段的尾元素的序号 $i+2\text{len}-1<n$ 是否成立来判断,若成立则表示是满的。在一趟二路归并中先将所有满的有序子表对归并,当 $i+2\text{len}-1<n$ 不成立时说明从序号 i 开始的剩余元素个数少于 2len,再看是否剩余两个有序子表,即第 1 段的尾元素的序号 $i+\text{len}-1<n-1$(或者 $i+\text{len}<n$)是否成立,若成立则说明剩余两个有序子表,其中第 1 段为 $R[i..i+\text{len}-1]$,第 2 段为 $R[i+\text{len}..n-1]$(其长度至少是 1),若不成立,说明仅剩余一个有序子表(第 2 段为空),该趟不参与归并。

对应的算法如下:

```
private void MergePass(int len){          //一趟二路归并排序
    int i;
    for(i=0;i+2*len-1<n;i=i+2*len)        //归并 len 长的两个相邻子表
        Merge(i,i+len-1,i+2*len-1);
    if(i+len<n)                            //余下两个子表,后者的长度小于 len
        Merge(i,i+len-1,n-1);              //归并这两个子表
}
```

其中,一趟二路归并排序使用的辅助空间正好为整个表的长度 n。

3) 二路归并排序

在二路归并排序中,len 从 1 开始调用 MergePass(),以后每趟 len 倍增,直到 len 大于或等于 n 为止,这样得到一个长度为 n 的有序表。对应的二路归并排序算法如下:

```
public void MergeSort1(){                 //对 R[0..n-1]按递增进行二路归并算法
    for(int len=1;len<n;len=2*len)        //进行 log2n(取上界)趟归并
        MergePass(len);
}
```

上述算法从 n 个长度为 1 的有序段(底)开始,一趟一趟排序得到一个有序序列(顶),所以称为自底向上的二路归并排序方法。

【例 10.9】 设排序序列中有 11 个元素,其关键字分别为 18、2、20、34、12、32、6、16、8、15、10,说明采用自底向上两路归并排序方法进行排序的过程。

解 $n=11$,总趟数 $=\lceil \log_2 11 \rceil=4$,其排序过程如图 10.27 所示,整个归并过程构成一棵归并树。

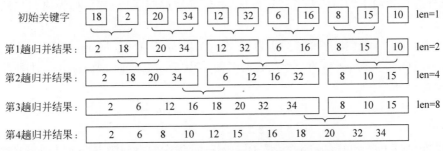

图 10.27 11 个元素两路归并排序的过程

3. 算法分析

在两路归并排序中,长度为 n 的排序表需做 $\lceil \log_2 n \rceil$ 趟,对应的归并树的高度为 $\lceil \log_2 n \rceil + 1$,每趟的归并时间为 $O(n)$,故其时间复杂度在最好、最坏和平均情况下都是 $O(n\log_2 n)$。

在归并排序过程中每次调用 Merge() 都需要使用局部数组 R1,但执行完后其空间被释放,且最后一趟排序一定是全部的 n 个元素参与归并,所以总的辅助空间复杂度为 $O(n)$。

Merge() 算法不会改变相同关键字元素的相对次序,所以二路归并排序是一种稳定的排序方法。

如果采用三路归并,归并树的高度为 $\lceil \log_3 n \rceil$,同样,一次三路归并的时间为 $O(n)$,所以三路归并排序的时间复杂度为 $O(n\log_3 n)$。而 $n\log_3 n = n\log_2 n/\log_2 3$,即 $O(n\log_3 n) = O(n\log_2 n)$,也就是说三路归并排序与二路归并排序的时间复杂度相同。

扫一扫

视频讲解

10.5.2 自顶向下的二路归并排序

采用递归方法,假设排序区间是 $R[s..t]$(为大问题),当其长度为 0 或者 1 时本身就是有序的,不做任何处理;否则取其中间位置 m,采用相同方法对 $R[s..m]$ 和 $R[m+1..t]$ 排好序(分解为两个小问题),再调用前面的二路归并算法 $\text{Merge}(s,m,t)$ 得到整个有序表(合并)。对应的递归模型如下:

$f(R,s,t) \equiv$ 不做任何事情 $R[s..t]$ 为空或者仅有一个元素

$f(R,s,t) \equiv m=(s+t)/2;$ 其他

     $f(R,s,m); f(R,m+1,t);$

     $\text{Merge}(s,m,t);$

对应的算法如下:

```
public void MergeSort2() {                  //对 R[0..n−1]按递增进行二路归并算法
    MergeSort21(0,n−1);
}
private void MergeSort21(int s, int t) {    //被 MergeSort2()调用
    if(s>=t) return;                        //R[s..t]的长度为 0 或者 1 时返回
    int m=(s+t)/2;                          //取中间位置 m
    MergeSort21(s,m);                       //对前子表排序
    MergeSort21(m+1,t);                     //对后子表排序
    Merge(s,m,t);                           //将两个有序子表合并成一个有序表
}
```

上述算法先将长度为 n 的排序序列(顶)分解为 n 个长度为 1 的有序段(底),再进行合并,所以称为自顶向下的二路归并排序方法,由于采用递归实现,它也称为递归二路归并排序方法。

设 $R[0..n−1]$ 排序的时间为 $T(n)$,当 $n>1$ 时 MergeSort21(0,$n/2$) 和 MergeSort21($n/2+1,n-1$) 两个子问题的时间均为 $T(n/2)$,而 Merge() 的时间为 $O(n)$。对应的递推式如下:

$T(n)=1$ $n=1$

$T(n)=2T(n/2)+n$ $n>1$

可以推出,$T(n)=O(n\log_2 n)$。设 $R[0..n−1]$ 排序的空间为 $S(n)$,当 $n>1$ 时两个子问题的空间均为 $S(n/2)$,而 Merge() 的空间为 $O(n)$。MergeSort21(0,$n/2$) 求解完后栈空

间释放,被 MergeSort21($n/2+1,n-1$)重复使用,对应的递推式如下:

$$S(n)=1 \qquad n=1$$
$$S(n)=S(n/2)+n \qquad n>1$$

可以推出,$S(n)=O(n)$。也就是说,自顶向下的二路归并排序方法和自底向上的二路归并排序方法的性能相同,但自顶向下的二路归并排序算法的设计更简单。

【例 10.10】 设排序序列中有 5 个元素,其关键字分别为 3、5、1、2、4,说明采用自顶向下的二路归并排序方法进行排序的过程。

解 其排序过程如图 10.28 所示,图中的"(x)"表示第 x 步,所以步骤分为分解和合并两种类型。

图 10.28 5 个元素两路归并排序的过程

【例 10.11】 求解 POJ1804——参谋问题,时间限制为 1000ms,空间限制为 30 000KB。

扫一扫

视频讲解

问题描述:给定有 n 个整数的序列,请移动整数以便最后对序列进行排序,允许的唯一操作是交换(swap)两个相邻的整数。例如:

```
初始序列:2 8 0 3
swap(2 8) 8 2 0 3
swap(2 0) 8 0 2 3
swap(2 3) 8 0 3 2
swap(8 0) 0 8 3 2
swap(8 3) 0 3 8 2
swap(8 2) 0 3 2 8
swap(3 2) 0 2 3 8
swap(3 8) 0 2 8 3
swap(8 3) 0 2 3 8
```

因此,序列 2 8 0 3 可以通过 9 次交换相邻整数得到有序序列,甚至可以通过 3 次交换相邻整数得到有序序列:

```
初始序列:2 8 0 3
swap(8 0) 2 0 8 3
swap(2 0) 0 2 8 3
swap(8 3) 0 2 3 8
```

该问题是对于给定的序列进行排序,求相邻整数的最小交换次数是多少?

输入格式:第一行为场景数量。对于每个场景,首先给出一行包含序列的长度 $n(1\leqslant n\leqslant 1000)$,然后是该序列的 n 个整数(每个整数的范围是[$-1\,000\,000,1\,000\,000$]),此行中的所有整数均由单个空格分隔。

输出格式:每个场景的输出以"Scenario #i:"行开始,其中 i 是从 1 开始的场景编号,然后输出一行,包含对给定初始序列所需的相邻整数的最小交换数量,最后使用空行结束每个场景的输出。

输入样例:

```
4
4
2 8 0 3
10
0 1 2 3 4 5 6 7 8 9
6
−42 23 6 28 −100 65537
5
0 0 0 0 0
```

输出样例：

```
Scenario #1:
3

Scenario #2:
0

Scenario #3:
5

Scenario #4:
0
```

解 对于一个含 n 个整数的场景，用数组 a 存放其整数序列，将其排序所需要的相邻整数的最小交换次数就是 a 序列的逆序数。例如，对于整数序列 $(2,8,0,3)$ 有逆序对 $(2,0)$、$(8,0)$、$(8,3)$，则逆序数为 3。一般地，对于整数序列 $a=(a_0,a_1,\cdots,a_i,\cdots,a_j,\cdots,a_{n-1})$，逆序对是 (a_i,a_j)，满足 $i<j$ 并且 $a_i>a_j$，逆序对个数称为 a 的逆序数。

如果将 $a_i(0 \leq i < n-1)$ 和后面的每个元素逐个比较来求逆序数，对应的时间复杂度为 $O(n^2)$，会出现超时。这里采用递归二路归并排序方法求逆序数。

在 $a[low..high]$ 递归二路归并排序时，先对前、后两半（$a[low..mid]$ 和 $a[mid+1..high]$）分别进行二路归并排序，再将这两个半有序序列合并起来。在合并过程中（设 $low \leq i \leq mid, mid+1 \leq j \leq high$）：

(1) $a[i] \leq a[j]$ 时，不产生逆序对。

(2) 当 $a[i] > a[j]$ 时，前半部分中 $a[i..mid]$ 都比 $a[j]$ 大，对应的逆序对个数为 $mid-i+1$，如图 10.29 所示。

图 10.29 两个有序段在归并中求逆序数

在整个排序过程中累计逆序数即为该整数序列 a 的逆序数 ans，最后输出 ans 即可。对应的 AC 程序如下：

```java
import java.util.*;
public class Exam10_11 {
```

```
    static int MAXN=1005;
    static int ans;                                //存放逆序数
    static int[] a=new int[MAXN];                  //存放整数序列
    static void Merge(int low,int mid,int high) {  //两个相邻有序段归并
        int i=low;
        int j=mid+1;
        int k=0;
        int[] b=new int[high-low+1];               //开辟临时空间
        while(i<=mid && j<=high) {                 //二路归并:a[low..mid]、a[mid+1..high]=>b
            if(a[i]>a[j]) {
                b[k++]=a[j++];
                ans+=mid-i+1;                      //累计逆序数
            }
            else b[k++]=a[i++];
        }
        while(i<=mid) b[k++]=a[i++];
        while(j<=high) b[k++]=a[j++];
        for(int k1=0;k1<k;k1++)                    //b[0..k-1]=>a[low..high]
            a[low+k1]=b[k1];
    }
    static void MergeSort(int s,int t) {           //两路归并排序
        if(s>=t) return;                           //a[s..t]的长度为0或者1时返回
        int m=(s+t)/2;                             //取中间位置 m
        MergeSort(s,m);                            //对前子表排序
        MergeSort(m+1,t);                          //对后子表排序
        Merge(s,m,t);                              //将两个有序子表合并成一个有序表
    }
    public static void main(String[] args) {
        Scanner fin=new Scanner(System.in);
        int m,n;
        m=fin.nextInt();                           //场景个数
        for(int cas=1;cas<=m;cas++) {
            n=fin.nextInt();
            for(int i=0;i<n;i++)
                a[i]=fin.nextInt();
            ans=0;
            MergeSort(0,n-1);
            System.out.printf("Scenario #%d:\n%d\n\n",cas,ans);
        }
    }
}
```

说明：在在线环境中验证时，将上述程序中的类名称 Exam10_11 改为 Main。

10.6 基数排序

前面介绍的各种排序都是基于关键字比较的，而基数排序是一种不基于关键字比较的排序算法，它是通过"分配"和"收集"过程来实现排序的。

1. 排序思路

基数排序是一种借助于多关键字排序的思想对单关键字排序的方法。

所谓多关键字,是指所讨论元素中含有多个关键字,假设多个关键字分别为 k^0、k^1、……、k^{d-1},称 k^0 是第一关键字,k^{d-1} 是第 d 个关键字。

由元素 $R_0,R_1,……,R_{n-1}$ 组成的表,当且仅当对每一元素 $R_i \leqslant R_j$ 有 $(k_i^0,k_i^1,…,k_i^{d-1}) \leqslant (k_j^0,k_j^1,…,k_j^{d-1})$ 时,称关于关键字 k^0、k^1、……、k^{d-1} 有序。在 r 元组上定义的 $\leqslant$ 关系是 $x_j = y_j$ 且 $x_{j+1} < y_{j+1}$ 或者 $x_i = y_i (0 \leqslant i,j \leqslant d-1)$ 成立,则 $(x_0,x_1,…,x_{d-1}) \leqslant (y_0,y_1,…,y_{d-1})$。简单地说,先按关键字 k^0 排序,k^0 相同的再按 k^1 排序,以此类推。所以各关键字的重要性是不同的,这里关键字 k^0 最重要,k^1 次之,k^{d-1} 最不重要。

以扑克牌为例,每张牌含有两个关键字,一个是花色,另一个是牌面,两个关键字的顺序关系定义如下。

k^0 花色:♦<♣<♥<♠

k^1 牌面:2<3<4<5<6<7<8<9<10<J<Q<K<A

根据以上定义,所有牌(除大、小王外)关于花色与牌面两个关键字的递增排序结果如下:

2♦,…,A♦,2♣,…,A♣,2♥,…,A♥,2♠,…,A♠

显然,排序的过程应该从最不重要的关键字开始,这里从 k^{d-1} 开始。以扑克牌排序为例,只有两个关键字(即花色和牌面),花色的重要性大于牌面的重要性,一副乱牌的排序过程是先将 52 张牌按牌面分为 13 个子表,按 2~A 的顺序得到一个序列,再将该序列按花色 ♦~♠ 排序,从而得到最终结果。

基数排序就是利用了多关键字排序思路,只不过将元素中的单个关键字分为多个位,每个位看成一个关键字。

一般地,在基数排序中元素 $R[i]$ 的关键字 $R[i].key$ 是由 d 位数字组成的,即 $k^{d-1}k^{d-2}…k^0$,每一个数字表示关键字的一位,其中 k^{d-1} 为最高位,k^0 是最低位,每一位的值都在 $[0,r)$ 范围内,其中 r 称为基数。例如,对于二进制数 r 为 2,对于十进制数 r 为 10。

假设 k^{d-1} 是最重要位,k^0 是最不重要位,应该从最低位开始排序,称为最低位优先(LSD);反之,若 k^{d-1} 是最不重要位,k^0 是最重要位,应该从最高位开始排序,称为最高位优先(MSD)。两种方法的思路完全相同,下面主要讨论最低位优先方法。

最低位优先排序的过程是先按最低位的值对元素进行排序,在此基础上再按次低位进行排序,以此类推,由低位向高位,每趟都是根据关键字的一位并在前一趟的基础上对所有元素进行排序,直至最高位,则完成了基数排序的整个过程。

假设线性表由元素序列 $a_0,a_1,…,a_{n-1}$ 构成,每个结点 a_j 的关键字由 d 元组 $(k_j^{d-1},k_j^{d-2},…,k_j^1,k_j^0)$ 组成,其中 $0 \leqslant k_j^i \leqslant r-1 (0 \leqslant j < n, 0 \leqslant i \leqslant d-1)$。在排序过程中使用 r 个队列,即 $Q_0,Q_1,…,Q_{r-1}$。排序过程如下:

对 $i=0,1,…,d-1$(从低位到高位)依次做一次"分配"和"收集"。

分配:开始时,把 $Q_0,Q_1,…,Q_{r-1}$ 各队列置成空队列,然后依次考查线性表中的每一个元素 $a_j (j=0,1,…,n-1)$,如果 a_j 的关键字位 $k_j^i = k$,就把 a_j 插入 Q_k 队列中。

收集:将 $Q_0,Q_1,…,Q_{r-1}$ 各队列中的元素依次首尾相接,得到新的元素序列,从而组成新的线性表。

说明：基数排序中每趟并不产生明确的有序区，也就是说在最后一趟排序结束前所有元素并不一定归位了。

2. 排序算法

由于在分配和收集中涉及大量元素的移动，采用顺序表时效率较低，所以采用单链表存放排序序列，这里采用以 h 为首结点的单链表（不带头结点），其结点类型 LinkNode 如下：

```
class LinkNode {                          //单链表结点类型
    int key;                              //存放关键字
    String data;                          //存放其他数据，假设为 String 类型
    LinkNode next;                        //下一个结点指针
    public LinkNode(int d) {              //构造方法
        key=d;
        next=null;
    }
}
```

假设元素的关键字均为十进制（$r=10$）正整数，最大位数为 d，按递增排序的最低位优先基数排序类 RadixSortClass 如下：

```
public class RadixSortClass {             //基数排序类
    LinkNode h=null;                      //单链表首结点
    public void CreateList(int[] a) {     //由关键字序列 a 构造单链表
        LinkNode s,t;
        h=new LinkNode(a[0]);             //创建首结点
        t=h;
        for(int i=1;i<a.length;i++) {
            s=new LinkNode(a[i]);
            t.next=s; t=s;
        }
        t.next=null;
    }
    public void Disp() {                  //输出单链表
        LinkNode p=h;
        while(p!=null) {
            System.out.print(" "+p.key);
            p=p.next;
        }
        System.out.println();
    }
    private int geti(int key,int r,int i) { //求基数为 r 的正整数 key 的第 i 位
        int k=0;
        for(int j=0;j<=i;j++) {
            k=key%r;
            key=key/r;
        }
        return k;
    }
    public void RadixSort(int d,int r) {  //最低位优先基数排序算法
        LinkNode p,t=null;
        LinkNode[] head=new LinkNode[r];  //建立链队的队头数组
```

```
        LinkNode[] tail=new LinkNode[r];          //建立链队的队尾数组
        for(int i=0;i<d;i++) {                    //从低位到高位循环
            for(int j=0;j<r;j++)                  //初始化各链队的首、尾指针
                head[j]=tail[j]=null;
            p=h;
            while(p!=null) {                      //分配:对于原链表中的每个结点循环
                int k=geti(p.key,r,i);            //提取结点关键字的第 i 个位 k
                if(head[k]==null) {               //第 k 个链队空时队头、队尾均指向 p 结点
                    head[k]=p;
                    tail[k]=p;
                }
                else {                            //第 k 个链队非空时 p 结点进队
                    tail[k].next=p;
                    tail[k]=p;
                }
                p=p.next;                         //取下一个结点
            }
            h=null;                               //重新用 h 来收集所有结点
            for(int j=0;j<r;j++) {                //收集:对于每一个链队循环
                if(head[j]!=null) {               //若第 j 个链队是第一个非空链队
                    if(h==null) {
                        h=head[j];
                        t=tail[j];
                    }
                    else {                        //若第 j 个链队是其他非空链队
                        t.next=head[j];
                        t=tail[j];
                    }
                }
            }
            t.next=null;                          //尾结点的 next 置空
        }
    }
}
```

3. 算法分析

在基数排序过程中共进行了 d 趟分配和收集,每次分配的时间为 $O(n)$(需要遍历每个结点并且插入相应链队中),每次收集的时间为 $O(r)$(按一个一个队列整体收集而不是按单个结点收集的),这样,每一趟分配和收集的时间为 $O(n+r)$,所以基数排序的时间复杂度为 $O(d(n+r))$。

在基数排序中每一趟排序需要的辅助存储空间为 r(创建 r 个队列),但后面的排序趟中重复使用这些队列,所以总的空间复杂度为 $O(r)$。

另外,在基数排序中使用的是队列,排在后面的关键字只能排在前面相同关键字的后面,相对位置不会发生改变,它是一种稳定的排序方法。

【例 10.12】 设排序序列中有 10 个元素,其关键字序列为(75,23,98,44,57,12,29,64,38,82),说明采用基数排序方法进行排序的过程。

解 这里 $n=10, d=2, r=10$,采用最低位优先基数排序算法,先按个位数进行排序,再按十位数进行排序,排序过程如图 10.30 所示。

图 10.30　10 个元素进行基数排序的过程

10.7　各种内排序方法的比较和选择

前面介绍了多种内排序方法，将这些排序方法总结为表 10.1。通常按平均时间复杂度将排序方法分为 3 类。

表 10.1　各种排序方法的性能

排序方法	时间复杂度			空间复杂度	稳定性	复杂性
	平均情况	最坏情况	最好情况			
直接插入排序	$O(n^2)$	$O(n^2)$	$O(n)$	$O(1)$	稳定	简单
折半插入排序	$O(n^2)$	$O(n^2)$	$O(n)$	$O(1)$	稳定	较复杂
希尔排序	$O(n^{1.5})$	$O(n^2)$	$O(n^{1.3})$	$O(1)$	不稳定	较复杂
冒泡排序	$O(n^2)$	$O(n^2)$	$O(n)$	$O(1)$	稳定	简单

续表

排序方法	时间复杂度			空间复杂度	稳定性	复杂性
	平均情况	最坏情况	最好情况			
快速排序	$O(n\log_2 n)$	$O(n^2)$	$O(n\log_2 n)$	$O(\log_2 n)$	不稳定	较复杂
简单选择排序	$O(n^2)$	$O(n^2)$	$O(n^2)$	$O(1)$	不稳定	简单
堆排序	$O(n\log_2 n)$	$O(n\log_2 n)$	$O(n\log_2 n)$	$O(1)$	不稳定	较复杂
归并排序	$O(n\log_2 n)$	$O(n\log_2 n)$	$O(n\log_2 n)$	$O(n)$	稳定	较复杂
基数排序	$O(d(n+r))$	$O(d(n+r))$	$O(d(n+r))$	$O(r)$	稳定	较复杂

(1) 平方阶排序：一般称为简单排序，例如直接插入排序、简单选择排序和冒泡排序。

(2) 线性对数阶排序：例如快速排序、堆排序和归并排序。

(3) 线性阶排序：例如基数排序(假定排序数据的位数 d 和进制 r 为常量)。

不同的排序方法适合于不同的应用环境和要求，选择合适的排序方法应综合考虑下列因素。

(1) 待排序的元素数目 n(问题规模)。

(2) 元素的大小(每个元素的规模)。

(3) 关键字的分布及其初始状态。

(4) 对稳定性的要求。

(5) 语言工具的条件。

(6) 存储结构。

(7) 时间和辅助空间复杂度要求等。

没有哪一种排序方法是绝对好的，每一种排序方法都有其优缺点，适合于不同的环境，因此用户在实际应用中应根据具体情况做选择。首先考虑排序对稳定性的要求，若要求稳定，则只能在稳定方法中选取，否则可以在所有方法中选取；其次要考虑待排序元素个数 n 的大小，若 n 较大，则可在高效排序方法中选取，否则在简单方法中选取；然后再考虑其他因素。

下面给出综合考虑了以上几方面所得出的大致结论。

(1) 若 n 较小(如 $n \leqslant 50$)，可采用直接插入或简单选择排序。当元素规模非常小时，直接插入排序较好，否则因为简单选择排序移动的元素数少于直接插入排序，采用简单选择排序为宜。

(2) 若文件的初始状态基本有序(指正序)，则采用直接插入或者冒泡排序方法。

(3) 若 n 较大，则应采用时间复杂度为 $O(n\log_2 n)$ 的排序方法，例如快速排序、堆排序或归并排序。快速排序被认为是目前基于比较的内排序中较好的方法，当待排序的关键字随机分布时，快速排序的平均时间最少；但堆排序所需的辅助空间少于快速排序，并且不会出现快速排序可能出现的最坏情况。这两种排序都是不稳定的，若要求排序稳定，则可采用归并排序。

(4) 若有两个有序表，要将它们组合成一个新的有序表，最好采用归并排序方法。

(5) 在一般情况下，基数排序可能在 $O(n)$ 时间内完成对 n 个元素的排序。遗憾的是，基数排序只适用于像字符串和整数这类有明显结构特征的关键字，而当关键字的取值范围属于某个无穷集合(如实数型关键字)时无法采用基数排序。因此当 n 很大、元素的关键字位数较少且可以分解时，采用基数排序较好。

例如，Java 中的 Arrays.sort() 方法(详细使用参见 6.1.3 节，建议在编程中尽量使用该方法)就是考虑各种情况实现的,当待排序数据的元素个数较少时(若长度小于 27)会采用直接插入排序,否则采用一种双轴快速排序方法。双轴快速排序方法是基本快速排序的改进,在算法中使用两个轴(基准),通常选取最左边元素作为 pivot1,选取最右边元素作 pivot2,使用 i、j、k 几个变量将数组分成四部分,分别是小于 pivot1 的部分、大于或等于 pivot1 且小于或等于 pivot2 的部分、大于 pivot2 的部分和未知部分。通过遍历逐个减少未知元素。

10.8 外 排 序

前面介绍的内排序的数据需要全部放在内存中,当数据量特别大时会出现无法整体排序的情况。为此将待排序数据存储在文件中,每次将一部分数据调到内存中进行排序,这样在排序中需要进行多次的内、外存数据交换,所以称为外排序。外排序的基本方法是归并排序法,它主要分为以下两个阶段。

(1) 生成初始归并段(顺串):将一个文件(含待排序数据)中的数据分段读入内存,每个段在内存中进行排序,并将有序数据段写到外存文件上,从而得到若干初始归并段。

(2) 多路归并:对这些初始归并段进行多路归并,使得有序归并段逐渐扩大,最后在外存上形成整个文件的单一归并段,也就完成了这个文件的外排序。

外排序的时间是上述两个阶段的时间和,主要包含内、外存数据交换时间和元素比较时间(元素移动的次数相对较少)。

对存放在磁盘中的文件进行排序(即磁盘排序)属典型的外排序。下面讨论磁盘排序中两个阶段的主要方法。

10.8.1 生成初始归并段的方法

生成初始归并段就是由一个无序文件产生若干有序文件,这些有序文件恰好包含前者的全部元素。

扫一扫

视频讲解

1. 常规方法

假设无序文件 F_{in} 的长度为 n,在排序中可用的内存大小为 w(通常 w 远小于 n),打开 F_{in} 文件,读入 w 个元素到内存中,采用前面介绍的某种内排序方法排好序,写入文件 F_1 中。再读入 F_{in} 的下面 w 个元素到内存中,继续排好序,写入文件 F_2 中,以此类推,直到 F_{in} 中的所有元素处理完毕,得到 m 个有序文件 $F_1 \sim F_m$,它们称为初始归并段。显然 $m = \lceil n/w \rceil$,通常前 $m-1$ 个有序文件的长度均为 w,最后一个有序文件的长度小于或等于 w。

例如,在无序文件 F_{in} 中含 4500 个元素,即 R_1、R_2、……、R_{4500},可用内存大小 $w = 750$,假设磁盘每次读/写一个元素的页块(即一个页块对应一个逻辑元素),内、外存数据交换是以页块为单位的,即读一次或者写一次都是一个页块,当页块为一个元素时内、外存数据交换次数与元素读/写次数相同,从而简化内、外存数据交换时间的计算。在采用常规方法生成初始归并段时,$m = 4500/750 = 6$,这样得到 6 个初始归并段,即 $F_1 \sim F_6$。

2. 置换-选择排序方法

在采用常规方法生成初始归并段时,通常初始归并段的个数较多,因为外排序的目的是产生一个有序文件,所以初始归并段的个数越少越好,而置换-选择排序方法可以满足这样的需求。

置换-选择排序方法基于选择排序,即从若干元素中通过关键字比较选择一个最小的元素,同时在此过程中伴随元素的输入和输出,最后生成若干长度可能各不相同的有序文件。其基本步骤如下。

(1) 从待排序文件 F_{in} 中按内存工作区 WA 的容量(设为 w)读入 w 个元素。设当前初始归并段编号 $i=1$。

(2) 从 WA 中选出关键字最小的元素 R_{min}。

(3) 将 R_{min} 元素输出到文件 F_i(F_i 为产生的第 i 个初始归并段)中,作为当前初始归并段的一个元素。

(4) 若 F_{in} 不空,则从 F_{in} 中读入下一个元素到 WA 中替代刚输出的元素。

(5) 在 WA 工作区中所有大于或等于 R_{min} 的元素中选择出最小元素作为新的 R_{min},转(3),直到选不出这样的 R_{min}。

(6) 置 $i=i+1$,开始下一个初始归并段。

(7) 若 WA 工作区已空,则所有初始归并段已全部产生,否则转步骤(2)。

【例 10.13】 设某个磁盘文件中共有 18 个元素,对应的关键字序列为(15,4,97,64,17,32,108,44,76,9,39,82,56,31,80,73,255,68),若内存工作区中可容纳 5 个元素,用置换-选择排序方法可产生几个初始归并段?每个初始归并段包含哪些元素?

解 初始归并段的生成过程如表 10.2 所示,共产生两个初始归并段,归并段 F_1 为(4,15,17,32,44,64,76,82,97,108),归并段 F_2 为(9,31,39,56,68,73,80,255)。

表 10.2 初始归并段的生成过程

读入元素	内存工作区状态	R_{min}	输出之后的初始归并段状态
15,4,97,64,17	15,4,97,64,17	4($i=1$)	初始归并段 1:{4}
32	15,32,97,64,17	15($i=1$)	初始归并段 1:{4,15}
108	108,32,97,64,17	17($i=1$)	初始归并段 1:{4,15,17}
44	108,32,97,64,44	32($i=1$)	初始归并段 1:{4,15,17,32}
76	108,76,97,64,44	44($i=1$)	初始归并段 1:{4,15,17,32,44}
9	108,76,97,64,9	64($i=1$)	初始归并段 1:{4,15,17,32,44,64}
39	108,76,97,39,9	76($i=1$)	初始归并段 1:{4,15,17,32,44,64,76}
82	108,82,97,39,9	82($i=1$)	初始归并段 1:{4,15,17,32,44,64,76,82}
56	108,56,97,39,9	97($i=1$)	初始归并段 1:{4,15,17,32,44,64,76,82,97}
31	108,56,31,39,9	108($i=1$)	初始归并段 1:{4,15,17,32,44,64,76,82,97,108}
80	80,56,31,39,9	9(没有大于或等于 108 的元素,$i=2$)	初始归并段 2:{9}
73	80,56,31,39,9	31($i=2$)	初始归并段 2:{9,31}
255	80,56,255,39,73	39($i=2$)	初始归并段 2:{9,31,39}
68	80,56,255,68,73	56($i=2$)	初始归并段 2:{9,31,39,56}

续表

读入元素	内存工作区状态	$R_{\min}$	输出之后的初始归并段状态
	80,,255,68,73	$68(i=2)$	初始归并段 2：$\{9,31,39,56,68\}$
	80,,255,,73	$73(i=2)$	初始归并段 2：$\{9,31,39,56,68,73\}$
	80,,255,,	$80(i=2)$	初始归并段 2：$\{9,31,39,56,68,73,80\}$
	,,255,,	$255(i=2)$	初始归并段 2：$\{9,31,39,56,68,73,80,255\}$

置换-选择排序方法生成的初始归并段的长度既与内存工作区大小 w 有关，也与输入文件中元素的排列次序有关。如果输入文件中的元素按关键字随机排列，则所得到的初始归并段的平均长度大约为 w 的 2 倍。也就是说，置换-选择排序方法得到的初始归并段的个数是常规方法的一半。

10.8.2 多路归并方法

在多路归并中总时间大约是内、外存数据交换时间和关键字比较次数之和。内、外存数据交换时间通过元素的读/写次数来表示。常用的多路归并方法有 k 路平衡归并方法和最佳归并树。

扫一扫

视频讲解

1. k 路平衡归并方法

如果初始归并段有 m 个，那么二路平衡归并每一趟使归并段个数减半（可以简单理解为每一趟所有的归并段均参与归并，归并段不够时用长度为 0 的虚段补充），对应的归并树有 $\lceil \log_2 m \rceil + 1$ 层，需要做 $\lceil \log_2 m \rceil$ 趟归并。做类似的推广，在采用 $k(k>2)$ 路平衡归并时，相应的归并树有 $\lceil \log_k m \rceil + 1$ 层，要对数据进行 $s = \lceil \log_k m \rceil$ 趟归并。

例如，对于前面的含 4500 个文件的示例，产生 6 个初始归并段（$F_1 \sim F_6$），每个初始归并段含 750 个元素，内存工作区大小为 750。下面讨论两种归并方案。

(1) $k=2$，采用二路平衡归并的过程如图 10.31 所示（图中的虚段是指长度为 0 的段，这是为了保证每次都有两个段参与归并而增加的），最后产生一个有序文件 F_{out}，达到了外排序的目的。

图 10.31　6 个归并段的二路归并过程

从中看出，由于假设页块大小为 1，当归并段 a 和 b 归并为 c 时，a 和 b 中的每个元素都需要读一次（读入内存进行比较）和写一次（较小的元素写入 c 中），而归并中元素读次数恰好等于归并树的带权路径长度（WPL），并且元素读/写次数相同，即元素读/写总次数等于

2WPL。不考虑虚段的无效归并(图10.31中第2层的F_9与虚段归并的结果仍为F_9),这样,有

$$WPL=(750+750+750+750)\times 3+(750+750)\times 2=12\,000$$

则该二路归并中元素读/写总次数=2WPL=24 000。文件中共有4500个元素,每个元素读12 000/4500≈2.67次,写的次数相同。显然,WPL越大,内外存数据交换越多。

(2) $k=3$,采用三路归并的过程如图10.32所示(图中的虚段是为了保证每次有3个段参与归并而增加的)。该三路归并树的WPL如下:

$$WPL=6\times 750\times 2+0\times 1=9000$$

则三路归并中元素读/写总次数=2WPL=18 000。

图10.32 6个归并段的三路归并过程

从中看出,k越大,元素读/写次数越少,相应地,内、外存数据交换时间越少。对于本例,内存工作区大小为750,k可以取更大的值,那么是不是k越大归并的性能就越好呢?

现在分析k路平衡归并的性能。在k路归并时,总趟数为$s=\lceil \log_k m \rceil$,归并中最频繁的操作是在k个元素中选择最小者,如果采用简单选择方法,每选出一个元素需要进行$k-1$次关键字比较。每趟归并u个元素(最后的一个元素不需要比较,它一定是最大的),共需要做$(u-1)\times(k-1)$次关键字比较,则s趟归并总共需要的关键字比较次数为

$$s\times(u-1)\times(k-1)=\lceil \log_k m \rceil \times (u-1)\times(k-1)$$
$$=\lceil \log_2 m \rceil \times (u-1)\times(k-1)/\lceil \log_2 k \rceil$$

当初始归并段个数m和元素个数u一定时,其中的$\lceil \log_2 m \rceil \times (u-1)$是常量,而$(k-1)/\lceil \log_2 k \rceil$在$k$无限增大时趋于∞,因此增大归并路数$k$会使多路归并中的关键字比较次数增大。若$k$增大到一定的程度,就会抵消掉由于减少元素读/写次数而赢得的时间。也就是说,在k路平衡归并中,如果在选择最小元素时采用简单选择方法,则并非k越大归并的效率就越好。

类似从简单选择排序到堆排序的改进,这里可以利用败者树来选择最小元素。败者树是一棵有k个叶子结点的完全二叉树,其中叶子结点存放要归并的元素,分支结点存放关键字对应的段号。所谓败者,是指两个元素比较时的关键字较大者,胜者是两个元素比较时的关键字较小者。建立败者树是采用类似于堆调整的方法实现的,其初始时令所有的分支结点指向一个含最小关键字(MINKEY)的叶子结点,然后从各叶子结点出发调整分支结点为新的败者即可。

对k个初始归并段(有序段)进行k路平衡归并的方法如下。

(1) 取每个输入有序段的第一个元素作为败者树的叶子结点,建立初始败者树:在每

个叶子结点到根结点方向上做两两结点关键字的比较,败者(关键字较大者)放在双亲结点中,让胜者(关键字较小者)参加更高一层的比较,以此类推,在根结点上胜出的"冠军"就是关键字最小者。

(2) 将最后胜出的元素写至输出归并段,在对应的叶子结点处补充该输入有序段的下一个元素,若该有序段变空,则补充一个大关键字(比所有元素关键字都大,设为 $k_{\max}$,通常用∞表示)的虚元素。

(3) 调整败者树,选择新的关键字最小的元素:从补充元素的叶子结点向上和双亲结点的关键字比较,败者留在该双亲结点,胜者继续向上,直到树的根结点,最后将胜者放在根结点的双亲结点中。

(4) 若胜出的元素关键字等于 $k_{\max}$,则归并结束;否则转步骤(2)继续。

【**例 10.14**】 设有 5 个初始归并段,它们中各元素的关键字分别如下:

F_0:{17,21,∞} F_1:{5,44,∞} F_2:{10,12,∞} F_3:{29,32,∞} F_4:{15,56,∞}

其中,∞是段结束标志。请说明利用败者树进行五路平衡归并排序的过程。

解 这里 $k=5$,其初始归并段的段号分别为 $0\sim4$(与 $F_0\sim F_4$ 相对应)。先构造含有 5 个叶子结点的败者树,由于败者树中不存在单分支结点,所以其中恰好有 4 个分支结点,再加上一个冠军结点(用于存放最小关键字的段号)。用 ls[0]存放冠军结点,ls[1]~ls[4]存放分支结点,$b_0\sim b_4$ 存放叶子结点。初始时 ls[0]~ls[4]分别取 5(对应的 F_5 是虚拟段,只含一个最小关键字 MINKEY,即 $-\infty$),$b_0\sim b_4$ 分别取 $F_0\sim F_4$ 中的第一个关键字,如图 10.33(a)所示。为了方便,图 10.33 的每个分支结点中除了段号外,另加有相应的关键字。

然后从 b_4 到 b_0 进行调整,建立败者树,过程如下:

(1) 调整 b_4,先置胜者 s(关键字最小者)为 4,$t=(s+5)/2=4$,将 $b[s]$.key(15)和 $b[ls[t]$.key]($b[ls[4]$.key)=$-\infty$)进行比较,胜者 $s=ls[t]=5$,将败者"4(15)"放在 ls[4]中,$t=t/2=2$;将 ls[s].key($-\infty$)与双亲结点 ls[t].key($-\infty$)进行比较,胜者仍为 $s=5$,$t=t/2=1$;将 ls[s].key($-\infty$)与双亲结点 ls[t].key($-\infty$)进行比较,胜者仍为 $s=5$,$t=t/2=0$。最后置 ls[0]=s($-\infty$)。其结果如图 10.33(b)所示。实际上就是从 b_4 到 ls[1][图 10.33(b)中的粗线部分]进行调整,将最小关键字的段号放在 ls[0]中。

(2) 调整 $b_3\sim b_0$ 的过程与此类似,它们调整后得到的结果分别如图 10.33(c)~图 10.33(f)所示。最后的图 10.33(f)就是建立的初始败者树。

在败者树建立好后,可以利用 5 路归并产生有序序列,其中主要的操作是从 5 个元素中找出最小元素并确定其所在的段号。这对败者树来说十分容易实现,先从初始败者树中输出 ls[0]的当前元素,即 1 号段中关键字为 5 的元素,然后进行调整。调整的过程是将进入树的叶子结点与双亲结点进行比较,把较大者(败者)存放到双亲结点中,较小者(胜者)与上一级的祖先结点再进行比较,此过程不断进行,直到根结点,最后把新的全局优胜者写至输出归并段。

对于本例,将 1(5)写至输出归并段后,在 F_1 中补充下一个关键字为 44 的元素,调整败者树,调整过程是将 1(44)与 2(10)进行比较,产生败者 1(44),放在 ls[3]中,胜者为 2(10);将 2(10)与 4(15)进行比较,产生败者 4(15),胜者为 2(10);最后将胜者 2(10)放在 ls[0]中。经过两次比较产生了新的关键字最小的元素 2(10),如图 10.34 所示,其中粗线部分为调整路径。

图 10.33 建立败者树的过程

说明：在置换-选择排序方法中的第(2)步，从 WA 中选出关键字最小的元素时也可以使用败者树方法，以提高算法的效率。

从本例看到，k 路平衡归并的败者树的高度为 $\lceil \log_2 k \rceil + 1$[①]，在每次调整找下一个具有最小关键字的元素时仅需要做 $\lceil \log_2 k \rceil$ 次关键字比较。

因此，若初始归并段为 m 个，利用败者树在 k 个元素中选择最小者只需要进行 $\lceil \log_2 k \rceil$ 次关键字比较。这样，$s = \lceil \log_k m \rceil$ 趟归并总共需要的关键字比较次数为

---

① k 路平衡归并败者树是一个含有 k 个叶子结点且没有单分支结点的完全二叉树，$n_2 = n_0 - 1 = k - 1, n = n_0 + n_1 + n_2 = 2k - 1, h = \lceil \log_2(n+1) \rceil = \lceil \log_2(2k) \rceil = \lceil \log_2 k \rceil + 1$。

图 10.34 重构后的败者树（粗线部分的结点发生改变）

$$s \times (u-1) \times \lceil \log_2 k \rceil = \lceil \log_k m \rceil \times (u-1) \times \lceil \log_2 k \rceil$$
$$= \lceil \log_2 m \rceil \times (u-1) \times \lceil \log_2 k \rceil / \lceil \log_2 k \rceil$$
$$= \lceil \log_2 m \rceil \times (u-1)$$

从中看出，关键字比较次数与 k 无关，总的内部归并时间不会随 k 的增大而增大。但 k 越大，归并树的高度较小，读/写磁盘的次数也较少。因此，当采用败者树实现多路平衡归并时，只要内存空间允许，增大归并路数 k，有效地减少归并树的高度，从而减少内、外存数据交换时间，提高外排序的速度。

2. 最佳归并树

由于采用置换-选择排序算法生成的初始归并段长度不等，在进行逐趟 k 路归并时对归并段的组合不同，会导致归并过程中元素的读/写次数不同。为提高归并的性能有必要对各归并段进行合理的搭配组合。按照最佳归并树的方案实施归并可以最小化内、外存数据交换时间。

扫一扫

视频讲解

假设 m 个初始归并段进行 k 路归并，对应的最佳归并树是带权路径长度最小的 k 次（阶）哈夫曼树，其中只有度为 0 的结点和度为 k 的分支结点，前者恰好 m 个，设后者 n_k 个，有

(1) $n = m + n_k$（n 为总结点个数）。

(2) 所有结点度之和 $= n - 1$。

(3) 所有结点度之和 $= k \times n_k$。

可以推出，$n_k = (m-1)/(k-1)$，n_k 应该为整数，即 $x = (m-1) \% (k-1) = 0$。若 $x \neq 0$，不能保证每次 k 路归并时恰好有 k 个归并段，这样会导致归并算法复杂化，为此增加若干长度为 0 的虚段，可以求出最少增加 $k - 1 - x$ 个虚段就可以保证每次恰好有 k 个归并段参与归并。

构造 m 个初始归并段的最佳归并树的步骤如下。

(1) 若 $x = (m-1) \% (k-1) \neq 0$，则需附加 $k - 1 - x$ 个长度为 0 的虚段，以使每次归

并都可以对应 k 个段。

（2）按照哈夫曼树的构造原则（权值越小的结点离根结点越远）构造最佳归并树。

【例 10.15】 设某文件经预处理后得到长度分别为 49、9、35、18、4、12、23、7、21、14 和 26 的 11 个初始归并段，试为 4 路归并设计一个读/写文件次数最少的归并方案。

解 这里，初始归并段的个数 $m=11$，归并路数 $k=4$，由于 $x=(m-1) \% (k-1)=1$，不为 0，所以需附加 $k-1-x=2$ 个长度为 0 的虚段。按元素个数递增排序为 (0,0,4,7,9, 12,14,18,21,23,26,35,49) 构造 4 阶哈夫曼树，如图 10.35 所示。

图 10.35　一棵 4 路最佳归并树

该最佳归并树给出了元素读/写次数最少的归并方案如下。

（1）第 1 次将长度为 4 和 7 的初始归并段归并为长度为 11 的有序段 a。

（2）第 2 次将长度为 9、12 和 14 的初始归并段以及有序段 a 归并为长度为 46 的有序段 b。

（3）第 3 次将长度为 18、21、23 和 26 的初始归并段归并为长度为 88 的有序段 c。

（4）第 4 次将长度为 35 和 49 的初始归并段以及有序段 b、c 归并为元素长度为 218 的有序文件整体 d。该方案共需 4 次归并。

若每个元素占用一个页块，则此方案中 4 路归并的总的元素读/写次数为 $2 \times [(4+7) \times 3 + (9+12+14+18+21+23+26) \times 2 + (35+49) \times 1] = 726$ 次。

一般地，为了提高整个外部排序的效率，可以从以下两方面进行优化。

（1）在产生 m 个初始归并段时，为了尽量减小 m，采用置换-选择排序方法，可以将整个待排序文件分为数量较少的长度不等的初始归并段。

（2）在将若干初始归并段归并为一个有序文件的多路归并中，为了尽量减少元素读/写次数，采用最佳归并树的归并方案对初始归并段进行归并，在归并的具体实现中采用败者树选择最小元素。

10.9 练习题

10.10 实验题

10.10.1 上机实验题

扫一扫
上机实验题

10.10.2 在线编程题

1. POJ2388——求中位数问题。
2. POJ1007——DNA 排序问题。
3. POJ3784——求中位数。
4. HDU1106——排序问题。
5. HDU2020——按绝对值排序问题。
6. HDU1862——Excel 排序问题。

扫一扫
题目描述

参考文献

[1] Sedgewick R,Wayne K.算法[M].谢路云,译.4版.北京:人民邮电出版社,2012.
[2] Cormen T H,Leiserson C E,Rivest R L,等.算法导论[M].潘金贵,顾铁成,李成法,等译.北京:机械工业出版社,2009.
[3] Sahni S.数据结构、算法与应用(C++语言描述)[M].王立柱,刘志红,译.北京:机械工业出版社,2015.
[4] 邓俊辉.数据结构(C++语言版)[M].3版.北京:清华大学出版社,2013.
[5] 李文新,郭炜,余华山.程序设计导引及在线实践[M].2版.北京:清华大学出版社,2017.
[6] 王红梅,胡明,王涛.数据结构(C++版)[M].2版.北京:清华大学出版社,2011.
[7] 张铭,王腾蛟,赵海燕.数据结构与算法[M].北京:高等教育出版社,2008.
[8] 翁惠玉,俞勇.数据结构:思想与实现[M].北京:高等教育出版社,2009.
[9] 李春葆.数据结构教程[M].6版.北京:清华大学出版社,2022.
[10] 李春葆.数据结构教程(第6版)学习指导[M].北京:清华大学出版社,2022.
[11] 李春葆.数据结构教程(第6版)上机实验指导[M].北京:清华大学出版社,2022.